职业教育食品生物类专业教材系列

白酒生产与勾兑教程

张安宁　张建华　主编
周新虎　主审

科学出版社

北　京

内 容 简 介

本书从白酒酿造、白酒蒸馏、白酒勾兑品评以及白酒检验等四个方面的内容，系统新颖，理论适度，更注重实践训练。在相关章节中留有一定的实践技能训练内容和要求，并收录了部分白酒企业基本的技术资料和全国评酒会的相关资料等。

本书是普通高等教育"十一五"国家级规划教材之一。可供高等职业院校的食品类专业、生物技术类专业、发酵工程专业、酿酒工艺专业以及相近专业的师生使用，也可作为白酒企业职工培训教材和白酒生产企业工程技术人员技术参考书。

图书在版编目(CIP)数据

白酒生产与勾兑教程/张安宁，张建华主编. —北京：科学出版社，2010.8
（职业教育食品生物类专业教材系列）

ISBN 978-7-03-028596-6

Ⅰ.①白… Ⅱ.①张…②张… Ⅲ.①白酒-酿造-高等学校：技术学校-教材 ②白酒-勾兑-高等学校：技术学校-教材 Ⅳ.①TS262.3

中国版本图书馆 CIP 数据核字（2010）第 158647 号

责任编辑：沈力匀/责任校对：耿 耘
责任印制：吕春珉/封面设计：耕者设计工作室

科 学 出 版 社 出版
北京东黄城根北街 16 号
邮政编码：100717
http://www.sciencep.com

三河市骏杰印刷有限公司印刷
科学出版社发行　各地新华书店经销
*

2010 年 9 月第 一 版　开本：787×1092　1/16
2020 年 2 月修 订 版　印张：20
2022 年 2 月第六次印刷　字数：480 000
定价：50.00 元
（如有印装质量问题，我社负责调换〈骏杰〉）
销售部电话 010-62134988　编辑部电话 010-62130750

前　言

为认真贯彻落实教育部《关于全面提高高等职业教育教学质量的若干意见》中提出"加大课程建设与改革的力度，增强学生的职业能力"的要求，推进我国职业教育课程的改革，我们根据生物工程各技术领域和职业岗位（群）的任职要求，以"工学结合"为切入点，以真实生产任务或（和）工作过程为导向，以相关职业资格标准基本工作要求为依据，重新构建了职业技术（技能）和职业素质基础知识培养两个课程系统。在不断总结近年来课程建设与改革经验的基础上，组织开发、编写了高等职业教育生物类专业教材系列，以满足各院校生物类专业建设和相关课程改革的需要，提高课程教学质量。

特殊岗位、关键岗位、高技术岗位的技术技能和素质培养是高等职业教育的重要目标。《白酒生产与勾兑教程》就是为满足这种教学需要而开发的专业课程教材。

在白酒生产行业，随着技术的发展进步，不仅需要精通一般技术、技能的人才，还需要一大批精通关键技术、特殊技术、精深技能的高级应用性人才。广泛吸收我国白酒行业广大科技工作者多年实践研究的成果，以工作过程为导向形成新的教学内容体系，坚持理论联系实际，注重实践能力的培养，是本书编写的主要目的和重要特点。

本书从白酒酿造、白酒蒸馏、白酒勾兑品评以及白酒检验等四个方面的内容，系统新颖，理论适度，更注重实践训练。在相关章节的内容或思考练习中留有一定的实践技能训练内容和要求，并收录了部分白酒企业基本的技术资料和全国评酒会的相关资料等。

本书2010年版为普通高等教育"十一五"国家级规划教材，2020年根据行业发展进行了修订，可供高等职业院校的食品类专业、生物技术类专业、发酵工程专业、酿酒工艺专业以及相近专业的师生使用，也可作为白酒企业职工培训教材和白酒生产企业工程技术人员的技术参考书。

本书由江苏食品职业技术学院张安宁、张建华担任主编。张安宁编写第1章、第7章、第9章、第11章和第12章；张建华编写第2章、第8章、第15章；江苏食品职业技术学院王传荣编写第6章、第13章及第14章；江苏今世缘酒业有限公司王家玉编写第10章；河南农业职业技术学院王瑞编写第3～5章；张安宁负责统稿。江苏洋河酒厂股份有限公司总工程师、国家级白酒评委、中国食协白酒专业协会常务理事周新虎担任本书主审。

本书经教育部高职高专食品类专业教学指导委员会组织审定。在编写过程中，得到教育部高职高专食品类专业教学指导委员会、中国轻工职业技能鉴定指导中心的悉心指导，以及科学出版社和许多白酒企业的大力支持，谨此表示感谢。在编写过程中，参考了许多文献、资料，包括大量网上资料，并引用了许多白酒界资深专家的实践研究成果，难以一一鸣谢，在此一并感谢。

本书难免有不全面、不妥当甚至错漏之处，敬请批评指正。

目　　录

第一篇　白酒的原料、制曲、发酵与蒸馏技术

第二篇　白酒的勾兑调味技术

第三篇　白酒的检验

第一篇
白酒的原料、制曲、发酵与蒸馏技术

第1章 绪 论

导读

　　白酒是我国传统的蒸馏酒，在生产技术和产品风格上，具有独特的地位。本章主要介绍白酒的起源，白酒工业在国民经济发展中的作用，白酒的分类以及白酒工业发展的方向。

1.1 白酒的起源

　　酿酒，在我国有着悠久的历史。一般传说，白酒是由杜康发明的，古书《事物纪原》载："杜康始作酒"。也有古书记载是仪狄先造出白酒的，如古书《世本》说："仪狄始作酒醪，变五味，少康作秫酒"。少康即杜康，从时间上看，杜康要比夏禹时的官吏仪狄造白酒晚得多。

　　从技术发展的过程看，白酒的起源，在历经自然界作用造酒、天然微生物造酒这两个阶段后，经发展逐步出现了利用蒸馏器具制造白酒的技术，这是由酿造酒向蒸馏酒发展的重要转折。1975年12月我国河北省出土了一套金代烧酒锅，专家们用此锅做了2次酒蒸馏试验，证明行之有效，只是出酒率较低。可见，至少在金代或金代以前就有白酒了。从已出土的隋唐文物中的15～20mL小酒杯和北宋田锡所做《曲本草》中关于"蒸馏酒度数较高，饮少量便醉"的论述来看，白酒起源于唐代乃至唐代以前的说法，更为确切。

　　大量传说和历史记载都说明，白酒的创造和发展是我国古代劳动人民在生活和生产实践中不断观察自然现象，反复实践，经无数次改进而形成的。

　　我国是世界上利用微生物制曲酿酒最早的国家，要比法国人卡尔迈特氏用根霉曲制酒精、德国人柯赫氏发明固态培养微生物法早3000年左右。我国也是世界上最早利用蒸馏技术制造蒸馏酒的国家，要比西方威士忌、白兰地等蒸馏酒早六七百年。我们的祖先对酿酒生产技术和科学文化的创造、发展做出了杰出的贡献。

1.2 白酒在国民经济中的地位

　　新中国成立以后，特别是改革开放以来，我国的白酒工业得到了巨大的变化和发展。在不断挖掘、总结传统工艺技术的基础上，运用现代科学技术和分析检验手段，在剖析影响白酒风格特征差异的物质基础及机理，在新工艺、生物工程、气相色谱分析、计算机勾兑等方面的研究和应用都取得了极大的成功，使古老的中国白酒焕发出新的活力，对满足民众需求、带动相关行业发展等发挥了重要的作用。

1.2.1　白酒工业生产的主要特点

白酒工业具有投资少、回收期短、资金周转快、能耗低等特点。在国民经济中起着重要的作用，与人民生活有着密切的联系。

白酒工业设备简单，厂房建筑要求不太高，投资少。建厂规模可大可小、厂址选择范围广，灵活性大。

白酒生产属于劳力密集型的行业，需要劳动力较多，能为社会提供较多的就业岗位。

白酒工业生产的技术含量也随着发展不断进步，促进了白酒产品质量的稳定和提高。

1.2.2　白酒工业是食品工业一大组成部分

酿酒工业是食品工业中的一个大行业，在我国的酿酒行业中，白酒的产量排在啤酒之后位居第二位。目前，我国具有一定生产规模的白酒企业 1 万多家，其中，年产 1 万 t 白酒以上的企业有 60 余家，年产 5000t 白酒以上的企业 100 余家。1995 年全国国有企业 500 强中（按净资产排序），酿酒企业占 6 家，其中 5 家为白酒企业。

1.2.3　白酒的税率高，是国家的重要财源

1949 年以来，白酒一直是高税率产品，仅次于烟草，在食品工业中居第二位。据中国专业协会不完全统计，1995 年全国白酒企业共实现利税约 100 亿元，其中 20 多家企业实现利税超过 30 亿元，占白酒行业完成数的 30% 左右。许多白酒企业还是地方的财政支柱，为国家和地方财政积累发挥了重要的作用。

1.2.4　白酒的社会化生产将带动其他相关产业的发展

白酒产品的供应和消费，对繁荣市场，拉动经济消费，满足城乡人民生活需要，有着重要的作用。酒的品种繁多，能适应各种不同消费者的需要，并可调节市场，回笼货币。白酒工业对促进农副牧业生产的发展也起着重要作用。白酒生产原料和辅助原料大部分直接来自农业，因而可提高农产品的加工转化效率，增加附加值，促进农业发展，增加农民收入。白酒工业的副产物（酒糟）是畜牧业的好饲料，可促进畜牧业的发展，为国家增加肉、畜产品，同时又提供了大量的有机肥料，有效地支援农业。酒糟还可作为生产单细胞蛋白、食用菌、发酵调味品等的原辅材料等。白酒业还可以促进印刷业、制瓶业、陶瓷业、纸箱业、机械包装业、艺术设计、宣传广告业以及教育科研等的发展。

1.2.5　白酒是人们生活中重要的饮品

白酒虽不是人们生活之必需品，但是在现实生活中，或时逢佳节，或迎宾待友，或

婚丧大事，或相互馈赠，都少不了白酒。白酒对于井下、森林作业人员、渔民和海员来说则是劳动保护的必需品。白酒可以用来浸泡某些中草药物，制成各种不同功效的药酒。适量饮用白酒，有兴奋精神、促进血液循环和解除疲劳的作用。白酒还可以用做烹饪的调料，作食品加工的辅料等。

总之，白酒工业在国民经济中占有重要的地位，对于工业、农业、畜牧业、医药卫生等行业的发展都起着重要作用。

1.3 白酒的分类

从生产上讲，白酒是用淀粉质原料或糖质原料，加入糖化发酵剂（糖质原料无需糖化剂），经发酵、蒸馏、贮存、勾兑等工艺制成的蒸馏酒。我国白酒种类繁多，地方性强，产品各具特色，工艺各有特点，目前尚无统一的分类方法。现就常见的分类方法简述如下。

1.3.1 按使用原料分类

1. 粮食白酒

粮食白酒是以粮谷原料酿制的白酒。常用的原料有高粱、玉米、大米、小麦、糯米、青稞等。一般以高粱酿制的白酒质量较佳。

2. 代用原料白酒

以非粮谷类含淀粉或糖原料酿制的白酒。常用的代用原料有薯类（甘薯、木薯等）、粉糟、伊拉克枣（椰枣）、高粱糠、甜菜等。

1.3.2 按生产方式分类

1. 固态法白酒

固态法白酒是采用我国名优白酒的传统生产方式，即固态配料、发酵、蒸粮蒸馏工艺的白酒。其中有大曲、小曲和麸曲白酒等。不同的发酵和操作条件，产生不同香型的白酒。

2. 半固态法白酒

半固态法白酒是指采用半固态发酵、蒸馏的白酒。我国的米香型白酒和豉香型白酒等是半固态法白酒。

3. 液态法白酒

液态法白酒是采用酒精生产方式，即液态配料、液态糖化、液态发酵和蒸馏的白酒。液态法白酒又分下列三种：

（1）固液勾兑白酒。这是一种用固态法白酒与液态法白酒，或以食用酒精与部分固态法白酒及其酒头、酒尾等勾兑而成的白酒。

（2）串香白酒。这是一种用食用酒精为酒基，经固态发酵的香醅串蒸而成的白酒。

（3）调香白酒。这是一种用食用酒精为酒基，调配不同来源的具有白酒香味的食用香味液，直接勾兑而成的白酒。

4．机械化白酒

机械化白酒是在传统的白酒生产方式中，对配料蒸煮、蒸馏、通风晾糟、加入糖化发酵剂、出入池等工序，用机械设备代替手工操作生产的白酒。

5．半机械化白酒

半机械化白酒是采用传统的白酒生产方式，对部分生产工序用机械设备代替手工操作生产的白酒。如出入池用电葫芦抓斗，出入甑用活甑桶、地下鼓风晾糟、扬糟机等设备以代替手工操作，从而减轻工人的劳动强度。所生产的白酒质量可保持原有的质量水平。

6．手工生产的白酒

手工生产的白酒是采用传统的白酒生产方式，各个工序均以手工操作生产的白酒。生产这种白酒，生产条件差，需要肩扛人抬、人工扬糟、人工挖窖和入池、人工装甑和出甑，工人操作时劳动强度大。

目前，大多数酒厂基本上已采用半机械化操作，生产环境和条件普遍得到改善。

1.3.3 按糖化发酵剂分类

1．大曲白酒

大曲白酒是以大曲为糖化发酵剂生产的白酒。大曲使用小麦、大麦、豌豆等为原料踩制而成，因其块形大，故得此名。大曲为自然糖化发酵剂，富集自然界多种有益微生物，含有形成白酒香味成分的多酶系统和前驱物质。在同一生产条件下，大曲白酒质量较好，但生产成本高。

2．小曲白酒

小曲白酒是以小曲为糖化发酵剂生产的白酒。小曲中的主要微生物为根霉、拟内孢霉、乳酸菌和酵母菌等，其微生物种类不及大曲多。

3．麸曲白酒

麸曲白酒是以麸皮为载体培养的纯种曲霉菌，加纯种酵母生产的白酒。其工艺操作与大曲白酒大体相同。

1.3.4 按白酒香型分类

1. 浓香型白酒

浓香型白酒以泸州老窖特曲为代表。过去称为泸型酒。其风格特征是窖香浓郁,绵甜醇厚,香味谐调,尾净爽口。其主体香味成分是己酸乙酯,与适量的丁酸乙酯、乙酸乙酯和乳酸乙酯等构成复合香气。

2. 酱香型白酒

酱香型白酒以茅台酒为代表,又称茅型酒。由于它类似酱和酱油的香气,故称酱香型白酒。酱香型白酒的主体香味成分复杂,组成尚未完全确定,正在探讨之中。其酒质特点是酱香突出,幽雅细腻,酒体醇厚,后味悠长,空杯留香持久。

3. 清香型白酒

清香型白酒以山西汾酒为代表。主要特征是清香纯正,醇甜柔和,自然协调,后味爽净。其主体香味成分是乙酸乙酯,与适量的乳酸乙酯等构成复合香气。

4. 米香型白酒

米香型白酒以桂林三花酒和全州湘山酒为代表。其特点是米香纯正、清雅,入口绵甜,落口爽净,回味怡畅。初步认为其主体香味成分是 β-苯乙醇、乳酸乙酯和乙酸乙酯。

5. 凤香型白酒

凤香型白酒以陕西西凤酒为代表。其主要特点是醇香秀雅,醇厚甘润,诸味谐调,余味爽净。以乙酸乙酯为主,一定量的己酸乙酯为辅,构成该酒的复合香气。

6. 其他香型白酒

其他香型白酒系指上述五种香型之外的白酒类型。它们往往是两种或两种以上的香型风格兼而有之,是吸取某些香型白酒的工艺精华,因地制宜糅合而成各自独特的典型风格,其工艺也各不相同。这类型酒在全国品种较多,产量较大。截至 1996 年,除豉香型酒、芝麻型酒、四特型酒已独立成型外,尚未独立定为新香型酒的,暂且都称其为其他香型酒。

1.3.5 按酒度分类

1. 高度白酒

酒精含量为 51% 以上的白酒称为高度白酒。

2. 降度白酒

酒精含量为 41%～50% 的白酒称为降度白酒,又称中度酒。

3. 低度白酒

酒精含量为 40%以下的白酒称为低度白酒。

1.4　白酒工业的展望

白酒工业发展总的趋势是白酒质量和生产技术在不断地提高。

1.4.1　优质、低酒度、低粮耗、卫生、营养

优质、低酒度、低粮耗、卫生、营养是白酒发展的方向。

1. 优质

总结、发扬传统工艺，多生产优质白酒。扩大优质白酒在白酒总产量中的比例，实现普通酒向优质酒转变。

2. 低酒度

在现有基础上，继续降低成品酒度，争取用较短时间，把白酒平均酒度降至 40%（酒精体积分数）以下，实现高度酒向低度酒的转变，使中国白酒酒度与国际烈性酒酒度趋于相近。

3. 低粮耗

与低酒度一致，切实依靠科技进步，不断采用新原料、新菌种、新工艺、新设备，在保证产品质量的前提下，提高原料出酒率，节约酿酒用粮。

4. 卫生

确保酒质纯净、安全。要采用高新技术，尽量减少酒中不利于健康指标的成分（种类和含量），以减轻饮用白酒对人体的副作用。

5. 营养

逐步改善中国白酒基本无营养的缺陷。通过吸取黄酒、啤酒、葡萄酒、果露酒有营养的优点，采用外添加的先进科学技术等多种途径，增加白酒的营养功能，使其不仅是嗜好品，还是一种营养品。

1.4.2　发展名优白酒、新型白酒

名优白酒、新型白酒将成为白酒的主体。

传统的名优白酒将有选择性地发展。那些酿造技术进步、香味成分明了、适应全国大多数人口味的名优酒类将得到进一步发展。

各香型名优酒之间相互借鉴，吸取了各家之长的新香型、新品种将受到欢迎。

具有当地气候、土质、原料等优势，风味独特的名优白酒产品将长期存在，并将以基酒流通的形式向全国扩散。

酒精工业的技术进步，优质食用酒精产量的扩大；各类酒香味成分分析工作的进步；勾兑、调味技术的成熟，将使新型白酒得到大发展，有可能成为白酒的主体。

营养型白酒的研究和推广，将改变白酒的面貌，促进白酒与国际蒸馏酒接轨，有利于白酒进入国际市场。

1.4.3　运用现代科学技术

技术进步是白酒发展的动力。积极运用现代技术成果来总结、完善、提高传统工艺，加快实现白酒生产的科学化和现代化。如计算机的应用；现代新技术、新设备、新工艺的采用；现代科学管理方法的应用等，使发酵生成的有益香味物质能更多地存在于酒中，杂质能更多地排除在酒外，使白酒进入既香味丰满又酒体纯净的新阶段。

进一步探索新工艺，研制新设备，解决好酒糟综合利用的问题，以达到节约用粮、减少环境污染、增加经济效益的目标。同时要注重酒的老熟研究，注重包装的改进，不断提高白酒的档次。及时将其他饮料酒的新技术成果和国外发酵、蒸馏酒的先进技术消化吸收，创造性地应用于我国白酒的生产中，使白酒工业的整体技术水平进一步提高。

1.4.4　健康、有序、适度发展

加强管理，健康有序地发展白酒工业。整顿生产和流通环节，扶优限劣，树立名牌，组建大的酒业集团，是白酒行业遵循市场规律向前发展的方向。

制定法规和政策，加强宏观调控力度，依法规范白酒生产和流通秩序，以保护、发展民族工业，使白酒的历史性、文化性、民族性得到充分的发挥。同时通过生产和消费的相互作用，逐步培养新的文明饮用习惯，促进白酒消费的增长。

走"健康、有序、适度"发展之路。

健康，是指适应我国国情需要，健康地发展白酒业，减少误导，正确决策，防止行业出现大起大落。

有序，主要是加强管理，提高白酒的生产水平和质量，提高白酒的生产效益。

适度，就是要控制生产总量，控制生产规模的无限度扩大。限制耗粮高的品种，限制酒度高的品种，使行业结构调整、企业结构调整、产品结构调整有条不紊地顺利进行。

思考题

1. 关于白酒的起源，历史记载中有哪些说法？
2. 白酒工业在国民经济中有什么重要地位？
3. 白酒按使用的糖化发酵剂不同可分成哪几类？
4. 白酒按香型可分成哪几类？
5. 白酒工业的发展方向是什么？

第2章 白酒的原料、辅料和水

 导读

　　白酒的原料包括制曲原料和制酒原料；白酒的辅料主要是指固态发酵法白酒生产中用于发酵及蒸馏的填充料；白酒生产用水包括酿造用水、冷却用水和锅炉用水等。白酒原辅料和水源的种类很多，只有在充分了解它们性质的基础上，才能准确、合理地加以选用，以达到预期的目的。

2.1 制曲的原料

2.1.1 制曲原料的基本要求

1. 适合有用菌的生长和繁殖

　　大曲中的有用微生物为霉菌、细菌及酵母菌，麸曲中有霉菌等，小曲中有根霉及酵母菌等。这些菌类的生长和繁殖，必须有碳源、氮源、生长素、无机盐、水五大类营养成分，并要求有适宜的 pH、温度、湿度及必要的氧气等。故制曲原料应满足有用微生物生长的上述两方面的要求。

2. 适合产酶

　　酒曲是糖化剂或糖化发酵剂，除了要求曲中含有一定数量的有用微生物以外，还需积累多种并多量的胞内酶和胞外酶，其中最主要的是淀粉酶。而此类酶多为诱导酶，故要求制曲原料中含有较多量的淀粉。蛋白质也是产酶的必要成分，故制曲原料应含有适宜的蛋白质。

3. 有利于酒质

　　曲在酿酒生产中用量较大，成为制酒原料的一部分。曲原料的成分及制曲过程中生成的成分，都间接或直接影响酒质。另外，制曲原料中不宜含有较多的脂肪，这也与制酒原料有相同之处。

2.1.2 制曲原料的种类及性质

1. 大曲原料的种类及性质

　　大曲的原料，南方以小麦为主，北方多以大麦和豌豆为主料。

(1) 大曲主要原料的成分比较，如表 2-1 所示。

表 2-1　大曲主要原料的成分比例

名称	水分/%	粗淀粉/%	粗蛋白/%	粗脂肪/%	粗纤维/%	灰分/%
小麦	12.8	61.0～65.0	7.2～9.8	2.5～2.9	1.2～1.6	1.7～2.9
大麦	11.5～12.0	61.0～62.5	11.2～12.5	1.9～2.8	7.2～7.9	3.4～4.2
豌豆	10.0～12.0	45.2～51.5	25.5～27.5	3.9～4.0	1.3～1.6	3.0～3.1

(2) 大曲主要原料的特性：

① 小麦：含淀粉量最高，富含面筋等营养成分，含氨基酸 20 多种，维生素含量也很丰富，黏着力也较强，是各类微生物繁殖、产酶的优良天然物料。若粉碎适度、加水适中，则制成的曲坯不易失水和松散，也不至于因黏着力过大而存水过多。

② 大麦：黏结性能较差，皮壳较多。若用以单独制曲，则品温速升骤降。与豌豆共用可使成曲具有良好的曲香味和清香味。

③ 豌豆：黏性大，淀粉含量较大。若用以单独制曲，则升温慢，降温也慢。故一般与大麦混合使用，以弥补大麦的不足。但用量不宜过多。大麦与豌豆的比例，通常以 3∶2 为宜。也不宜使用质地坚硬的小粒豌豆。若以绿豆、赤豆代替豌豆，也能产生特异的清香，但成本较高，故很少使用。其他含脂肪量较高的豆类，会给白酒带来邪味，不宜采用。

2. 麸曲原料

麸皮是制麸曲的主要原料，具有营养种类全面、碳氮比适中、吸水性强、表面积大、疏松度大等优点，还是各种酶的良好载体。故质量较好的麸皮，能充分满足曲霉等生长繁殖和产酶的需要。

3. 小曲原料

小曲的原料通常为精白度不高的籼米或米糠。因大米的糊粉层中蛋白质及灰分含量较高，糠层中的灰分更高，有利于有用菌的生长和产酶。有的小曲还使用一些中草药。其中含有丰富的生长素，可补充早籼米中生长素的不足，以促进根霉和酵母菌的生长，还能起疏松作用和抑制杂菌繁殖。

2.1.3　制曲原料的选择及配比

1. 大曲原料的配比

有关酱香型、清香型、浓香型大曲酒大曲原料的配比，如表 2-2 所示。

表 2-2　不同香型大曲酒大曲原料配比

酒名	小麦/%	大麦/%	豌豆/%	高粱/%	曲母/%
茅台酒	100	—	—	—	3～8
汾酒	—	60	40	—	

酒名	小麦/%	大麦/%	豌豆/%	高粱/%	曲母/%
泸州老窖特曲酒	90～97	—	—	3～10	—
五粮液	100	—	—	—	2～8
剑南春酒	90	10	—	—	—
古井贡酒	70	20	10	—	—
洋河大曲酒	50	40	10	—	—
全兴大曲酒	95	—	—	4	1
口子酒	60	30	10	—	—
西凤酒	—	60	40	—	—

2. 小曲原料的配比

(1) 桂林曲丸配方。以大米粉为原料，其中制坯米粉占75%，裹粉用细米粉占25%。香药草粉用量为制坯米粉的13%。曲母用量为制坯米粉的2%，为裹粉量的4%。加水量为制坯米粉的60%左右。

(2) 四川无药糠曲丸配方。统糠87%～92%，米粉5%～10%，曲母3%，凉开水为原料的64%～74%。

(3) 厦门白曲配方。以米糠为主，米粉为米糠量的10%～15%，根霉种子为米糠量的4%～5%，酵母种子液为米糠量的0.22%～0.24%，冷开水为米糠量的70%～75%。

(4) 四川邛崃米曲饼配方。以大米粉为主，中药材粉用量为大米粉的2.86%，曲母为大米粉的0.86%，加水量为大米粉的45.7%～48.6%（包括浸米吸水量及拌料用水）。

(5) 广东酒曲饼。大米粉为96.38%，中药粉占3.31%，曲母占0.31%。

(6) 纯种根霉、酵母曲。以麸皮为原料，加水量为麸皮的60%～80%。根霉接种量为0.3%～0.5%，酵母液接种量为2%。根霉及酵母固态曲经分别培养后，按一定比例混合后备用。

3. 麸曲配方

(1) 帘子麸曲配方。麸皮加鲜酒糟15%～20%，加水量为麸皮量的75%～80%，接种量为0.3%～0.5%。

(2) 机械通风麸曲配方。麸皮为85%，鲜酒糟以风干量计占15%，或用15%稻壳代替鲜酒糟，加水后曲料含水量为45%～48%。

2.2　制白酒的原料

2.2.1　制白酒原料的基本要求

白酒生产中有"高粱香、玉米甜、大麦冲、大米净"的说法，概括了几种原料与酒质的关系。对制白酒原料的基本要求，可归纳如下。

1. 名优大曲酒原料

一般名优大曲酒，必须以高粱为主要原料，或搭配适量的玉米、大米、糯米、小麦及荞麦等。

2. 粮谷原料

粮谷原料以糯者为好。要求子粒饱满，有较高的千粒重，原粮水分在 14％以下。

3. 对制白酒原料的一般要求

优质的白酒原料，要求其新鲜，无霉变和杂质，淀粉或糖分含量较高，含蛋白质适量，脂肪含量极少，单宁含量适当，并含有多种维生素及无机元素。果胶质含量越少越好。不得含有过多的含氰化合物、番薯酮、龙葵苷及黄曲霉毒素等有害成分。

2.2.2 制白酒原料的主要成分及特性

制白酒各种原料成分含量比较，如表 2-3 所示。

表 2-3 白酒主要原料成分含量比较

名称	水分/％	淀粉/％	粗脂肪/％	粗纤维/％	粗蛋白/％	灰分/％
高粱	11～13	56～64	1.6～4.3	1.6～2.8	7～12	1.4～1.8
小麦	9～14	60～74	1.7～4.0	1.2～2.7	8～12	0.4～2.6
大麦	11～12	61～62	1.9～2.8	6.0～7.0	11～12	3.4～4.2
玉米	11～17	62～70	2.7～5.3	1.5～3.5	10～12	1.5～2.6
大米	12～13	72～74	0.1～0.3	1.5～1.8	7～9	0.4～1.2
薯干	10～11	68～70	0.6～3.2	—	2.3～6	—

1. 高粱

高粱又称蜀黍、蜀秫、芦祭、红粮等。高粱按黏度分为粳、糯两类，北方多产粳高粱，南方多产糯高粱。糯高粱几乎全含支链淀粉，结构较疏松，能适于根霉生长，以小曲制高粱酒时，淀粉出酒率较高。粳高粱含有一定量的直链淀粉，结构较紧密，蛋白质含量高于糯高粱。高粱按色泽可分为白、青、黄、红、黑高粱几种，颜色的深浅，反映其单宁及色素成分含量的高低。

高粱壳中的单宁含量在 2％以上，但子粒仅含 0.2％～0.3％。微量的单宁及花青素等色素成分，经蒸煮和发酵后，其衍生物为香兰酸等酚元化合物，能赋予白酒特殊的芳香；但若单宁含量过多，则能抑制酵母发酵，并在开大汽蒸馏时会被带入酒中，使酒带苦涩味。高粱除含有上述主要成分外，每 100g 可食部分还含有硫胺素 0.14mg、核黄素 0.07mg、烟酸 0.6mg、钙 17mg、磷 230mg、铁 5mg。

2. 玉米

玉米也称玉蜀黍、包谷、包芦、包米、珍珠米。玉米有黄玉米和白玉米、糯玉米和粳玉米之分。

通常黄玉米的淀粉含量高于白玉米。玉米的胚芽中含有大量的脂肪，若利用带胚芽的玉米制白酒，则酒醅发酵时生酸快、升酸幅度大，且脂肪氧化而形成的异味成分带入酒中会影响酒质。玉米中含有较多的植酸，可发酵为环己六醇及磷酸，磷酸也能促进甘油（丙三醇）的生成。多元醇具有明显的甜味，故玉米酒较为醇甜。

玉米的结构紧密，质地坚硬，故难以蒸煮。

3. 大米

大米是稻谷的子实。大米有粳米和糯米之分。但粳米中又有黏度介于糯米和籼米之间的优质粳米和籼米之分。江浙等地将优质粳米简称为粳米，北京等地称为好大米。北方有些地区将籼米称为机米。现在已有多种杂交稻谷。各种大米又均有早熟和晚熟之分，一般晚熟稻谷的大米蒸煮后较软、较黏。

大米的淀粉含量较高，蛋白质及脂肪含量较少。故有利于低温缓慢发酵，成品酒也较纯净。一般粳米与糯米的成分比较，如表 2-4 所示。

表 2-4　粳米与糯米的成分含量比较

米种	水分/%	淀粉/%	蛋白质/%	脂肪/%	粗纤维/%	灰分/%
粳米	15.8	68.12	9.15	1.61	0.53	0.92
糯米	15.8	70.91	6.93	2.20	0.34	0.63

从表 2-4 可知，粳米的蛋白质、纤维素及灰分含量较高；而糯米的淀粉和脂肪含量较高。

粳米淀粉结构疏松，利于糊化。大米在混蒸混烧的白酒蒸馏中，可将饭的香味成分带至酒中，使酒质爽净。五粮液、剑南春酒、叙府大曲酒等均配用一定量的粳米，而三花酒、玉冰烧、长乐烧等小曲酒则以粳米为原料。糯米质软，蒸煮后黏度大，故需与其他原料配合使用，使酿成的酒具有甘甜味。五粮液及剑南春酒等均使用一定量的糯米。

4. 小麦

小麦除用以制曲外，还可用于制酒。小麦中的碳水化合物，除淀粉外，还有少量的蔗糖、葡萄糖、果糖以及糊精。小麦蛋白质的组分以麦胶蛋白和麦谷蛋白为主，麦胶蛋白中以氨基酸为多。这些蛋白质可在发酵过程中形成香味成分。五粮液、剑南春酒及叙府大曲酒等，均使用一定量的小麦。但小麦的用量要得当，以免发酵时产生过多的热量。

5. 甘薯

甘薯又名山芋、甜薯、红薯、番薯、白薯、地瓜、红苕等。按肉色分为红、黄、紫、灰 4 种，按成熟期分为早、中、晚熟 3 种。

薯干的淀粉纯度高，含脂肪及蛋白质较少，发酵过程中升酸幅度较小，因而淀粉出酒率高于其他原料。但薯中含有以绝干计 0.35%~0.4% 的甘薯树脂，对发酵稍有不良影响；薯干的果胶质含量较多，使成品酒中甲醇含量较高；染有黑斑病的薯干，将番薯酮带入酒中，会使成品酒呈"瓜干苦"味。若酒内含有番薯酮 100mg/L，则呈严重的苦味和邪味。甘薯的淀粉颗粒大，组织不紧密，吸水能力强，易糊化。

2.2.3　制白酒原料的化学组成及对白酒生产的影响

1. 糖类

淀粉按化学结构可分为直链淀粉和支链淀粉两种，直链淀粉由 α-1,4-葡萄糖苷键组成，支链淀粉除 α-1,4-葡萄糖苷键外，还有形成分支的 α-1,6-葡萄糖苷键。淀粉及其部分降解物糊精是原料中的主要成分，生产中通过糖化发酵转变为酒精。纤维素难以被水解，不能利用，但也不会对酿酒过程产生不良影响。淀粉或糖类含量低的原料，出酒率和原料利用率则低，一般不宜使用。

2. 蛋白质

蛋白质的作用是经蛋白酶降解后作为微生物所必需的氮源而参与微生物细胞结构的构成和酶的合成，其含量以满足微生物正常生长繁殖为宜。有效氮与磷含量低的原料酿出的酒，口味寡淡。但蛋白质含量过高，在嫌气条件下，易分解产生异杂味。

3. 无机盐及维生素

无机盐类和维生素是微生物生命活动中不可缺少的物质。它们的主要功能在于作为酶活性基的组成部分或调节酶的活性，某些无机盐还兼有调节渗透压、氧化还原电位、pH 等作用。原料中无机盐类和维生素的含量通常能够满足微生物生长繁殖的要求，一般不另考虑。

4. 脂肪

原料中若含较多的脂肪，会使酒醅生酸过多，并生成较多的高级脂肪酸并会使酒有异味。

5. 果胶质

薯类原料中果胶含量高，高温下易分解产生甲醇，发酵时大部分会挥发掉，残留的甲醇在蒸馏时，部分会进入酒中，使成品酒中的甲醇含量较高。

6. 其他成分

高粱等作物含有较多的单宁，单宁带有涩味，遇铁呈蓝黑色，使蛋白质凝固，对酵母和糖化酶均有破坏作用，少量的单宁可生成丁香酸等香味物质，赋予白酒特有香味。

2.2.4　制白酒原料的选择及配比

1. 大曲酒原料的选择及配比

大曲酒的原料多为高粱，而且通常是糯高粱。即使是大曲和小曲并用的董酒，也以糯高粱为原料。有的大曲酒除使用高粱外，还搭配其他原料。其中最典型的例子是五粮液和剑南春酒，具体配方如表 2-5 所示。

表 2-5　五粮液和剑南春酒的原料配比

酒名	高粱/%	小麦/%	玉米/%	糯米/%	大米/%
五粮液	36	16	8	18	22
剑南春酒	40	15	5	20	20

2. 小曲酒的原料

小曲酒以大米、高粱、玉米为原料。如玉冰烧、三花酒、长乐烧等以大米为原料；四川的一些小曲酒，多以高粱或玉米为原料。

3. 麸曲酒的原料

麸曲固态发酵法白酒以高粱、高粱糠、玉米、薯干、大曲酒糟为原料。如金州曲酒及六曲香酒等以粳高粱为原料。目前以薯干为原料者甚少；多以脱胚玉米等为原料。

4. 液态发酵法白酒的原料

液态发酵法白酒以高粱搭配大麦和豌豆、玉米、酒糟、薯干等原料。用薯干者甚少。

2.3　制白酒的辅料

2.3.1　辅料的作用及要求

1. 辅料的作用

利用辅料中的某些有效成分；调剂酒醅的淀粉浓度，冲淡或提高酸度，吸收酒精，保持浆水；使酒醅具有适当的疏松度和含氧量，并增加界面作用，使蒸馏和发酵顺利进行；有利于酒醅的正常升温。

2. 辅料的要求

辅料要求杂质较少、新鲜、无霉变；具有一定的疏松度及吸水能力；或含有某些有效成分；少含果胶、多缩戊糖等成分。

2.3.2　各种辅料的成分及特性

1. 辅料的成分

各种辅料的成分，如表 2-6 所示。

表 2-6　各种辅料的成分比较

名称	水分/%	淀粉/%		果胶/%	多缩戊糖/%	松紧度/%	吸水量/%
		粗淀粉	纯淀粉				
高粱壳	12.7	29.8	1.3	—	15.8	13.8	135
玉米芯	12.4	31.4	2.3	1.68	23.5	16.7	360
谷糠	10.3	38.5	3.8	1.07	12.3	14.8	230
稻壳	12.7	—	—	0.46	16.9	12.9	120
花生皮	11.9	—	—	2.10	17.0	14.5	250
鲜酒糟	63	8~10	0.2~1.5	1.83	6.0	—	—
玉米皮	12.2	40~48	8~28	—	—	15.6	—
高粱糠	12.4	38~62	20~35			13.2	320
甘薯蔓	12.7	—	—	5.81	11.9	25.7	335

白酒厂多以稻壳、谷糠、酒糟为辅料；花生壳、玉米芯、高粱壳、甘薯蔓、稻草、麦秆等使用较少。

2. 辅料的特性比较

（1）稻壳，又名稻皮、砻糠、谷壳，是稻米谷粒的外壳。一般使用 2~4 瓣的粗壳；不用细壳，因细壳中含大米的皮较多，故脂肪含量高，疏松度也较低。稻壳因质地坚硬、吸水性差，故使用效果及酒糟质量不及谷糠。但经粉碎适度的稻壳的吸水能力增强，可避免淋浆现象。又因价廉易得，故被广泛用作酒醅发酵和蒸馏的填充料。但稻壳含有多量的多缩戊糖及果胶质，在生产中会生成糠醛和甲醇，故需在使用前清蒸 30min。

（2）谷糠，是小米或黍米的外壳，不是稻壳碾米后的细糠。制白酒所用的是粗谷糠。其用量较少而使发酵界面较大。故在小米产区多以它为优质白酒的辅料；也可与稻壳混用。使用经清蒸的粗谷糠制大曲酒，可赋予成品酒特有的醇香和糟香；若用做麸曲白酒的辅料，则也是辅料之上乘，成品酒较纯净。细谷糠为小米的糠皮，因其脂肪含量较高，疏松度也较低，故不宜做辅料。

（3）高粱壳，是指高粱子粒的外壳。其吸水性能较差。故使用高粱壳或稻壳作辅料时，醅的入窖水分稍低于使用其他辅料的酒醅。高粱壳虽含单宁量较高，但对酒质无明显的不良影响。故西凤酒及六曲香酒等均以新鲜的高粱壳为辅料。

（4）玉米芯，是指玉米穗轴的粉碎物，粉碎度越大，吸水量越大。但多缩戊糖含量较多，故对酒质不利。

（5）其他辅料。高粱糠及玉米皮，既可制曲，又可作为制酒的辅料。花生壳、禾谷类秸秆的粉碎物、干酒糟等，在用做制酒辅料时，须进行清蒸排杂。使用甘薯蔓作辅料的成品酒质量较差；麦秆能导致酒醅发酵升温猛、升酸高；荞麦皮含有紫芸苷，会影响发酵；以花生皮作辅料，成品酒甲醇含量较高。

2.3.3　辅料的使用原则

辅料的用量与出酒率及成品酒的质量密切相关，因季节、原辅料的粉碎度和淀粉含量、酒醅酸度和黏度等不同而异。在一定的范围内，辅料用量大，加水量也相应增加，只要发酵正常，可产酒较多；但若辅料用量过多，会增加成品酒的辅料味。故辅料用量须严格控制。合理调整辅料用量的原则如下：

（1）按季节调整辅料用量。随气温变化酌情增减，冬季应适当多用些，以利于酒醅升温而提高出酒率。夏天应控制辅料用量，以防酒醅升温过高。

（2）按底醅升温情况调整辅料用量。因辅料有助于酒醅的升温，故发酵升温快、顶火温度高的底醅可适当少用辅料。同时每次增减辅料用量时，应相应地补足或减少水量，以保持原来的入池水分标准。

（3）按上排的底醅酸度及淀粉浓度调整辅料用量。只有在上排底醅升温慢而酸度低且淀粉含量高的情况下，才可适当加大辅料用量。当上排底醅酸度高及淀粉浓度大时，应适量退出底醅，并坚持低温入池，待再下一排时补足原有的底醅量，仍以低温入池。当出池底醅酸度较低、淀粉浓度也较低时，也应适量退出底醅，或适当提高入池温度。

（4）尽可能地少用辅料。在出酒率正常时，不允许擅自增加辅料用量。作为酿酒技师，应懂得调整底醅用量的理由和具体方法。如在班组加大投粮量时，可相应地扩大底醅用量，以保持原来的粮醅比；在班组减少投料量时，应缩减底醅量，或稍扩大粮醅比；在压排或相应延长发酵时，也不要增加辅料用量，而应相应地增加底醅用量，扩大粮醅比，或采取降低入池品温的措施。

（5）其他。为了防止辅料的邪杂味带入酒内，应将辅料清蒸排杂，这在清香型白酒生产中尤为重要。对混蒸续糟的出池酒醅，应先拌入粮粉，再拌入辅料，不得将粮粉与辅料同时拌入，或把粮粉与辅料先行拌和。清蒸清糟或清蒸续糟的出池酒醅，可直接与辅料拌和。

2.4　白酒原辅料的选购、贮存及处理

2.4.1　原辅料的选购、贮存

1. 原辅料的选购

要注意就地取材，并考虑原辅料对酒质的影响及酒糟的饲用价值。如果原辅料含土及其他夹杂物过多，或含水量过高且有霉变、结块现象，并带有大量杂菌，污染酒醅后会使酒呈严重的邪杂味。对质量不合格的原辅料，应进行必要的筛选和处理，并注意酒醅的低温入池，以控制杂菌生酸过多。

2. 原辅料的贮存

白酒制曲、制酒的多品种原料，应分别入库。入库前，要求含水分在 14％以下，已晒干或风干的粮谷入库前应降温、清杂。粮粒要无虫蛀及霉变。高粱等粒状原料，一般采用散粒入仓；稻谷、小米、黍米等带壳贮存，临用前再脱壳；麦粉、麸皮等粉状物料，以麻包贮放为好。辅料要保持一定数量的贮备，但不应露天任其风吹雨淋。

2.4.2　原辅料的除杂、粉碎

1. 原料的除杂

白酒厂通常采用振动筛去除原料中的杂物，用吸式去石机除石，用永磁滚筒除铁。

2. 原料的粉碎

白酒原料的粉碎，采用锤式粉碎机、辊式粉碎机及万能磨碎机。粉碎方法有湿式粉碎及干式粉碎两种。

1）制曲原料的粉碎

（1）制大曲原料的粉碎：总的要求将小麦粉碎成烂心不烂皮的梅花瓣。但各种大曲原料的粉碎要求有所不同。

酱香型大曲酒大曲原料的粉碎要求：例如茅台酒大曲用的小麦加 5％～10％的水用钢磨粉碎成麦皮为薄片；麦心部分粉碎成细粉，无大颗粒的粗麦粉。能通过 20 目筛孔的细粉占 40％～50％；未通过 20 目筛孔的粗粒及麦皮占 50％～60％。郎酒大曲用的小麦粉碎成 2～3mm。

浓香型大曲酒大曲原料的粉碎要求：例如五粮液大曲的原料粉碎成能通过 20 目筛孔的细粉占 30％～35％；洋河曲料粉碎成能通过 40 目者占 50％。古井贡酒的曲料粉碎成粗粉占 60％左右。

清香型大曲酒曲料的粉碎要求：例如汾酒的曲料粉碎成能通过 20 目筛孔的细粉，冬天占 20％，夏天占 30％；通不过的粗粉冬季占 80％，夏季占 70％。

其他香型大曲酒曲料的粉碎要求：例如白云边酒曲料粉碎至能通过 20 目筛孔者占 27％～30％；通过 40 目筛孔者为 15％～20％；通过 60 目筛孔者为 10％～15％。

（2）小曲原料的粉碎要求：例如四川邛崃米曲饼的曲料碾至不能通过 1mm 筛孔的粗粉占 30％，通过 1mm 筛孔而不能通过 0.5mm 筛孔者占 40％；通过 0.5mm 筛孔的细粉占 30％。无药糠曲的统糠不刺手，米粉能通过 20 目筛孔。

2）制酒原料的粉碎

（1）大曲酒原料的粉碎要求：

茅台酒原料的粉碎要求：下沙高粱整粒占 80％，碎粒占 20％，糙沙高粱整粒占 70％，碎粒占 30％。

泸州大曲酒高粱的粉碎要求：破碎成 4～6 瓣。一般能通过 40 目的筛孔，其中粗粉占 50％。

五粮液原料的粉碎要求：高粱、大米、糯米、小麦均粉碎成 4、6、8 瓣，成鱼籽状，无整粒混入；玉米粉碎成颗粒，大小相当于上述 4 种原料，无大于 1/4 粒者混入；五粮粉混合后能通过 20 目筛孔的细粉不超过 20%。

洋河大曲酒原料的粉碎要求：高粱粉破为 4～6 瓣。对坚硬的黑壳高粱，可适当破碎得细些。

汾酒原料的粉碎要求：高粱破碎成 4～8 瓣。其中通过 1.2mm 筛孔的细粉占 25%～35%；粗粉占 65%～75%；整粒高粱不超过 0.3%。按气候调节原料粉碎细度，冬季稍细，夏季稍粗。

（2）小曲酒原料的粉碎要求：大米、玉米、高粱均为整粒。

（3）麸曲固态发酵法白酒原料的粉碎要求：清蒸清烧法薯干、玉米、高粱用锤式粉碎机粉碎成能通过直径为 1.5～2.5mm 的筛孔；清蒸混入老五甑法薯干、玉米、高粱粉碎至 60% 以上能通过 20 目筛孔，取通过 20 目者用于三糙，其余用于大糙和二糙。

（4）液态发酵法白酒原料的粉碎要求：玉米粉碎至能通过 40 目筛孔者 90% 以上。

3）大曲的粉碎

大曲的粉碎以细为好。但各种大曲酒的大曲的粉碎度也有差异。例如茅台酒大曲先用锤式粉碎机粉碎，再用钢磨磨成粉，能通过 20 目筛孔者占 80% 以上。泸州大曲酒的大曲粉碎至能通过 20 目筛孔者占 70%，其余能通过 0.5cm 筛孔。汾酒大曲用于头糙的曲稍粗，要求粉碎至大者如豌豆，小者如绿豆，能通过 1.2mm 筛孔的细粉不超过 55%；二糙用曲稍细，要求大者如绿豆，小者如小米粒，能通过 1.2mm 筛孔的细粉为 70%～75%。

2.5　白酒生产用水

2.5.1　水源

1. 水源的种类及特性

（1）地表水。地表水主要是指河川水和湖沼水。河川水因存在一定的污染，一般应处理后使用。湖沼水与江河水相似，硬度较低，含氧高，水质随季节而变化，由于移动性小，菌藻类容易生长，因而有机物含量较高，使用前也要处理。

（2）地下水。地下水主要指井水和泉水。井水水质、水温稳定，是许多酒厂工艺用水的主要来源。井水硬度因地区不同而异，有的硬度较高，需要处理后使用。优质泉水通常硬度不高且呈甜味，可不经处理使用。

（3）自来水。自来水含有机物较少，但有些地区的自来水硬度较高。送水管及送水泵材用普通钢时，含铁量可能较高。原水污染严重的地区，通常采用氯消毒生产自来水，其漂白粉味较重。

2. 水源的选择

（1）地表水。地表水通常为软水，但受到不同程度的污染，含有较多的杂质，浑浊度较高；其水质随季节和气温变化也较大，故一般不宜选用。

对于水质较好的河川水，应注意其水质变化状况，慎重选用。

（2）地下水。地下水较为清洁，含有机物、悬浮物及胶体物质较少，含微生物也较少，不含水生动物和植物；水的硬度高于河川水，可溶解盐类的含量较高。深井水是酿制白酒的较好水源，但其硬度因地而异，应适当改良后使用。

（3）自来水。以自来水酿酒，要视水质情况做适当的处理。

2.5.2　生产用水的基本要求

1. 生产用水的分类

白酒生产过程中水的用处不同，大体上可分为以下三种。

（1）酿造用水。酿造用水或称工艺用水。凡制曲时拌料，微生物培养，制酒原料的浸泡、糊化、稀释，设备及工具的清洗，成品酒的加浆用水，因其均与原料、半成品、成品直接接触，故统称为酿造用水。水中所含的各种组分，均与有益微生物的生长、酶的形成和作用以及醇或醪的发酵直至成品酒的质量密切相关，应予以足够的重视。

（2）冷却用水。在液态发酵法或半固态发酵法白酒的生产过程中，蒸煮醪和糖化醪的冷却，发酵温度的控制，以及各类白酒蒸馏时冷凝，均需大量的冷却用水。因其不与物料直接接触，故只需温度较低，硬度适当。但若硬度过高，也会使冷却设备结垢过多而影响冷却效率。

（3）锅炉用水。锅炉用水通常要求无固形悬浮物，总硬度低；pH 在 25℃时＞7，含油量及溶解物等越少越好。锅炉用水若含有砂子或污泥，则会形成沉糟而增加锅炉的排污量，并影响炉壁的传热，或堵塞管道和阀门；若含有多量的有机物质，则会引起炉水泡沫、蒸汽中夹带水分，因而影响蒸汽质量；若锅炉用水硬度过高，则会使炉壁结垢而影响传热，严重时，会使炉壁过热而凸起，引起爆炸事故。

2. 酿造用水的标准

无色透明，无邪杂味、腥味、臭味，不苦、不涩，无异味，清爽可口，主要指标应该符合国家规定的饮用水标准。

3. 降度用水的要求

降度用水是白酒酿造用水中的一个特殊部分，不同于一般酿造用水，对其有特定的如下要求。

（1）总硬度应＜1.783mmol/L；总盐量＜100mg/L。因微量无机离子也是白酒的组分，故不宜用蒸馏水作为降度用水。

（2）NH_3 含量＜0.1mg/L。

（3）铁含量＜0.1mg/L。

（4）铝含量＜0.1mg/L。

（5）不应有腐殖质的分解产物。

（6）自来水应用活性炭将氯吸附，并经过滤后使用。

2.5.3　生产用水的处理

生产用水若达不到要求，必须处理后方可使用。常用方法有煮沸法、砂滤法、活性炭过滤法、离子交换树脂过滤法、反渗透法、超微渗透法等。目前市场上已有相应成套设备出售，根据水质具体情况选用。水处理方法的具体选用，应根据原水的水质来选用适宜的处理方法，有时往往要进行综合处理。如果原水为洁净的自来水，则可先经活性炭吸附，再用由阴、阳两种离子交换树脂柱串联的设备进行处理即可；若使用不太清的井水，可进行如下的综合处理，以保证水质：井水→加明矾→曝气、砂滤→加漂白粉杀菌→活性炭柱→离子交换柱→净水。

根据一些酒厂的实践，地下水的硬度都较高，盐碱地带尤甚，因此加浆用水选用电渗析、超滤、反渗透等方法处理效果更好。

 思考题

1. 制曲原料的选择有何要求？常用制曲原料有什么性能？
2. 固态法白酒酿造的主要原料有哪些？各种原料的成分有什么特点？
3. 使用制酒原料应注意哪些事项？
4. 酿制白酒辅料的作用与要求是什么？辅料的种类有哪些？使用辅料时应注意哪些问题？
5. 酿造用水有何要求？如何选择水源？
6. 水的净化方法有哪些？各有什么优缺点？

第3章 酒曲生产技术

 导读

　　掌握大曲的特点、大曲的质量评判和大曲制作的一般工艺。了解酱香大曲酒高温大曲的生产工艺、浓香大曲酒中高温大曲的生产工艺和清香大曲酒中温大曲的生产工艺。了解大曲的病虫害防治以及大曲中的微生物类群和酶系。了解小曲的种类及特点，小曲中的微生物及酶系，单一药小曲、广东药饼曲、根霉曲的生产工艺。了解麸曲生产工艺。

3.1 酒曲概述

3.1.1 大曲

　　大曲是以小麦、大麦和豌豆等为原料，经破碎、加水拌料，压成砖块状的曲坯后，在一定的温度和湿度下培养而成。大曲中含有霉菌、酵母、细菌等多种微生物及它们产生的多种酶类，在酿酒发酵过程中起糖化剂和发酵剂的作用，生成种类繁多的代谢产物，形成大曲白酒的各种风味成分。

3.1.2 小曲

　　小曲也称酒药、白药、酒饼等，是用米粉或米糠为原料，添加少量中药材或辣蓼草，接种曲母，人工控制培养温度而制成。因为呈颗粒状或饼状，习惯称它为小曲。小曲中主要含有根霉菌、毛霉菌和酵母菌等微生物，其中根霉的糖化能力很强，并具有一定的酒化酶活性，它常作为小曲白酒或黄酒的糖化发酵剂。

　　在有些小曲的制作过程中，常添加一些中药材，目的是促进酿酒微生物的生长繁殖，并增加酒的香味，经研究，为了降低制曲成本，防止盲目使用中药材，目前已减少甚至不加中药材制出无药小曲或无药糠曲，同样也获得了良好的效果。

3.1.3 麸曲

　　麸曲以麸皮为主要原料，接种霉菌，扩大培养而成，它主要用于麸曲白酒的生产，作为糖化剂使用。利用麸曲代替大曲和小曲来生产白酒，是20世纪50年代推行的一种新方法，其主要优点是麸曲糖化力强，原料淀粉的利用率高达80%以上，在节粮方面有显著的效果，麸曲法白酒发酵周期短，原料适用面广，易于实现机械化生产。目前该法已逐步由固态法生产发展为液态法生产，并进而使用酶制剂取代麸曲的作用。

3.2　大曲生产技术

3.2.1　大曲的特点

1. 用生料制曲

用生料制曲有利于保存原料中的水解酶类，使它们在酿造过程中仍能发挥作用，而且有助于那些直接利用生料的微生物得以富集、生长、繁殖。

2. 自然接种

大曲制造主要是利用自然界存在的微生物。大曲的踩曲季节不同，各种微生物种类的比例也不同。一般来说，春秋季酵母比例大，夏季霉菌比例大，冬季细菌比例大。故踩曲选在春末或夏初直至中秋前后为合适，但最佳季节为春末夏初。自然接种为大曲提供了丰富的微生物类群，各种微生物所产生的不同酶系，也形成了大曲的多种生化特性。

3. 糖化剂

大曲是糖化剂，也是酿酒原料的一部分。酿酒过程中，大曲中的微生物和酶对原料进行糖化发酵，同时，大曲本身所含的营养成分也被分解利用。在制曲过程中，微生物分解原料所形成的代谢产物，如阿魏酸、氨基酸等也是形成大曲酒特有香味的前体物质，与酿酒过程中形成的其他代谢产物一起形成了大曲酒的各种香气和香味物质。

4. 强调使用陈曲

大曲在贮存过程中，会使大量产酸细菌失活或死亡，这样可避免发酵过程中过多的产酸；同时在贮存过程中酵母也会减少，这样可使曲的活性适当钝化，避免在酿酒中前火过猛，升酸过快。

3.2.2　大曲的类型

（1）高温大曲。培养制曲的最高温度达 60℃ 以上。酱香型大曲酒多用高温大曲，浓香型大曲酒也有使用高温大曲的趋势。高温曲制曲特点是"堆曲"，即用稻草隔开的曲块堆放在一起，以提高曲块的培养温度。一般认为高温大曲是提高大曲酒酒香的一项重要技术措施。

（2）中高温大曲或称偏高温大曲（也称浓香型中温大曲）。制曲培养温度在 50～59℃。很多生产浓香型大曲酒的工厂将偏高温大曲与高温大曲按比例配合使用，使酒质醇厚，有较高的出酒率。

（3）中温大曲（也称清香型中温大曲）。制曲培养温度为 45～50℃，一般不高于

50℃。制曲工艺着重于"排列"，操作严谨，保温、保潮、保湿各阶段环环相扣，控制品温最高不超过 50℃。

3.2.3　大曲制作的一般工艺

1. 制曲用具及设备

1）人工踩曲坯的用具和设备

以某名酒厂为例，主要用具及设备如下。

（1）拌和锅。以铸铁制成，其直径为 68cm、深 20cm，置于一木架上。在锅内将曲料初步拌和。

（2）和面机。机内设有 2 个搅拌装置。第一个搅拌器的轴上装有 3 对带齿的叶片，将由人工初步拌和的物料搅拌后，物料落入和面机的圆筒内，筒中装有搅拌轴上带许多粗铁齿的第二个搅拌器，进行第二次搅拌。和面机由 1 台功率为 4.5kW 的电动机带动。

（3）曲模。用木材制成。曲模大小为 28mm×18mm×5.5cm。

（4）踩曲用石板。为圆形的红砂石板。其直径 58cm、厚 5cm。共 12 块，排列呈弧形。

（5）运曲坯小车。为双轮手推车，以木料制成。每车可装曲坯 30 块。

2）机械制曲的设备和装置

（1）液压成坯机。如四川宜宾三江机械厂设计制造的 ZQB250 型液压成坯机，能利用液压系统和电气系统对各部动作进行程序控制，从曲料进机到曲块压成后的输出，可实现自动循环作业。其特点是 1 次可同时压制 2 块曲坯，产量为 250～400 块/h，所用电机功率为 3.3kW。

（2）气动式压坯机。该机具有结构简单、占地面积小、操作和维修方便等优点。其压曲方式是一次气动静压成型，产量为 350～500 块/h。可利用 1 台 0.6m³/min 的小气泵产生的压缩空气，通过 3 个手动换向阀驱动气缸，完成取料、压坯、顶出等作业。由于每块曲单独用 1 个气缸压实，故不会因加料不均匀而使曲坯松紧不一；在设计时也已考虑到不会因设备磨损而产生模子对位不准的问题。

（3）弹簧冲压式成坯机。这是大多数白酒厂采用的压坯机。首先于山西杏花村汾酒厂等白酒厂使用成功，而后经上海饮料机械厂改进仿制，并以洋河酒厂为试点，再向全国推广应用。该机的生产能力为 700～800 块/h，曲坯大小和形状可按曲模而定。可改善卫生状况，并节省劳动力 75%。

（4）微机控温培养大曲装置。有的白酒厂采用微机自动控制曲室内的温、湿度培制大曲。其主要设备有微机和自动控制柜。曲室内装有温度计、湿度计、喷头、排风扇、框架、放曲块的盒、电热丝等。成曲产量比传统法高 3～4 倍，成曲质量稳定，糖化力和发酵力均高于传统工艺培制的大曲。

2. 曲坯制作

1）曲坯制作步骤

以四川某名酒厂的浓香型大曲生产为例。

（1）润麦。将一定量小麦堆集成堆，添加（热）水 3%～8%，拌匀、收堆。润麦时间 2～4h，润麦后小麦表面收汗，内心带硬，口咬不粘牙，并有干脆响声。

（2）粉碎。使用对辊式粉碎机将小麦粉碎成"烂心不烂皮"的梅花瓣。

（3）加水拌料。清洁拌料容器（绞笼），原料粉碎后迅速加（温）水拌和，同时可以加入一定量的老曲粉，控制水温，麦料吃水要透而匀，保持拌料时间 30s，手捏成团不黏，鲜曲含水 35%～38%（香型不同而不同）。

（4）成型。成型有人工和机制成型两种。人工踩曲是将曲料一次性装入曲模，首先用脚掌从中心踩一遍，再用脚跟沿边踩一遍，要求"紧、干、光"。上面完成后将曲箱翻转，再将下面踩一遍，完毕又翻转至原踩的面重复踩一遍，即完成一块曲坯。机制成型时间保持在 15s 以上。曲坯四角整齐，不缺边掉角，松紧一致。

（5）晾汗。成型的曲坯需在踩曲场晾置一段时间，待不黏手便迅速入房培养。我国北方较干燥，可不进行该操作。

（6）接运曲。成型后曲坯晾置不超过 30min，转接轻放，每一小车装鲜曲不超过 25 块。

2）曲坯制作要点

（1）润麦。润麦的目的是使原粮粉碎时，颗粒大小适当，粉碎后不成细粉或粗粒，而是将小麦粉碎成"烂心不烂皮"的梅花瓣。

（2）粉碎。粉碎的关键是掌握好粉碎度。若粉碎过细，则曲粉吸水强，透气性差，由于曲粉黏得紧，发酵时水分不易挥发，顶点品温难以达到，曲坯升酸多，霉菌和酵母菌在透气（氧分）不足、水分大的环境中极不易代谢，因此让细菌占绝对优势，且在顶点品温达不到时水分挥发难，容易造成"窝水曲"。另一种情形是"粉细水大坯变形"，曲坯变形后影响入房后的摆放和堆积，使曲坯倒伏，造成"水毛"（毛霉）大量滋生。粉碎粗时，曲料吸水差，黏着力不强，曲坯易掉边缺角，表面粗糙，穿衣不好，发酵时水分挥发快，热曲时间短，中挺不足，后火无力。此种曲粗糙无衣，曲熟皮厚，香单、色黄。因此，控制粉碎度是保证曲质量的关键之一。

（3）拌料。拌料的目的就是使原料粉均匀地吃足水分。拌料的关键是掌握好拌料水温。拌料主要包括配料和拌料方式两个环节。配料是指小麦、水、老曲和辅料的比例。拌料方式有手工拌料和机械搅拌两种。

（4）成型。有机制的压制成型，又有人工的踩制成型。机械成型又分一次成型和多次（5 次）成型。另按曲坯成型的形式有"平板曲"和"包包曲"之分。成型的曲坯要求是一致的，即"表面光滑，不掉边缺角，四周紧中心稍松"。包包曲只有"五粮型"的曲才如此，其标准要求大同小异。

（5）曲坯入室。曲坯入室（房）后，安放的形式有斗形、人字形、一字形三种。斗形和人字形较为费事，但可以使曲坯的温度和水分均匀，可任意安放。根据不同季节，对曲间距离有不同要求，一般冬天为 1.5～2cm，夏天在 2～3cm。曲间距离有保温、保湿、挥发水分、散失热量等调节功能，需要时，将其收拢或拉开。除高温大曲外，入房时均安放一层稻壳等。曲坯入房前，应将曲室打扫干净，并铺上一层稻壳之类的物料，以免曲坯发酵时黏着于地，视其情况，要求适量洒一些清水于地面（热天必须洒）。曲室的地面最好是泥地。曲坯入房后，应在曲上面盖上草帘、谷草之类的覆盖物。为了增大环境湿度，每 100 块曲应按 7～10kg 水的量洒水，并根据季节确定水的温度，原则上用什么水制曲就洒什么水。冬天气温太低时，可用 80℃ 以上热水洒上，借以提高环境温度和增大湿度；夏天太热时，洒上清水可以降低或调节曲坯温度，当湿度大时，温度不至于直接将曲坯表面的水分吸干挥发。洒水时要均匀地铺洒于覆盖物上，如无覆盖物，可向地上和墙面适当洒水。曲坯入室完毕后，将门窗关闭。制曲有"四边操作法"，即"边安边盖边洒边关"，同时要做好记录。此时曲坯进入发酵阶段。

3. 曲坯培菌管理

培菌是大曲质量的关键环节，大曲的培养管理就是给不同微生物提供不同的环境，有什么样的管理就有什么样的产品质量，不管哪种香型曲，均把这个阶段放在首位。

1）低温培菌期（前缓）

目的：让霉菌、酵母菌等大量生长繁殖；

时间：3～5d；

品温：30～40℃，相对湿度＞90％；

控制方法：关启门窗或取走遮盖物、翻曲。

由于低温高湿特别适宜微生物生长，所以入房后 24h 微生物便开始发育。24～48h 是大曲"穿衣"的关键时刻。所谓"穿衣"（上霉）就是大曲表面生长针头大小的白色圆点的现象。穿衣的菌类对大曲并不十分重要，甚至无用或有弊的也无妨，但它却是微生物生长繁殖旺盛与否的反映，且"穿衣"后这些菌的菌丝布满曲表，形成一张有力的保护网，充分保证了曲坯皮张的厚薄程度。若穿衣好，则皮张薄，反之则厚。应该说，这些菌在大曲质量的保证上立下了头功。

由于霉菌的生长温度较低，所以低温期间霉菌和酵母菌均大量生长。培菌就是培养以霉菌为主的有益菌，并生成大量的酶，最终给大曲的多种功能打下基础。

低温培菌要求曲坯品温的上升要缓慢，即"前缓"。在夏天最热阶段，品温难以控制。如气温在 30℃ 以上时，曲坯入房也就达到了培养的温度，此时要"缓"，采取加大曲坯水分，降低室内温度，将曲坯上覆盖的谷草（帘）加厚，并加大洒水量等措施，以控制或延长"前缓"过程。又如冬天"前缓"太慢时，可按加热的方式操作，以加速反应进程，不至于影响下一轮的培养。

在低温阶段翻曲有两种情形：一是按工艺规定的时间，如 48h 原地翻一遍，或 72h 翻一次；二是以曲坯的培养过程为依据进行翻曲，这些依据是：

（1）曲坯品温是否达标（含湿度）。

（2）前缓时间是否够。

（3）曲坯的干硬度。

（4）取样分析数据。

用一句话可概括翻曲的上述原则："定温、定时，看表里"。

一般来说，曲不宜勤翻，因每翻一次曲都是对曲坯（堆）的一次降温过程。

翻曲的方法是：取开谷草（帘），将曲垒堆，将底翻面，硬度大的放在下面，四周翻中间，每层之间以竹竿相隔，楞放，上块曲对准下层空隙，形成"品"字形，视不同情况留出适宜的曲间距离。又重新盖上谷草之类的覆盖物，关闭门窗，进入第二阶段的发酵。

2）高温转化期（中挺）

目的：让已大量生成的菌代谢，转化成香味物质；

品温：50～65℃，相对湿度＞90％；

时间：5～7d；

操作方法：开门窗排潮。

经过低温阶段，以霉菌为主的微生物生长繁殖已达到了顶峰，各种功能已基本形成，特别是能够分解蛋白质之类的功能菌、酶在进入高温后，利用原料中的养料形成酒体香味的前驱物质的能力已经具备。大曲中氨基酸的形成就是借助高温，由菌、酶作用而生成的。因此，高温阶段要求顶点温度要够，且时间要长，特别是热曲时间绝不能闪失，其间须注重排潮。

由低温（40℃）进入高温时，曲堆温度每天以5～10℃的幅度上升，一般在曲坯堆积后（5层）3d，即可达到顶点温度。在这期间曲坯散发出大量水分和CO_2，绝大多数微生物停止生长，以孢子的形式休眠下来，在曲坯内部，进行着物质的交换过程。

试验表明：曲室中如CO_2含量超过1％时，除对菌的增殖有碍外，酶的活力也下降。为了保证菌、酶的功能不损失，必须排出水分和CO_2，送进氧气以供呼吸，故以开启门窗为手段的排潮可以达到此效果。由于各种菌对氧气的吸收程度不同，因而可根据工艺上实际所需来决定通风排潮的时间和次数。如曲霉在通风条件好时（吸氧量大）产生柠檬酸和草酸，厌氧时，则生成大量的乳酸，其中根霉产乳酸较多。所以，排潮送氧应作为大曲生产的必不可少的操作技术。排潮时间应在每天的上午9:00、中午12:00、下午15:00，每次排潮时间不能超过40min。

随着水分的挥发，曲中物质的形成，此时曲堆品温开始下降，当曲块含水量在20％以内时，就开始进入后火生香期。

3）后火排潮生香期（后缓落）

目的：以后火促进曲心少量多余的水分挥发和香味物质的呈现；

品温：不低于＜45℃，相对湿度＜80％；

时间：9～12d；

操作：继续保温、垒堆。

后火生香也是根据不同香型大曲来管理的。但不管怎样，后火不可过小，不然，曲心水分挥发不出，会导致"软心"，严重的会存窝水，直接影响质量。

当高温转化后，品温仍在40℃以上时，可按翻曲程序翻第三次曲而进入后火生香期。除垒堆曲块层数多2层（7～9层）外，其余要求和操作同其他各次翻曲。视具体情况曲间距离稍拢一些，目的在于保温。因为此时曲块尚有5％～8％的水分需要排出，所以保温很重要。一般讲"后火不足，曲无香"。

所谓后火生香并非此时大曲才生成香味物质，而是高温转化以后的香味物质在此阶段呈现而已。这也要看保温得当与否，否则反而会影响曲质。如果曲心少量的水分在无保温措施下挥发不出来，则细菌会借机繁殖，争夺已成熟的营养物质，迫使曲质变差或蛋白质变性，呈现在我们面前的大曲是："曲软霉酸，色黑起层，无香无力"。若后火期间品温能保持 5d 不降，则即可达到要求了。即使是降温，也要注意不可太快，应控制缓慢下降，所以此阶段叫"后缓落"。当时间达到要求和品温降至常温（30℃左右）时，可进入下一轮的"打拢"养曲阶段。此时应进行第四次翻曲。

4）打拢

打拢即将曲块翻转过来集中而不留距离，并保持常温，只需注意曲堆不要受外界气温干扰即可。其方法同前，但层数增加为 9～11 层。经 15～30d 后，曲即可入库贮存。

4. 成品曲

（1）入库曲。从开始制作到成曲进库，共约需 60d，然后还需贮存 3 个月以上方可投产使用，所以大曲比大曲酒的生产周期还长。曲块入库前，应将曲库清扫干净，铺上糠壳和草席，并保证曲库通风良好。入库时，按曲库的设置留出相应间距，两端和顶部应用草席之类的覆盖物将曲堆遮盖好，以免受空气中微生物的直接侵入，而被污染。

关于曲库的管理有两个方面：一是基础的管理；二是技术上的（产品质量）管理。基础管理主要是认真、准确地做好包括曲的数量、等级、原始数据等记录。技术上的管理包括温、湿的控制和曲虫的治理。

（2）出库曲。当贮存期满后，即可将曲坯出库，粉碎后用于酿酒生产。

3.2.4　大曲制作实例

1. 高温大曲的生产工艺

高温大曲主要用于酱香型白酒，以茅台酒为典型。高温曲酱香浓郁，直接影响到白酒的香味。高温大曲一般以纯小麦为原料培养而成。

（1）工艺流程如图 3-1 所示。

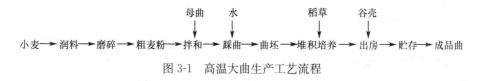

图 3-1　高温大曲生产工艺流程

（2）工艺操作。

① 原料预处理。小麦经除尘，除杂后，加入 2%～3% 的水，水温 60～80℃，拌匀并润湿 3～4h 后，用钢磨粉碎，把小麦皮压成"梅花瓣"薄片。粉碎度要求粗粒及麦皮不可通过 20 目筛，而细粉要求通过 20 目筛，混粉中细粉要占 40%～50%。

② 拌料踩曲。拌曲料时一般加水量为原料重量的 37%～40%。如加水量过多或过少都将影响曲的质量，母曲用量夏季为 4%～5%，冬季为 5%～8%，母曲应选用前一年的优质曲。如不按季节要求投曲母量，会使曲块含菌数不足或过量，影响大曲的培养及糖化发酵。踩曲有人工踩曲和机器压制两种，目前多用踩曲机压制成砖状，要求松而不散。

③ 堆积培养。高温大曲着重于"堆"，覆盖严密，以保温保潮为主。堆积培养时要

注意以下几个环节:

a. 堆曲。压制好的曲坯首先要放置 2~3h,即常说的"收汗",曲坯表面略干,并变硬后可运入曲室培养。曲坯入室前先在靠墙及地面上铺一层稻草约15cm,起保温作用,然后将曲坯三横三竖相间排列,坯间距为 2~3cm,并用稻草隔开,排满一层后,每层也同样用一层稻草隔开,草层约厚 7cm。上下排列应错开,以达到通风保温作用,促进霉衣生长。直排列到四层或五层。一行曲坯排列好后,紧挨着开始排列第二行曲坯。最后留一行空位置作翻曲用。

b. 翻曲。曲堆经覆盖稻草,洒水以后,曲室马上关闭门窗,保温保湿,使微生物繁殖,使品温上升,曲堆内温度达 63℃左右,夏季需 5~6d,冬季需 7~9d。当曲坯表面霉衣已长出,即可进行第一次翻曲。第一次翻曲后再过 7~8d,可进行第二次翻曲。翻曲时应注意:尽量将曲坯间湿草取出,地面及曲坯间应垫以干草,为促使曲坯的成熟与干燥,便于空气流通,可将坯间的行距加大,竖直堆曲。曲坯经翻曲后,菌丝开始从曲坯表面向内生长,曲的干燥过程就是霉菌、酵母菌体由曲坯表面向内部逐渐生长的过程。此过程要注意曲坯水分含量不要过高,如水分过高则推迟霉菌的生长速度。翻曲的时间要掌握好,时间过早过迟都不利制曲。翻曲过早,曲坯品温低,致使成品大曲中白色曲多;翻曲过晚,黑色曲多;翻曲时间适中,黄色曲多,成品曲质量佳。目前主要是依靠曲坯温度及品尝来确定翻曲时间。曲坯温度应为 60℃左右,测曲坯的品温时,温度计要插在曲坯中层处;口尝曲坯具有香味,即可翻曲。第一次翻曲为高温制曲的关键,生产中应十分重视。

c. 拆曲。翻曲后曲坯品温要下降 8~12℃,6~7d 后逐渐回到最高点,而后,品温又逐渐下降,曲坯逐渐干燥。翻曲 14~16d 后可略微打开门窗,换气通风。培养 40~50d 后,曲坯品温可与室温接近,曲坯绝大部分已干燥,此时正是拆曲的良时,拆曲时如发现有的曲堆下层的曲坯过湿,含水分>15%,则应置通风处,促使曲坯干燥,拆出曲室的曲还是半成品。

④ 贮存。刚拆出的大曲要经过 3~4 个月的贮存,方可称为成品曲,也称陈曲。在传统生产中要严格使用陈曲。陈曲的特点是在比较干燥的条件下,使制曲时潜入的大量产酸细菌大部分致死或失去繁殖能力,从而使微生物活性相对钝化,用于酿酒不致酸度升高太快,陈曲酶活力降低,酵母数量也相对减少,使用陈曲酿酒发酵温度缓慢上升,酿出的酒香味好。

制成的高温曲根据其颜色可分为:黄、白、黑三种,习惯上以具有菊花心、红心的金黄色曲为最好,此曲酱香味好。

2. 中高温大曲的生产工艺

(1) 工艺流程如图 3-2 所示。

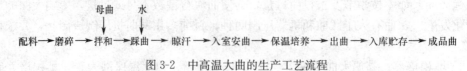

图 3-2　中高温大曲的生产工艺流程

（2）工艺操作。

① 配料及粉碎。浓香型中温曲使用的原料有小麦、大麦、豌豆等。其比例因厂而异，如五粮液大曲用 100％的小麦；泸州特曲用 97％的小麦加 3％的高粱粉；洋河大曲用小麦 50％、大麦 40％、豌豆 10％，将原料按比例混合均匀后进行粉碎。采用纯小麦制曲时，在粉碎前进行润料，要求把小麦粉碎成烂心不烂皮的梅花瓣状。原料的粉碎多采用附有振动筛的辊式粉碎机或钢板磨，振动筛的作用是除杂。应控制适当的粉碎度。如粉碎过粗，制成的曲坯空隙大，水分容易蒸发，热量散失快，使曲坯过早干涸和裂口，影响微生物的繁殖；过细，则细粉太多，制成的曲坯过于黏稠，水分、热量均不易散失，微生物繁殖时通气不好，培养后容易引起酸败及发生烧曲现象。

② 拌和踩曲。原料粉碎后，加水拌和，进行曲坯压制。原料加水量和制曲工艺有很大关系。因为各类微生物对水分的要求是不相同的，所以在制大曲工艺过程中，控制曲料水分是一个关键。各酒厂加水量是根据原料含水量、季节气温及曲室设备而有所增减。如加水量过多，曲坯容易生长毛霉、黑曲霉等，曲坯升温快，易引起酸败细菌的大量繁殖，原料受损失，并会降低成品曲的质量。当加水量过少时，曲坯不易黏合，造成散落过多，增加碎曲数量，曲会干得过快，致使有益微生物没有充分繁殖的机会，也会影响成品曲的质量。

踩曲的目的是将粉碎后的曲料压制成砖块形的固体培养基，使其在合适的环境中，充分生长繁殖酿酒所需要的各种微生物。传统的是人工踩曲，目前各厂都用机器压曲。曲坯要求四角齐整，厚薄均匀，质量一致，表面光滑齐整，内外水分一致，具有一定的硬度。

③ 入室安曲保温培养。浓香型中高温大曲着重于"堆"，覆盖严密，以保潮为主。在入室安曲之前，在曲室地面上撒新鲜稻壳一层，厚薄以不现地面为度。安置的方法是将曲坯楞起，每四块为一斗，曲与曲间相距 3～4cm。从里到外，一斗一斗地纵横拉开，依次排列，在曲与四壁的空隙处塞以稻草，在曲坯上面加盖蒲草席，再在草席上盖以 15～30cm 厚的稻草保温。最后约百块曲坯洒水 7kg，在冬季要洒 90℃左右的热水，夏季洒 16～20℃的凉水。洒毕关闭门窗，保持室内的温度、湿度。

培养过程中，曲坯升温的快慢，视季节与室温的高低而不同。在品温上升到 40℃左右，曲坯表面已遍布白斑及菌丝时，应勤检查。如表面水分已蒸发到一定程度，且已带硬，即翻第一次曲。翻曲方法是底翻面，周围的翻中间，中间的翻到周围。硬度大的安在下层，曲与曲间的距离保持 4～4.5cm。全部并列楞置，叠砌 2～3 层。上层的曲坯对准下层两块坯间的缝隙，每排曲层之间用曲竿或隔篾两块垫起，以使上下层之间有一定的间隔并稳固曲堆。堆完后仍然如前法加盖稻草和蒲席。并关闭门窗保温，要求品温不超过 55～60℃，随时用减薄盖草和开启门窗法调节温度。以后每隔 1～2d 翻一次曲，翻法如第一次，并可视曲坯的变硬程度而逐渐叠高。如发现曲心水分已大部蒸发，当品温下降时，可进行最后一次翻曲，即所谓打拢（收堆、堆积）。翻法如前，只是将曲坯靠拢，不留间隔，并可叠至 6～7 层。打拢后的品温是逐渐下降的，要特别注意保温，避免品温下降过快。致后火太小，产生红心、生心或窝水等。

④ 出曲贮存。曲坯从入室到成熟（干透），约需 30 多天，成熟后即可出曲，贮于

干燥通风的曲房，成曲应有曲香，无霉酸气味，表皮越薄越好，表面和断面应布满白色菌丝，断面有黄色或红色斑点为好。

3. 中温大曲的生产工艺

清香型中温大曲有三种：清茬曲、后火曲、红心曲，在酿酒时可按比例混合使用。

（1）工艺流程如图 3-3 所示。

60%大麦+40%豌豆 ——→ 混合粉碎 ——→ 加水搅拌 ——→ 踩曲 ——→ 曲坯 ——→ 入曲房培养 ——→ 出曲房 ——→ 贮存 ——→ 成品曲

图 3-3　中温大曲的生产工艺流程

（2）工艺操作。

① 配料及粉碎。清香型中温大曲选用 60% 的大麦及 40% 的豌豆，然后均匀混合粉碎。粉碎为通过 20 目筛的细粉及没通过 20 目筛的粗粉，其中冬季使用时的细、粗粉之比 1 : 4，夏季使用时的细、粗粉之比为 3 : 7。

② 踩曲。原料粉碎后，使用踩曲机将加水搅拌后的曲料压制成曲坯，曲坯要求含水分 36%～39%，曲坯重 3.2～3.5kg。曲坯为长方体，外形规格均匀如一，四角无缺。

③ 曲坯培养。清香型中温大曲的培养着重于排列，各工艺阶段明显且较有规律，培养共分 7 个阶段：

排列阶段。曲坯入曲室温度应在 15～20℃，夏季应更低。曲室地面铺撒稻壳或谷糠，曲坯侧放稻壳之上，排列成行，行距 3～4cm，曲坯间距 2～3cm，夏季排列空隙应大些。每层曲坯上放置苇秆或竹竿，上面再放一层曲坯如此 3 层，形成"品"字排列。

长霉阶段。曲坯入室稍加风干后，即在曲坯表面盖席子或麻袋保温，夏季可在覆盖物上喷洒凉水，防止水分蒸发，然后关闭门窗，使温度上升，一般 24h 之后曲坯便开始长霉，即曲坯表面有白色霉菌丝斑点出现。夏、冬季各经 36h 和 72h 后，曲坯品温上升至 38～39℃，品温上升应控制，使升温速度慢些，这样便于上霉，此时曲坯表面还出现根霉菌丝和拟内孢的粉状霉点，乳白色或乳黄色的酵母菌落。

晾霉阶段。曲坯品温上升到 38～39℃，需打开门窗通风换气，排湿降温，并把曲坯上覆盖物揭开，将上、下层曲坯对调，拉开曲坯排列的间距，以降低曲坯的水分和温度，达到控制曲坯表面微生物生长，勿使菌丛过厚，以使其曲面干燥，曲块形状固定，这在制曲操作上称之"晾霉"。晾霉应及时，过迟、过早都不利于微生物生长繁殖。晾霉终温 28～32℃，室内不允许有较大对流风，防止曲面皮干裂。晾霉一般需要 2～3d，每天翻一次，翻时曲坯层数应依次增到 4～5 层。

起潮火阶段。晾霉 2～3d 后，曲坯表面不黏手了，此时应关闭门窗，进入潮火阶段。入室后第五天至第六天后曲坯升温，品温上升到 36～38℃后要再次翻曲，抽去苇秆，曲坯由 5 层增到 6 层，曲坯排列成"人"字形，每 1～2d 翻曲一次，并需放潮两次，昼夜窗户两关两启，迫使曲坯品温两升两降，然后曲坯品温升至 46℃左右后即进入大火阶段，此时，曲坯增至第七层，此阶段时间需 4～5d。

大火阶段。大火阶段应通过门窗的开闭来进行调温，使曲坯品温严格控制在 48℃以下，30℃以上，45℃左右为理想的品温。此阶段需 7～8d，并要求每天翻曲一次。此阶段结束时应有 50%～70% 的曲块已成熟。此时微生物生长仍然处于旺盛期，菌丝由表及里在曲坯中生长，水分及热量由里及表向曲坯外散发，微生物在曲坯中处于良好条件下生长繁殖。

后火阶段。此阶段品温逐渐下降到 32～33℃，直至曲块不热并日趋干燥，最理想时间需用 3～5d，使曲心水分不断蒸发而干燥。

养曲阶段。此阶段也可讲"养心"，曲坯中心部位的水分，依靠室温 32℃的恒温，达到曲坯品温保持在 28～30℃时。使水分逐渐蒸发而干燥。

曲坯入室培养 26～28d 后，出曲室并叠放成堆，使曲块间距 1cm 左右，贮存备用。

清香型中温大曲的三种不同品种：清茬曲、红心曲和后火曲的加工操作不同点，在于品温控制上有所区别。

清茬曲需小热大晾，即热曲品温最高达 44～46℃，晾曲时降温至 28～30℃。

后火曲需大热中晾，即由起火到大火阶段品温高达 47～48℃，并维持 5～7d，晾曲降温至 30～32℃。曲的气味清香，出现棕黄色的一个圈点或两个圈点（即俗称单耳、双耳），黄金一条线为好曲。要求断面青黄或有单耳、双耳、火红心、金黄一条线等。

红心曲需中热小晾，即入曲室培养时采用边晾霉、边关窗起潮火，无明显晾霉阶段，升温较快，升至 38℃，并依靠平时调节窗户大小来控制品温，由起潮火至大火阶段，最高曲温为 45～47℃，晾曲降温至 34～38℃。要求断面周边青白，红心，常呈酱香或炒豌豆香。

4. 微机监制大曲立体培养工艺

微机监控大曲立体培养是将成型的鲜曲坯置于一个半封闭（或全封闭）的环境中，在微机内设置一个最适合大曲有益微生物繁殖的温度、湿度曲线，通过多个传感器的测试，经计算机对采集的数据处理而达到控制大曲培养，使产品质量符合设计要求的目的。该生产工艺应用计算机对大曲培养过程中微生物最佳生态环境进行了智能模拟、监测控制，从而保证了大曲生产的高产、优质、低耗、不翻曲（或少翻曲）、不污染环境。该工艺集计算机工程、通讯工程、生物发酵工程为一体，是多学科的有效结合。

制曲是一门很古老的工艺技术，在酿酒中大曲作为复合糖化发酵剂，不管在糖化发酵、蛋白质分解以及酒体定型上均表现出极重要的作用。毫无疑问，曲是酿酒的一个先决条件，是酿酒成败中的重要因素。自古以来大曲都是采用自然发酵方法培制的，这种方法受气温、环境影响大，质量不易保证，一个生产周期需多次人工翻曲，由于曲房内高温、高湿，二氧化碳含量高，灰尘浓度大，严重影响了工人健康，并且曲房占用面积大。因此，为了提高单产，稳定产品质量，保护工人的身体健康，大曲培养改为封闭（半封闭）式立体培养很有必要。微机监控大曲立体培养的工艺流程如图 3-4 所示。

从图 3-4 可看出，微机监控大曲立体培养系统主要抓住大曲的主发酵期进行强发酵，以取得更优良的产品品质；而它的发酵曲线和环境以及制作，则完全取于原传统发酵方式中的精髓，是继承传统，而又以现代化技术的合理性和可取性来使传统工艺之花更臻完美。

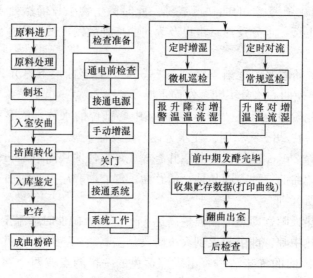

图 3-4　微机监控大曲立体培养的工艺流程

5. 强化大曲生产工艺

（1）菌种。根霉、红曲霉、黄曲霉、白曲霉、米曲霉、细菌类芽孢杆菌、嗜热脂肪芽孢杆菌等菌株，经扩大培养后成曲种，用于制造强化大曲。

（2）强化大曲制作方法。

① 曲房准备。生产前必须将曲房打扫干净，地面铺上一层干净的麦秸或撒上一层新鲜稻壳，并准备好一定数量的湿麻袋。

② 种子处理及用量。制曲前，将培养好的各种种曲分别进行粉碎和稀释处理。霉菌类种曲可粉碎后直接加入，用菌总量根据季节不同控制在 0.5%～1%。

③ 入房管理。同大曲生产。

6. 机械化通风制曲工艺

（1）工艺流程如图 3-5 所示。

大麦、豌豆混合──→粉碎──→加水拌和──→机械制坯──→强化接种──→入房上架──→上霉──→晾霉──→潮火──→

干火──→后火──→晾架──→出房──→贮存──→成品

图 3-5　机械化通风机曲工艺

（2）生产设备。

制曲机、曲架、小曲房、自控仪表。

（3）主要措施。

① 采用通循环风的方法，解决上下层曲坯的温差。为了进风均匀，风道的倾斜角度为 5°，风道上面盖筛板，筛板通风面积为 20%（开孔率）。在曲房的上端装一个喇叭口，长与宽和曲房长宽一致。

② 为防止上下温度梯度太大，装有自动通风装置，每 20～30min 通循环风 3～

5min。以调节上下层温度。在装曲时，上层少下层多，以利于温度调节。

③ 为提高曲房温度，在循环风系统中，装有风机和暖气片，并选用喷雾风机，增加循环风的湿度。

④ 安装排潮管和新鲜空气管。

⑤ 采用曲架堆放曲坯，每层的高度稍高于曲坯宽度，曲架为 10 层。

⑥ 采用入房培养 3d 上好霉的曲坯，粉碎后加到曲料中拌匀，强化接种量。

3.2.5 大曲中的微生物群及其酶系

由于大曲中菌种来源主要是靠原料、空气、水、器具和地面，又由于制曲季节不同。培养条件不同，大曲中的微生物群是比较复杂的，有霉菌、酵母菌和细菌等，它们直接影响到大曲酒的质量和产量。了解这个复杂的菌系及酶系，有助于控制工艺条件，促进酿酒有益菌的生长，并生成有益的酶系，提高产品的产量与质量。

1. 大曲中微生物的分布情况

大曲中微生物群受季节的影响，在春秋两季，自然界的微生物中酵母的比例大，这时的气温、湿度、春天的花草和秋天的果实都给酵母的繁殖创造了较好的条件；在夏天，各种微生物的绝对数最高，但受温度、空气湿度的影响，霉菌比例最大；在冬季，由于气候寒冷，酵母的生长受到影响，而只有耐寒的细菌、霉菌还能繁殖，就其比例来讲，细菌占着优势。季节不同，自然界微生物的组成也就不一致，从而使四季踩的大曲的微生物群有一定差异。以春末、夏初谷雨前后踩的大曲质量最好。

在一块大曲中，微生物群的分布一般受到各种微生物的生活习性的影响。无论在哪一种培养基上，曲皮部位的菌数都明显高于曲心部分。一般曲皮部分生长的都是一些好气菌及少量的兼性嫌气菌，霉菌含量较高，如梨头霉、黄曲霉、根霉等。曲心部分生长着一些兼性嫌气菌，细菌含量最高，而细菌中球菌的数量又较杆菌的数量为多，也含有相当数量的红曲霉等。曲皮与曲心之间则生长的多是兼性嫌气菌，以酵母含量较多，以假丝酵母最多。各种类型大曲其微生物群差别是很大的。

2. 制曲过程中微生物的变化

在大曲的生产过程中，其微生物群的变化在培养前期受温度的影响较大，在后期则受水分含量的影响较大。

随着大曲培养的开始，各种微生物首先在大曲表面开始繁殖，在 30～35℃ 时微生物的数量可达最高峰，这时的霉菌、酵母比例较大。但随着温度的进一步升高，大曲水分的蒸发，曲中含氧气量的相对减少，一些耐温微生物的比例显著上升，当温度达 55～60℃ 时，大部分的菌类为高温所淘汰，微生物菌数大幅度地降低。这时大曲中霉菌和细菌中的少数耐热种、株逐步形成优势，酵母菌衰亡相对最大，特别是高温大曲中，酵母几乎为零。

随着水分的蒸发，微生物的繁殖向最后水分较高的曲心发展，由于曲心氧气量不足，导致一些好气微生物被淘汰，随着培养温度的下降，一些兼性嫌气菌如酵母和一些细菌，在大曲内部又开始繁殖。到大曲生产的后期，水分大量散失，导致曲心部分空气的通透性有所增加，又由于曲心部分水分散失相对少一些，为后期曲心部分其他菌类的生长创造了条件。

通气的情况自始至终都影响着大曲的微生物群的变化，主要问题是氧气的进入，二氧化碳的排出。大曲的通气主要靠翻曲来调节，翻曲操作是生产高质量大曲的关键操作之一。

3. 大曲贮存过程中微生物及酶活性变化

大曲贮存过程中，微生物的总数随着贮存时间的延长而逐步减少。对贮存 3 个月的曲块进行试验，出房时曲块微生物总数为 1823×10^5 个/g 干曲，贮存 3 个月时为 27×10^5 个/g 干曲。其中产酸杆菌数量的减少最为明显，霉菌、酵母菌的数量也有所减少。减少的速度先快后慢，随着贮存时间的延长，减少的速度渐趋变小。

大曲贮存中，酶活力也得到调整，刚出房的大曲，无论液化力、糖化力、发酵力，成品酒的总酯含量都高于贮存 6 个月的大曲。酶活性的丧失与曲块含水量有关，随着曲块失水干燥，酶钝化的速度也变慢。为了保持适当的酶活性、贮曲时间不宜过长，以 3 个月为最好。

4. 大曲中的主要微生物及酶系

(1) 霉菌。在我国传统大曲中，除有曲霉外，根霉、拟内孢霉、红曲霉和毛霉等也广泛存在，这些霉菌通常是比较优良的糖化菌。各类大曲中都含有大量的霉菌，而不同大曲其霉菌组成不一样。

(2) 酵母。白酒生产用的大曲中，随着培养温度的降低，其酵母的含量增高。在高温曲中酵母含量最低，清香型大曲中酵母的含量最高。酵母在白酒发酵中起发酵产酒精和产酯、产香的作用。在大曲中主要的酵母有酒精酵母、汉逊酵母、假丝酵母、毕赤酵母和球拟酵母等。

(3) 细菌。细菌的各种代谢产物对白酒的香型、风格具有特殊重要的作用。细菌发酵对白酒质量、产量和影响越来越被人们所重视，因白酒的风格、香型的形成受己酸、乳酸、乙酸以及乙酸乙酯、己酸乙酯、乳酸乙酯含量的影响极大，而它们都是细菌代谢产物。大曲中生长的细菌主要是杆状细菌，有的不长芽孢，如乳酸菌、醋酸菌。也含有相当数量的芽孢杆菌。酱香型高温大曲中含有较多的嗜热芽孢杆菌，都能产生不同程度的酱气香味。

(4) 大曲中的微生物酶系。制曲过程微生物的消长变化直接影响大曲中的微生物酶系，曲坯入房中期，曲皮部分的液化酶、糖化酶、蛋白酶活性最高，以后逐渐下降；酒化酶活性前期时曲皮部分最高，中期曲心部分最高；培曲中期，各部分酶活性达到最高，酯化酶在温度高时比较多，因此，曲皮部分比曲心部分酯化酶活性高，但酒化酶则曲心部分比曲皮部分高。

3.2.6　大曲的质量

判断大曲质量的优劣是由感官指标和理化指标决定的。感官指标主要是从大曲的香气、外表、断面和皮张厚度等方面来判定。理化指标是由大曲的糖化力、发酵力、液化力和水分等指标来判定。

1. 大曲的感官鉴别

(1) 曲块颜色。曲的外表应有颜色一致的白色斑点或菌丛，不应光滑无衣或成絮状的灰黑色菌丛。光滑无衣，是由于曲料拌和时加水不足或在踩曲场上曲坯放置过久，入房后水分散失太快，在未生衣前，曲坯表面已经干涸，微生物不能生长繁殖所致。絮状的灰黑色菌丝是由于培曲时曲坯过密；水分不易蒸发或水分过多；翻曲又不及时所造成的。

(2) 曲香味。将成品曲块折断，用鼻嗅之，应具有特殊的曲香味，不带霉酸味。断面要整齐均匀，呈灰白色。

(3) 曲皮厚度。曲皮越薄越好，曲皮过厚是由于入房后升温过猛，水分蒸发太快；或踩好后的曲坯在室外搁置过久，使曲表水分蒸发过多；或曲粉过粗，不能保持表面必需的水分，致使微生物不能正常生长繁殖引起的。

(4) 断面颜色。曲的横断面要有菌丝生长，且全为白色，不应有其他颜色掺杂在内。

2. 大曲的质量标准

(1) 感官标准和理化要求见表 3-1、表 3-2。

表 3-1　大曲感官质量标准

项目	一级曲	二级曲	三级曲
外观	灰白一片,无异色,穿衣均匀,无裂口,光滑	灰白一片,无异色,穿衣不匀,轻微裂口,欠光滑	灰白表面,有异色,穿衣不好,裂口严重,粗糙并有少量菌斑
断面	灰白色一片,泡气,皮张厚≤1.5mm	灰白色,允许少数红黄点菌丛,欠泡气,皮张厚≤2.0 mm	灰白色,允许少数黑色絮状,欠泡气,皮张厚>2.5mm
香味	浓香扑鼻,无异味	较浓香,无异味	浓香差,有异味

表 3-2　大曲理化要求

等级	发酵力 /[gCO$_2$/(g·72h)]	糖化力 /[mg 葡萄糖/(g·h)]	液化力 /[g 淀粉/(g·h)]	水分 /%	酸度 /(mL/g)	淀粉含量 /%
一级	≥1.2	300≤糖化力≤700 250≤糖化力≤300	≥1.0	≤13.0	0.9~1.3	≤58
二级	≥0.6	700≤糖化力≤900 ≤250	≥0.8	≤13.0	0.6~0.9	≤60
三级	≥0.4	≥900	≥0.5	≤13.0	0.4~0.6	≤61

(2) 大曲的评分标准。大曲的评定按感官指标占 60%，理化指标占 40% 来计算该批曲的等级，打分标准如表 3-3、表 3-4 所示。

表 3-3　大曲感官评分标准

项目	等级	指标要求	额定分
香味	1	曲香味浓烈纯正,曲香明显大于陈香	21～25
	2	曲香味较浓,无异味,曲香与陈香均等	15～20
	3	曲香淡薄,有异味,陈香明显大于曲香	11～14
断面 1/2	1	整齐,泡气,呈灰白色,菌丝生长丰满	13～15
	2	灰白色,较泡气,有少量黄红斑	10～12
	3	灰白色,欠泡气,少许黑点或青霉感染	8～9
皮厚	1	≤1.5mm	10～12
	2	≤2.0 mm	8～9
	3	>2.5 mm	6～7
外表面	1	灰白色,菌丝生长良好	7～8
	2	多数为灰色,菌丝不均匀,无其他色	5～6
	3	多数为灰白色,有灰黑色、絮状菌丝或成棕色	3～4

表 3-4　大曲理化评分标准

项目	数据范围	得分
发酵力/[gCO$_2$/(g·72h)]	≥1.80	10
	0.80～1.70	6～9
	0.50～0.75	3～5
	≤0.45	0
酸度/(mL/g)	0.90～1.30	8
	0.60～0.85	6～7
	0.40～0.55	5～6
	≤0.40	0
液化力/[g淀粉/(g·h)]	≥1.0	8
	0.7～0.9	6～7
	0.5～0.6	3～5
	<0.6	0
淀粉含量/%	≤57.5	7
	58.0～59.5	5
	60.0～62.0	3
糖化力/[mg葡萄糖/(g·h)]	300～700	5
	700～900,　250～290	3～4
	<250 或>900	0
水分/%	≤13	2
	>13	-2

3.2.7　大曲的病虫害及防治

1. 曲的病害及处理方法

曲中微生物来自原料、空气、器具、覆盖物及制曲用水等，故其种类复杂、优劣共存。虽然在工艺上严格控制温度、湿度、水分，使之达到适于有益微生物的繁殖，但有害菌的生长也属难免。所以，在制曲过程中若控制不当，极易发生病害。下面介绍几种常见的病害与处理方法。

（1）不生霉。曲坯入房后 2～3d，仍未见表面生出白斑菌丛，即叫做不生霉或称不生衣。这是由于温度过低、曲表面水分蒸发过多所造成的。这时应加盖草垫或麻袋，再喷 40℃ 的热水，至曲块表面润湿为止。然后关好门窗，使其发热上霉。

（2）受风。曲坯表面干燥，不长菌，内生红心。这是因为对着门窗的曲受风吹，失去表面水分，中心的曲为红曲霉繁殖所造成的。因此，应经常变换曲块位置来加以调节。同时于门窗的直对处，应挡以席子、草帘等物，以防风吹。此病害在春秋季节最易发生，因此，在该季节应当特别注意。

（3）受火。曲块入房后的干火阶段是菌类繁殖的最旺盛时期，曲体温度较高，若温度调节不当或因管理疏忽，使品温过高，则曲的内部炭化，呈褐色，酶活力降低。此时应特别注意温度，将曲块的距离加宽，逐步降低曲的品温（温度不可大起大落），使曲逐渐成熟。

（4）生心。曲中微生物在发育后半期，由于温度降低，以致不能继续生长繁殖，造成生心，俗话说："前火不可过大，后火不可过小"，其原因就在这里。这是因为前期微生物繁殖旺盛，温度极易增高，有利于有害菌的繁殖；后期微生物繁殖力渐弱，水分也渐少，温度极易降低，有益微生物不能充分生长，曲中养分也未被充分利用，故出现局部为生曲的现象。因此，在制曲过程中，应经常检查，如果生心发现得早，可把曲块距离拉近一些，把生心较重的曲块放到上层，周围加盖草垫，并提高室温，促进微生物生长，或许可以挽救。如果发现太迟，内部已经干燥，则无法医治。

（5）皮厚及白砂眼。这是晾霉时间过长，曲体表面干燥，里面反起火来才关门窗所造成。究其原因，是因为曲体太热而又未随时放热，因此，曲块内部温度太高而形成暗灰色，并长黄、褐圈等病症。防止的方法是，晾霉时间不能过长，以曲体大部分发硬不黏手为原则，并保持曲块一定的水分和温度，以利微生物繁殖，逐渐由外往里生长，达到内外一致。

（6）反火生热。制成的曲不可放在潮湿或日光直射的地方，否则曲块容易反火生热，生长杂菌。因此，成曲应放在干燥通风的地方，并经常检查。

2. 曲虫的防治

1）曲虫发生的特点

（1）种类多。危害酿酒大曲的害虫究竟有多少种？至今尚未有权威性的研究报道，有关材料表明有 20 余种。

（2）繁殖快，发生量大。以常见的黄斑露尾甲为例，它在曲房条件下，从卵发育至成虫平均周期仅为 13.9d，在室内单雌产卵量 351～1244 粒，平均 753.5 粒。而土耳其扁谷盗发育周期平均为 33.1d。曲房和曲库食料丰富，环境适宜而稳定，加之曲虫生活周期短、繁殖力强，使酒厂曲虫发生量很大。据 1989 年陕西西凤酒厂系统调查，在曲虫发生高峰期，曲房内曲糠中黄斑露尾甲幼虫的数量达 183 只/10g；处于培曲阶段的曲房中，曲块表面平均有土耳其扁谷盗成虫 735 只/块，最多的达 5652 只/块；曲库贮藏曲块表面平均有土耳其扁谷盗成虫 124 只/块，最多的达 753 只/块。

（3）危害严重。曲虫危害大曲，不仅取食曲料，而且一些曲虫还可以取食大曲微生物，即取食大曲酵母和霉菌类，直接造成大曲重量减轻、质量下降。同时，曲虫也可危害大曲原料和其他酿酒原料，造成原料重量损失，发霉腐烂，品质变劣。其次，在曲虫发生盛期，由于成虫漫天飞舞，使曲房、曲房周围淹没在曲虫的海洋中，波及全厂，严重影响环境，成为酒厂一大公害。

2）酒曲害虫发生的规律

曲虫种类繁多、分布广，形态及生活习性差异显著，不同曲虫世代数及世代时间又各不相同，因此，欲进行曲虫的防治，必须从曲虫的发生规律入手，才能在生产上采取安全、经济、有效的防治措施，达到控制曲虫的目的。

（1）曲虫的种类曲的种类很多。其中，发生量最大、危害最严重的优势种群是土耳其扁谷盗、咖啡豆象、黄斑露尾甲、药材甲四种。土耳其扁谷盗、药材甲、咖啡豆象常在曲堆表面和缝隙、墙壁表面及墙角、窗台等处活动。黄斑露尾甲喜在阴暗潮湿处活动。

（2）主要曲虫年发量的变化。曲虫年发量的变化与曲虫世代有关。土耳其扁谷盗一年发生 3～4 代；咖啡豆象一年 3 代；药材甲一年 2～3 代。世代明显重叠，形成种群发生高峰。4 月底至 10 月初为成虫活动高峰期。曲虫不同，各自活动发生的高峰期也不同。4 月底至 5 月中旬为药材甲成虫大量形成时期，这是全年成虫活动的第一个高峰。曲虫年活动的第二个高峰为 6 月下旬至 9 月下旬，其中 6 月下旬至 7 月上旬为土耳其扁谷盗活动的高峰期，7 月下旬至 9 月下旬为咖啡豆象活动的高峰期。曲虫，尤其是咖啡豆象，其高峰期的形成与温度、湿度有关。咖啡豆象多发生在多雨、高温季节，8 月中下旬达到高峰，若雨季提前或推迟，其高峰期随之发生变化。

（3）曲虫昼夜活动节律。曲虫的飞翔、取食、交配等活动均随昼夜变化而有节律地变化。经过长期观察发现，大多数曲虫为日出性昆虫。上午 9:00 曲库内曲虫开始飞舞，13:00～21:00 为活动旺盛期，15:00～17:00 为活动高峰期，21:00 以后活动减弱，至次日 8:00 前为活动低潮期。

（4）群集性。群集性是曲虫个体高密度地聚集在一起的一种活动行为。土耳其扁谷盗、药材甲等曲虫在活动旺盛期，常聚集在曲堆表面或曲库内外墙壁上，飞行于曲库门前或窗台，数量很大。曲量越大，越容易群集。不同种之间也有群集性，土耳其扁谷盗、赤拟谷盗、药材甲等也常聚集在一起活动。

（5）曲虫对曲块的危害。曲虫对曲块危害较为普遍。以宋河酒厂为例，虫蛀严重的曲块，千疮百孔，虫眼密布；糖化力仅有 500～600 单位；霉菌、酵母、细菌总数下降

8%～10%；已很难闻到正常大曲的曲香；曲重平均损失率为 9%～12%，加之因曲虫危害造成曲质下降，经济损失就更为严重。

　　3）酒曲虫害的综合治理

　　（1）曲库改造。改大曲库为小曲库，每库贮存量 120～150t 为宜。新曲库所有的窗做成双层纱窗，里层纱 40 目，外层为普通纱，窗外配上防雨窗檐，曲库挂麻袋门帘，曲房门窗也依此改造。

　　（2）计划用曲。每年的生产量不要超过实际用曲量太多，要保持生产量与用曲量适当比例。曲块入库后，贮存期一般为 3～6 个月。需贮存过冬的曲，应安排 9 月下旬以后生产的曲。过冬的曲最好在次年 4 月下旬前用完，如用不完，则应将每个曲堆表面 1～3 层曲先在 4 月下旬以前用完，这样就可大量消灭越冬曲虫及虫卵，减少当年危害。

　　（3）曲库管理。新曲入库当天即关闭门窗，防止曲虫飞入。通风或降温时，可于每天晚上曲虫活动低潮期（21:00）后打开门窗，并与次日上午 10:00 前关闭。曲出完后应彻底清扫，做到用完一间清扫一间。

　　（4）杀虫剂触杀。将数种药物按比例混合，配制成杀虫剂，再稀释 600～800 倍。从 4 月下旬开始到 9 月底，每天或隔天在曲库外或纱窗、门帘上喷药。将麻袋钉在墙壁窗台下喷药效果更好。喷药后的次日清扫。喷药时间为每天下午 15:00～17:00，清扫时间为次日上午 8:00～9:00。4 月下旬至 5 月中旬主要防治药材甲，6 月下旬至 7 月上旬主要防治土耳其扁谷盗，7 月下旬至 9 月下旬主要防治咖啡豆象。

　　（5）吸虫器捕杀。吸虫器是采用气流负压原理"吸虫"。由聚气吸嘴、导气筒、电机、收集器等部件组成。操作时，让聚气吸嘴在曲堆表面或曲库墙壁曲虫聚集处，做往复移动，曲虫及虫卵便被吸入收集器内，打开收集器，将曲虫倒出，然后用火或开水烫灭。吸虫器对咖啡豆象等个体较大的成虫捕捉效果更好。

　　（6）厌氧闷杀。对大曲库虫的曲堆还可采用一定技术措施进行厌氧闷杀。即在曲块入库 2 个月后，待曲块水分降至 13% 以下时，用塑料布隔离法密封，然后，借助大曲微生物的呼吸作用（或人工抽气方式），造成曲虫因缺氧而死亡。此法可消灭大量成虫及虫卵。同时，对曲库中常发生的鼠害也有一定的防治效果。

　　曲虫的完全控制需要一个过程。由于受技术条件等因素的限制，对曲虫的发生规律及防治的研究还不深入，如曲虫的生长发育条件及限制因素、曲虫的生物防治、贮曲新技术等，都有待于今后不断完善。

3.3　小曲生产技术

3.3.1　小曲的特点和种类

1. 小曲的特点

　　（1）采用自然培菌或纯种培养。

　　（2）用米粉、米糠及少量中草药为原料。

　　（3）制曲周期短，一般为 7～15d；制曲温度比大曲低，一般为 25～30℃。

（4）曲块外形尺寸比大曲小，有圆球形、圆饼形、长方形或正方形。

（5）品种多。根据原料、产地、用途等可将小曲分为很多品种。

2. 小曲的种类

按添加中草药与否可分为药小曲和无药小曲，药小曲按添加中草药的种类可分为单一药小曲和多药小曲；按制曲原料可分为粮曲与糠曲，粮曲是全部为大米粉，糠曲是全部为米糠或多量米糠、少量米粉；按形状可分为酒曲丸、酒曲饼及散曲；按用途可分为甜酒曲与白酒曲。

3.3.2　小曲中的微生物及其酶系

小曲中的主要微生物由于培养方式不同而异。纯种培养制成的小曲中主要是根霉和纯种酵母；自然培养制成的小曲中主要有霉菌、酵母菌和细菌三大类。据有关资料介绍，桂林三花酒小曲中主要有拟内孢霉、根霉、酵母和乳酸菌。绍兴酒药的主要微生物有细菌、犁头霉、根霉、红曲霉、念珠霉属、毛霉和少量酵母。

1. 小曲中的霉菌

小曲中的霉菌一般有根霉、毛霉、黄曲霉和黑曲霉等，其中主要是根霉。根霉在固体培养基上培养，除了生长匍匐菌丝外，气生菌丝丛生，呈棉絮状，长出不分枝孢子囊柄，形成孢子囊，生出孢子。可是在液体深层通风培养时，则难形成气生菌丝，也看不到孢子囊孢子，只看到菌丝体绕合在一起。

小曲中常见的根霉有河内根霉、米根霉、爪哇根霉、白曲根霉、中国根霉和黑根霉等，它们的一般特征如表 3-5 所示。

表 3-5　霉的特征

菌名	生长适温/℃	作用适温/℃	最适 pH	一般特征
河内根霉	25～40	45～50	5.0～5.5	菌丛白色,孢子囊较少,糖化力较强,具有液化力,产酸能力较强,特别能生成乳酸等有机酸
白曲根霉	30～40	45～50	4.5～5.0	菌丛白色,呈絮状,有较少的黑色孢子囊孢子,糖化力、产酸能力强,有微弱发酵能力,适应能力差
米根霉	30～40	50～55	4.5～5.5	菌丝灰白色至黑褐色,孢子灰白色,长球形,糖化力强,能产乳酸,使小曲酒中含乳酸乙酯
中国根霉	37～40	45～50	5.0～5.5	菌丝白色至灰黑色,孢子囊细小,孢子鲜灰色,卵圆形,糖化力强,产乳酸等有机酸能力强
黑根霉	30～37	45～50	5.0～5.5	菌丝疏松、粗壮,孢子囊大,黑色,能产生反丁烯二酸
爪哇根霉	37	50～55	4.5～5.5	菌丝黑色,孢子囊较多,糖化力强

可见，各种根霉生长适应性、生长特征、糖化力及代谢产物是有差异的。

2. 小曲中的酵母和细菌

传统小曲（自然培养）中，含有的酵母种类很多，有酒精酵母、假丝酵母、产香酵母和耐较高温酵母。它们与霉菌、细菌一起共同作用，赋予传统小曲白酒特殊的风味。

传统小曲中，含有大量的细菌，主要是醋酸菌、丁酸菌及乳酸菌等。在小曲白酒生产中，只要工艺操作良好，这些细菌不但不会影响成品酒的产量和质量，反而会增加酒的香味物质。但是若工艺操作不当（如温度过高），就会使出酒率降低。

3. 小曲中酶系的特征

小曲中的霉菌主要是根霉，根霉中既含有丰富的淀粉酶，又含有酒化酶，具有糖化和发酵的双重作用，这就是根霉酶系的特征，也可以说是小曲中酶系的特征。根霉中的淀粉酶一般包括液化型淀粉酶和糖化型淀粉酶，两者的比例约为 1：3.3，而米曲霉中约为 1：1，黑曲霉中约为 1：2.8。可见小曲的根霉中，糖化型淀粉酶特别丰富。

根霉具有一定的酒化酶，能边糖化边发酵，这一特性也是其他霉菌所没有的。由于根霉具有一定的酒化酶，可使小曲酒生产中的整个发酵过程自始至终地边糖化边发酵，所以发酵作用较彻底，淀粉出酒率进一步得到提高。

有些根霉如河内根霉和中国根霉还具有产生乳酸等有机酸的酶系，这与构成小曲酒主体香物质的乳酸乙酯有重要的关系。

因此，根霉中的酶系对提高小曲酒的淀粉出酒率和小曲酒质量有着重要的作用。

3.3.3　单一药小曲的生产工艺

桂林酒曲丸是一种单一药小曲，它是用生米粉为原料，只添加一种香药草粉，接种曲母培养制成的。

1. 工艺流程

桂林酒曲丸生产工艺如图 3-6 所示。

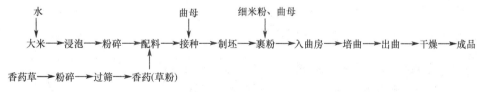

图 3-6　桂林酒曲丸生产工艺

2. 原料配比（每批次制曲用量）

（1）大米粉，总用量 20kg，其中酒药坯用 15kg，裹粉用细米粉 5kg。

（2）香药草粉，用量占酒药坯米粉质量的 13%。香药草是桂林地区特有的草药，茎细小，稍有色，香味好，干燥后磨粉而成。

（3）曲母，是指上次制成的小曲保留下来的酒药种子，用量为酒坯质量计量的

2％，为裹粉的 4％（对米粉）。

（4）水，用量约为坯粉重量的 60％。

3. 操作说明

（1）浸米。大米加水浸泡，夏天 2～3h，冬天 6h 左右。

（2）粉碎。沥干后粉碎成粉状，取其中 1/4 用 180 目筛筛出 5kg 细粉作裹粉。

（3）制坯。按原料配比进行配料，混合均匀，制成饼团，放在饼架上压平，用刀切成 2cm 见方的粒状，用竹筛筛圆成药坯。

（4）裹粉。将细米粉和曲母粉混合均匀作为裹粉。先撒小部分于簸箕中，并洒第一次水于酒药坯上后倒入簸箕中，用振动筛筛圆、裹粉、成型，再洒水、裹粉，直到裹粉全部裹光，然后将药坯分装于小竹筛中摊平，入曲房培养。入曲房前酒药坯含水量约为 46％。

（5）培曲。根据小曲中微生物生长过程，分为三个阶段：

① 前期。酒药坯入房后，经 24h 左右，室温保持在 28～31℃，品温为 33～34℃，最高不得超过 37℃。当霉菌繁殖旺盛，有菌丝倒下，坯表面起白泡时，将药坯上盖的覆盖物掀开。

② 中期。培养 24h 后，酵母开始大量繁殖，室温控制在 28～30℃，品温不超过 35℃，保持 24h。

③ 后期。培养 48h 后，品温逐渐下降，曲子成熟，即可出曲。

（6）出曲。出房后于 40～50℃ 的烘房内烘干或晒干，贮存备用。

从入房培养至成品烘干共需 5d 左右。

4. 质量指标

（1）感官鉴定。外观白色或淡黄色。要求无黑色，质地疏松，具有酒药的特殊芳香。

（2）化验指标。水分 12％～14％，总酸≤0.69g/100g，发酵力为每 100kg 大米产 58％白酒 60kg 以上。

5. 制造药小曲添加中草药的作用

（1）提供微生物生长所必需的维生素和其他生长因素。

（2）抑制或杀灭有害的微生物，特别是有害细菌。

（3）利用中草药中的芳香、辛辣成分，赋予小曲独特的香气。

（4）疏松曲坯，利于微生物的培养。

3.3.4　广东酒曲饼的生产工艺

小曲在广东又称酒饼，广东酒饼是用米、饼叶（大叶、小叶）或饼草、药材、酒饼种、饼泥（酸性白土）等原料制成的，最大的特点是在酒饼中加有白泥。

1. 酒饼种的制造

（1）工艺流程。广东酒曲饼酒饼种生产工艺流程如图 3-7 所示。

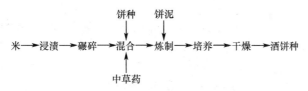

图 3-7　广东酒曲饼酒饼种生产工艺流程

（2）制作工艺。

① 原料配比。因地而异。

例：米 50kg、饼叶 5～7.5kg，饼草 1～1.5kg，饼种 2～3kg，药材 1.5～3kg。药材配方见表 3-6。

表 3-6　酒饼种中药配方

药名	数量/kg	药名	数量/kg	药名	数量/kg	药名	数量/kg
白芷	0.5	祥不必	1.25	平见	0.75	中茂	0.5
草果	1	大茴香	1.5	吴仔	0.75	灵仙	1.5
花椒	1.5	芽皂	0.5	肉蔻	0.75	桂通	1
苍术	1.25	香菇	1.25	樟脑	0.2	麻腐	1.5
川皮	1.75	波和	1.5	大皂	1	桂皮	3
赤苏叶	1.25	机片	0.05	薄荷	2	北辛	1.5
丁香	0.75	小茴香	1	陈皮	2.5	甘松	0.75

② 原料的处理：

米。将大米在水缸中浸泡 30min 左右，捞起用清水冲洗净、沥干，然后用粉碎机粉碎。

酒饼草与酒饼叶。在太阳下晒干，粉碎后筛去粗粉。

中药材。粉碎过筛备用。

酸性白土。按 1∶4 的比例加入清水，去脚糟并倾去上清液，干燥备用。

③ 制曲种。将处理好的原料倒入拌料盒中，加入粉碎的酒饼种和 40％～50％的水，拌匀。再将其倒入木板上的方格中，压成饼。然后用刀切成小方块，在滚角筛中筛成圆形，放在竹匾中，置于曲室中的竹（木）架上培养。曲室的温度保持在 25～30℃，经 48～50h，取出晒干，即制得酒饼种。

2. 酒饼的制造

广东酒饼多用米、黄豆、饼叶、饼泥等原料制成，其工艺流程如图 3-8 所示。

（1）原料配比。因地而异，例如：大米 48kg，黄豆 9kg，饼叶 3.6 kg，饼泥 9kg。

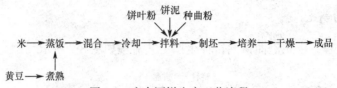

图 3-8　广东酒饼生产工艺流程

（2）原料处理

① 米浸泡 3～4h 后冲洗、沥干，置甑中蒸熟。

② 黄豆加水蒸熟，取出后与米饭混合，冷却备用。

③ 其他原料处理参见酒饼种。

（3）制坯与接种。将冷却后的米饭和黄豆置于拌料盆中，加入饼叶粉、饼种粉混合后，搓揉均匀。然后倒入成型盒中，踏实，用刀切成四方形的曲块。再在竹筛中筛圆，置于曲室培养。

（4）培养。培养室的温度保持在 25～30℃，在培养期间应注意品温变化，并加以控制，经 6～8d 即可成熟，然后置于太阳底下晒干备用。

3.3.5　根霉曲的生产工艺

根霉曲是采用纯培养技术，将根霉与酵母在麸皮上分开培养后再混合配制而成的。具有较强的糖化发酵力，适合各种淀粉质原料小曲酿酒工艺使用。可获得更高的出酒率和节约更多的粮食，也节约中药材。根霉常用的菌株有永川 YC5-5 号、贵州 Q303 号、AS3.851、AS3.866 等，酵母菌常用 AS2.109 号酵母等。

1. 工艺流程

根霉曲生产工艺流程如图 3-9 所示。

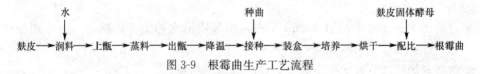

图 3-9　根霉曲生产工艺流程

2. 操作要点

（1）润料。加水 60%～80%，充分拌匀，打散。

（2）蒸料。打开甑内蒸汽，将润料后的麸皮轻、匀撒入甑内，加盖圆汽后常压蒸 1.5～2h。

（3）接种。出甑的曲料冷却至冬季 35～37℃；夏季为室温后接种。接种量一般为 0.3%～0.5%（夏少冬多）。接种时，先将曲种搓碎混入部分曲料，拌和均匀，再撒布于整个曲料中，充分拌匀后装入曲盒。

（4）培养。曲室温度控制在 25～30℃。根据根霉不同阶段的生长繁殖情况调节品温和湿度，用调整曲盒排列方式如柱形、X 形、品字形、十字形等来调节。使根霉在

30～37℃的范围生长繁殖。

（5）烘干。一般分为两个阶段。以进烘房至 24h 左右为前期，烘干温度在 35～
40℃。24h 至烘干为后期，烘干温度在 40～45℃。要求曲子快速干透。

（6）粉碎。将根霉曲粉碎使根霉孢子囊破碎释放出来，以提高使用效能。常用设备
有中、小型面粉粉碎机、药物粉碎机、电磨、石磨等。

（7）固体酵母。麸皮加 60%～80% 的水润料后上甑常压蒸 1.5～2h，冷却至接种温
度后，接入原料量 2% 的、用糖液培养 24h 的酵母液，混匀后装在曲盒中，控制品温在
28～32℃，培养 24～30h。

（8）将一定量的固体酵母加到根霉曲粉中混合均匀得根霉散曲，用塑料袋密封备
用。固体酵母的加量根据它所含酵母细胞数而定，酵母细胞越多，加量越少。通常加量
为根霉曲的 2%～6%。成品根霉散曲颜色近似麦麸，色质均匀无杂色，具有根霉曲特
有的曲香，无霉杂气味；水分≤12%，试饭糖分（g/10mg，以葡萄糖计）≥25，酸度
（mL/g，以消耗 0.1mol/LNaOH 计）≥0.45，糖化发酵率≥70%；酵母细胞数（8.0×
10^7）～（1.5×10^8）个/g。

试饭就是将根霉散曲接在米饭上，培养一定时间后品尝糖化后饭的味道的操作。试
饭要求：饭面无杂霉斑点，饭粒松软，甜酸适口，无异臭味。

3.4　麸曲生产技术

3.4.1　麸曲生产概述

麸曲是以麸皮为原料，蒸熟后接入纯种曲霉菌或其他霉菌，人工培养的散曲。这种
曲具有制作周期短，出酒率高，节约粮食等优点。它适合于中、低档白酒的酿制，并且
具有成本低，资金周转快的特点。

我国使用纯种制麸曲技术，是 20 世纪 40 年代由日本传入的。开始时，使用的菌种多
为米曲霉、黄曲霉。后来，因这两个菌种糖化力低，耐酸性差，故逐渐被糖化力高、耐酸
性强的黑曲霉所取代。1949 年以来，我国的科技工作者，在黑曲霉菌种性能提高上，做
了大量工作。中国科学院微生物研究所诱变的黑曲霉种 AS3.4309，1g 曲可糖化淀粉 40g
以上，是一株接近国际水平的优良糖化菌。目前，国内白酒酿造，糖化酶制剂生产，多数
都采用这个菌种。从黑曲霉变异而来的河内白曲霉，因具有耐酸性强、酸性蛋白酶含量高
等特点，所以它被广泛地应用于麸曲优质白酒的生产。从 20 世纪 70 年代开始，我国酶制
剂工业有了很大的发展，大多数酶制剂厂都选用优良的菌种，生产出了高酶活力的产品。
这些产品以其质量稳定，用量少，成本低等诸多方面的特色，被白酒厂、酒精厂广泛地采
用。在普通白酒生产中，麸曲基本上被糖化酶制剂产品所取代已成为事实。

3.4.2　麸曲菌种

1. 曲霉菌

1）黑曲霉 AS3.4309 菌种

该菌原名叫 UV-11，是中国科学院微生物研究所从土壤中分离出一株黑曲霉，经

诱变而培育成的一株高性能糖化菌。

该菌酶系较纯，主要有糖化酶、α-淀粉酶、转苷酶，酸性蛋白酶含量很少。

该菌含的糖化酶，适合的 pH 范围为 3～5.5，最适 pH4.5 左右，最适温度为 60℃（在 pH4.0、温度 50℃ 以下时比较稳定）。采用该菌制曲酿酒，具有出酒高，用曲量少的优点。又由于该菌酶系纯，酶活力强，被广泛用来液体培养后制成酶制剂。

2）黑曲霉变异菌种——河内白曲霉

该菌分泌 α-淀粉酶、葡萄淀粉酶、酸性蛋白酶及羟基肽酶等多种酶系。其中突出的是酸性蛋白酶分泌较多。该酶能分解蛋白质为 L-氨基酸，可供微生物直接利用。优质白酒的酿造离不开酸性蛋白酶，所以白曲被广泛用于优质白酒酿造。

该菌还有产酸高、耐酸性强的优点。它的 pH 适应范围为 2.5～6.5。该菌制曲时在 35℃ 培养 48h，曲子酸度最高可达 7.0。该菌还有耐高温，有一定生淀粉分解能力的特点。通过多年实践总结，用河内白曲酿酒有如下优点：

（1）白曲生酸量大，对制曲、制酒过程中的杂菌起到抑制作用。

（2）白曲酶活力高，耐酸性强，耐酒精能力强。在发酵过程中，各种酶的稳定性好，持续作用时间长。

（3）白曲酸性蛋白酶含量高，对白酒的香味成分生成及颗粒物质的溶解，都能起到重要的作用。

（4）白曲从种子培养到制曲，生长旺盛，杂菌不易侵入；而且操作容易，很少出现培养事故，因此很受酒厂欢迎。

2. 根霉麸曲菌种

20 世纪 50 年代末，南方几个省份开始研制根霉麸曲，简称根霉曲。当时使用的菌种是从小曲中分离的。后来采用了中国科学院微生物研究所分离的 5 株优良根霉菌种，制成根霉曲向各酒厂推广。到了 20 世纪 90 年代，根霉曲的工艺比较完善，采用了麸皮为主要培养基原料，并且与酵母菌分开，单独进行培养。这些进步，促进了根霉曲的大面积的推广，使它成为小曲酒酿造的主力军。在四川、贵州、湖南、广西等省，根霉曲基本上取代了传统小曲。有的地方制黄酒，也采用根霉曲。

3.4.3 曲霉菌的培养

1. 培养条件

1）营养成分的要求

曲霉菌在生长过程中所需热由碳水化合物分解而产生，故此培养基中必须有一定量的碳源。曲霉菌对碳源的选择顺序是：淀粉、麦芽糖、糊精、葡萄糖，以淀粉为最好。麸皮中有足够的淀粉可供曲霉利用。曲霉的菌体及所含酶类是由蛋白质所组成，因此制曲时需要有足够的氮源。曲霉对碳源有很强的选择性。当培养基中含有硝酸钠、硫酸铵、蛋白胨三种氮源时，曲霉菌首先利用蛋白胨，再消化少量硫酸铵，根本不消化硝酸钠，但只有一种硝酸钠为氮源时，曲霉却利用得很好。实践证明，氮源的种类对曲霉糖化力的多少，也就是对其酶的生成有一定的支配作用；同时对其菌体生成量也有一定的支配作用。这两个作用并非是平行关系。因此，有"外观好看的曲子，糖化力并非很高"的说法。曲霉培养时，还需少量无机盐类，主要有磷盐、镁盐、钙盐等。其中磷盐最重要，其含量多时，菌体内酶活力强；含量少时，则体外酶活力强。

2）制曲原料的配比

制曲的最好原料是麸皮。麸皮中含有丰富的淀粉、粗蛋白、灰分等营养成分，足以供制曲时所需求。为了废物利用，降低成本，制曲时普遍应用加糟这项新技术。利用酒糟制曲有许多优点：一是能调节酸度，控制杂菌的生长。二是能提供蛋白质、核酸等有效成分。这些成分对菌体生长及酶的生成有一定的促进作用。三是节约曲粮，降低成本。

3）制曲对水分的要求

制曲过程中，曲霉菌的生长与作用均受到水分的支配。微生物与水的关系，体现在水分含量、渗透压、水分活性三个指标上。制曲时水分的参与是通过配料加水、蒸料吸水及培养室湿度三个环节来完成的。在曲霉培养的不同阶段，对水分有不同的要求，因此加水量应根据季节不同而调整；培养室湿度也应根据培养的不同阶段而做调整，要与曲池大小、曲层厚度及通风条件相适应。总之，要为曲霉菌在不同时期所需水分提供最佳的条件。

4）温度对制曲的影响

曲霉菌从孢子发芽到菌体生长及酶的生成，每个阶段都离不开适宜的温度。为此，在整个制曲过程中，通过温度调节，保证曲的质量是最主要的工艺操作环节。其中的关键有两条：一是处理好品温与室温的关系，掌握住互相调节的时机；二是后期的培养温度要高于前期，这有利于酶的生成，提高曲的质量。

5）空气与 pH 对制曲的影响

曲霉菌是好气性微生物。不但生长繁殖需要足够的空气，而且酶的生成量也与空气供给量有关。制曲时空气的供给由两个环节完成。一是配料时添加稻壳与酒糟，使曲料疏松，提高其空气含量。二是培养中通过通风与排潮两个途径来完成空气供给工作。掌握好通风时间、风量大小及排潮的时机是制曲时温度调节的主要手段。pH 是曲霉菌生长繁殖所要求的基本条件之一。不同曲霉菌有不同的 pH 适应范围；同一曲霉菌，每次配料中 pH 有变化，均会影响到其生成酶的种类和数量。实践证明，pH 稍高，曲的糖化力增高；pH 稍低，曲的液化力增高。同时，一定的 pH 对杂菌也有控制作用。加糟制曲是调整 pH 的最佳方法。

6）培养时间对制曲的影响

曲霉培养的最终目的是使其生成最多的酶类。所以培养时间的确定是根据某一曲霉菌生成酶的高峰期而定的，不可过早出曲，否则曲的糖化力将受到很大影响。同时，制好的曲子要及时使用，不可放置时间过长，以防止糖化力的损失。

2. 种子的培养方法

曲霉种子的培养分三代进行，即固体试管培养，原菌扩大培养，曲种培养。各代培养方法如下。

1) 试管培养

(1) 米曲的培养。将洗净的大米，在常温下浸泡 18h，中间换水 2 次。将水滤去后，蒸米 40min，取出加 25％的冷水，并将米粒搓散，再蒸 40min，散冷后接种黄曲霉或米曲霉的三角瓶原菌，接种量为 0.25％，在 28～30℃保温箱中，培养 30h，待米粒变黄未生出孢子时，取出干燥备用。

(2) 米曲汁制备。取米曲 1 份，加水 4 份，于 60℃糖化 3～4h。用碘液试之不呈蓝色反应后，继续加热到 90℃，用白细布过滤备用。

(3) 试管培养基的制备。取米曲汁 100～200mL，加琼脂 1.5％，加热溶解后，分装在 10～20 支试管中，加棉塞，高压灭菌 30min 后放置成斜面，待其凝固后，在 32℃保温箱中培养干燥 7d，等试管壁上无凝结水，培养基上无杂菌后即可应用。

(4) 试管培养。在无菌条件下，向试管斜面培养基上接曲霉菌孢子少许，在 32℃保温箱中培养 6d，等孢子成熟后，检查无杂菌，取出放在冰箱中备用。

2) 原菌培养（又叫扩大培养）

(1) 配料和灭菌。取过筛后的大片麸皮加水 1∶1，然后装入 250mL 的三角瓶内，每瓶装干料 10g，瓶底料厚度 3～5cm，加棉塞，高压灭菌 1h。

(2) 培养。灭菌后的三角瓶冷却后，在无菌条件下，将试管中的孢子少许接种于麸皮上，摇匀。将三角瓶斜放，使曲料成堆状，放在 32℃保温箱中，培养 38～40h，每隔8h 摇瓶 1 次，待曲料刚结成饼时，扣瓶 1 次，然后继续培养 4d，孢子成熟后，从三角瓶中取出，放于纸袋中，干燥后，放冰箱保存备用。

3. 曲种制作

根据生产规模的大小，可采用盒子制曲种法或帘子制曲种法。前者适于小厂，后者适于大厂。

(1) 配料蒸料。麸皮 85％，鲜酒糟 15％，加入占麸皮量的 90％～100％的水，拌匀过一遍筛或扬糟机，使曲料匀散后装锅蒸料。待锅圆汽后蒸 1h。

(2) 接种和堆积。将蒸好的曲料，边冷却边打匀打散，至 34℃时接三角瓶培养的原菌 0.4％～0.5％，拌均匀，继续冷却至 31℃，放于培养室内的床上进行堆积，此时室温不得低于 28℃，品温保持不超过 35℃，中间隔 4h 倒堆 1 次，总堆积时间不超过 8h。

(3) 装盒（上帘）和培养。将堆积好的曲料品温调节至 28℃后，开始装盒（上帘），盒内曲料厚度为 1～3cm，帘内曲料厚度为 2～4cm。装料后，曲盒上下四层摆放，曲帘外加塑料布棚罩。装料后 5～6h 进行 1 次倒盒或打开帘子罩，控制品温为 28～30℃，再过 5～6h 进行第二次倒盒开帘，控制品温在 32℃。在培养 20～24h 时，进行 1次划盒或划帘，保持品温在 32℃。再过 12～20h，曲料开始生孢子，这时应注意保潮及提高室温，保持品温为 32℃。曲料入房后 55h，开始改变颜色，可揭去盒盖或塑料罩，并开始排潮，然后提高室温在 32℃以上，进行曲种的干燥，待干燥至水分 8％～10％，即可出房，保管备用。

3.4.4　麸曲的制作

常用的制麸曲的方法有曲盘法（又叫曲盒法）、帘子法及通风法 3 种。前两种方法适合规模小的企业，后一种方法适合生产量大的企业。无论采用哪种方法，只要掌握好培养条件，均能生产出质量高的曲子。

1. 曲盘法制曲

（1）曲盘制作。曲盘一般采用 0.5cm 厚的椴木板制作，规格为 45cm×25cm×6cm，每个曲盘能生产成品曲 0.8kg 左右。生产两种曲霉时，最好曲盘能分开使用。

（2）曲室要求。曲室面积以 100 m² 左右为宜，每 1m² 投料量为 6~8kg，培养 2 种曲霉时，最好用 2 个培养室。曲室四壁要平滑，天棚呈拱形，以免凝结水滴入曲内。每次作业前，曲室要彻底灭菌消毒。

（3）制曲配料。麸皮 75%~85%，鲜酒糟以风干量计 15%~25%，加水 80%~85%。

（4）蒸料、散冷、接种。曲料在专用锅内圆汽后蒸 1h，然后出锅扬冷至 38℃时进行接种，接种量为 0.25%~0.4%，拌匀降温到 32~34℃时可入室堆积。

（5）堆积、装盒。品温保持在 32℃，堆积 6~8h，中间可翻拌 1 次。装盒前应将曲料翻拌均匀。每盒装料厚度 2cm，将装料的曲盒上摞，每摞不超过 10 盒为宜。最上曲盒用空盒或草帘盖上，然后放在木架上培养。

（6）倒盒、拉盒、划盒。装盒后品温为 30~31℃，室温控制在 28~30℃，经 3~4h 后，品温升至 34~35℃，应倒盒 1 次。再经 3~4h，品温升至 37℃时，将盒拉开，摆成品字形，控制品温在 36℃左右。拉盒后，品温升得较快，过 3~4h 后，应再倒盒 1 次。再过 3~4h，待曲料连成片时，进行 1 次划盒。划盒后，品温猛升，此时应降低室温，控制品温不超过 39℃，以后每隔 3~4h 倒盒 1 次，使品温保持在 39~40℃，直至从堆积算起 30~34h，曲的糖化力最高时，即可进行干燥或出曲。

2. 帘子法制曲

（1）帘子制作。一般都用塑料布做的帘和塑料布罩，即钢筋支架上铺上塑料布，罩上塑料布。支架高 1m、宽 0.5m、长 1.2m。罩底的空间高度为 0.5m 左右。塑料帘和罩每次用过后，都应彻底清洗、消毒。

（2）配料、蒸煮、接种。帘子法制曲配料与盒子法基本相同。麸皮 75%~85%，鲜糟 15%~25%。曲料拌匀后，常压蒸 1h，然后散冷至 32℃，接入曲种 0.3%~0.5%。

（3）堆积、装帘、培养。接种后的曲料入室堆积 8h，中间倒堆 1 次，保持品温不超过 34℃。堆积结束后，把品温调至 30℃左右，开始装帘，帘内曲料厚度 2~3cm，装帘后 12h，品温上升缓慢，以后品温开始上升。此时应降低室温控制品温为 34℃，最高不超过 35℃。上帘后 20h 左右，菌丝长成时，可划帘。划帘后，曲中水分降低、品温下降。可适当提高室温，并进行揭罩排潮等工作。从堆积算起培养 35h 左右，即可出房。

3. 通风法制曲

(1) 通风池。一般的容积为 10m×12m×0.5m, 装干曲料 800kg, 曲层厚度不超过 30cm。

(2) 配料、蒸料、接种。通风法制曲的配料为麸皮 80%, 鲜糟 15%, 稻壳 5%。加水占麸皮量的 70%~80%。将各种原料与水拌匀, 用扬糟机打 1 遍后装锅, 常压蒸 1h, 出锅扬冷到 33~34℃, 接入曲种 0.3%~0.5%, 然后入房堆积。

(3) 堆积、装池、培养。堆积的开始温度不低于 28℃, 不超过 30℃, 每隔 4h, 倒堆 1 次, 总堆积时间 8~12h。终了时品温在 32~33℃, 将堆积后的曲料降温至 28~30℃。开始入池, 曲料厚度 25~30cm。曲料入池后应提高室温, 待品温升至 32℃时开始通风。以后就通过给风次数及风的温度来控制前期品温保持在 32℃。入池后 10~17h, 进入中期, 此时应控制品温在 33~34℃, 加强通风, 掌握好风温。入池后 20h 左右, 进入后期, 此时应提高室温, 利用室内循环风, 保持品温在 34~35℃, 提高风压, 排出曲料中的水分。整个培养时间为 33~35h, 即可出曲。麸曲生产工艺流程见图 3-10。

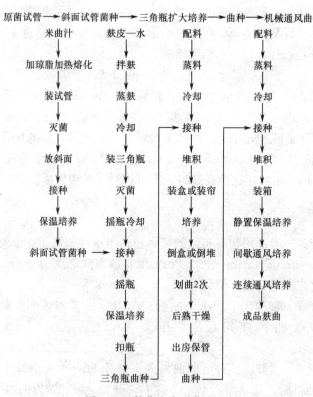

图 3-10　麸曲生产工艺流程

思考题

1. 曲坯制作有哪几道工序？人工踩曲有什么特点？
2. 制曲过程中的温、湿度如何控制？
3. 大曲有哪些特点？
4. 高、中高、中温大曲的培养工艺有何差异？
5. 怎样进行大曲的感官鉴定？
6. 大曲贮存期的质量有哪些变化？
7. 怎样进行强化曲的生产？强化曲有什么优点？
8. 生产中为什么要使用陈曲？
9. 小曲的特点有哪些？
10. 制曲生产中常见的病害有哪些？如何防治？
11. 麸曲的制作有哪几种？制作麸曲的工艺条件对麸曲质量有何影响？

第4章 大曲酒的发酵与蒸馏技术

导读

　　我国的大曲酒生产工艺独特，形成了大曲酒的典型风格。又由于生产类型和操作方式的不同，形成了不同香型的大曲酒。通过本章学习，掌握主要几种香型大曲酒的生产技术，理解影响大曲酒质量和出酒率的因素。

4.1　大曲酒生产概述

　　大曲酒是采用大曲作为糖化、发酵剂，以含淀粉物质为原料，经固态发酵和蒸馏而成的一种饮料酒。在大曲酒生产中一般将原料蒸煮称为"蒸"，将酒醅的蒸馏称为"烧"。粉碎的生原料称为"楂"，茅台酒生产中称为"沙"，汾酒生产中称为"楂"。酒醅，是指经固态发酵后，含有一定量酒精度的固体醅子。大曲酒是我国特有的，在世界上独创一格，世界著名的茅台酒就是大曲酒。我国大曲酒生产最显著的特点是采用酒醅固态发酵和固态蒸馏，从而形成了中国蒸馏酒的典型风格。

4.1.1　大曲酒生产工艺的主要特点

1. 采用固态配醅发酵

　　在整个大曲酒的发酵过程中，发酵物料（酒醅）的含水量较低，游离水分基本上被包含在酒醅颗粒之中，整个物料呈固体状态。参与发酵的微生物和酶通过水分渗透到酒醅颗粒中间，进行各种生化作用，最终形成以酒精为主的各种代谢产物。由于酒醅含水量较低，酒醅的相对酒精浓度较大，可见在大曲酒的固态发酵过程中，酵母菌在较低的发酵温度下和较长的发酵时间内，能保持较强的耐酒精能力，有效地保证了大曲酒发酵作用的正常进行，同时，酵母的这种耐酒精能力也与大曲酒所采用的边糖化边发酵的生产工艺分不开的。此外。在大曲酒的固态发酵中，酒醅内存在着复杂的固-液、气-液、固-气等多种界面，多界面效应有力地影响着酒醅及窖池内微生物的生长和代谢，使大曲酒产生出液态发酵难以形成的各种风味物质。

　　大曲酒发酵时，常采用配醅（或称配糟）发酵，以此来调整酒醅的入窖淀粉含量和酸度，为微生物发酵提供良好的条件，也使酒醅中的淀粉能得以尽量利用，并可积累较多的香味成分及其前体物质。

由于酒醅具有较大的颗粒性，加之高粱、玉米等原料的子粒结构又紧密，糖化、发酵较困难，原料中的有用成分（主要是淀粉）必须经受多次发酵，才能被充分利用。因此，在大曲酒生产中，常采用添加部分新料，回用大部分酒醅，丢弃部分废糟的方法，使固态发酵循环进行，这种方法在世界酿酒业中是独有的。

2. 在较低温度下的边糖化边发酵工艺

大曲酒的发酵是典型的边糖化边发酵工艺，俗称双边发酵。大曲既是糖化剂，又是发酵剂，窖内酒醅同时进行着糖化作用和发酵作用，如何使这两种生化作用相互协调配合，是双边发酵的关键所在。在生产中，必须控制较低的入窖温度，一般在 15～25℃。同时，这种较低温度下的边糖化边发酵，还有利于香味物质的形成和积累，减少其挥发损失，避免了有害副产物的过多形成，使大曲酒具备醇、香、甜、净、爽的特点。

3. 多种微生物的混合发酵

参与大曲酒发酵的微生物种类繁多，它们主要来源于大曲和窖泥，也有来自于环境、设备和工具场地。整个发酵过程是在粗放的条件下进行的，除原料蒸煮时起到灭菌作用外，各种微生物均能通过多种渠道进入酒醅，协同进行发酵作用，产生出各自的代谢产物。随着发酵时间的推移，窖内各类微生物（主要霉菌、酵母、细菌等）在生长繁殖、衰老死亡、表现出各自的消长规律。人们只有合理地控制发酵工艺条件，并随环境变化做出适当的调整措施，才能保证那些有益的酿酒微生物正常生长繁殖和发酵代谢。使这种多菌种的混合发酵取得满意的结果。

4. 固态甑桶蒸馏

大曲酒是通过固态蒸馏来分离提取成品酒的。1m 左右高度的甑桶，能把酒醅中所含的 5%～6%（体积分数）的酒分浓缩到 65%～75%（体积分数）左右，并把发酵过程中所产生的各种香味成分有效地提取出来，说明其蒸馏效率是相当高的。大曲酒的甑桶蒸馏好似填料塔蒸馏，实际上两者存在着较大的差别，因为在大曲酒固态蒸馏中，酒醅不仅起到填料的作用，而且它本身还含有被蒸馏的成分，所以它的蒸馏要比一般的填料塔蒸馏更加复杂，蒸馏所得的成品酒，其风味既优于液态蒸馏，又优于填料蒸馏。因为甑桶蒸馏所得到的馏分，其酸、酯含量要比其他蒸馏方法高得多，并在蒸馏过程中，各种风味成分相互作用重新组合，使成品酒的口感更加丰满适宜。所以在液态白酒生产中，常采用固态串香来提高成品酒的质量。

4.1.2　大曲酒的生产类型

大曲酒酿造分为清糙和续糙两种方法，清香型大曲酒大多采用清糙法生产，而浓香型大曲酒、酱香型大曲酒则采用续糙法生产。

根据生产中原料蒸煮和酒醅蒸馏时的配料不同，又可分为清蒸清糙、清蒸续糙、混蒸续糙等工艺，这些工艺方法的选用，则要根据自己所生产产品的香型和风格来决定。

所谓清蒸清糙，它的特点是突出"清"字，一清到底。在操作上要求做到糙子清，醅子清，糙子和醅子要严格分开，不能混杂。工艺上采取原料、辅料清蒸，清糙发酵，清糙蒸馏。要求清洁卫生严格，始终贯彻一个清字。著名的汾酒就是采用典型的清蒸清烧二遍清工艺生产的。

所谓混蒸续糙，就是将发酵成熟的酒醅，与粉碎的新料按比例混合，然后在甑桶内同时进行蒸粮蒸酒，这一操作又叫"混蒸混烧"。出甑后，经冷却、加曲，混糙发酵，如此反复进行。大部分浓香型大曲酒采用该种方法生产。混蒸续糙法可以把各种粮谷原料所含的香味物质，如酯类或酚类、香兰素等，在混蒸过程中挥发进入成品酒中，对酒起到增香的作用，这种香气称为粮香，如高粱就有特殊的高粱香。另外在混蒸时，酒醅含有的酸分和水分，加速了原料的糊化。蒸酒时由于混入新料，可减少填充料的用量，有利于提高酒质。采用混蒸续糙法生产，投入的原料能经过三次以上的发酵，才成为丢糟，所以原料利用率比较高。

所谓清蒸续糙，即原料的蒸煮和酒醅的蒸馏分开进行，然后混合进行发酵。这种方法既保留了清香型大曲酒酒味清香纯正的质量特色，又保持了续糙发酵酒香浓郁，口味醇厚的优点。

4.2　浓香型大曲酒的发酵技术

浓香型大曲酒采用典型的混蒸续糙工艺进行酿造，酒的香气主要来源于优质窖泥和"万年糟"，尤其是窖泥中己酸菌对生成主体香己酸乙酯至关重要。浓香型大曲酒是大曲酒中的一朵奇葩，它的产量占我国大曲酒总量的一半以上。

4.2.1　浓香型大曲酒的发酵工艺特点

浓香型大曲酒通常以高粱为制酒原料，优质小麦或大麦、小麦、豌豆为混合配料，培制中、高温曲，泥窖固态发酵，采用续糟配料、混蒸混烧、量质摘酒、原度酒贮存、精心勾兑。最能体现浓香型大曲酒酿造工艺特点的，而有别于其他诸种香型白酒工艺特点的三句话则是"泥窖固态发酵，采用续糟（或糙）配料，混蒸混烧"。

1. 泥窖发酵

浓香型大曲酒通常用泥料制作的窖池。窖池与缸、桶功能一样，是一种发酵设备，仅作为蓄积糟醅进行发酵的容器。但浓香型大曲酒的各种呈香呈味的香味成分多与泥窖有关。故泥窖固态发酵是其酿造工艺特点之一。

2. 续糟配料

在各种类型、不同香型的大曲酒生产中，配料方法不尽相同，而浓香型大曲酒生产在工艺上，则采取续糟配料。所谓续糟配料，就是在原出窖糟醅中，按每一甑投入一定数量的酿酒原料高粱与一定数量的填充辅料糠壳，拌和均匀进行蒸煮。每轮发酵结束，均如此操作。这样，一个窖池的发酵糟醅，连续不断，周而复始，一边添入新料，同时排出部分旧料。如此循环不断使用的糟醅，在浓香型大曲酒生产中人们又称它为"万年糟"。这样的配料方法，又是其特点之二。

3. 混蒸混烧

所谓混蒸混烧，是指在将要进行蒸馏取酒的糟醅中按比例加入原料、辅料，通过人工操作上甑将物料装入甑桶，调整好火力，做到首先缓火蒸馏取酒，然后加大火力进一步糊化高粱原料。在同一蒸馏甑桶内，采取先以取酒为主，后以蒸粮为主的工艺方法，这是浓香型大曲酒酿造的工艺特点之三。

4. 生产操作十分重视匀、透、适、稳、准、细、净、低

（1）匀，是指在操作上，拌和糟醅、物料上甑、泼打量水、摊晾下曲、入窖温度等均要做到均匀一致。

（2）透，是指在润粮过程中，原料高粱要充分吸水润透；高粱在蒸煮糊化过程中要熟透。

（3）适，是指糠壳用量、水分、酸度、淀粉浓度、大曲加量等入窖条件，都要做到适宜于与酿酒有关的各种微生物的正常繁殖生长，这才有利于糖化、发酵。

（4）稳，是指入窖、转排配料要稳当，切忌大起大落。

（5）准，是指挖糟、配料、打量水、看温度、加大曲等在计量上要准确。

（6）细，是凡各种酿酒操作及设备使用等，一定要细致而不粗心。

（7）净，是指酿酒生产场地，各种工用器具、设备乃至于糟醅、原料、辅料、大曲、生产用水都要清洁干净。

（8）低，是指填充辅料、量水尽量低限使用；入窖糟醅，尽量做到低温入窖，缓慢发酵。

5. 糖化发酵过程划分为三个阶段

浓香型大曲酒生产从酿酒原料淀粉等物质到乙醇等成分的生成，均是在多种微生物的共同参与、作用下，经过极其复杂的糖化、发酵过程而完成的。依据淀粉成糖、糖成酒的基本原理，以及固态法酿造特点可把整个糖化发酵过程划分为三个阶段。

1）主发酵期

当摊晾下曲的糟醅进入窖池密封后，直到乙醇生成的过程，这一阶段为主发酵期。它包括糖化与酒精发酵两个过程。密封后的窖池，尽管隔绝了空气，但霉菌可利用糟醅颗粒间形成的缝隙所蕴藏的稀薄空气进行有氧呼吸，而淀粉酶将可溶性淀粉转化生成葡萄糖。在有氧的条件下，大量的酵母菌进行菌体繁殖，当霉菌等把窖内氧气消耗完了以后，整个窖池呈无氧状态，此时酵母菌进行酒精发酵。酵母菌分泌出的酒化酶对糖进行酒精发酵。

大曲酒生产，糖化、发酵不是截然分开的，而是边糖化边发酵。因此，边糖化，边发酵是主发酵期的基本特征。在封窖后的几天内，由于好气性微生物的有氧呼吸，产生大量的二氧化碳，同时糟醅逐渐升温，温度应缓慢上升。当窖内氧气完全耗尽时，窖内

糟醅在无氧条件下进行酒精发酵，窖内温度逐渐升至最高，而且能稳定一段时间后，再开始缓慢下降。

2）生酸期

在这个阶段内，窖内糟醅经过复杂的生物化学等变化，除酒精、糖的大量生成外，还会产生大量的有机酸。在窖内产生大量的有机酸，主要是乙酸和乳酸，也有己酸、丁酸等其他有机酸。

在窖内除了霉菌、酵母菌外，还有细菌，细菌代谢活动是窖内酸类物质生成的主要途径。由醋酸菌作用将葡萄糖发酵生成醋酸，也可以由酵母酒精发酵支路生成醋酸。乳酸菌可将葡萄糖发酵生成乳酸。糖源是窖内生酸的主要基质。酒精经醋酸菌氧化也能生成醋酸。糟醅在发酵过程中，酸的种类与酸的生成途径也是较多的。

总之，大曲酒生产属开放式，在生产中自然接种大量的微生物，它们在糖化发酵过程中自然会生成大量的酸类物质。酸类物质在白酒中既是呈香呈味物质，又是酯类物质生成的前驱物质，即"无酸不成酯"，一定含量的酸类物质是体现酒质优劣的标志。

3）产香味期

经过 20 多天，酒精发酵基本完成，同时产生有机酸，酸含量随着发酵时间的延长而增加。从这一时间算起直到开窖止，这一段时间内是发酵过程中的产酯期，也是香味物质逐渐生成的时期。

糟醅中所含的香味成分是极多的，作为浓香型大曲酒的呈香呈味物是酯类物质，酯类物质生成的多少，对产品质量有极大影响。在酯化期，酯类物质的生成主要是生化反应。在这个阶段，由微生物细胞中所含酯酶的催化作用而使酯类物质生成，化学反应的酸、醇作用生成酯，速度是非常缓慢的。在酯化期，都要消耗大量的醇和酸。

在酯化期除了大量生成己酸乙酯、乙酸乙酯、乳酸乙酯、丁酸乙酯等酯类物质外，同时伴随生成另外一些香味物质，但酯的生成是其主要特征。

4.2.2　浓香型大曲酒的发酵工艺

浓香型大曲酒发酵的工艺操作主要有两种形式，一是以洋河大曲、古井贡酒为代表的老五甑操作法，二是以泸州老窖为代表的万年糟红粮续糟操作法。

1. 老五甑操作法

续糟工艺常分为六甑、五甑和四甑等操作法，其中以"老五甑"操作法使用最为普遍。

老五甑正常操作时，窖内有四甑材料［大楂1、大楂2（二楂），小楂，回糟］。出窖后加入新料做成五甑材料（大楂1、大楂2、小楂、回糟、扔糟），分为五次蒸馏（料），其中四甑下窖，一甑扔糟（图 4-1）。

第一排：根据甑桶大小，考虑每班投入新原料（高粱粉）的数量，加入为投料量30%～40%的填充料，配入 2～3 倍于投料量的酒糟，进行蒸料，冷却后，加曲，入窖发酵，立两楂料。

第二排：将第一排两甑酒醅，取出一部分，加入用料总数 20% 左右的原料，配成

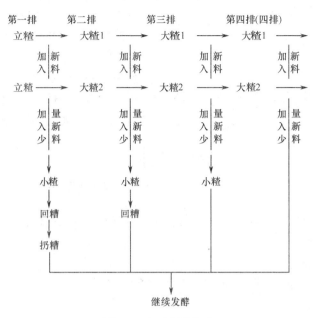

图 4-1　老五甑操作法

一甑作为小糟，其余大部分酒醅加入总数 80％ 左右的原料，配成两甑大糟，进行混烧，两甑大糟和一甑小糟分别冷却，加曲后，分层入一个窖内进行发酵。

　　第三排：将第二排小糟不加新料蒸酒后冷却，加曲，即做成回糟。两甑大糟按第二排操作，配成两甑大糟和一甑小糟。这样入窖发酵有四甑料，它们是两甑大糟，一甑小糟和一甑回糟，分层在窖内发酵。

　　第四排（圆排）：将上排回糟酒醅，进行蒸酒后，作为扔糟。两甑大糟和一甑小糟，按第三排操作配成四甑。

　　从第四排起圆排后可按此方式循环操作。每次出窖加入新料后投入甑中为五甑料，其中四甑入窖发酵，一甑为扔糟。

　　老五甑的四甑料在窖内的排列，各地不同，这要根据工艺来决定。如有的窖面为回糟，依次到窖底为小糟、二糟、大糟，也有的小糟排在窖面，依次到窖底为大糟、二糟、回糟等。

2. 万年糟红粮续糟操作法

　　该操作法习惯上又分为两种类型，一是以五粮液、剑南春为代表的浓香五粮型（用高粱、玉米、小麦、大米、糯米酿制而成），采用跑窖法工艺。所谓"跑窖法"是将这一窖的酒醅经配料蒸粮后装入另一窖池，一窖撵一窖地进行生产。另一是以泸州老窖特曲、全兴大曲为代表的浓香单粮型（主要用高粱），采用原窖法工艺。所谓"原窖法"是指发酵酒醅在循环酿制过程中，每一窖的糟醅经过配料、蒸馏取酒后仍返回到本窖池。

1) 工艺流程

工艺流程如图 4-2 所示。

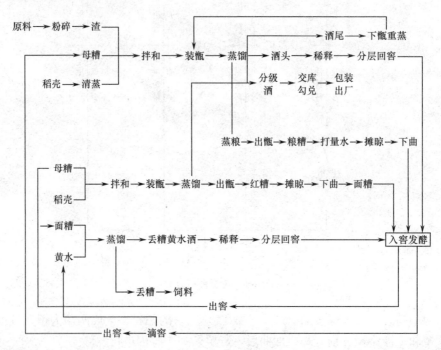

图 4-2 石平糟红粮续糟工艺流程

2) 工艺操作

(1) 原、辅料的处理。原料可只使用一种高粱，如泸州老窖酒厂；也可使用高粱、玉米、大米、糯米、小麦等多种原料，如五粮液酒厂等。原料粉碎，破坏了淀粉结构，利于糊化。可增加糖化酶对淀粉粒接触面，使之糖化充分，提高出酒率。但不宜磨得太细，以通过 20 目筛选的量占 85% 左右为宜。大曲粉碎，以通过 20 目筛筛选的量占 70% 为宜。

(2) 开窖。

① 取窖泥。用铁铲将窖面上窖泥取下，把窖泥黏附的糟子刷净，撮入窖泥坑内。

② 取酒醅。先将面糟取出，运到堆糟坝（或晾堂上）堆成圆堆，拍紧，撒上一层稻壳，以减少酒精挥发，单独蒸酒做丢糟处理。面糟取完后接着取红糟，另起一堆，拍紧，撒稻壳少许，此糟蒸酒后只加曲，不加新料，入窖发酵即得新的面糟。其余母糟同样起到堆糟坝一角，分开堆积，当起到出现黄水时，即停止，并将已出窖的母糟刮平，拍紧撒上一层稻壳。

③ 滴窖。停止取母糟后，在窖中或窖边挖一坑，深至窖底，随即将坑内黄水舀净。滴 4~6h，边滴边舀，至少要 4 次（一般保持醅水分子在 58%~59% 为宜），再继续取糟，取完后，拍紧，拍光，撒稻壳一层。黄水是窖内酒醅向下层渗漏的黄色淋浆水，一般含酒精成分为 4.5%，以及醋酸、腐殖质和酵母菌体自溶物等。此外，还含有一些经过驯化的己酸菌，多种白酒香味成分的物质。所以黄水是用人工培窖的好材料。也有将

黄水集中蒸馏取得黄水酒的。

（3）配料、拌料。泸州老窖酒厂的甑容 $1.25m^3$，每甑下高粱粉 $130\sim140kg$，母糟为 $4.5\sim5$ 倍，稻壳 $25\%\sim30\%$。母糟一定要适量，它的作用有四点：

① 调节入窖酸度，保证发酵所需的酸度，抑制杂菌的繁殖。

② 调节淀粉含量，进而调节温度，使酵母在一定的酒精量和适宜的温度下生长。

③ 提高淀粉利用率。

④ 带入大量大曲酒香味的一些前体物质，利于大曲酒的质量提高。

在蒸酒前 $40\sim45min$，在堆糟坝挖出约够一甑的母糟，并刮平，倒入高粱粉，随机拌和一次，拌毕倒稻壳，并连续拌 2 次，要求拌散、和匀、无疙瘩，此糟蒸酒后即为粮糟。

配料时，不可将稻壳和高粱粉同时倒入，以免粮粉进入稻壳内。翻拌要求低翻快拌，次数不可过多，时间不宜过长，以减少酒精挥发。根据经验，拌好后堆置 $30\sim35min$，此一堆积过程称作"润料"。

（4）蒸酒、蒸粮、打量水。由于发酵窖内同时存在着粮糟、面糟等，所以蒸酒、蒸粮也就有先后次序，一般先蒸粮糟，再蒸红糟，最后蒸面糟。其操作要求如下：

① 装甑。装甑时，不仅要做到轻、松、匀，探汽装甑，轻倒匀散，还要掌握蒸汽量，做到不压汽、不跑汽、穿汽均匀。在装甑时要求边高中低。装甑时间，一般 $35\sim40min$。

② 蒸酒。截取酒头 $0.25\sim0.5kg$，用于回窖发酵，或作调香酒，再接取原酒，分级入库。断花时摘酒尾，用于下一甑复蒸。蒸汽要匀，先小后大，控制流酒温度 $35℃$ 左右，流酒时间 $40\sim50min$，流酒速度一般 $3\sim4\ kg/min$。

③ 蒸粮。蒸完酒后，再续蒸 1h，全期 $110\sim120min$。糊化好的熟粱，要求内无生心，外不粘连，既要熟透又不起疙瘩。每蒸完一甑，清洗一次甑底锅。

④ 打量水。粮糟出甑后，立即拉平，加 $70\sim85℃$ 的热水，这一操作称作"打量水"，数量是原料的 $90\%\sim110\%$（冬天为 $90\%\sim95\%$）。打量水要撒开泼匀，泼到应打量水的六七成时，挖翻一次再泼。泼完后挖松扯薄。除装 $6\sim7$ 甑的小窖外，一般窖底的一甑粮糟不打量水。上述 $90\%\sim110\%$ 的量水比例系指全窖平均数，实际操作是底层少，上层多，称作打梯度水，这种打法有利调节水分均匀。回窖酒的重量应计入 $90\%\sim110\%$ 的量水内。量水的多少，以控制窖内水分为 55% 左右为好。红糟不加料，蒸酒后不打量水，作封窖的面糟。

（5）摊晾下曲。

① 摊晾。将加过量水的粮醅，置于晾糟机上，均匀摊平，利用风机通风降温，至下曲温度。

② 下曲。冬天 $17\sim20℃$，夏天低于室温 $2\sim3℃$。接触窖底一甑可为高 $3\sim5℃$。

③ 下曲量。冬天为 20%，夏天为 $19\%\sim20\%$。

（6）入窖发酵。

① 入窖。粮糟入窖前，先在窖底撒大曲粉 $1\sim1.5kg$，促进生香。粮糟入窖温度根据季节、气温的不同而有差别，春秋两季，室温为 $5\sim10℃$，入窖温度为 $17\sim20℃$；夏秋两季，室温为 $20\sim28℃$，入窖温度为 $20\sim27℃$ 或略低于室温 $2\sim3℃$。

② 入窖要求。入窖后，粮糟适当踩紧和刮平，装入粮糟不得高于地面，加入面糟形成的窖帽，高度不可超出窖面为 0.8～1m，铺出窖边不超过 5cm。

③ 入窖和出窖的工艺条件见表 4-1。

表 4-1　酒醅入窖出窖条件

项目	出窖醅/%	入窖醅/%
淀粉	7～8	15～16
水分	63～64	55～58
酸度	1.8～2.5	1.4～1.6

④ 封窖。装好窖后，盖上蓖席或撒稻壳，敷抹窖泥为 6～10cm 厚，上部再盖上塑料布，四周敷上窖泥，保持窖泥湿润，不开裂。

⑤ 发酵期。分 20、30、40、50、60、90d 不等。视各厂及工艺要求而定。

4.2.3　人工培窖和窖池建造

浓香型大曲酒生产所用发酵设备都是泥窖。泥窖质量与酒的香味有着重要的关系。浓香型大曲酒的主体香气是己酸乙酯和适量的丁酸乙酯，产生这两种酯的主要微生物是己酸菌和丁酸菌，而窖泥中含有丰富的有机质、腐殖酸、黄水等，为己酸菌、丁酸菌，提供了必需的营养，同时在厌氧条件下，老窖泥也成为己酸菌、丁酸菌等生香微生物的重要栖息场所。

过去泥窖建成后，要靠在生产过程中自然老熟，需经数年至数十年（俗称百年老窖）。随着科学技术的进步和微生物在白酒工业中应用研究的深入，老窖的奥秘逐步被人们揭示，出现了人工加速新窖老熟的方法，称为"人工老窖"。人工老窖的出现，促进了浓香型大曲酒的发展。

1. 窖泥的培养

人工老窖泥的培养主要依据是：按照嫌气芽孢杆菌（己酸菌等窖泥功能菌）的生存条件，用人工合成的方法使窖泥更能适应微生物的生存和繁殖；合理配搭 N、P、K、腐殖质、微量金属元素、水分等营养成分，严格控制培养温度等外界因素的影响。人工培泥的方法主要有两种，即纯种培养和混合培养。所谓纯种培养就是用己酸菌培养液、酯化液、乙醇、大曲等物质与所需原辅料拌匀至柔熟，然后入池发酵，保温 32～35℃，1～3 个月成熟。混合培养就是用湿料经三级堆积培养，采用纯种菌液与混合菌液，逐步增加营养成分的方法。

从批量生产来看，人工老窖泥的培养应该选择混合法培养最佳，辅以纯菌种，因其菌种来源于窖池本身，经驯化、增殖后，返回于窖池中，可以缩短微生物对环境的适应时间，而且降低生产成本。无论采用什么办法培养窖泥，都需精心选料，严格把关，细心管理，才能达到培养优质窖泥的目的。

2. 窖池的建造

浓香型大曲酒生产与其他香型白酒的不同之处在于使用窖泥和万年糟，需要窖泥与粮糟的有机结合，才能产出高质量的酒。建窖时需考虑窖池形状、窖池大小、建窖材料、建窖环境等诸多因素，建窖完成的同时还要考虑挂窖和投粮的进度。

1) 窖池的形状、大小

窖池的形状和大小应根据生产需要，最大限度利用窖体表面积（尤其是底面积）来进行设计。窖的容积大小是与甑桶容积相适应的，窖容又与投料量和工艺要求相关联。窖容越大，单位体积酒醅占有的窖体表面积就相对地减少。

$$A = S/V$$

式中　A——单位体积酒醅占有的窖体面积，m^2/m^3；

　　　S——窖体表面积，m^2；

　　　V——窖体总容积，m^3。

现将三者关系列入表 4-2。

表 4-2　窖容与窖表面积的关系

V/m^3	5	6	7	8	9	10	11	12	13
S/m^2	14.8	16.5	18.5	20.13	21.64	23.5	24.83	26	27.97
$A/(m^2/m^3)$	2.9	2.75	2.64	2.52	2.40	2.35	2.26	2.17	2.15

窖的表面积与窖的长和宽之比密切相关，当两者之比为 1∶1 时，窖墙的表面积最小，两者之比越大，表面积越大。一般长宽比在（1.6～2.0）∶1 为宜。设计窖池可选取长 3.5～4m、宽 1.5～2m 的比例。窖的高度直接影响窖底面积，窖池越深，底面积越小。窖深以 1.7～2m 比较合理。

在设计窖池形状、大小时应充分考虑这三者的关系和生产具体情况，即设计能力大小。目前各地的窖形及大小显著不一样，有窖深达 3m 的，也有 1.6m 深的；甑体容积也不一样，最大的有 2.5m^3，最小的一般在 1.0m^3，四川一般厂家的甑体容积在 1.6m^3左右；甑数差别也较大，有的多达 14～15 甑（连面糟 2 甑），有的还是采用传统老五甑。

2) 建窖材料及其条件

窖池的使用效果和年限与建窖材料的选择、环境条件有十分密切的关系。有好的建窖材料和外部环境，所建窖池就能延长其使用寿命，反之则一年半载就可能倒塌，同时将严重影响和制约质量和产量。

建窖时外部条件即环境条件的勘测尤为重要，包括当地的气候、地理、地势、水位等情况。建窖一般要求在地势较高、无渗透水和保水性能较强的地方进行。对于外部条件较差的地方就应该对其做预备处理，最主要的一点是防水处理。防水处理就是将地下水、地表水与窖池隔绝，使窖池形成一个小的环境状态。防水处理的方法一般为：用水泥、碎石、石灰、沙等材料制建 20～30cm 厚的地坪，同时在四周砌上与窖（水平线）等高的隔水层，这样就能保证窖池不再发生渗透现象。

建窖的材料包括两种：一种是以土、泥为主体，一种是以砖、石为主体。总的来说，浓香型大曲酒的典型特点是以泥窖（窖香）为主。

3）建窖的方法

建窖的方法包括两大种：一种以泥为主体，层层垒上；一种以砖、石为主体，砌成墙状，外面涂窖泥。

建窖包括窖壁和窖底两部分。现以四川某名酒厂的建窖方式为例做一介绍。主要材料为：田泥（黄泥）、石灰、碎石。将几种材料按一定比例混合，加水使其达到一定的含水量，然后按照斜度15°的原则，用两板相夹，一层一层筑紧往上升；其间每隔10～15cm加1块用竹编制而成的板，俗称墙筋，以增加其黏合能力和抗膨胀力。每个交接处都应重叠，表面用石板或水泥板盖上。窖底用黄泥填紧至30cm，再放窖泥。

4）窖泥的涂抹

窖泥的涂抹包括窖壁和窖底两个部分。根据厌氧微生物的生长特性和近几十年来对窖内发酵机理的研究成果，一般窖内生香微生物主要集中在窖池的底部和底壁下半部，最适生长区域为离表层2～5cm的地方。泸州百年老窖就是在这个部位的梭状芽孢杆菌最丰富，其色泽呈黑色，在阳光下呈红绿色彩。因此窖泥涂抹厚度的标准要求为：窖壁为10～15cm，窖底为20～30cm。

在窖池涂抹时要注意：夏季不能为降温而用排风扇吹；搭泥时动作要快、一致，不能轻一下、重一下的，这样会影响整个窖的均匀程度；挂窖时间选择在投粮前3h左右。

综上所述，建窖的关键在材料的选择；注意窖池防水的处理即窖池漏水、不保水和外部对窖池渗透水；要考虑黄浆水浸泡时对筑窖材料的腐蚀程度及浸泡时能维持多长时间；挂窖时应严格要求。

4.2.4　提高浓香型大曲酒质量的措施

人们在从事浓香型大曲酒生产的过程中，经过坚持不懈的努力，已探索、研究、总结出了一些有利于提高浓香型大曲酒质量的工艺措施，并在实际生产过程中取得了良好的效果。

1. 延长发酵周期

在窖池、入窖条件、工艺操作大体相同的情况下，酒质的好坏在很大程度上取决于窖池发酵周期的长短，因此，延长发酵期已成为提高浓香型大曲酒质量的重要工艺措施之一。窖池的发酵生香过程，要经历微生物的繁殖与代谢、代谢产物的分解或合成等过程。而酯类等物质的生成则是一个极其缓慢的生物化学反应过程，这是由于微生物，特别是己酸菌、丁酸菌、甲烷菌等窖泥微生物生长缓慢等因素所决定的。所以，酒中香味成分的形成，除了提供适当的工艺条件外，还必须给予较长的发酵时间，否则窖池中复杂的生物化学反应就难以完成，自然也就得不到较多的、较丰富的香味物质。

1）发酵时间与产品产量和质量的关系

生产实践证明，发酵期短的酒，其产量高，质量差；发酵期长的酒，其酒质好，产量低。从香味物质，尤其是酯类物质的生成来看，酯的生成要消耗酒精，因此随着发酵期的延长，酒精则减少。

2）发酵周期的科学确定

从科学研究的角度看，应该是稳定传统的发酵期，同时要采用先进的酿酒技术，研究提高产酒质量的措施，缩短传统发酵期，而不能只靠延长发酵周期来提高大曲酒的质量。

浓香型大曲酒的质量除与发酵周期有关外，还与窖泥、糟醅、大曲等的质量有关，并与工艺条件、入窖条件、发酵设备、操作方法等因素有关。因此，只要其他条件配合得当，符合要求，那么发酵周期短一点，也是可提高酒质的。总之，提高大曲酒的质量，应该从多种因素考虑，不能片面地强调发酵周期。一般而言，发酵周期以 45d 为宜。

2. 双轮底槽发酵

在浓香型大曲酒生产中，采用双轮底发酵能够提高酒质，这是毫无疑义的。所谓"双轮底发酵"，即在开窖时，将大部分糟醅取出，只在窖池底部留少部分糟醅（也可投入适量的成品酒、曲粉等）进行再次发酵的一种方法。

双轮底发酵已被绝大多数浓香型大曲酒厂使用，且收到了明显的效果。

1）使用双轮底槽的意义

双轮底槽发酵，其实质是延长发酵期的一种工艺方法，只不过延长发酵的糟醅不是全窖整个糟醅，而仅仅是留于窖池底部的一小部分糟醅。底部糟醅与窖泥有较长时间的接触，因此有利于香味物质的大量生成与积累，这是因为：

（1）窖底泥中的微生物及其代谢产物最容易进入底部糟醅。

（2）底部糟醅营养丰富，含水量充足，故微生物容易生长繁殖。

（3）底部糟醅酸度高，有利于酯化作用。

2）使用双轮底槽的工艺措施

目前在双轮底槽发酵中，常用的方法主要有两种：一种叫连续双轮底，一种叫隔排双轮底。

（1）连续双轮底。用来作连续双轮底槽发酵的窖池，于第一次起窖时，于窖池底部留 1.5 甑左右的糟醅不出窖（留糟量的多少，应根据窖池的大小而定，一般 10 甑左右的窖池留 1 甑底槽：16 甑以上的窖池留 2 甑底槽），并投入一定量的曲粉及次酒，进行再次发酵。在留下的底槽上面放置 2 块竹篾作记号，以便区分底槽与母糟。然后再在底槽上面逐甑放上经摊晾下曲后的粮糟。待发酵期已到时，即可开窖取糟，当起到接近放有 2 块竹篾作记号处时，就把双轮底上面约 1 甑半量的糟醅，扒到黄水坑内堆高，或堆放在窖池边，等待双轮底槽起完以后，再把留在黄水坑内的或窖池边的那 1.5 甑糟醅作底槽扒平，作为下排的双轮底槽。再放上 2 块竹篾作记号，再逐甑放入粮糟。以后每排均按此法操作，循环进行。实质上连续双轮底槽发酵，每一排都有双轮底槽，故称为连续双轮底，或每排双轮底。

（2）隔排双轮底。做隔排双轮底的窖池，在第一排放入粮糟时，当入完第一甑后，立即将入窖粮糟刮平整，放上 2 块竹篾作记号，然后再逐甑逐甑装入粮糟。待第二排起窖时，起到有竹篾作记号处，即停止起窖，将竹篾下面的糟醅留下再发酵一次，在它的上面装进粮糟。在第三排起窖时，当起到有竹篾的地方时，就停止起窖，并打黄水坑，做到勤舀黄水。或起到专门堆放双轮底的地方，滴出黄水。在准备蒸本窖第一甑糟醅时，再将底糟全部起出。以后每排均按此循环进行，每隔一排才产一次底糟酒，所以称作隔排双轮底。

3. 人工培窖和加速窖泥老熟

浓香型大曲酒优良的酒质，与"百年老窖"有关。这些产优质酒的窖池，经历了上百年的过程，它是自然老熟而成的，所以现在要提高浓香大曲酒质量，除了采取其他措施外，加速窖泥老熟也是一项极其重要的技术措施。浓香型大曲酒的主体香味物质是己酸乙酯，而己酸乙酯是由栖息在窖泥中的梭状芽孢杆菌在生长繁殖过程中先产生己酸，然后再与酒精作用而生成的。实践证明，在窖泥中产生大量的有机酸，在糟醅中产生大量的酒精，这两种不同的有机物，在发酸过程中受到酯化酶的催化作用，生成了相应的酯类物质。而这些酯类物质，又是浓香型大曲酒的主体呈香呈味物质。

窖泥中微生物区系极为复杂，窖泥中栖息的微生物除己酸菌、丁酸菌外，还有对产生香味物质有着影响的具有特殊功能的甲烷菌、甲烷氧化菌和丙酸菌、嗜热芽孢杆菌等微生物。甲烷菌和甲烷氧化菌相互依存，它们以 CH_4 作为碳源和能源，有刺激产酸的功能。它们共同参与窖池生态环境中的碳素循环，协调了酒中各种有机化合物的相互关系。窖泥中的微生物，大多为厌氧菌，尤其以芽孢杆菌为多。老窖泥中的细菌总数超过新窖泥中的 2 倍多。老窖泥中的甲烷菌、甲烷氧化菌、己酸菌、丁酸菌等明显多于新窖。这充分说明了窖泥对酒质有着十分明显的影响，也充分说明了这样一个事实，即"老窖"优于"新窖"。老窖之所以能产优质酒，其奥秘也在于此。

4. 回窖发酵

根据发酵过程中香味物质生成的基本原理和传统工艺生产的实践经验，采用回窖发酵方法，能较大幅度地提高质量。这种方法易于掌握，效果极好。回窖发酵，是糟醅在发酵过程中增加一些物质参与发酵，并能提高主体香味物质的一种方法。回窖发酵包括回酒发酵、回泥发酵、回糟及翻糟发酵、回己酸菌液发酵、回综合菌液发酵等。

1) 回酒发酵

所谓"回酒发酵"是把已经酿制出来的酒，再回入正在发酵的窖池中进行再次发酵。也有称其为"回沙发酵"。回酒发酵可明显地提高酒质，这已被酿酒界所公认。若长期采取这一措施，还能使窖泥老熟，窖泥中己酸菌、丁酸菌、甲烷杆菌数量增多，窖泥水分、有效磷、氨态氮、腐殖质等窖泥成分大幅度增加。同时优质的糟醅风格也能迅速形成。

2) 回泥发酵

浓香型大曲酒的香型与泥土有着密不可分的关系。老窖就充分地说明了这一点。如果没有泥土，那就会影响酒的香型与风格。采取回泥发酵也就是基于这个道理。

由于浓香型大曲酒的生产设备和工艺操作在不断更新，这些变化对酒的香型、风格产生了影响。例如传统的摊晾是在泥制的或砖块镶嵌的地晾堂上进行的，糟醅常与泥土接触，泥土中的微生物容易进入窖池参与发酵。而现在摊晾则在金属制造的或竹木制造的摊晾机上进行，故载有微生物的泥土进入窖池的量大为减少。因此，有人尝评成品酒时认为，现在的酒，窖香味没有以前那么浓了。

3）回糟及翻糟发酵

回糟发酵及翻糟发酵是在回酒发酵的基础上进一步发展而来的。它是冬季酿酒提高产品质量、提高发酵糟醅风格的一项有效措施。这两种方法不仅起到分层回酒的作用，而且回进了大量的有益微生物和酸、酯、醇、醛等有益香味成分，对提高酒质，尤其对提高发酵糟醅的质量有显著的效果。许多资料表明，不少生产浓香型大曲酒的厂家，采用了回糟发酵、翻糟发酵的方法后，生产上取得了良好的效果，产品质量明显提高。故这些方法得以广泛推广，促进了浓香型大曲酒生产的向前发展。

4.3　清香型大曲酒的发酵技术

清香型大曲酒的生产以山西杏花村汾酒厂生产的汾酒为典型代表。它清香醇厚、绵柔回甜、尾净爽口、回味悠长。酒的主体香气成分是乙酸乙酯和乳酸乙酯。

4.3.1　清香型大曲酒的发酵工艺特点

清香型大曲酒的生产，主要采用清蒸清糙工艺，个别也有采用清蒸续糙的。汾酒是典型的清蒸清糙二次清工艺，其主要特点如下：

（1）在整个生产中突出一个"清"字，原、辅料单独清蒸，尽量驱除杂味，避免带入酒中。清糙发酵，不配酒醅或酒糟；成熟的酒醅单独蒸酒，保证酒质纯净；各项操作注意清洁卫生，减少杂菌污染。并强调低温发酵，确保酒味纯净。

（2）所用的大曲是专门用来酿制汾酒的中温大曲（也有称它为低温大曲的），它以大麦、豌豆为原料，制曲最高品温不超过 48℃，成品大曲具有较高的糖化、发酵力和优雅的清香味。

（3）使用地缸发酵，石板封口，也有采用陶瓷砖窖或水泥窖的，但水泥窖壁必须抹光并上蜡。场地、晾堂使用砖或水泥铺设，便于刷洗，保证酒的口味干净。

（4）原料进行纯粮发酵，两次发酵后就作为废糟排除，使酒气清香，不致夹带杂味。

清香型大曲酒的技术要点在于必须有质量上等的大麦、豌豆曲以及在酿酒工艺中以排除影响酒体的一切邪杂味为中心环节。汾酒还总结出酿酒的 7 条秘诀：

（1）人必得其精。酿酒技师及工人要有熟练的技术，懂得酿造工艺，并精益求精，才能出好酒、多出酒。

（2）水必得其甘。要酿好酒，水质必须洁净。"甘"字也可作"甜水"解释，以区别于咸水。

（3）曲必得其时。指制曲效果与温度、季节的关系，以便使有益微生物充分生长繁殖。即所谓"冷酒热曲"，就是说使用夏季培养的大曲（伏曲）质量为好。

（4）粮必得其实。原料高粱子实饱满，无杂质，淀粉含量高，以保证较高的出酒率。故要求采用粒大而坚实的"一把抓"高粱。

（5）器必得其洁。酿酒全过程必须十分注意卫生工作，以免杂菌及杂味侵入，影响酒的产量和质量。

（6）缸必得其湿。创造良好的发酵环境，以达到出好酒的目的。因此，必须合理控制入缸酒醅的水分及温度。位于上部的酒醅入缸时水分略多些，温度稍低些。因为在发酵过程中水分会下沉，热气会上升。这样掌握，可使缸内酒醅发酵均匀一致些。酒醅中水分的多少与发酵速度、品温升降及出酒率有关。

另一种解释为若缸的湿度已饱和，就不再吸收酒而减少酒的损失，同时缸湿易于保温，并可促进发酵。因此在汾酒发酵室内，每年夏天都要在缸旁的土地上扎孔灌水。

（7）火必得其缓。有二层意思：一是指发酵控制，火指温度，也就是说酒醅的发酵温度必须掌握"前缓升、中挺、后缓落"的原则才能出好酒；二是指酒醅蒸酒宜小火缓慢蒸馏才能提高蒸馏效率，既有质量又有产量，做到丰产丰收，并可避免穿甑、跑汽等事故发生。蒸粮则宜均匀上汽，使原料充分糊化，以利糖化和发酵。

此外，又进一步将人必得其精具体化为：工必得其细，拌必得其准，管必得其严，勾贮必得其适。

4.3.2　清香型大曲酒的发酵工艺

1. 工艺流程

清香型大曲酒的发酵工艺流程如图 4-3 所示。

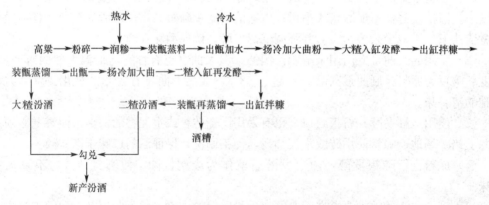

图 4-3　清香型大曲酒的发酵工艺流程

2. 工艺说明

1）原料粉碎

原料主要是高粱和大曲。高粱通过辊式粉碎机破碎后方能投产。粉碎细，有利于蒸煮糊化和微生物酶的作用。粉碎过细会造成发酵升温过猛、酒醅发黏，易污染杂菌，一般要求每颗高粱破碎成 4～8 瓣即可，其中能通过 1.2mm 筛孔的细粉占 25%～35%，粗粉占 65％～75％左右。整粒高粱不超过 0.3％。同时要根据气候变化调节粉碎细度，冬季稍细，夏季稍粗，以利于发酵升温。所用的大曲有清茬、红心、后火三种，应按比例混合使用。大糙发酵用的曲，可粉碎成大的如豌豆、小的如绿豆，能通过 1.2mm 筛孔的细粉不超过 55％；二糙发酵用的大曲粉，要求大如绿豆，小的如小米，能通过 1.2mm 筛孔的细粉不超过 70％～75％。大曲粉碎细度会影响发酵升温的快慢，粉碎较粗，发酵时升温较慢，有利于进行低温缓慢发酵；颗粒较细，发酵升温较快。大曲粉碎的粗细，也要考虑气候的变化，夏季应粗些，冬季可稍细。

2）润糁

润糁的目的是让原料预先吸收部分水分，利于蒸煮糊化，而原料的吸水量和吸水速度常与原料的粉碎度和水温的高低有关。在粉碎细度一定时，原料的吸水能力随着水温的升高而增大。采用较高温度的水来润料可以增加原料的吸水量，使原料在蒸煮时糊化加快；同时使水分能渗透到淀粉颗粒的内部，发酵时，不易淋浆，升温也较缓慢，酒的口味较为绵甜。另外，高温润糁能促进高粱所含的果胶质受热分解形成甲醇，在蒸料时先行排除，降低成品酒中的甲醇含量。高温润糁是提高曲酒质量的有效措施。

3）蒸料

蒸料也称蒸糁。目的是使原料淀粉颗粒细胞壁受热破裂，淀粉糊化，便于大曲微生物和酶的糖化发酵，产酒成香。同时，杀死原料所带的一切微生物，挥发掉原料的杂味。

原料采用清蒸。蒸料前，先煮沸底锅水，在甑箅上撒一层稻壳或谷壳，然后装甑上料，要求见汽撒料，装匀上平。圆汽后，在料面上泼加 60℃的热水，称之"加闷头浆"，加水量为原料量的 1.5％～3％。整个蒸煮时间约需 80min 左右，初期品温在 98～99℃，以后加大蒸汽，品温会逐步升高，出甑前可达 105℃左右。

蒸料时，红糁顶部也可覆盖辅料，一起清蒸，辅料清蒸时间不得少于 30min。清蒸后的辅料，应单独存放，尽量当天用完。

4）加水、扬冷、加曲

蒸后的红糁应趁热出甑并摊成长方形，泼入原料量 30％左右的冷水（最好为 18～20℃的井水），使原料颗粒分散，进一步吸水。随后翻拌，通风晾糁，一般冬季降温到比入缸温度高 2～3℃即可，其他季节散冷到与入缸温度一样就可下曲。

下曲温度的高低影响曲酒的发酵，加曲温度过低，发酵缓慢；过高，发酵升温过快，醅子容易生酸，尤其在气温较高的夏天，料温不易下降，翻拌扬冷时间又长，次数过多，使杂菌有机可乘，在发酵时易于产酸，影响发酵正常进行。

根据经验，加曲温度一般控制如下：

春季 20～22℃，夏季 20～25℃，秋季 23～25℃，冬季 25～28℃。

加曲量的大小，关系到酒的出率和质量，应严格控制。用曲过多，既增加成本和粮耗，还会使醅子发酵升温加快，引起酸败，也会使有害副产物的含量增多，以致使酒味变得粗糙，造成酒质下降。用曲过少，有可能出现发酵困难、迟缓、顶温不足，发不彻底，影响出酒率。

加曲量一般为原料量的 9％～11％左右，可根据季节、发酵周期等加以调节。

5）大楂入缸发酵

大楂入缸时，主要控制入缸温度和入缸水分，而淀粉浓度和酸度等都是比较稳定的，因为大楂醅子是用纯粮发酵，不配酒糟，其入缸淀粉含量常达38％左右，但酸度较低，仅在0.2左右。这种高淀粉低酸度的条件，酒醅极易酸败，因此，更要坚持低温入缸，缓慢发酵。大楂入缸后，缸顶要用石板盖严，再用清蒸过的小米壳封口，还可用稻壳保温。

汾香型大曲酒的发酵期一般21～28d，个别也有长达30余天的。发酵周期的长短，是与大曲的性能、原料粉碎度等有关，应该通过生产试验确定。发酵时间过短，糖化发酵难以完全，影响出酒，酒质也不够绵软，酒的后味寡淡；发酵时间太长，酒质绵软，但欠爽净。在边糖化边发酵的过程中，应着重控制发酵温度的变化，使之符合前缓、中挺、后缓落的规律。

要做到前缓、中挺、后缓落，除了严格掌握入缸温度和入缸水分外，还要做好发酵容器的保温和降温。冬季可以在缸盖上加稻皮进行保温，夏季减少保温材料，甚至在地缸周围土地上扎眼灌凉水，迫使缸中酒醅降温。

在28d的发酵过程中，须隔天检查一次发酵情况。一般在入缸后2周内更要加强检查，发酵良好的，会出现苹果似的芳香，醅子也会逐渐下沉，下沉越多，产酒越好，一般约下沉1/4的醅层高度。

在20多天的发酵过程中，水分会有所增加。入缸水分在52％左右，随着糖化发酵，到出缸时高达72％左右。淀粉随着糖化发酵而逐步被消耗，由31％以上降为15％左右，尤其以发酵7d左右下降最快。由于进行边糖化边发酵，还原糖量的变化表现不大。酒精分随着发酵的进行而逐步升高，入缸发酵15d左右酒精度达最高，此后，可能由于酯化作用及挥发损失，酒度略有下降。醅的酸度入缸时仅为0.2左右，由于发酵代谢和细菌产酸，会逐渐升高，到发酵终了，酸度升到2.2左右，增加10倍以上。发酵温度虽然开始时较低，由于发酵产热，当发酵到7～8d时，醅温可高达30℃左右，后期发酵变弱，醅温逐渐下降，到出缸时，约降到24℃左右。

表4-3为汾酒大楂在21d发酵过程中的主要理化指标的变化情况，可作为参考。

表4-3　汾酒大楂发酵变化

项目\天数	温度/℃	水分/%	淀粉/%	糖分/%	酸度/(g/100mL)	酒精/%（体积分数）
入缸	16	52	31	0.727	0.2214	/
1	18	54	30.5	1.905	0.2460	1.0
2	21	55	29.3	2.560	0.3690	1.4
3	24	56	28.6	2.500	0.6150	1.9
4	25.5	58	27.4	2.490	0.860	3.4
5	27.5	60.5	24.3	1.670	0.926	4.1
6	28	64	22.6	1.350	1.480	7.7
7	29	65.6	21.8	1.335	1.530	8.4
8	30	66.4	21	1.190	1.600	8.7

续表

项目 天数	温度 /℃	水分 /%	淀粉 /%	糖分 /%	酸度 /(g/100mL)	酒精/% (体积分数)
9	29	67.6	20.2	1.070	1.680	9.2
10	28	68	20	0.990	1.710	9.9
11	28	68	19.4	0.980	1.720	10.7
12	28	68	18.4	0.960	1.730	11.2
13	27.5	70	17.3	0.952	1.740	12.0
14	27	70.5	17	0.950	1.750	12.2
15	27	71.2	16.8	0.948	1.760	11.9
16	26.5	72	16.3	0.940	1.780	11.8
17	26.5	72	15.9	0.931	1.820	11.8
18	26	72	15.5	0.912	1.880	11.7
19	26	72	15.2	0.897	1.970	11.7
20	25	72	15	0.857	2.080	11.6
21	24	72.2	14.8	0.828	2.20	11.4

6）出缸、蒸大糙酒

发酵结束，将大糙酒醅挖出，拌入 18%～20% 的填充料疏松。由于大糙酒醅黏湿，又采用清蒸操作，不添加新料，故上甑要严格做到"轻、松、薄、匀、缓"，保证酒醅在甑内疏松均匀，不压汽，不跑汽。上甑时可采用"两干一湿"即铺甑算辅料可适当多点，上甑到中间可少用点辅料，将要收口时，又可多用点辅料。也可采用"蒸汽两小一大"，开始装甑时进汽要小，中间因醅子较湿，阻力较大，可适当增大汽量，装甑结束时，甑内醅子汽路已通，可减小进汽，缓汽蒸酒，避免杂质因大火蒸馏而进入成品内，影响酒的质量，流酒速度保持在 3～4kg/min。

开始的馏出液为酒头，酒度在 75%（体积分数）以上，含有较多的低沸点物质，口味冲辣，应单独接取存放，可回入醅中重新发酵，摘取量为每甑 1～2kg。酒头摘取要适量，取得太多，会使酒的口味平淡；接取太少，会使酒的口味暴辣。酒头以后的馏分为大糙酒，其酸、酯含量都较高，香味浓郁。当馏分酒度低于 48.5%（体积分数）时，开始截取酒尾，酒尾回入下轮复蒸，追尽酒精和高沸点的香味物质。流酒结束，敞口大汽排酸 10min 左右。

7）二糙发酵

为了充分利用原料中的淀粉，整完酒的大糙酒醅需继续发酵一次，这叫二糙发酵。其操作大体上与大糙发酵相似，是纯糟发酵，不加新料，发酵完成后，再蒸二糙酒，酒糟作为扔糟排出。

当大糙酒醅蒸酒结束，视醅子的干湿，趁热泼入大糙投料量 2%～4% 的温水于醅子中，水温在 35～40℃，称为"蒙头浆"。随后挖出醅子，扬冷到 30～38℃，加投料量 9%～10% 的大曲粉，翻拌均匀，待品温下到 22～28℃（春、秋、冬三季）或 18～23℃（夏季）时，入缸进行二糙发酵。

二糙发酵主要控制入缸淀粉、酸度、水分、温度等四个因素，其中淀粉浓度主要取决于大糙发酵的情况，一般多在 14%～20%。入缸酸度比大糙入缸时高，多在 1.1～1.4 左右，以不超过 1.5 为好。入缸水分常控制在 60%～62%，其加水量应根据大糙酒醅流酒多少而定，流酒多，底醅酸度不大，可适当多加新水，有利于二糙产酒。加水过多，会造成水分流入缸底，浸泡酒醅，导致醅子过湿发黏，蒸酒时酒稍子会拉长，流酒反而减少。

入缸温度应视气候变化、醅子淀粉浓度和酸度不同而灵活掌握，关键要能"适时顶火"和"适温顶火"，二糙发酵醅温变化要求"前紧、中挺、后缓落"。所谓"前紧"，即二糙入缸后 4d 品温要达到 32～34℃的"顶火温度"。二糙发酵不应前缓，尤其酒醅酸度较大时，若前火过缓，则中间主发酵就无力，中挺不能保持。但也不能太紧，如入缸后 2～3d 就达到顶火温度，虽然中挺有力，挺火温度较高，但酒醅极易生酸，同样妨碍酒精发酵。中挺能在顶火温度下保持 2～3d，就能让酒醅发酵良好。从入缸发酵 7d 后，发酵温度开始缓慢降落，这称为后缓落，直至品温降到发酵结束时的 24～26℃。

由于二糙醅子的淀粉含量比大糙低，糠含量大，酒醅比较疏松，入缸时会带入大量空气，对曲酒发酵不利。因此，二糙入缸时必须将醅子适度压紧，并喷洒少量尾酒，进行回缸发酵。二糙的发酵期为 21～28d。

二糙酒醅发酵过程中的主要成分变化见表 4-4。

表 4-4　二糙发酵酒醅的化学成分变化

天数	水分/%	总酸/(mmol/100g)	还原糖/%	淀粉/%	酒精/%	总氮/%
0	60.55	37.53	5.51	37.31	/	2.39
3	62.30	45.58	0.73	26.10	4.41	2.79
7	63.65	44.95	0.94	22.97	5.02	2.88
14	65.55	61.04	0.38	22.47	5.14	2.94
21	67.50	93.91	0.39	22.18	5.19	—
28	68.45	104.89	—	—	—	—

二糙发酵结束后，出缸拌入少量小米壳，即可上甑蒸得二糙酒，酒糟作扔糟。如发酵不好，残余淀粉偏高，可进行三糙发酵，或加糖化酶，酵母进行发酵，使残余淀粉得到进一步的利用。

在整个清糙法发酵中，常强调"养大糙，挤二糙"。所谓"养大糙"是因为大糙发酵是纯粮发酵，入缸淀粉含量高，发酵时极易生酸，所以要想方设法防止酒醅过于生酸。所谓"挤二糙"是因为在"清蒸二次清"工艺中，糙子发酵二次，即为扔糟，为了充分利用原料中的淀粉产酒产香，所以在二糙发酵中应根据大糙醅子的酸度来调整二糙的入缸温度，保证二糙酒醅正常发酵，挤出二糙的酒来。当二糙入缸酸度在 1.6g/100mL 以上时，酸度每增加 0.1g/100mL，入缸温度可提高 1.8℃。实践证明，如果大糙酒醅养得好，醅子酸度正常，不但流酒多，二糙发酵产酒也好。如果大糙养不好，有酸败，不但影响大糙流酒，还会影响二糙的正常发酵。

8）贮存勾兑

蒸馏得到的大糙酒、二糙酒、合格酒和优质酒等，要分别贮存 3 年，在出厂前进行勾兑，然后灌装出厂。

4.4 酱香型大曲酒的发酵技术

酱香型大曲酒以贵州仁怀县茅台酒厂所产的茅台酒为典型代表。茅台酒酒色微黄透明，酒气酱香突出，以低而不淡，香而不艳、优雅细腻、回味悠长、敞杯不饮香气持久不散，空杯留香长久而著称。

4.4.1 酱香型大曲酒的发酵工艺特点

茅台酒的生产，科学而巧妙地利用了当地特有的气候、优良的水质、适宜的土壤，荟萃了我国古代酿酒技术的精华，创造了一整套与国内其他名酒完全不同的传统工艺。高温制曲、两次投料、多轮发酵、堆积、回沙、高温流酒、长期贮存、精心勾兑是它生产工艺的主要特点。

茅台酒选用良种小麦来制作无药高温大曲，以优质高粱作醅酿酒。它的生产十分强调季节，"伏天踩曲"，"重阳下沙"，即每年农历端午前后开始制曲，重阳前结束。因为这段时间气温高，湿度大，空气中的微生物种类、数量多而活跃，能够在制曲过程中把空气中的微生物网罗到曲坯上进行繁殖。另外，酿酒要在重阳后开始投料，因为重阳以后，秋高气爽，酒醅下窖温度低，发酵平缓，能保证质量。此外，采用碎石窖、堆集、糙沙、回酒发酵、大比例用曲和 1 年为一个生产大周期等，都是茅台酒独有的精湛工艺。

4.4.2 酱香型大曲酒的发酵工艺

1. 工艺流程

酱香型大曲酒的发酵工艺流程如图 4-4 所示。

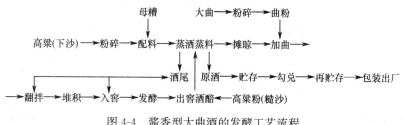

图 4-4 酱香型大曲酒的发酵工艺流程

2. 工艺操作

1）原料粉碎

茅香型酒生产把高粱原料称为沙。在每年大生产周期中，分两次投料，第一次投料称下沙，第二次投料称糙沙，投料后需经过八次发酵，每次发酵一个月左右，一个大周期约 10 个月左右。由于原料要经过反复发酵，所以原料粉碎得比较粗，要求整粒与碎粒之比，下沙为 80％比 20％，糙沙为 70％比 30％，下沙和糙沙的投料量分别占投料总量的 50％。

为了保证酒质的纯净，茅台酒生产基本上不加辅料，其疏松作用主要靠高粱原料粉碎的粗细来调节。高粱的粉碎度见表 4-5。

表 4-5　茅台酒高粱的粉碎度

沙别 粉碎度	下沙(生沙)			糙沙		
	夏季	冬季	平均	夏季	冬季	平均
碎粒	20.40	16.20	18.30	34.90	32.88	33.89
整粒	75.40	75.40	75.40	59.12	61.12	60.12
种壳	3.40	8.00	5.70	5.38	5.52	5.44
杂粮	0.80	0.40	0.60	0.60	0.52	0.55

2）大曲粉碎

茅台酒是采用高温大曲产酒生香的，由于高温大曲的糖化发酵力较低，原料粉碎又较粗，故大曲粉碎越细越好，有利糖化发酵。

3）下沙

茅台酒生产的第一次投料称为下沙。每甑投高粱 350kg，下沙的投料量占总投料量的 50％。

（1）泼水堆积。下沙时先将粉碎后的高粱泼上原料量 51％～52％的 90℃以上的热水（称发粮水），泼水时边泼边拌，使原料吸水均匀。也可将水分成两次泼入，每泼一次，翻拌三次。注意防止水的流失，以免原料吸水不足。然后加入 5％～7％的母糟拌匀。母糟是上年最后一轮发酵出窖后不蒸酒的优质酒醅，经测定，其淀粉浓度为 11％～14％，糖分为 0.7％～2.6％，酸度为 3～3.5g/100mL，酒度为 4.8％～7％（体积分数）左右。发水后堆积润料为 10h 左右。

（2）蒸粮（蒸生沙）。先在甑箅上撒上一层稻壳，上甑采用见汽撒料，在 1h 内完成上甑任务，圆汽后蒸料 2～3h，约有 70％左右的原料蒸熟，即可出甑，不应过熟。出甑后再泼上 85℃的热水（称量水），量水为原料量的 12％。发粮水和量水的总用量约为投料量的 56％～60％。

出甑的生沙含水量为 44％～45％，淀粉含量为 38％～39％，酸度为 0.34～0.36g/100mL。

（3）摊晾。泼水后的生沙，经摊晾、散冷，并适量补充因蒸发而散失的水分。当品温降低到 32℃左右时，加入酒度为 30％（体积分数）的尾酒 7.5kg（约为下沙投料量的 2％左右），拌匀。所加尾酒是由上一年生产的丢糟酒和每甑蒸得的酒头经过稀释而成的。

（4）堆集。当生沙料的品温降到 32℃左右时，加入大曲粉，加曲量控制在投料量的 10％左右。加曲粉时应低撒扬匀。拌和后收堆，品温为 30℃左右，堆要圆、匀，冬季较高，夏季堆矮，堆集时间为 4～5d，待品温上升到 45～50℃时，可用手插入堆内，当取出的酒醅具有香甜酒味时，即可入窖发酵。

晾堂堆集使大曲微生物进行呼吸繁殖，并且富集晾堂周围环境中的酿酒微生物，使它们在堆集过程中迅速生长繁殖了一逐步进行糖化发酵，为下窖继续发酵做好准备。

（5）入窖发酵。堆集后的生沙酒醅经拌匀，并在翻拌时加入次品酒 2.6％左右。然后入窖，待发酵窖加满后，用木板轻轻压平醅面，并撒上一薄层稻壳，最后用泥封窖 4cm 左右，发酵 30～33d，发酵品温变化在 35～48℃之间。生沙入窖和出窖条件如表 4-6 所示。

表 4-6　生沙入窖和出窖条件

项目	封窖	开窖
品温/℃	35～38℃	40℃
水分/％	42～43	47
淀粉/％	32～33	—
酸度/(g/100mL)	0.9	2～2.1
酒度/％	1.6～1.7(体积分数)	4～6(体积分数)

4）糙沙

茅台酒生产第二次投料称为糙沙。

（1）开窖配料。把发酵成熟的生沙酒醅分次取出，每次挖出半甑左右（约 300kg 左右），与粉碎、发粮水后的高粱粉拌和，高粱粉原料为 175～187.5kg 其发水操作与生沙相同。

（2）蒸酒蒸粮。将生沙酒醅与糙沙粮粉拌匀、装甑、混蒸。首次蒸得的酒称生酒，出酒率较低，而且生涩味重，生沙酒经稀释后全部泼回糙沙的酒醅，重新参与发酵。这一操作称以酒养窖或以酒养醅。混蒸时间需达 4～5h，保证糊化柔熟。

（3）下窖发酵。把蒸熟的料醅扬晾，加曲拌匀，堆集发酵，工艺操作与生沙酒相同，然后下窖发酵。应当说明，茅台酒每年只投两次料，即下沙和糙沙各一次，以后六个轮次不再投入新料，只将酒醅反复发酵和蒸酒。糙沙堆积和发酵条件如表 4-7 所示。

表 4-7　糙沙堆积和发酵条件

工艺条件　　　项目	堆 积 醅	入窖发酵醅
开始品温/℃	31	41
第三天品温/℃	45	
发酵 5～9d 升温/℃	—	43～44
出窖品酒/℃	—	44
水分/％	44～45	入窖 47～48,出窖 53～54
淀粉/％	36～37	34～31(入窖～出窖)
酸度/(g/100mL)	0.96～1.36	1.5～2.0(入窖～出窖)
酒度/％(体积分数)	2～4	6～8.3(入窖～出窖)
时间/d	2～3	30～33

（4）蒸糙沙酒。糙沙酒醅发酵时要注意品温、酸度、酒度的变化情况。发酵一个月后，即可开窖蒸酒（烤酒）。因为窖容较大，有 $14m^3$ 和 $25m^3$ 两种，要多次蒸馏才能把窖内酒醅全部蒸完。为了减少酒分和香味物质的挥发损失，必须随起随蒸，当起到窖内最后一甑酒醅（也称香醅）时，应及时备好需回窖发酵并已堆集好的酒醅，待最后一甑香醅出窖后，立即将堆集酒醅入窖发酵。

蒸酒时应轻撒匀上，见汽上甑，缓汽蒸馏，量质摘酒，分等存放。茅台酒的流酒温度控制较高，常在 40℃ 以上，这也是它"三高"特点之一，即高温制曲、高温堆集、高温流酒。糙沙香醅蒸出的酒称为"糙沙酒"。酒质甜味好，但冲、生涩、酸味重，它是每年大生产周期中的第二轮酒，也是需要入库贮存的第一次原酒。糙沙酒头应单独贮存留作勾兑，酒尾可泼回酒醅重新发酵产香，这叫"回沙"。

糙沙酒蒸馏结束，酒醅出甑后不再添加新料，经摊晾，加尾酒和大曲粉，拌匀堆集，再入窖发酵一个月，取出蒸酒，即得到第三轮酒，也就是第二次原酒，称"回沙酒"，此酒比糙沙酒香、醇和，略有涩味。以后的几个轮次均同"回沙"操作，分别接取三、四、五次原酒，统称"大回酒"，其酒质香浓，味醇厚，酒体较丰满，无邪杂味。第六轮次发酵蒸得的酒称"小回酒"，酒质醇和，糊香好，味长。第七次蒸得的酒为"枯糟酒"，又称追糟酒，酒质醇和，有糊香，但微苦、糟味较浓。第八次发酵蒸得的酒为丢糟酒，稍带枯糟的焦苦味，有糊香，一般作尾酒，经稀释后回窖发酵。

茅台酒的生产，一年一个周期，两次投料、八次发酵、七次流酒。从第三轮起，虽然不再投入新料，但由于原料粉碎较粗，醅内淀粉含量较高，随着发酵轮次的增加淀粉被逐步消耗，直至八次发酵结束，丢糟中淀粉含量仍在 10% 左右。

茅台酒发酵，大曲用量很高，用曲总量与投料总量比例高达 1:1 左右，各轮次发酵时的加曲量应视气温变化，淀粉含量以及酒质情况而调整。气温低，适当多用，气温高，适当少用，基本上控制在投料量的 10% 左右，其中第三、四、五轮次可适当多加些，而六、七、八轮次可适当减少用曲。

生产中每次蒸完酒后的酒醅经过扬晾、加曲后都要堆集发酵 4~5d，其目的是使醅子重新富集微生物，并使大曲中的霉菌、嗜热芽孢杆菌、酵母菌等进一步繁殖，起二次制曲的作用。堆集品温到达 45~50℃ 时，微生物已繁殖得较旺盛，再移入窖内进行发酵，使酿酒微生物占据绝对优势，保证发酵的正常进行，这是茅香型曲酒生产独有的特点。

发酵时，糟醅采取原出原入，达到以醅养窖和以窖养醅的作用。每次醅子堆积发酵完后，准备入窖前都要用尾酒泼窖，保证发酵正常、产香良好。尾酒用量由开始时每窖 15kg 逐渐随发酵轮次增加而减少为每窖 5kg。每轮酒醅都泼入尾酒，回沙发酵，加强产香，酒尾用量应根据上一轮产酒好坏，堆集时醅子的干湿程度而定，一般控制在每窖酒醅泼酒 15kg 以上，随着发酵轮次的增加，逐渐减少泼入的酒量，最后丢糟不泼尾酒。回酒发酵是茅香型大曲白酒生产工艺的又一特点。

由于回酒较大，入窖时醅子含酒精已达 2%（体积分数）左右，对抑制有害微生物的生长繁殖起到积极的作用，使产出的酒绵柔、醇厚。

茅台酒的窖是用方块石与黏土砌成，容积较大，约 $14m^3$ 或 $25m^3$ 左右。每年投产前必须用木柴烧窖，目的是杀灭窖内杂菌，除去枯糟味和提高窖温。每个窖用木柴约 50～100kg，之间。烧完后的酒窖，待温度稍降，扫除灰烬，撒少量丢糟于窖底，再打扫一次，然后喷洒次品酒约 7.5kg、撒大曲粉 15kg 左右，使窖底含有的己酸菌得到营养，加以活化。经以上处理后，方可投料使用。

为了勾兑调味使用，茅香型酒也可生产一定量的"双轮底"酒，在每次取出发酵成熟的双轮底醅时，一半添加新醅、尾酒、曲粉，拌匀后，堆集，回醅再发酵，另一半双轮底醅可直接蒸酒，单独存放，供调香用。

5）入库贮存

蒸馏所得的各种类型的原酒，要分开贮存，通过检测和品尝，按质分等贮存在陶瓷容器中，经过 3 年陈化使酒味醇和，绵柔。

6）精心勾兑

贮存 3 年的原酒，先勾兑出小样，后放大调和，再贮存一年，经理化检测和品评合格后，才能包装出厂。

7）茅台酒的质量标准

在我国的白酒中，茅台酒是最完美的典范，以其低而不淡，香而不艳著称，酒倒杯内过夜，变化甚小，而且空杯比实杯香，酱香突出，幽雅细腻，酒体丰满醇厚、回味悠长。

茅台酒的理化指标为：

酒度 53%±0.5%(体积分数)   总酸（以乙酸计）＜0.17g/100mL

总酯（以乙酸乙酯计）＞0.26g/100mL   总醛（以乙醛计）＜0.06g/100mL

糠醛＜0.03g/100mL   甲醇＜0.03g/100mL

杂醇油＜0.20g/100mL   固形物＜0.02g/100mL

铅＜1mg/kg

4.5 其他香型大曲酒的发酵技术

4.5.1 凤香型大曲酒的发酵技术

凤香型大曲酒的典型代表是产于陕西凤翔柳林镇的西凤酒，它酒色透明，香气浓郁、醇厚圆润，诸味谐调，尾净爽口，回味悠长，别具一格。

1. 西凤酒的发酵工艺特点

（1）用 60% 的大麦和 40% 的豌豆制大曲，作为酿制西凤酒的糖化发酵剂。

（2）以高粱为酿酒原料，采用老六甑发酵工艺，发酵期在各类名酒中最短，仅 14d 左右。

（3）一年为一个大生产周期，每年 9 月立窖，次年 7 月挑窖，全过程分为立、破、顶、圆、插、挑等六个过程。

（4）混蒸所得新酒，须贮存于柳条编织成、内涂猪血料的"酒海"容器中贮存 1～3 年，达到不偏酸、不偏苦、不偏辣、清芳甘润。

（5）以泥窖为发酵设备，并分为明窖和暗窖。

2. 西凤酒的发酵工艺

1）制曲工艺

（1）工艺流程如图 4-5 所示。

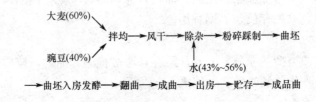

图 4-5　西凤酒的制曲工艺流程

（2）工艺操作。

① 踩曲。将大麦与豌豆按 6∶4 混合，破碎，加水 43％～45％拌匀，直至无疙瘩，然后装入曲模踩曲。

② 入房。曲坯入房分批摆放，分两层垒积，最多不超过三层。每层之间铺上细竹竿，撒层米糠，防止竹竿和曲块黏结，曲间距为 2cm，行距为 4cm，冬季可稍密。曲坯排列后，撒上米糠，盖上麻纸或芦席，顶端喷一些水。

③ 曲房管理。曲坯入房 1～2d 后，曲霉即长好，揭房放潮，7～8d 曲皮稍发硬，即可清糠扫霉，11～12d 曲坯品温达最高点 58～60℃，此后温度开始下降，18～20d 收火保温，25～35d 出房贮存。

④ 曲的质量。根据经验，好曲皮薄、色白，糙青发光，质地坚硬，气味清香，无杂色，称为麦仁青曲，为好曲。该曲存放后内部呈黄色称槐瓤曲。另一种内有桃红、黄、浅棕色、麦仁青色和白色的皮，共有五种颜色，称五花曲，也是上等曲。

曲坯内由于在曲菌发育时期有停水现象，水分挥发慢，温度急剧上升或下降，曲内有水圈或火圈，或者揭房过早，曲坯表面显棕色无霉的均为次品曲。曲内有生心未熟透或空心、质松者为劣等曲。

2）发酵工艺

（1）工艺流程如图 4-6 所示。

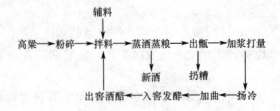

图 4-6　西凤酒的发酵的工艺流程

（2）工艺说明。

① 窖池结构。采用泥窖发酵，分明窖、暗窖两种。在酿场中间挖坑，盖上木板者为暗窖，在酿场两边或一边排列无盖者为明窖。窖池一般体积为 3m×1.5m×2m。

② 原料、辅料及处理。原料为高粱，要求颗粒饱满，大小均匀，皮壳少，夹杂物在 1% 以下，淀粉含量 61%～64%。高粱投产前需经粉碎为 8～10 瓣，通过 1mm 筛孔的 55%～65%，整粒在 0.5% 以下。

辅料为高粱壳或稻壳，投产前必须筛选清蒸，排除杂味。辅料用量尽量控制最低，约 15% 以下。

③ 工艺操作。西凤酒的发酵方法采用续糟法，每次酒醅出窖蒸酒时，掺入部分新粮与发酵好的酒醅同时混蒸，全部过程分为以下几个阶段：

a. 立窖（第一排生产）。开始用新粮进行发酵，每天立一窖，蒸三甑，成为三个大糙。

b. 破窖（第二排生产）。先挖出窖内发酵成熟的酒醅，在三个大糙中拌入高粱粉 900kg 和适量的辅料，分成三个大糙和一个回活，分四甑蒸酒。要求缓火蒸馏，蒸馏时间不少于 30min，流酒温度在 30℃ 以上，并掐头去尾，保证酒质。各甑蒸酒蒸粮结束，分别加量水，扬晾加曲，分层入窖发酵 14d，先下回活，后下大糙 1、大糙 2、大糙 3。被窖入窖条件如表 4-8 所示。

表 4-8　破窖入窖条件

项目 活别	加开水数量 /kg	加曲量 /kg	加曲品温 /℃	入窖品温 /℃	备注
大糙 1	90～180	42.5	28～32	24～29	
大糙 2	108～200	45	24～29	20～25	
大糙 3	126～240	40	20～24	15～20	
回活	少加或不加	42.5	26～30	23～27	与大糙间用竹隔开

c. 顶窖（第三排生产）。挖出前次入池酒醅，在三个大糙中加入高粱粉 900kg，辅料 165～240kg，分成四甑蒸馏蒸粮，其中第四甑作下排回活，上次入池的回活作下排扔糟，其他操作同前。第一甑蒸上排回活，经扬冷后加曲粉 20kg，加曲品温为 32～35℃，入窖品温为 30～33℃。第二甑蒸挤出的回活，不加新粮，加曲粉 34kg，加曲温度为 26～30℃，入窖温度为 23～27℃。第三、四、五甑为其他三甑大糙。

d. 圆窖（圆排）。从第四排起，西凤酒生产即转入正常，每天投入一分新料，丢掉一甑扔糟。

出甑的酒醅中在三甑大糙中加入新料 900kg，做成三甑新的大糙，挤出一甑糙后，不加新料做回活，原来发酵的回活蒸酒，扬冷加曲后成糟醅，糟醅发酵蒸酒后，即成为扔糟，作饲料。以后每发酵 14d 成为一个循环，继续下去。圆窖入窖条件如表 4-9 所示。

表 4-9　圆窖入窖条件

项目 活别	加水量/kg	加曲量/kg	加曲品温/℃	入窖品温/℃	备注
大糙 1	90～160	36	28～32	24～29	
大糙 2	108～195	34	24～29	20～25	
大糙 3	125～240	26	20～24	15～20	
回活	少量或不加	34	26～30	23～27	中间隔开
糟醅	—	22	32～35	30～33	

e. 插窖（每年停产前一排）。在每年热季到来之前，由于气温升高，易使酒醅酸败而影响出酒率，发生掉排，这时应准备停产。

插窖时将正常的酒醅按回活处理，分六甑蒸酒后变为糟醅，其中五甑入窖。糟醅共加入 125kg 大曲粉，加量水 150～225kg，入窖品温控制在 28～30℃，操作如前相同，保证发酵正常。

f. 挑窖（每年最后一排生产）。挑窖时，将发酵好的糟醅全部起出，入甑蒸酒，醅子全部做扔糟，整个大生产即告结束。

④ 工艺条件说明。

a. 西凤酒发酵十分强调入窖水分。醅中含水过多，会造成糖化发酵加快，使残余糖分增多，发酵不彻底，酒醅发黏，妨碍蒸酒。水分过少，淀粉糊化困难，也影响正常发酵。应控制酒醅水分在 57%～58% 为宜。

b. 入窖淀粉含量大糙在 16%～17.5%，出窖淀粉含量 9.5%～11.5% 为好。淀粉含量高，发酵生成热量多，造成酒醅生酸；入窖淀粉含量太低，又影响产酒。

c. 正常入窖酸度控制 0.8～1.2g/100mL，出窖酸度 1.8～2.4g/100mL 较适宜。若出窖酸度超过 2.5g/100mL，会使酒带苦，并降低出酒率。

d. 贮存、品评

西凤酒贮存采用按等论级，"酒海"贮存。入库酒经 3 年贮存，酒质变得绵甜，香气纯正，糟味减轻。经精心勾兑，包装，出厂。要求达到"酒香清雅，醇厚爽快，诸味协调，尾净味长"。

4.5.2　兼香型大曲酒的发酵技术

兼香型大曲酒从香味组分的特点来说，是指浓香型、酱香型兼而有之；或清香型、酱香型兼而有之；也可清、浓、酱三者兼之。

以湖北白云边酒、黑龙江玉泉白酒等为代表的，是浓香与酱香兼而有之。以白云边酒生产为例做一简介。

白云边酒的风味特征：无色（或微黄）透明，闻香以酱香为主，带有浓香，酱浓协调，入口放香有微弱的己酸乙酯的香气特征，香味持久。

白云边酒的生产工艺：以优质高粱为原料，小麦高温大曲为糖化发酵剂，采用高温闷料，高比例用曲，经高温堆积，两次投料，七轮次发酵的酱香型生产工艺，然后继续采用中温大曲，续粮低温发酵二轮次。各轮次的酒分层分型蒸馏，按质摘酒贮存勾兑而成产品。其操作方法如下：

每年 9 月初第一次投料，粗碎高粱占 20％，整粒高粱占 80％，投料量为总量的 45.5％，用 80℃以上热水闷粮，加水量为原料的 45％，闷堆 7～8h，配加 5％八轮次未蒸酒的母糟，和原料拌匀后上甑蒸粮，出甑加 80℃热水 15％拌匀，再加 2％的尾酒，冷却至 38℃左右，加 12％曲粉，混匀在晾堂堆积 4～5d，入窖发酵。窖壁上层为水泥面，下层为泥面。入窖前先洒尾酒及曲粉 50kg 左右。醅料边入窖边淋洒尾酒 150kg，入窖完毕用泥封窖，发酵 1 个月。

第二次投料，粗碎高粱占 30％，其余为整粒，投料量为原料的 45％，加热水闷堆同上轮操作。将上轮发酵出窖的醅料和闷堆的原料混匀装甑蒸馏。所得的酒全部泼回入窖。其加大曲、尾酒、堆积等操作同上轮一样，封窖发酵 1 个月。

其后 3～7 轮次醅料发酵操作为每轮次蒸酒后出甑醅料，加水 15％冷却，再加尾酒 2％冷至 38～40℃，加曲粉 8％～12％，拌匀堆积 3d 后入窖发酵 1 个月蒸酒。出窖时分层次蒸馏，量质摘酒，分级分轮次贮存，共得五个轮次的酒。

自七轮次后，出甑醅料中再加入总投料量 9％高粱粉、15％水、20％中温大曲拌匀，低温入窖发酵 1 个月蒸馏得酒，贮存。最后将贮存后的各轮次酒勾兑成产品。

4.6　大曲酒中香味物质的形成

根据发酵温度和酒醅中主要物质在发酵过程中的变化情况，大致可将整个发酵过程分为前期、中期和后期三个阶段。前期要求升温缓慢，糖化比较迅速，酒精开始形成；中期是主要发酵期，要求温度挺足，淀粉含量急剧下降，酒精分显著增加；后期要求温度缓慢，糖化发酵作用微弱，主要是生成香味物质。

4.6.1　酸类

1. 乙酸

乙酸又名醋酸，适当的醋酸可赋予白酒以愉快的香气，尤其对白酒的前香起着重要的作用。但过多的醋酸含量却会造成白酒呈刺激性的尖酸味，给人以不愉快的感觉，故应控制其适当的含量。乙酸的生成主要有下述几条途径：

（1）醋酸菌将乙醇氧化为乙酸：

$$C_2H_5OH+O_2 \longrightarrow CH_3COOH+H_2O$$

（2）由乙醛经歧化反应产生乙酸：

$$2CH_3CHO+H_2O \longrightarrow C_2H_5OH+CH_3COOH$$

（3）在酵母进行酒精发酵的同时，也伴随着有乙酸和甘油的生成，特别是在碱性条件下：

$$2C_6H_{12}O_6+H_2O \longrightarrow C_2H_5OH+CH_3COOH+2CH_3OHCH(OH)CH_2(OH)+2CO_2$$

2. 乳酸

乳酸主要是乳酸菌在厌氧条件下将糖代谢中间产物丙酮酸还原而产生。其发酵类型有同型乳酸发酵和异型乳酸发酵两种。

（1）同型乳酸发酵。

$$C_6H_{12}O_6 \longrightarrow 2CH_3CHOHCOOH$$

（2）异型乳酸发酵。发酵产物中除乳酸外，同时还有乙醇与二氧化碳，有时还产生乙酸、甘露醇和氢气。

$$C_6H_{12}O_6 \longrightarrow CH_3CHOHCOOH + C_2H_5OH + CO_2$$
$$3C_6H_{12}O_6 + H_2O \longrightarrow 2C_6H_{14}O_5 + CH_3CHOHCOOH + CH_3COOH + CO_2$$
$$2C_6H_{12}O_6 + H_2O \longrightarrow 2CH_3CHOHCOOH + CH_3COOH + C_2H_5OH + 2CO_2 + 2H_2$$

由根霉、毛霉等也能产生 L-型乳酸。

适量的乳酸能赋予白酒独特的风味，但含量偏高则会给白酒带来涩味。

3. 丁酸

丁酸主要是由嫌气性的丁酸梭状芽孢杆菌产生的，丁酸菌能分泌淀粉酶，直接利用淀粉生成丁酸。发酵产物除丁酸外，还有乙酸、乙醇、丁醇、异丙醇、丙酮等，这些物质的生成主要是通过葡萄糖的 EMP 代谢途径生成丙酮酸进一步转化而来。

（1）丁酸菌将葡萄糖或含氮物质等发酵变成丁酸。

$$C_6H_{12}O_6 \longrightarrow CH_3CH_2CH_2COOH + 2CO_2 + 2H_2$$
$$CH_3CH_2CHNH_2COOH + 2H \longrightarrow CH_3CH_2CH_2COOH + NH_3$$
$$CH_3COOH + C_2H_5OH \longrightarrow CH_3CH_2CH_2COOH + H_2O$$

（2）丁酸菌将乳酸发酵成丁酸时，有两条途径：一条是需有乙酸，另一条是有的菌不需要乙酸而直接从乳酸发酵生成乙酸，再由乙酸加氢而成为丁酸。

$$CH_3CHOHCOOH + CH_3COOH \longrightarrow CH_3CH_2CH_2COOH + H_2O + CO_2$$
$$CH_3CHOHCOOH + H_2O \xrightarrow{-4H} CH_3COOH + CO_2$$
$$2CH_3COOH \xrightarrow{+4H} CH_3CH_2CH_2COOH + 2H_2O$$

丁酸适量可赋予白酒以窖香味，但过多则使白酒呈异臭。

4. 己酸

己酸主要是由于己酸菌在厌氧条件下经发酵作用而产生的。根据巴克尔的解释，己酸是由丁酸与乙醇结合而形成，但事实上，并不会如此简单，而是十分复杂的生物化学反应。

$$CH_3CH_2CH_2COOH + C_2H_5OH \longrightarrow CH_3(CH_2)_4COOH + H_2O$$

己酸及其酯类是浓香型白酒的主体香气，故在浓香型白酒生产中十分重视己酸及其酯类的含量。

5. 琥珀酸

琥珀酸由酵母菌作用于葡萄糖及谷氨酸而生成，同时有甘油生成。

$$C_6H_{12}O_6 + HOOCCH_2CH_2CHNH_2COOH + 2H_2O \longrightarrow$$

$$HOOCCH_2CH_2COOH + NH_3 + CO_2 + 2CH_2OHCHOHCH_2OH$$

红曲霉等霉菌也能生成极微量的琥珀酸。

4.6.2　其他醇类

1. 甲醇

甲醇主要是在高温蒸煮时，原料中果胶质分解而生成，但在含有果胶酯酶的微生物作用下，也可以生成甲醇和果胶酸。

$$\overset{\text{果胶酯酶}}{\underset{\downarrow}{}}$$

$$(RCOOCH_3)_n + nH_2O \longrightarrow nRCOOH + nCH_3OH$$

甲醇对人体有很大的毒害作用，尤其是对人的视神经危害最大，所以必须严格控制白酒中的甲醇含量。

2. 杂醇油

杂醇油是指含 2 个以上碳原子的高级醇类的总称，如丙醇、异丁醇、异戊醇等，因它们可以在稀酒精中以油状析出，故得此名。适量的杂醇油可以增加白酒的香味，但过量也会给白酒带来邪杂味，同时还会影响人体健康。

高级醇的生成量和组成与原料品种、酵母菌种、酒醅的成分及发酵条件有关。原料中蛋白质含量高、发酵温度及 pH 高，高级醇生成量也就多。酒醅中有大量氧气存在时，也会促进高级醇的生成。

3. 多元醇

多元醇是白酒甜味及醇厚感的重要成分，其甜味随醇基数增加而增强。丙三醇（甘油）、丁四醇（赤藓醇）、戊五醇（阿拉伯醇）、己六醇（甘露醇）都是黏稠状的呈甜物质，其中以己六醇在白酒中含量最多。

甘油是酵母进行发酵过程的产物，pH 及温度越高时，生成的甘油越多。甘露醇是由霉菌作用而生成，某些乳酸菌进行异型乳酸发酵时也可产生甘露醇。

4.6.3　羰基化合物（醛、酮）

1. 乙醛

乙醛主要是由酒精发酵的中间产物丙酮酸经脱羧而生成；另外，乙醇被氧化时也可产生乙醛。

2. 糠醛

糠醛的来源一是辅料中五碳糖被微生物发酵而产生；二是原辅料中的五碳糖在高温条件下蒸煮而产生。

3. 缩醛

白酒中的缩醛以乙缩醛为主，其含量几乎与乙醛接近。缩醛是由醇和醛缩合而成的，如乙缩醛的产生按下式进行：

$$CH_3CHO + 2C_2H_3OH \longrightarrow CH_3CH(OC_2H_5)_2 + H_2O$$

4. 丙烯醛（甘油醛）

当酒醅感染大量杂菌时，由酒醅中的甘油而生成。

$$CH_2OHCHOHCH_2OH \xrightarrow{-H_2O} CH_2OHCH_2CHO \xrightarrow{-H_2O} CH_2CHCHO$$

丙烯醛在白酒中呈刺眼的辣味，一般新酒中丙烯醛含量都较高，所以辣味较大，白酒经一定时间贮存后，因丙烯醛的沸点较低，可以挥发，辣味可以减轻。

5. 双乙酰、2，3-丁二醇

双乙酰是联酮的一种，2,3-丁二醇是二元醇，但它具有酮的性质。它们都是白酒的呈味物质，并有助香作用，在我国的名优白酒中，含量均较高。双乙酰是由 α-乙酰乳酸经过非酶氧化作用而生成，其反应步骤为

丙酮酸＋活性乙醛→α-乙酰乳酸→α-酮基异戊酸→缬氨酸

　　　　　　↓ 非酶氧化

　　　　双乙酰

双乙酰也可由乙醛与乙酸生成。

$$CH_3CHO + CH_3COOH \longrightarrow CH_3COCOCH_3 + H_2O$$

2，3-丁二醇主要由多黏菌或赛氏杆菌等发酵而生成。

$$C_6H_{12}O_6 \longrightarrow CH_3CHOHCHOHCH_3 + 2CO_2 + H_2$$

4.6.4 酯

酯是白酒中的主要呈香味物质，一般在名优白酒中酯的含量均较高，尤其是乙酸乙酯、己酸乙酯和乳酸乙酯的作用尤为突出，是决定白酒质量优劣和香型的三大酯类。酯类的生成主要是通过醇和酸的酯化作用来完成的，其途径有两条，一是通过微生物的作用进行酯化，如汉逊酵母、假丝酵母都有较强的产酯能力；另一条途径是通过化学反应来进行，这种反应在一般条件下极为缓慢。

4.6.5 芳香族化合物

芳香族化合物在名优白酒中虽然含量很少，但呈香味作用却很大，在酱香型白酒中

含量较多。它们主要来源于蛋白质的分解产物，如酪醇就是酵母将酪氨酸加水脱氨而生成的。白酒中适量的酪醇可使白酒有愉快的芳香气味，但含量过高，会给酒带来苦味。

在利用小麦制曲时，曲块升温至60℃以上，小麦皮能形成阿魏酸，由微生物的作用也能生成大量香草酸及少量香草醛，阿魏酸经酵母或细菌发酵生成4-乙基愈疮木酚，并可生成少量香草醛，香草醛、香草酸均可发酵生成4-乙基愈疮木酚。4-乙基愈疮木酚是形成白酒酱香风味的成分之一。

原料中的单宁经酵母发酵后生成丁香醛及丁香酸等芳香族化合物。

4.6.6　硫化物

白酒中检出的硫化物主要有硫化氢、硫醇、二乙基硫等，大多来自胱氨酸、半胱氨酸及蛋氨酸等含硫氨基酸，它们是新酒味的主要成分，通过贮存可挥发除去。

4.7　大曲酒的蒸馏技术

蒸馏是大曲酒生产中的一个重要工序，"造香靠发酵，提香靠蒸馏"。蒸馏与出酒率及产品质量有着密切的关系。大曲酒蒸馏设备并不复杂，蒸馏的关键在于操作是否正确和熟练。

4.7.1　大曲酒蒸馏的基本原理

甑桶好似一个填料塔，酒醅是一种特殊的填料。在蒸馏前，酒醅中已均匀地分布着各种被蒸馏的组分，这就使蒸馏过程中各种组分的分布情况变得十分复杂。酒醅的每个固体颗粒好似一个微小的塔板，它比表面积大，无数个塔板形成了极大的汽液接触界面，使固态蒸馏的传热、传质速度大大增强。

大曲酒蒸馏是边撒料上甑，甑内酒醅边进行蒸馏的。蒸馏时由于蒸汽的加热，被蒸组分的分子运动加剧，当它的动能大于周围分子对它的引力时，颗粒表面的被蒸组分首先离开液相，汽化进入空间，从而在酒醅颗粒表面与内部之间形成被蒸组分的浓度差，促使颗粒内部的被蒸组分的分子受热向表面进行扩散，然后，汽化进入汽相。被蒸组分分子的扩散要比它的汽化速度慢得多，所以蒸馏效率主要取决于被蒸组分的分子从酒醅颗粒内部向表面扩散的程度如何，这与颗粒内部和表面之间的被蒸组分的浓度差、酒醅的均匀疏松性和酒醅颗粒的大小等因素有关。

蒸馏时，下层物料中的液态被蒸组分受底锅水蒸气加热，由液体汽化成汽体，被蒸组分的蒸汽上升，进入上层较冷的料层又被冷凝成液体，从而组分由于挥发性能的不同而得到不同程度的浓缩。以后，被蒸组分再受热、再汽化、再冷凝、再浓缩，如此反复进行，随着料层的加高而不断在酒醅颗粒的表面进行传热、传质过程，直到组分离开甑内物料层，汽化进入甑盖下的空间，经过汽管，最后在冷凝器中被冷凝成液体为止。由于各种组分的挥发性能不同，在蒸馏过程中被浓缩的快慢和馏分中聚集的时间也不同。

成熟酒醅所含的各种组分大致可分为醇水互溶、醇溶水难溶和水溶醇不溶三个大类。对醇水互溶的组分，在蒸馏时基本上符合拉乌尔定律，这些组分在稀酒精的水溶液中，各组分在汽相中的浓度大小，主要受液相分子吸引力大小的影响。倾向于醇溶性的组分，根据氢键作用的原理，除甲醇和有机酸外，如丙醇、异丙醇等多数低碳链的高级醇、乙醛和其他醛类，在馏分中的含量为酒头＞酒身＞酒尾。而倾向于水溶性的乳酸等有机酸、高级脂肪酸，由于其酸根与水中氢键具有紧密的缔合力，难于挥发，因此在馏分中的含量为酒尾＞酒身＞酒头。

对于醇溶水难溶的组分，如高碳链的高级醇、酯类等，根据恒沸蒸馏的原理，可把稀浓度乙醇视作恒沸蒸馏中的第三组分，它的存在降低了被蒸组分的沸点，升高了它们的蒸汽压，使高碳链的高级醇、乙酸乙酯、己酸乙酯、丁酸乙酯、油酸和亚油酸乙酯、棕榈酸乙酯等，在馏分中的含量为酒头＞酒身＞酒尾。

对于水溶醇难溶的矿质元素及其盐类，它们在水中呈离子状态。另外，一些高沸点，难挥发的水溶性有机酸（如乳酸）等，在蒸馏中主要受到水蒸气和雾沫夹带作用，尤其在大汽追尾时，水蒸气对它们的拖带更为突出。所以多数有机酸和糠醛等高沸点组分，在馏分中的含量为酒尾＞酒身＞酒头。

大曲酒蒸馏和液态酒精蒸馏是有较大区别的。在大曲酒蒸馏中，由于乙醇占的比例较低，水分占了绝大部分，水分子具有极强的氢键作用力，可以缔合其他分子，如对乙醇和异戊醇分子的缔合作用，由于异戊醇分子大，具有侧链空间结构，减弱了水分子对它的氢键缔合作用，在这种情况下，相应地水对乙醇分子的缔合比它强，所以在蒸馏时，异戊醇就比乙醇易于挥发。同理，水分子对甲醇的缔合力大于对乙醇的缔合力。因此甲醇比乙醇更难挥发，使异戊醇聚集于酒头馏分中，甲醇多数于酒尾馏分中。这说明影响组分在蒸馏时分离效果的决定因素不是组分的沸点，而是组分间分子引力的大小所造成的挥发性能的强弱。在白酒固态蒸馏时，水分子对醇、酸、酯等各种成分的氢键作用力，表现为酸＞醇＞酯。

大曲酒蒸馏，没有稳定的回流比：被蒸组分在液相和汽相中的浓度随蒸馏的进行而不断变化。因此，组分的挥发系数也在不停改变。某些组分挥发系数 $K=1$ 的分布范围也和酒精蒸馏时不同，例如异戊醇在酒精精馏时，集聚在 55％（体积分数）乙醇浓度的上下范围内，而在固态曲酒蒸馏时，则聚集在 75％～80％（体积分数）酒度的酒头部分。

4.7.2 甑桶蒸馏的特点

甑桶为圆台形（或称花盆状）桶身，下部为甑箅，被蒸馏的物料为固态发酵的酒醅，其蒸馏方式属于简单的间歇蒸馏。其蒸馏特点可概括如下：

（1）蒸馏界面大，没有稳定的回流比。如果说甑桶是一个填料塔，酒醅则是其中的填料层，含有水分、酒精及其他多种微量组分，呈疏散细小颗粒状。因此，这种填料层又不同于一般的填料层，甑桶也不是一般的填料塔。如果将甑桶作为填料塔来看，那么这种填料塔没有连续进料和出料的装置，也没有专门的回流装置，醅料既是填料，也是被蒸馏的物料，醅料层有较大的蒸馏界面，能减少混合液汽化后的蒸馏阻力，使之容易汽化。由于醅料层自身的阻力和底锅蒸汽的加热，使醅料层进行冷热交换而产生的混合液汽化、冷凝和回流的过程，称为传热和传质。在醅料层汽化的冷凝液，受到底锅蒸汽的连续加热，进行反复的部分汽化、冷凝和回流。由于蒸馏过程中的各种变化因素极为复杂，并随时发生变化，因此，甑桶蒸馏没有稳定的回流比。

（2）传热速度快，传质效率高，达到多组分浓缩和分离的目的。甑桶蒸馏的醅料层是以固态颗粒吸附混合液的方式进行蒸馏，甑桶蒸馏以固态酒醅为蒸馏对象，每个细小的物料颗粒相当于无数个细小塔板，这些含有混合液的细小颗粒受到来自底锅蒸汽的加热，由于蒸馏界面大，而被迅速加热和汽化，汽化后的酒气通过醅料层的微小空隙，加之毛细管作用，使上层较冷的醅料颗粒又迅速加热并部分汽化、冷凝和回流，被冷凝的回流液刚好回流至邻近下层的醅料中。但这个回流液又很快地被不断上升的水蒸气或酒气部分加热、汽化、冷凝、回流。如此反复不断，加之上升水蒸气的夹带作用，使下层醅料可挥发的组分逐层变稀，上层醅料可挥发的组分逐层增浓。这种可挥发性组分增浓的特点和目的均不同于塔板精馏。塔板精馏的可挥发性组分增浓的目的在于将不同塔板中可分离的不同组分进行分离和提纯，以达到单组分分离和浓缩的目的；甑桶蒸馏是由醅料层组成的"颗粒塔板"，为"颗粒蒸馏"或"微孔蒸馏"，通过汽带作用和毛细管上升，使被蒸馏的物料中可挥发性的组分尽可能被蒸馏出来，在醅料层中可挥发性组分的增浓使混合液中多种可挥发性组分同时得到浓缩和分离，而不需要某种单组分的分离和提纯。因此，甑桶蒸馏具有传热快、传质效率高、多组分的分离和浓缩效果好的特点，但比塔板单组分分离提纯的效果差。

（3）进料和蒸馏操作同步，酒精和香味成分提取同步。甑桶蒸馏为间歇蒸馏，无连续进料和出料装置，进料和蒸馏操作同步进行，提取酒精和多种微量香味成分也同步进行。蒸酒前，先在甑箅上撒少许稻壳，随后逐层撒入酒醅，底层的醅料经上升蒸汽的传热和传质，待醅料将要开始汽化时（即探汽上甑），再铺撒一层新的醅料，上层新的醅料又经下层醅料汽化后的酒气冷热交换，待刚要进行部分汽化、冷凝时，又被新的醅料层覆盖，如此反复操作直至满甑为止。甑桶蒸馏的特点为装甑操作和冷热交换同步，汽化和冷凝、回流同步，即边进料、边冷热交换，边汽化、边冷凝回流，直至满甑。满甑后的蒸馏操作，除装甑操作已完成外，其余的传热和传质过程均为同步进行，与酒精蒸馏的区别在于没有专门的冷热交换塔板和回流装置。

（4）蒸馏时醅料层的酒精浓度和各种微量组分的组成比例多变。酒精蒸馏时，各塔板的酒精浓度相对稳定，因此杂质分离较好。但在甑桶蒸馏时，不同醅料层的酒精浓度和微量组分的组成比例是在随时变化的。甑桶内醅料层的酒精浓度变化规律为，底层醅料酒精浓度由高至低，面层醅料的酒精浓度由低到高，中层醅料层的酒精浓度变化较为复杂，大体上经过低、高、低的变化过程。在整个蒸馏过程中，各层醅料的酒精浓度自下而上地增浓，但随着蒸馏过程的继续，各层醅料的酒精浓度又总呈由高至低的变化趋势，直至醅料中的残余酒精不能用常法蒸出为止。由于各层醅料酒精浓度的增加或减少，与之相混合的其他微量组分的挥发系数和精馏系数也在随时发生相应的变化。例如，当面层醅料的酒精浓度为 60% 时，乙酸乙酯的精馏系数为 3.3，如果面层醅料混合液的酒精浓度降至 10%，则乙酸乙酯的精馏系数为 5.67。同理，在蒸馏过程中，其他香味物质和杂质的挥发系数和精馏系数也会因混合液中酒精浓度的变化而随时发生相应的变化。因此，在甑桶蒸馏时，不同蒸馏时间所取的馏分其酒精含量和微量香味成分的量比关系都有较大的变化。

（5）甑盖（云盘）与甑桶空间的相对压力降和水蒸气拖带蒸馏。从上述大曲酒蒸馏的基本原理可知，大曲酒醅料的混合液中的香味物质包括醇水互溶、醇溶水不溶、醇不溶水溶三类物质，这些物质的蒸馏原理各有差别。根据不同组分的特性，其蒸馏原理包括接近理想溶液的蒸馏、恒沸蒸馏和水蒸气蒸馏等蒸馏方式。其中许多高沸点的组分，如高级脂肪酸等，在酒精蒸馏时绝大部分从塔釜排出，而在白酒蒸馏时常可依赖水蒸气蒸馏的雾沫夹带而被蒸出。由于甑桶排出的酒气经导汽管（过汽筒）和冷却器冷却后产生相应的压力降，这种压力降又导致甑面和甑盖空间的相对压力降，形成了抽吸作用，加之酒醅的蒸馏界面大，恒沸蒸馏时少量的乙醇可作为"第三组分"，降低了混合液的恒沸点和提高了蒸汽压，从而增强了水蒸气蒸馏的雾沫夹带作用，使一些难挥发的组分被蒸馏到白酒中，这是酒精蒸馏方式不可能办到的。

由于目前对甑桶蒸馏的原理研究还很不够，因此对甑桶蒸馏的原理和特点很难做出较为理想和完整的说明，许多问题至今还只知其然而不知其所以然，尚待今后进一步探讨。

4.7.3　大曲酒的蒸馏操作

1. 蒸馏前的准备工作

每天清换底锅水，随时捞出锅内浮游物，保持底锅水干净。底锅水中溶解较多的蛋白质等高分子物质，容易发生泡沫，不及时清理，泡沫升起，串入醅内造成"淤锅"，严重影响质量及出酒率。底锅水位保持与箅子相距 50～60cm。浓香型大曲酒生产中，一般是先蒸粮糟，再蒸红糟和面糟。如先蒸面糟，则必须重新洗刷底锅，换新水。冷凝器要定期检查刷洗，以防渗漏、杂菌滋生和提高冷凝冷却效率。

2. 装甑操作要求

装甑前应将粮糟、酒醅、填充料拌和均匀，使材料疏松；装甑操作要做到"轻"、"松"、"薄"、"匀"、"平"、"准"六个字，也就是说，装甑动作要轻快，撒料要轻，装甑材料要疏松，醅料不宜太厚，上汽要均匀，甑内材料要平整，盖料要准确。为此，应注意保持醅料在甑内边高中低（差 2～4cm）；甑内醅料要干湿配合，做到"两干一湿"，即甑底和甑面醅配料宜干，可多用辅料，中间的醅料宜湿，这样可以减少酒精损失。装甑用木锨或簸箕等均可。有两种装甑方法，一是湿盖料，即蒸汽上升，使上层物料表面发湿时盖上一层物料，以免跑汽而损失有效成分；另一种是见汽盖料，即待物料表面呈现很少雾状酒汽时，迅速而准确地盖上一薄层物料。装甑时不应过满，以装平甑口为宜。

3. 装甑时间

续糟法大曲酒生产一般为 35～45min。清糟法大曲酒生产为 50～60min。装甑太快，醅料会相对压得紧，高沸点香味成分蒸馏出来就少，如装甑时间过长，则低沸点香味成分损失会增多。装甑时间与出酒率也有一定关系。

4. 蒸馏用汽

装甑用汽要缓慢调节，做到"两小一大"。开始装甑时，甑底醅料薄，容易跑酒，用汽量要小；随着料层加厚，上汽阻力增大，要防止压汽，用汽量宜大；甑面和收口，因上下汽路已通，用汽量要小。蒸馏过程中，原则上要做到缓汽蒸馏，大汽追尾。

5. 流酒温度和流酒速度

一般认为流酒温度控制在 25～30℃，酱香型酒流酒温度较高，多控制在 35℃ 以上。流酒速度控制在 1.5～3kg/min 为宜，因为采用这样的流酒温度和速度，酒损失得少，芳香成分跑掉的也少，并能最大限度地排除有害杂质，提高产量和质量。

流酒温度过高，对排醛及排出一些低沸点臭味物质，如含硫化合物是有好处的，但这样也挥发损失一部分低沸点香味物质，如乙酸乙酯，又会较多地带入高沸点杂质，使酒不醇和。

6. 量质接酒、掐头去尾

量质接酒，是指在蒸馏过程中，先掐去酒头，取酒身的前半部，约 1/3～1/2 的馏分，边接边尝，取合乎本品标准的特优酒，单独入库，分级贮存，勾兑出厂。其余酒分别作次等白酒。一般每甑掐取酒头 0.5～1kg，酒度在 70% 以上。酒头的数量应视成品质量而确定。酒头过多，会使成品酒中芳香物质去掉太多，使酒平淡；酒头过少，又使醛类物质过多地混入酒中，使酒暴辣。当流酒的酒度下降至 30%～50% 以下时，应去酒尾。去尾过早，将使大量香味物质（如乳酸乙酯）存在于酒尾中及残存于酒糟中，从而损失了大量的香味物质；去尾过迟，会降低酒度。

馏出酒液的酒度，主要以经验观察，即所谓看花取酒。让馏出的酒度流入一个小的承接器内，激起的泡沫称为酒花。开始馏出的酒度泡沫较多，较大，持久，称为"大清花"；酒度略低时，泡沫较小，逐渐细碎，但仍较持久，称为"二清花"；再往后称为"小清花"或"绒花"，各地叫法不统一。在"小清花"以后的一瞬间就没有酒花，称为"过花"。"过花"以前的馏分都是酒，"过花"以后的馏分俗称"稍子"，即为酒尾。"过花"以后的酒尾，先呈现大泡沫的"水花"，酒度为 28%～35%。若装甑效果好，流酒时酒花利落，"大清花"和"小清花"较明显，"过花"酒液的酒度也较低，并很快出现"小水花"或称第二次"绒花"，这时仍有 5%～8% 的酒度。直至泡沫全部消失至"油花"满面，即在承接器内，馏出液全部铺满油滴，方可接盖，停止摘酒。如装甑操作不过关，"六字法"掌握不好，从流酒现象就可看出。从酒花可判断材料是否压汽。如"大清花"和"小清花"不一致，泡沫有大有小，稍子不利落，"水花"有大有小，都是操作技术不过关的表现。

4.7.4　大曲酒的蒸馏设备

大曲酒的蒸馏设备包括上甑机、蒸馏器及冷凝器、起排盖机、出甑机及晾糟机等设备。目前大多使用传统甑桶、多工位转盘甑及活底甑三种蒸馏器。前两种为固定式甑桶，桶体不能起吊和移动，甑底也不能打开；活动甑的甑体可吊起，甑底也能开启。上甑机和出甑机主要应用于多工位转盘甑。

1. 大曲酒蒸馏系统

(1) 甑桶。又称甑锅，由桶体、甑盖（排盖）及底锅三部分组成。传统的"花盆"甑，桶身上口直径 1.7m，下口直径为 1.6m，高约 1m。桶身外壁为木板，内壁铺以彼此用防酸水泥抹缝嵌合的石板，甑盖为木板，甑底有 1 层竹算。

现在很多酒厂使用的甑桶已改为钢筋混凝土结构了，加热方式多以蒸汽代替过去的直接烧火加热，甑的容积也由原来的 $2m^3$ 左右增至 $4m^3$ 左右。也有的甑桶身高为 0.9m，下口直径与上口直径之比为 0.85。桶身壁为夹层钢板，外层材料为 A_3 钢板，内层为薄不锈钢板。在空隙为 3cm 的夹层内装保温材料蛭石或珍珠岩。甑盖呈倒置的漏斗体状，材料为木板或如同桶身装保温材料的夹层钢板。位于底锅上的筛板支座上放置竹帘或金属筛板，筛孔直径为 6～8mm。底锅呈圆筒状，深度为 0.6～0.7m，底锅内的蒸汽分布管为上面均布 4～8 根放射状封口支管的一圈管，管上都开有 2 排互成 45°向下的蒸汽孔。

(2) 冷凝器。传统的冷凝器用纯锡制成，后改用铝板等为材料，现多用不锈钢。冷凝器多呈列管式，总的高度为 1.0～1.2m。冷凝器的上下为汽包，上、下汽包及过汽管的铝板厚度不超过 3mm，过汽管直径为 200mm，下汽包有伸出并向上的排醛管，下汽包底部设流酒导管。上、下汽包的花板为 13 孔或 19、23 孔，孔与冷凝管焊接，管的直径通常为 80mm 或 90mm，管厚度不超过 1mm。

(3) 甑桶与冷凝器的连接装置。如图 4-7 所示。过汽管又称大龙。在冷凝器的一侧的中上部位，有 1 根支管通至甑桶下的底锅内，由阀门控制进入底锅内经冷凝酒汽以后的热水量，酒尾可从支管的分支管流加至底锅内。传统固定甑的容量由窖的容量而定。这种甑的装料和出料仍靠手工操作，故劳动强度大。

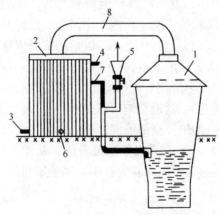

图 4-7　甑桶与冷凝器连接装置
1. 甑桶；2. 冷凝器；3. 冷水入口；4. 热水出口；5. 注酒梢子口；6. 流酒出口
7. 部分热水流入甑的底锅；8. 过汽管

(4) 起排盖机。这是将甑盖起吊到甑桶外或将起排后的甑盖复位的装置。通常采用有支撑架的转动吊架；有的厂用电动机起吊，比人工将甑盖抬上抬下省力。

2. 活动甑桶

活动甑桶常见的有以下两种。

(1) 一般活底甑。为便于出糟，可采用能以桥式起重机（行车）吊起的活底甑，如图 4-8 所示，最好用不锈钢焊制。其外形与传统固定甑相似，上口直径比下底直径大 10%～15%，将甑桶的筛板与其支座铆合，筛板为两个以活页连接的半圆形，在筛板的支座底部有 2 个导轮，筛板支座与桶身以活动销连接。蒸馏结束后，由起重机的吊钩钩住甑桶的吊环，将甑桶吊起，并移至适当的地面上方，打开活销，则筛板的合页合起，糟即可自动排落。这种出糟方式虽节约劳动力，但在卸料时冲击力很大，故容易发生烫伤事故，并在瞬间散发大量蒸汽，影响车间操作。放糟后，将甑桶置于地面，由导轮的支撑作用使筛板复原为平置，并将活动销插入销套。再将甑桶与底锅连接，即可重新装料蒸馏或蒸煮。

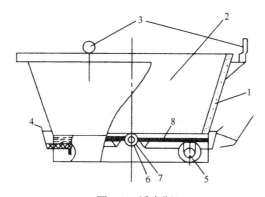

图 4-8 活底甑
1. 甑壁及填料；2. 甑体；3. 吊环；4. 活动销及销套；5. 支撑导轮；
6. 活页轴；7. 活页套；8. 活页底及支撑

(2) 翻动式活动甑。翻动式活动甑的下底不是活动筛板，而是固定式筛板。蒸馏后，由行车将甑桶吊至晾糟场地，再利用吊车副钩将甑桶翻身而卸料，然后，又翻回来吊回复位。

上述两种活甑桶多为酒厂自制。由于其结构简单，加工、安装、操作均较方便，并能在原生产工艺条件下保证酒质，故用者较多。

3. 多工位转盘甑

多工位转盘甑经不断改进，分为"三工位"及"四工位"两种形式。全机包括装甑机、转盘甑、出甑机及冷凝器几部分。

1) 装甑机

(1) 多节活动皮带装甑机。由皮带输送机改制而成，有 2 节及 3 节活动之分。通常

第一节皮带较长，为 6m 左右，其线速度较慢；第二节及第三节皮带较短，约为 2m，其速度逐渐加快。皮带的宽度均为 0.2m。装甑时由人工转动最后 1 节皮带，借皮带转动的惯性将物料前后左右撒至甑的各个部位。采用这种装甑方式，由于物料具有一定的冲击力，因而有局部压汽现象，料层厚薄也不易均匀，仍需人工辅助耙平。

（2）回旋绞龙装甑机。该机利用绕甑桶回转的绞龙进行撒料，由于绞龙能自动升降和调速，故基本上无需人工辅助；但利用机械装甑总不能如同人工装料那样按各部位冒汽状况进行撒料，尤其是甑边部位，料层往往较薄，造成漏汽现象。这是因为回旋绞龙的长度是固定的，故当绞龙上升装料时，离甑边距离逐渐加大，料层越来越薄，需由人工往甑边添料。

2）转盘甑

适用于无双桥起重机的白酒厂，甑盖的装启可利用简易起排盖机完成，装料也可用机械手操作。各厂采用"三工位"或"四工位"两种转盘甑，其结构基本相同，只是"四工位"多 1 个甑桶，作为蒸馏后延长原料蒸煮时间用。"三工位"是将 3 个甑桶固定于 1 个旋转圆盘上，定时将圆盘旋转一定角度，可轮流进行 1 甑装料、1 甑蒸馏、1 甑出料的操作。"四工位"是进行装料、蒸酒、蒸煮、排料轮流旋转作业。在圆形大转盘上安置 4 个甑桶，转盘下有托轮支撑，可围绕中心轴旋转，装料时配合装甑机撒料，装毕后，转盘绕中心回转 1 个工位，进行蒸酒操作。故每停 1 个工位，即可在不同的 4 个甑桶内分别进行装甑、蒸酒、蒸煮、出料 4 个工序的操作，实现了半连续作业，又提高了设备的效率，也可保证接酒的掐头去尾，能适应传统生产工艺。

为防止腐蚀，转盘甑均使用不锈钢制作，并在甑体下部设有能打开的边门，以便于排料工位的开门排糟。

3）排糟机

（1）桨式叶片排糟机。利用桨式叶片，依靠上下移动和回转时的离心作用将糟从甑桶甩出。采用该机出糟，在甑内糟量较少时，难以将糟刮净，故最终仍需人工清理。

（2）往复耙式出甑机。利用耙杆和耙头在曲柄机构驱动下做往复运动，耙齿进入糟内往复运动，将糟耙至甑外。此机也难以将糟耙尽，仍需人工辅助。

4）冷凝器

一般采用列管式冷凝器，多以铝或不锈钢制作，冷却面积为 15m^2 左右。

4. 晾糟查设备

目前使用的晾糟设备种类很多，如翻板晾糟机、轨道翻滚晾糟机、振动晾糟床、分层鼓风甑、地面通风机晾糟、地下通风机晾糟等。采用较多的为如下四种形式。

（1）地面通风机晾糟。在地面上安装晾棚，在晾棚下鼓风，将地上铺的物料吹冷。

（2）地下通风机晾糟。在地面上铺有带锥形孔的钢板或铝板，将物料置于板上，板下设有风道，从板下鼓风冷却物料。为提高冷却效率和减轻劳动强度，采用轨道翻滚机将物料上下翻滚疏松。本设备结构简单，操作方便，用者较多；但在作业过程中因有少量物料落入风道，故需人工清扫。

（3）扬糟机。该机的结构与扬麸机相似。其上部为略呈倾斜的方台形进料斗，下连开口的圆筒，圆筒内有刮片式的转子，电机由皮带轮带动转子并变速。电机功率为 4.5～7.5kW，转子转速为 1600～2000r/min。在转子轴上的两端焊接圆盘，圆盘呈放射状或稍呈径向偏斜的开口处焊接长条形刮板。在圆筒的下口侧部开出料口，物料由高速转子的刮板打出。物料扬起的高度和距离由排料口下部的螺旋式升降挡板调整。

　　（4）通风晾糟机。如图 4-9 所示。该机由机架、鼓风机、箱式风道及挡板、链条传动机构、不锈钢鱼鳞筛板及链条、翻拌机构、加曲机构、加酒母机构、加水机械、输送绞龙、小型扬糟机、传动机构及电路系统等组成。风道为封闭式，设挡板可使风分布均匀。物料均布于不锈钢鱼鳞筛板上，由链条带动运行。

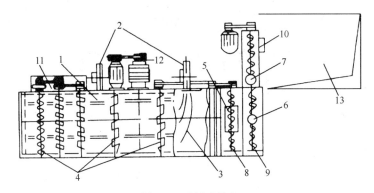

图 4-9　通风晾糟机

1. 散冷帘导链；2. 鼓风机；3. 导风板；4. 醅料搅拌器；5. 加曲斗；6. 酒母高位桶；7. 水高位桶；8. 曲料混合螺旋；9. 酒母混合螺旋；10. 扬糟机；11. 传动皮带护罩；12. 星形减速器；13. 醅料暂贮池

 思考题

　　1. 名词解释：清蒸清糁、混蒸续糁、老五甑操作法、黄水、打量水、人工老窖、双轮底发酵、回酒发酵、下沙操作、糙沙操作。

　　2. 大曲酒生产具有哪些特点？

　　3. 混蒸续糁法有哪些优点？

　　4. 浓香型大曲酒生产工艺操作有哪两种形式？浓香型大曲酒生产工艺有哪些特点？写出两种形式的工艺流程图解，并说出主要的工艺条件，如量水的温度和用量、下曲的温度和下曲量、入窖出窖的温度、淀粉浓度、水分、酸度等。

　　5. 提高浓香型大曲酒质量的技术措施有哪些？酿酒安全度夏有哪些措施？

　　6. 清香型大曲酒生产工艺有哪些特点？写出清香型大曲酒的生产工艺流程，并说出主要的工艺条件。

　　7. 酱香型大曲酒的生产工艺有哪些特点？写出酱香型大曲酒的生产工艺流程。

　　8. 低温缓慢发酵对酒质有何影响？

　　9. 建造人工老窖，应注意哪些问题？浓香型大曲酒的主体香和窖泥有何关系？窖池退化的原因有哪些？如何防治？

10. 甑桶蒸馏的特点有哪些?

11. 大曲酒蒸馏对装甑操作有哪些要求? 对蒸馏用汽、流酒温度和速度、接酒操作各有什么要求? 为什么要掐头去尾?

12. 蒸馏流酒,酒花分为哪五种? 其含义是什么?

13. 浓、酱、清香型大曲酒发酵设备,发酵周期有什么不同?

14. 影响大曲酒质量和出酒率的主要因素有哪些?

15. 解释曲大酒苦的原因。为什么要坚持低温入窖?

16. 大曲酒中的酯类物质是怎样形成的? 大曲酒中的醇类物质是怎样形成的?

第5章 小曲酒的发酵与蒸馏技术

 导读

　　小曲酒生产集中在我国南方各省（市），有固态发酵和半固态发酵两种类型。通过本章学习，了解小曲酒生产技术及影响小曲酒质量和出酒率的因素。

5.1 小曲酒概述

5.1.1 小曲酒生产的主要特点

　　小曲酒以小曲为糖化发酵剂酿造而成，具有酒质柔和，质地纯净的特点。小曲酒生产具有以下主要特点：

　　（1）适用的原料范围广，大米、高粱、玉米、稻谷、小麦、青稞、薯类等原料都能用来酿酒，有利于当地粮食资源的深度加工。

　　（2）以小曲为糖化发酵剂，用曲量少，一般为原料的 0.3%～1%。发酵期短，出酒率高，原料出酒率可达 60%～68%。

　　（3）生产操作简便，原料可不用粉碎，适于中小酒厂生产。

　　（4）可固态糖化发酵，也可半固态糖化发酵。

　　（5）小曲酒生产所需气温较高，所以在我国南方和西南地区较为普遍。又因为酒的价格便宜，深受群众欢迎。

5.1.2 小曲酒生产类型

　　（1）固态法小曲酒生产工艺。在川、黔、滇、鄂等省普遍采用，以高粱、玉米、小麦等为原料，经箱式固态培菌、配醅发酵、固态蒸馏而成小曲酒。

　　（2）半固态法小曲酒生产工艺。在桂、粤、闽等省较为普遍，以大米为原料，采用小曲固态培菌糖化、半固态发酵、液态蒸馏而成小曲酒。

　　根据酒的香型分，小曲酒有清香型（如四川小曲酒）、药香型（贵州的董酒）、米香型（广西桂林的三花酒）、豉香型（广东的玉冰烧）等。

5.2　小曲酒的发酵工艺

5.2.1　固态法小曲酒的发酵工艺

1. 工艺流程

固态法小曲酒的发酵工艺流程如图 5-1 所示。

图 5-1　固态法小曲酒发酵工艺流程

2. 工艺操作

（1）泡粮。预先洗净泡池，再将整粒粮食称量倒入，堵塞池底放水管，放入 90℃ 以上热水泡粮（可用焖粮的热水）。一般夏秋泡 5～6h，春冬泡 7～8h，粮食泡好后，即可放水。

泡粮时，热水要淹过其面 30～50cm，泡粮水温上下要求一致。粮食吸水要均匀，放水后让其滴干，次日早上以冷水浸透，除去酸水，滴干后即可装甑。浸泡后粮食含水量要求为 47%～50%。

（2）初蒸（又名干蒸）。先将甑箅铺好，以少许稻壳堵住空隙，再撮入已泡好的粮食，装甑要求轻倒匀撒，以利穿汽，装完后扒平，安上围边上盖，开大汽进行蒸料，一般干蒸 2～2.5h。

（3）煮粮焖水。干蒸完毕去盖，由甑底加入 40～60℃ 的烤酒冷却水，水量淹过其面 30～50cm，先以小汽把水加热至水呈微沸腾状，待玉米有 95% 以上裂口，手捏内层已全部透心后，即可把水放出（作下次泡粮水），待其滴干以后，将甑内表面粮食扒平，装入 2.5～3cm 厚的稻壳，以防倒汗水回滴在粮面上，引起大开花。同时除去稻壳的邪杂味，有利于提高酒质。

煮焖粮时，上下要适当地搅动，焖粮时，禁忌大汽大火，防止淀粉流失过多，影响出酒率。冷天粮食宜稍软，热天宜稍硬，透心不黏手。

（4）复蒸。粮食煮好之后，稍停几小时，再装围边，上盖，开小汽把料蒸穿汽，再开大汽，最后快出甑时，用大汽蒸排水。

蒸料时间，一般为 3～4h，蒸好的粮食手捏柔熟，起沙，不黏手，含水约 69%。蒸料时，防止小汽长蒸。否则粮食外皮黏，含水过量，影响培菌与糖化。

（5）出甑、摊晾、下曲。熟粮出甑于凉席上摊凉下曲。下曲的温度要求，因地区气候而异。一般第一次下曲：春、冬为 38～40℃；夏、秋为 27～28℃。第二次下曲：春、冬为 34～35℃；夏、秋为 25～26℃，使用纯种根霉曲，用曲量：春、冬为 0.35%～

0.4%，夏、秋为 0.3%～0.33%。

培菌糖化要求，如表 5-1 所示。

表 5-1　培菌糖化的工艺要求

项目	春、冬季	夏、秋季
培菌箱温度/℃	30～32	25～26
培菌糖化全期/h	24	22～24
出箱温度/℃	38～39	34～35
出箱老嫩质量	香甜、颗粒清糊	微甜、微酸
配糟比例	1∶3～1∶3.5	1∶4～1∶4.5

（6）发酵。熟粮经培菌糖化后，即可吹冷配糟。入池（桶）以前池底要扫净，下铺 17～20cm 厚的底糟并扒平，再将培菌醅子撮入池内，上部拍紧，夏秋可适当的踩紧，盖上盖糟，以塑料布盖之，四周以稻壳封边，或用席和泥封之，发酵 7d 即蒸酒。发酵工艺条件如表 5-2 所示。

表 5-2　发酵温度与时间要求

项目	春、冬季	夏、秋季
入桶温度/℃	30～32	25～26
发酵最高温度/℃	38	36
发酵全期/d	7	7

发酵分水桶和旱桶两种方法。水桶一般配糟比较少，发酵温度到 38～39℃洒水，冲淡降温，是代替配糟的方法之一。旱桶是配糟用量大，代替了洒水的作用。

（7）蒸馏。蒸馏前，发酵醅要滴干黄水，再将醅子拌入一定量的稻壳，边穿汽边装甑，再将黄水从甑边倒入，装完上汽后，即上盖蒸馏。蒸馏时，先小汽，再中汽，后大汽追尾，接至所需酒度，再接尾酒，尾酒可下次再蒸馏。盖糟及底糟蒸馏后即丢糟，其余发酵醅蒸馏后作配糟用。

5.2.2　半固态法小曲酒的发酵工艺

半固态法小曲酒的发酵分为先培菌糖化后发酵和边糖化边发酵两种典型的传统工艺，在我国具有悠久的历史。

1. 半固态发酵法生产小曲酒的特点

（1）以大米为原料，小曲为糖化发酵剂，采用半固态发酵和液态蒸馏得到小曲白酒。

（2）半固态发酵的小曲酒与固态发酵的大曲酒相比，其特点是饭粒培菌，半固态发酵，用曲量少，发酵周期短，酒质醇和，出酒率高。

（3）半固态发酵法生产小曲酒，是我国劳动人民创造的一种独特工艺，具有悠久的历史，产品价廉，为广大人民所喜爱。

（4）半固态发酵生产的米酒可作"中草药引子"或浸泡药材，以提高药效。

2. 半固态法小曲酒的发酵工艺

1）先培菌糖化后发酵工艺

先培菌糖化后发酵工艺是半固态发酵法生产小曲白的典型工艺。以广西桂林三花酒的生产为代表，它的特点是前期固态培菌糖化，后期为半固态发酵，再经蒸馏而得到产品。桂林三花酒属于小曲米香型白酒。

（1）工艺流程如图 5-2 所示。

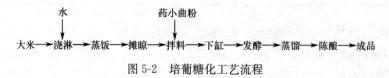

图 5-2　培葡糖化工艺流程

（2）工艺操作。

① 原料要求。大米淀粉含量为 71%～73%；碎米淀粉含量为 71%～72%，水分＜14%，生产用水总硬度＞2.5mmol/L；pH7.4。

② 浇淋或浸泡。原料大米用热水浇淋或用 50～60℃温水浸泡约 1h，使大米吸水。

③ 蒸饭。将浇淋过的大米倒入甑内，加盖蒸煮，圆汽后蒸 20min，将饭粒搅松扒平，加盖圆汽蒸 20min，再搅拌并泼入大米量的 60% 的热水，加盖蒸 15～20min，饭熟后，再泼入大米量的 40% 的热水并搅松饭粒蒸饭至熟透。此时，饭粒饱满，含水 62%～63%。

④ 拌料加曲。出饭倒入拌料机中，将饭团搅散扬冷至品温 32～37℃，加入原料量的 0.8%～1.0% 的小曲粉拌匀。

⑤ 下缸糖化。拌匀的饭料立即入饭缸。每缸 15～20kg 大米的饭，饭层厚度 10～30cm，中央挖一空洞，以便培菌糖化时有足够的空气。待品温降至 30～34℃时，将缸口盖严，为 20～22h 品温升至 37～39℃为宜，如果升温过高，可采取倒缸或其他降温措施加以调节。培菌糖化期间，应根据气温，做好保温和降温工作，使最高品温不超过 42℃。糖化总时间为 20～24h，糖化率达到 80%～90% 即可。

⑥ 入缸发酵。糖化后加入原料量的 120%～125% 的水拌匀。加水水温根据品温和室温情况决定，使拌水后品温控制在 34～37℃，夏天低冬天高。加水后醅料含糖量应在 9%～10%，总酸＜0.7，酒精含量为 2%～3%。将加水拌匀的醅料转入发酵缸发酵 6～7d，发酵期间要注意调节温度。发酵成熟酒醅残糖接近于零，酒度为 11%～12%，总酸 0.8～1.2。

⑦ 蒸馏。传统方法用土灶、蒸馏锅直火蒸馏，目前采用立式蒸馏釜间接蒸汽蒸馏。间歇蒸馏，掐头去尾，酒尾转入下一锅蒸馏。蒸馏釜用不锈钢制成，体积为 6m³，间接蒸汽加热，蒸馏初期压力 0.4MPa，流酒时压力 0.05～0.15MPa，流酒温度 30℃以下，酒头取量 5～10kg，发现流出黄色或焦味的酒液时即停止接酒。

⑧ 陈酿蒸馏出来的酒外观和化验指标合格后入库，陈酿半年至一年半以上，再进行检查化验，勾兑装瓶得成品酒。

2）边糖化边发酵工艺

边糖化边发酵的半固态发酵法小曲酒的生产，是我国南方各省酿制米酒和豉味玉冰烧酒的传统工艺。

（1）工艺流程如图5-3所示。

图 5-3　边糖化边发酵工艺流程

（2）工艺操作。

① 蒸饭。在水泥锅中加入 110～115kg 清水，通蒸汽加热煮沸后，倒入淀粉含量 75％以上的大米 100kg，加盖煮沸后翻拌并关蒸汽，待米饭吸水饱满后，开小量蒸汽焖 20min，即可出饭。蒸饭要求熟透疏松，无白心。

② 摊晾。出饭进入松饭机打散，摊在饭床上或传送带鼓风冷却，降低品温。要求夏天降到 35℃以下，冬天降到 40℃左右。

③ 拌料。加入原料大米量的 18％～22％的曲饼粉，拌匀。

④ 入埕发酵。每埕装清水 6.5～7kg，5kg 大米的米饭，封闭埕口后入房发酵。室温控制在 26～36℃，发酵前三天品温控制在 36℃以下，发酵时间夏季 15d，冬季 20d。

⑤ 蒸馏。用蒸馏甑蒸馏。每甑装料 250kg 大米的米饭。蒸馏时掐头去尾，保证初馏酒醇和。

⑥ 肉埕陈酿。每埕装初馏酒 20kg，肥猪肉 2kg，浸泡 3 个月，使脂肪缓慢溶解，吸附杂质，发生酯化反应，提高酒的老熟程度使酒香醇可口，具有独特的豉味。

⑦ 压滤包装。陈酿结束倒入大池或大缸中（肥猪肉留在埕中，再次使用），自然沉淀 20d 以上，待酒澄清，取清酒经勾兑鉴定合格后，除去池面油质及池底沉淀物，泵送到压滤机压滤，滤液包装得到成品。

5.2.3　董酒的发酵工艺

1. 制曲

大曲原料为小麦，加 40 味中药，小曲为大米，加 95 味中药。原料粉碎后，各加 5％的中药粉，50％～55％的洁净水，大曲加 2％种曲，小曲加 1％种曲，拌匀，制坯厚为 3cm，小曲长宽各为 3.5cm 左右，大曲长宽为 10cm 左右。曲坯放在垫有稻草的木箱中，入曲室培养 7d 左右成熟，在 45℃左右烘干。整个制曲过程约 2 周左右。

2. 制酒

（1）蒸粮。整粒高粱，大班 800kg，小班 400kg，用 90℃左右热水浸泡 8h，放水，基本滴干后，打入甑中蒸粮。上汽后干蒸 40 min，加入 50℃左右水焖粮，继续将水加温至 95℃ 左右，糯粮焖 5～20min，粳粮焖 60～70min，粮食过心基本吃够水以后，放水，加大汽蒸，上汽后再蒸 1～1.5h，打开甑盖冲阳水 20min，高粱蒸好。

（2）进箱糖化。在糖化箱底放一层配糟 2～3cm 厚，表面薄薄地掩上一层稻壳，把蒸好的高粱装入箱中，摊平，鼓风吹冷，夏天吹至 35℃ 左右下曲，冬天吹至 40℃ 左右下曲，此时用小曲，下曲量为高粱的 0.4%～0.5%。曲分两次下，每下一次拌和一次（不拌底层酒糟）。拌好以后把箱中粮食收拢，摊平，四周留一道宽约 18cm 的沟，放入热糟，以保箱温。培菌糖化时间，糯粮 26h 左右，粳粮 32h 左右，糖化好的箱温，糯粮不超过 40℃，粳粮不超过 42℃ 为宜。配糟加入量大班为 1800kg 左右，小班为 900kg 左右。粮糟比为 1：(2.3～2.5)。

（3）入窖发酵。将培菌糖化的箱翻拌均匀，摊平，鼓风吹冷，夏天温度越低越好，冬天吹至 29～30℃ 入窖。入窖后，稍踩紧，用塑料薄膜封窖发酵 6～7d 便可蒸酒。窖内发酵最高温度不超过 40℃ 为好。

3. 制香醅（下大窖）

（1）把酒窖打扫干净，如窖墙周围有青霉菌的繁殖，应尽量铲除。

（2）取隔天的高粱酒糟（占 50%）、董糟（占 30%）及大窖发酵好的香醅（占 20%），按高粱投料量的 10% 加入大曲充分拌匀、堆好。

（3）夏天，当天下窖，耙平踩紧；冬天，下入窖内堆集一天或在晾堂上堆 1d（培菌），第二天将已升温的窖糟耙平踩紧，一个大窖要多天才能下满。每二、三天泼洒一次。每大窖要约泼 60% 高粱酒 275kg 左右，下糟为 15～20t。

（4）发酵窖池下满后，用拌有黄泥的稀煤封窖，保持密封发酵 10 个月左右，香醅制成。

4. 蒸馏（串蒸）

将发酵好的小曲醅取出，拌适量稻壳（大班每甑拌 12kg 左右，小班每甑 6kg 左右）分为两甑蒸馏，视来汽情况慢慢装甑，以不压汽为准。小曲酒醅装好以后，再在每甑小曲酒醅上装 700kg 左右（大班）或 350kg 左右（小班）大窖发酵好的香醅（香醅要视干湿情况，酌量加入疏松用稻壳）。圆汽后，盖甑蒸馏。如酒的麻苦味重，取酒头 1.5～2.5kg。摘酒的浓度 60.5%～61.5%，特别好的酒可在 62%～63%。蒸馏出的白酒经品尝鉴定后分级贮存，贮存一年以上再勾兑包装出厂。

5.2.4　影响小曲白酒质量和出酒率的因素

影响小曲酒质量和出酒率的因素主要有三个方面。

1. 原料的影响

由酒精发酵机理可知，酿酒原料中的有效成分主要是淀粉。又因为小曲的主体香成分主要是乙酸乙酯和乳酸乙酯，其前体物质乙酸和乳酸等主要来源于原料中的淀粉。因此，小曲酒生产原料中淀粉含量要求要高。如果原料中没有足够的淀粉，就保证不了出酒率，小曲白酒的风味也受到不好的影响。

2. 小曲质量的影响

小曲的质量决定着小曲酒的质量和出酒率。质量好的小曲，糖化力和发酵力都很强，能保证原料中的淀粉绝大部分都转化为可发酵性糖，同时又可发酵性糖较多地转化为乙醇，从而提高了出酒率。质量好的小曲，能赋予小曲白酒独特的风味。否则，出酒率低，酒质也差。要获得质量好的小曲，要重视纯种根霉及酵母的培养和优良菌种的选育。在小曲中添加中草药是小曲酒生产的重要特点，实践证明，有些小曲的制造使用十多味中草药，有的只用了一两味，都可能生产出质量很好的小曲。所以对添加中草药应多加实践，根据效果确定添加的种类和数量。

3. 生产工艺的影响

（1）先培菌糖化后发酵工艺

此工艺的关键是饭粒培菌和适时加水发酵。饭粒培菌可保证用曲量少，糖化发酵率高。适时加水发酵，使酒醅从固态转为液态进行糖化发酵，有利于发酵效率和出酒率的提高。

（2）边糖化边发酵工艺

此工艺的关键是控制酒醅的品温。严格控制酒醅品温，才能保证获得较高的出酒率和提高酒质。否则，较大的用曲量，使发酵前期糖化发酵太快，品温迅速上升，根霉和酵母容易衰老，后发酵异常，出酒率降低，酒质也不好。

5.3　小曲酒的蒸馏技术

5.3.1　小曲酒的蒸馏设备

在我国南方广西、广东、湖南等省的传统白酒中，有一种以小曲为糖化发酵剂进行液体发酵与蒸馏的产品。其中以广西三花酒、广东米酒和玉冰烧酒为典型，风格质量独具一格。20 世纪 50 年代产量小，一般都将发酵醪盛于锅中用直火蒸馏，掌握不当就会产生焦煳气味带入酒中。随着产量提高，生产技术的发展，至今已全部改用蒸汽加热。其蒸馏方法颇与日本产的烧酎相似。

以三花酒为例，将发酵成熟醪用气液输送方式压入待蒸的醪液池中，再用泵打入釜式蒸馏锅内，使用间接蒸汽加热，常压蒸馏。釜的大小可根据生产规模设置，材质以不锈钢为好。成熟发酵醪的要求为：酒精含量 10%～12%（20℃计），总酸 0.6～1.0g/100g，还原糖 0.12g/100 g，总糖 0.8g/100g 左右。设备示意图见 5-4。

5.3.2　小曲酒的蒸馏操作

（1）进醪前先检查蒸汽管路、水泵、阀门等是否正常。关闭排糟阀门，开启进醪阀门。

（2）用泵打入蒸馏锅中的成熟酒醪占锅体容积的 70% 左右，以便于加热蒸馏时醪

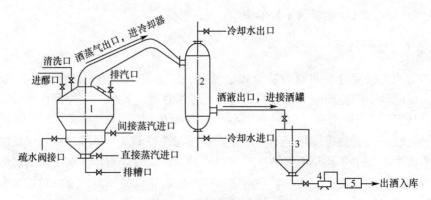

图 5-4 三花酒蒸馏釜示意图

1. 蒸酒锅；2. 冷却器；3. 接酒罐；4. 酒泵；5. 计量仪

蒸酒锅 材质：不锈钢 全容积：8m³ 有效容积：5m³

冷却器 材质：不锈钢 冷却面积：42m²

接酒罐 材质：不锈钢

液对流，避免溢醪。

（3）开蒸汽进行蒸馏，初蒸时汽压不得超过 0.4MPa，流酒时保持 0.10～0.15MPa。在流酒期间，不能开直接蒸汽，只能开间接蒸汽加热蒸馏。

（4）初馏酒酒精浓度较高，香气大，量摘酒头 5～7kg，单独入库贮存作勾兑调香酒。之后一直蒸馏至所需酒精浓度，在所需酒精浓度之后的酒尾，掺入下一锅发酵酒醪中再次蒸馏。

（5）蒸酒时汽压要保持均衡，切忌忽大忽小，流酒温度应在 35℃以下。

（6）在酒尾接至含酒精 2%后，即可出锅排糟。排糟前必须先开启锅上部的排汽阀门，然后缓慢地开启排糟阀，以避免急速排糟，使锅内外压力不平衡，导致锅内产生负压而吸扁过汽筒和冷却器的现象。

（7）根据水质硬度和使用情况，应定期对冷凝器进行酸洗，去除结垢，以提高冷凝效率和节约用水。

 思考题

1. 什么是小曲酒？小曲酒生产有哪些主要特点？

2. 小曲酒生产有哪两种类型？半固态法小曲酒生产有哪两种工艺？

3. 写出固态法小曲酒生产工艺流程，并说明主要工艺条件。

4. 三花酒和玉冰烧的生产工艺、酒的香型有什么区别？

5. 半固态法小曲酒生产有哪些特点？

第6章 麸曲白酒的发酵与蒸馏

导读

本章介绍麸曲白酒生产工艺、麸曲白酒与大曲酒质量的差异以及提高麸曲白酒质量的措施。通过本章的学习，应掌握麸曲白酒生产工艺操作，以及提高麸曲白酒的措施。

6.1 麸曲白酒工艺过程

1. 普通麸曲白酒生产工艺

1）续糟法老五甑工艺

此工艺适用于含淀粉较高的高粱、玉米、薯干等原料酿酒。本工艺正常操作是窖内有大糙、二糙、三糙、回糟 4 甑酒醅。酒醅出窖后与新原料混合入甑蒸馏、糊化。新原料数量分配是大糙、二糙基本相同，约占原料总量的 4/5，其余的 1/5 分配给三糙。回糟一般不配新料。具体操作如下：将出窖的二糙大部分酒醅配作这次的大糙；将余下的部分二糙酒醅与一部分大糙酒醅配成现在的二糙；将上次的 1/4～1/3 三糙酒醅混入这次三糙中，其余的三糙配作回糟；上次的回糟，蒸馏后作为丢糟。混蒸续糟法老五甑工艺流程如图 6-1 所示。

老五甑工艺的特点是各甑入窖酒醅中含淀粉的数量不同。一般是大糙＞二糙＞三糙＞回糟。每甑相差幅度为 2％左右。同时每甑酒醅放在窖内的位置也有规律性，并因气温不同而调整。目的是使窖内发酵升温平衡。传统老五甑工艺的操作原则是"养糙挤回"，解释为尽量保证糙子高淀粉、高质量，尽量

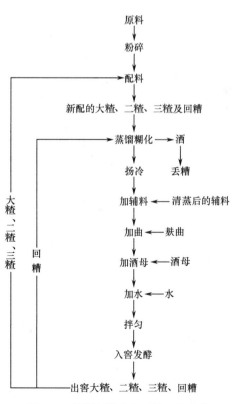

图 6-1 混蒸续糟法老五甑工艺流程

把回糟中的淀粉吃干榨净。现代老五甑工艺已有些改进,即大、二、三糟的区别在减小;回糟中有时也投入一部分细原料,以此来保证每甑酒醅出酒率的平衡。

老五甑工艺是传统白酒酿造工艺的科学总结。它非常适用于含淀粉高的粮食作物酿酒,更适合原料粉碎较粗的条件。因此该工艺被广泛用于麸曲优质白酒的酿造。

老五甑工艺可分为混蒸与清蒸两种方式,并各具特点。混蒸老五甑的优点是:原料与酒醅同蒸,原料中的某些香味成分可带入酒中,增加酒中的饭香,该工艺蒸馏与糊化同时进行,既节约蒸汽,又便于排酸,有利于再发酵。对比之下,混蒸比清蒸原料、工人的劳动量有所减少,操作比较顺手,因此该工艺很受工人们的欢迎。清蒸老五甑即把原料清蒸后再分配给单独蒸馏的大糟、二糟、三糟蒸馏后当作回糟,回糟蒸馏后作为丢糟,每日仍是 5 甑工作量。该工艺的优点:原料清蒸,减少原料中的杂味带入酒中。所以该工艺非常适合原料质量差、霉烂变质的条件。另外,原料清蒸,糊化彻底,有助于提高出酒率。清蒸老五甑工艺流程如图 6-2 所示。

2) 清蒸混入四大甑操作法

该法适于含淀粉较低的原料及代用原料酿酒。正常生产时,窖内有大糟、二糟、回糟 3 甑,再蒸 1 甑新料,每日 4 甑工作量。具体操作是:第一甑,蒸上次发酵好的二

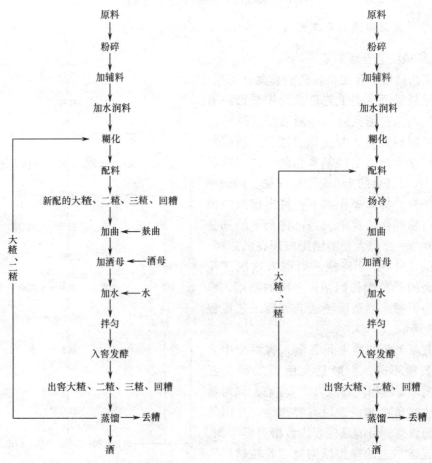

图 6-2　清蒸老五甑工艺流程　　　　　图 6-3　清蒸混入四大甑工艺流程

糙，不加新料，作为回糟入窖再发酵；第二甑，蒸原料，蒸好后分成两份；第三甑，蒸上次发酵好的大糙。出甑后也分成 2 份，与上甑的两份原料混合后入窖发酵成为这次的大糙、二糙；第四甑，蒸上次发酵好的回糟为丢糟。这个工艺传统操作的特点是糙子与回糟的淀粉含量相差很多，现代操作中，正在减少这种差距，有时在回糟中也投入一部分新原料。该工艺适合于投料量大、班次多、每班工作时间应缩短的情况采用。清蒸混入四大甑操作法工艺流程如图 6-3 所示。

　　3）清蒸-排清工艺

　　该工艺适用于糖质原料酿酒，如甜菜、椰枣等。正常生产时，窖内有 4 甑酒醅，而且基本相同。一次发酵后，都可作为丢糟。一般丢 2 甑，回 2 甑，再蒸 2 甑新原料（甜菜），每日 6 甑工作量。如用椰枣可直接拌入酒醅入窖发酵，每日 4 甑工作量。该工艺的最大特点是入窖糖分高，淀粉低，水分大，辅料用量大，发酵温度高，发酵时间短。它很适合低淀粉的代用原料及糖质原料酿酒。20 世纪 60、70 年代，全国广为推行。清蒸-排清工艺流程如图 6-4 所示。

6.2　优质麸曲白酒生产工艺

1. 清香型麸曲白酒生产工艺

　　（1）原料全部使用高粱为原料，稻壳或谷壳为辅料。辅料应清蒸，散冷后使用。高粱粉碎要求：通过 10～20 目筛者占 40%～50%，通过 20～40 目筛者占 20%～30%，通过 40 目以上者占 20%～30%。

　　（2）菌种。曲霉菌。一般都用白曲或 B 曲，也有用多种曲霉单独培养后混合使用的。酵母菌，一般以南阳酵母为主，再加高渗透球拟酵母、汉逊酵母、2300 等 3～5 种生香酵母参与发酵，以增加酒的主体香气——乙酸乙酯。

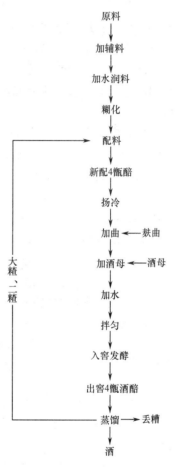

图 6-4　清蒸-排清工艺流程

　　（3）发酵设备选用地缸，发酵效果最好，但一般都用水泥窖或水泥窖内加瓷砖，以防止酒醅残留，保证酒质干净。这样的窖一般容积较小，以 5～7m³ 为宜。麸曲清香型酒的发酵期一般在 7～21d 之间，特殊的调味酒发酵期可达 30d 以上。

　　（4）制酒工艺大多数厂都采用清蒸清烧回醅发酵工艺，个别厂也有采用"两排清"工艺的。采用清蒸清烧工艺，一般每日 6 甑工作量，即蒸 3 甑糙子，1 甑回糟，2 甑新原料。糙子入窖淀粉在 18% 左右，回糟入窖淀粉在 15% 左右；入窖温度尽量降低，以 15～20℃ 为好。

　　可见这套工艺的特点是高淀粉、低温度的发酵。在操作中应注意的工艺环节：

① 原料要加高温水（80℃以上）润一定时间后，再上甑蒸熟。

② 生香酵母采用固体培养法，对酒质的提高有利。

③ 调整好入窖条件，保持低温缓慢发酵为宜。

④ 必须缓慢蒸馏、高度摘酒。入库酒的酒精含量应保持在 60% 以上。贮酒容器最好是陶瓷缸或内涂猪血纸的木箱。酒的贮存期为 3 个月至 1 年。

2. 浓香型麸曲白酒生产工艺

（1）原料均采用高粱为原料，稻壳为辅料，稻壳用量 20% 左右为好，而且一定要清蒸散冷后使用。高粱粉碎度比清香型酒要粗一些，通过 20～30 目筛者占主体。

（2）菌种。制曲多数用河内白曲霉；发酵均是南阳酵母加生香酵母。同时也有的厂采用己酸菌液灌窖，或发酵香泥参与酒醅发酵，以达到增加酒中主体香气——己酸乙酯的目的。

（3）发酵设备均采用泥窖内层加发酵好的"人工老窖香泥"。泥窖容积以 7～10m³ 为宜，发酵期一般为 30～45d。

（4）制酒工艺一般都采用混蒸混入操作法。有两种形式：一是以甑为单位计算日工作量，采取"跑窖"的方式；另一种是以窖为日工作量，每日 1 窖，当班开，当班封。两种形式各有优缺点，工厂可按实际情况选择应用。

麸曲浓香型酒工艺操作要注意的环节：

① 窖子一定要用黄泥筑成，其他材料如砖、石等都不利于窖子的老熟。泥窖要进行经常性保养，防止窖泥"老化"。封窖泥要定期更新，保持一定黏性；窖子要封严，防止"烧皮"现象发生。

② 窖底有一定黄水，应及时舀去，这对泥窖老熟及酒质的提高均有益处。

③ 提倡工艺中使用高温量水，缓慢蒸馏，高度摘酒，入库酒的酒精含量为 62%。陶瓷缸贮存，贮存期 1 年以上。成品要精心勾兑。

3. 酱香型麸曲白酒生产工艺

（1）原料。采用颗粒饱满，品种优良的高粱，粉碎成以 4～6 瓣为主体。辅料也用稻壳，清蒸后使用。配料中增加 10% 麸皮或 10% 的小麦，能明显提高酒的质量。

（2）菌种。制曲采用河内白曲霉；发酵用南阳酵母加生香酵母。另外贵州省许多酒厂均采用细菌曲来参与发酵，对提高酒质有利。

（3）发酵设备。南方省份采用"碎石泥巴窖"，北方省份采用水泥窖加泥底。窖子容积为 10～15m³。发酵室要有一定面积的场地，供酒醅堆积用。发酵室最好有保温保潮设施。

（4）制酒工艺。大多数酒厂，采用清蒸原料，混合堆积，一次性入窖操作法。即原料用高温水润好后，上甑蒸熟，散冷后与蒸完酒的酒醅混合，加曲，加酵母，入窖堆积。堆积时间为 24～28h，堆积升温在 10℃ 以上。入窖温度为 30～33℃，发酵期为 30d。工艺上要注意"四高一散"：

① 润料水温高。一般在 85℃ 以上。润料时间不得低于 15h。

② 堆积温度高。一般起堆温度不低于 28℃，堆中最高温度可达 50℃以上。必要时，中间可捣堆 1 次。

③ 入窖温度高。堆积好的酒醅，稍降温后即可入窖。一般入窖温度不应低于 30℃，否则将影响发酵。

④ 流酒温度高。酱香型酒同样提倡缓慢蒸馏，同时提倡高温流酒。一般流酒温度在 30~35℃。入库酒的酒精含量为 54％。

⑤ 酒醅要保持松散状态。这样才能保证堆积时微生物的网罗，发酵时微生物的繁殖，蒸馏时各种香味成分的提取。

4. 芝麻香型麸曲白酒生产工艺

（1）原料。采用高粱加 5％麸皮。高粱粉碎度以 4~6 瓣为主体。辅料用稻壳，清蒸后使用。

（2）菌种。制曲是河内白曲，酵母是南阳酵母加生香酵母。

（3）发酵。发酵设备为条石窖或水泥窖，窖底加发酵好的香泥。窖的容积为 10m³ 左右，窖的深度以不超过 1.5m 为宜，使酒醅有一部分高出地面为好。发酵期每轮为 30d。

（4）制酒工艺。采用 1 次投料，4 轮发酵法。原料用高温水润 12h 后，散冷，然后加入上排备用的酒醅 1 倍，混合后进行堆积。堆积起始温度为 28~30℃，堆积时间为 24~48h，堆积终了温度为 44~50℃。堆积水分每 1 排为 45％，依次为 49％、53％、56％。入窖温度为 36℃，窖内升温幅度为 10~12℃。缓慢蒸馏，流酒温度为 30~35℃。入库酒的酒精含量为 58％~62％。陶瓷缸贮存，存期 1 年半以上。

工艺中应注意的几个问题：

① 配料中加部分麸皮，可提高酒中芝麻香气。可能是麸皮中的氮源、木质素等是芝麻香生成的基础物质。对照试验证明，采用麸曲生产芝麻香型白酒，其香气优于大曲法生产的白酒。这充分证明了麸皮在芝麻香型白酒酿造中的重要作用。

② 强化堆积控制，实现"三高一低"。即高淀粉浓度，高温堆积，高温入窖，低水分。

③ 两次加曲、加酵母，有利于酒的产量和质量的提高。即堆积前加入总量的 30％，其余入窖前加入。

④ 生香酵母采用固态法培养，使细胞数增加，菌体蛋白增加，有助于芝麻香的生成。

⑤ 窖底加发酵好的香泥，使酒中有一定量的己酸乙酯，对芝麻香有烘托作用。

6.3　麸曲白酒生产的工艺原则

1. 合理配料

这是麸曲白酒酿造应遵循的首要原则。这个原则自烟台试点提出后，40 多年中，为麸曲白酒出酒率提高、质量提高，做出了历史性的贡献。今后，它还将对麸曲白酒酿造有很强的指导作用。合理配料包括以下四项主要内容：

（1）粮醅比合理。回醅发酵是中国白酒的显著特色。回醅多少，直接关系到酒的产量和质量。多年实践证明，无论从淀粉利用的角度，还是酒质增香的角度，都提倡加大回醅比。一般普通酒工艺的粮醅比要求在1∶4以上。但回醅量也不是无限度地越大越好，应考虑到醅中酸度对制酒的影响，醅中妨碍发酵物质对制酒的影响。为此，不同香型酒工艺，回醅量要不同；不同发酵期的酒工艺，回醅量要有区别；不同发酵状况的酒醅，回量要有区别；同时，回醅量要与原料粉碎度、入窖水分、淀粉、酸度、温度等各项指标相协调，从产量和质量两大方面来考虑，确定合理的粮醅比。

（2）粮糠比合理。麸曲酿酒工艺方法不同，要求有不同的粮糠比；不同的原料要求有不同的粮糠比；相同的原料，不同的粉碎度要求有不同的粮糠比。一般的规律是：普通酒粮糠比较大，在20％以上；优质酒尽量少用糠，以20％以下为好。合理的粮糠比会产生如下的好效果：

① 调节入窖淀粉浓度适合，使发酵正常。

② 调节酒醅中的酸度及空气含量适宜，便于微生物的繁殖和酶的作用。

③ 增加了界面面积，便于酶与底物的接触。

④ 使酒醅疏松有骨力，便于糊化、散冷、发酵、蒸馏，提高得率。

（3）粮曲比合理。这一指标的重要性，往往被忽视。有些酒厂的师傅，头脑里一直存在"多用曲，多出酒"的认识误区。实际上，用曲的多少，主要依据是曲的糖化力和投入原料的量，经科学计算后，稍高于理论数据即可。多用曲不但增加成本，更重要的是破坏了正常的发酵状态，反而会少出酒。同时，用曲量多时，往往会给酒带来苦味。这在麸曲优质酒酿造中更应引起重视。麸曲优质酒比不上同类的大曲酒，追求工艺上的原因，主要是发酵速度快。如果用曲量、用酵母量增大，会更加快麸曲酒的发酵速度，从而严重影响酒的质量。为此，麸曲优质酒酿造，一定要控制好用曲量、用酵母量这两个指标。

（4）加水量合理。水在酿酒工艺中，起调节淀粉浓度、调节酸度、调节发酵温度、传输微生物及其酶类等诸多方面的作用。可以说，加水量的合理与否是酿造成功的关键之一。酿造中加水的途径有三个，每个环节都很重要。一是润料，要求水温要高，水要加匀，并有一定的吸收时间；二是蒸料，要求蒸汽压足，时间要够；三是加量水，要加均匀，用量要准确。因每甑酒醅在窖内上下位置不同，加水量要有区别。一般每甑间，水分相差1％左右。检查水分合理与否的指标是入窖水分。这个指标应随季节不同而进行调整；因原料、工艺改变，这个指标也要随之改变。

2. 低温入窖

这条原则自20世纪50年代烟台试点总结出来后，一直是指导白酒生产的重要工艺原则。它不仅适用于普通麸曲白酒生产工艺，也适应部分优质白酒的生产工艺。低温入窖不仅能提高酒的产量，还会提高酒的质量。其原因如下：

（1）低温入窖时，各种酶的钝化速度减慢，使其作用于底物的时间增长，从而提高了分解率。

（2）低温条件下，酵母的繁殖作用不会受到大的影响，而杂菌（主要指细菌）的繁殖将受到抑制，低温起到"扶正限杂"的作用，使窖内酒醅发酵正常。

（3）低温入窖，使发酵速度变缓。试验表明酿酒微生物在低温缓慢发酵条件下，易生成多元醇类物质，增加酒的甜味。"冬季酒甜，夏季酒香"道理在于此。

（4）低温入窖，使发酵顶温相对降低，在这种条件下，不利于产杂味的原料、辅料的分解作用；不利于产杂味的微生物的作用，会产生酒的口味纯净的良好效果。

怎样做到低温入窖？主要措施有：

① 利用季节气温的差异。在气温低的季节多投料，多加班，提高产品的产量、质量。把停产检修安排在气温高的季节。

② 利用日夜温差。把入窖时间，尽量安排在夜间，气温低的时候。

③ 利用冷水降温，利用室外冷空气降温，利用现代化的制冷设备降温，均可收到良好效果。

④ 配料合理，酒醅疏松，有利于降温。

3. 升温发酵

发酵的主要标志之一就是温度的上升。它不仅是发酵的表面可见现象，更重要的它是发酵程度的标尺，是控制发酵主要工艺参数的准则。应从以下两个方面来科学地掌握好发酵升温这个主要工艺指标。

1）要努力创造最高的升温幅度

升温幅度是指发酵最高温度与入窖温度之差。这个值越大，证明发酵得越好，产的酒越多。理论上的数值是消耗 1% 淀粉能升温 1.8℃；在窖内实际测量，普通 4d 正常发酵的麸曲酒醅，每生成 1% 酒精，大约升温 2.5℃。换句话说，在这样的工艺中，如果升温幅度为 10℃，醅中的酒精含量在 4% 左右，如果是 15℃，醅中的酒精含量在 6% 左右。可见，从追求出酒率的角度考虑，应尽力创造大的升温幅度。要达到这个目的应注意到以下五个方面的影响：

（1）入窖淀粉浓度的影响。一般地说，相对高的淀粉浓度有利于升温幅度的增高。如清香型酒大楂，淀粉浓度高，升温幅度就高。

（2）入窖温度的影响。这是一个起点，如果相对低一些，升温幅度就会高一些。提倡低温入窖也有这方面因素的考虑。

（3）发酵期的影响。发酵期长，可以考虑追求最大的升温幅度。如果发酵期短，只能相对地追求最大升温幅度。普通酒 4d 发酵，如能升温 15℃，就可以了。

（4）窖的容积的影响。窖的容积大，产生的热量多，散失的热量相对少，所以升温幅度可相对高。

（5）窖的密闭程度和传热情况的影响。封闭好的窖子，如加泥封窖顶，窖壁四周不透气，会有助于升温幅度的提高。发酵设备的材质传热系数的大小，也会对升温幅度产生一定影响。

由此可见，诸多方面因素均可影响到升温幅度。我们不强调每种工艺都追求有最大的升温幅度（如汾酒的地缸发酵就是例外），我们只希望在相同的工艺中，应尽力追求最大的升温幅度。

2) 要努力形成最佳的升温曲线

升温曲线是从入窖温度起，到发酵最高温度，再降至发酵终了温度，整个周期由温度变化数值描绘出的一个曲线图。对于优质白酒发酵来说，它的温度变化要求是"前缓升、中挺、后缓落"。具体是指前期发酵升温要缓慢，中期发酵高温期要持久，后期发酵温度要缓慢回落。如果有这样的发酵温度曲线，就会收到以下三个方面的好效果：

(1) 能提高发酵升温幅度，进而提高出酒率。

(2) 能使发酵速度适宜，便于各种微生物的作用，增加酒的香味成分，提高酒质。

(3) 使发酵正常，保持酒醅不酸、不黏，便于下排操作，使生产稳定。

怎样才能做到"前缓升、中挺、后缓落"呢？

第一，要低温入窖。只有低温入窖，才会有前期发酵缓温，有了"前缓升"，才会有"中挺"及"后缓落"。

第二，要控制好入窖淀粉浓度及酸度。相对低的淀粉浓度及相对高的酸度，会使发酵速度变缓。

第三，确定合理的发酵期。要想得到最佳的发酵温度曲线，必须把发酵变化与发酵期放在一起来研究。可以从两个方面去考虑：一是根据发酵温度变化来确定发酵期。如普通白酒以产量为主，整个发酵温度变化 4d 就完成，那么确定 4d 发酵就是合理的、科学的。二是根据发酵期来确定工艺参数，使窖内变化在整个发酵期间尽量理想化。如清香型优质酒，30d 发酵中，如前期 10d 达到最高温度，"中挺"为 6~8d，后缓落为 6~8d，最为理想。

4. 稳、准、细、净

这四个字，是经过多次酿酒试点及多年生产实践证明了的行之有效的白酒工艺操作原则。无论是普通白酒工艺，还是优质白酒工艺都必须遵循这四条原则。这样才能保质保量地完成工作任务。

(1) "稳"是指工艺条件应相对稳定；工艺操作要相对稳定。具体要做到：配料要稳定，入窖条件要稳定，工艺操作程序要稳定，窖内发酵温度变化曲线要稳定，酒的班产量要稳定，酒的质量要稳定。要达到上述要求，供应部门，采购原材料的质量要稳定；辅助车间，半成品的质量要稳定；后勤部门，水、电、汽的供给要稳定等。可见工艺稳定是涉及全厂方方面面的事，只有各个部门通力合作，才有可能办到。

(2) "准"是指执行工艺操作规程要准确，化验分析数字要准确，掌握工艺条件变化情况要准确，各种原材料计量要准确。准确即有时间上的要求，不可提前滞后；也有标准上的要求，不可忽高忽低；还有对人的要求，不可忽冷忽热。

(3) "细"主要指细致操作。其中主要包括：原料粉碎细度合理，配料拌得匀细，装甑操作细致，发酵管理细心等。"细"字主要来自责任心，来自严要求。

(4) "净"主要指工艺过程要卫生干净。其目的就是防止杂菌感染，保证发酵正常。其要求是坚持经常性的卫生工作，要形成习惯。

6.4　麸曲酒与大曲酒的质量对比

自 20 世纪 70 年代以来，我国麸曲优质白酒有很大发展，清、酱、浓等很多香型白酒中均有麸曲优质白酒研制成功。90 年代进入市场经济以来，某些香型的麸曲优质白酒的销售量日趋下降，市场占有率日趋减少。追其根本原因，就是某些香型的麸曲优质白酒的质量水平不高，其内在质量与同类大曲酒比有一定的差距。

1. 感官指标上的差距

同香型的麸曲酒与其同类的大曲酒比，在感官上的差距表现在以下几个方面：
(1) 香味淡薄，后味短。
(2) 口味燥辣，刺激感重。
(3) 酒体欠丰满，口味欠细腻。
(4) 部分酒杂味较重。

2. 理化指标上的差距

从同属浓香型的麸曲与大曲两个省级优质酒对比分析，可看出：
(1) 总酸。低麸曲酒的总酸一般比大曲酒低 10mg/100mL 以上。这是造成酒后味短的原因之一，也是造成酸与酯不平衡，饮用后副作用大的原因。
(2) 高级醇含量高。麸曲酒中的高级醇含量占香味成分总量的 17%，而大曲酒只占 11%～12%，两者相差 5%。这是麸曲酒饮后上头，在市场上销售不畅的主要原因。仔细分析，两者在醇的比例上及醇含量的大小顺序上也有差别：
① 对酒产生醇厚感的醇类，如正丁醇、仲丁醇、正己醇及 2,3-丁二醇等，麸曲酒中的含量低于大曲酒 8mg/100mL 以上。所以造成了酒味淡薄。
② 在酒中含量高、对酒质有损害的醇类，如正丙醇、异丁醇、异丙醇、正戊醇等，麸曲酒比大曲酒高出 11mg/100mL 之多。
③ AB 值差异很大。异丁醇与异戊醇的比值称为 AB 值。在名优酒中，AB 值高的酒，质量要好一些。麸曲酒的 AB 值为 1∶0.92，大曲酒的 AB 值为 1∶（2.6～2.9），两个比值相差 1 倍以上。这个差异表明了麸曲酒中微量成分量比关系的不平衡。
(3) 醛类含量。高麸曲酒醛含量占香味成分总量的 9.1%，大曲酒占 6.7%，相差 2.4%。其中乙醛含量，麸曲酒比大曲酒高出 20mg/100mL 以上。醛高是造成麸曲酒燥辣的主要原因。

3. 形成麸曲酒质量缺陷的主要原因及其解决措施

(1) 先天不足。主要是微生物的含量不足。麸曲中的微生物总量只是大曲的百分之几。而且以醋酸菌、乳酸菌居多。这是造成麸曲浓香型酒中乳酸及乳酸乙酯含量偏高，酒体不甘爽的主要原因。
(2) 后天失调。这主要是指发酵速度。麸曲酒的发酵速度比大曲酒快得许多。一般大曲酒醅升至最高温度要 10d 以上，而麸曲酒只有 4～6d，提前了 5～7d。这一提前，使发酵升温曲线变成宝塔形，底小顶尖，违背了名优白酒发酵"前缓升、中挺、后缓落"的温度变化规律。有的企业无视这种发酵工艺的失调现象，又一味增加发酵期，在本来麸曲酒香味成分数量少的缺陷上雪上加霜，长期发酵又给酒带来更多杂味，这种香味成分既少又杂的酒，消费者肯定不欢迎。

（3）为提高某些麸曲优质酒在市场上的信誉，多年来一直在采取解决措施：

① 采用多菌种参与发酵。如清香型酒工艺上的多种曲霉菌的应用；浓香型酒工艺上，多种生香酵母的应用；酱香型工艺上，细菌曲的应用。这些措施均收到增加香味成分的效果。

② 改变酒醅原料配比，增加氮源。如在芝麻香型酒工艺中，酱香型酒工艺中，增加部分麸皮、小麦为原料，明显地提高了酒的质量。

③ 采用大曲、麸曲相结合的工艺路线。这条技术路线应用于清香、芝麻香、酱香型酒工艺中，均收到既保持出酒率高，又提高了酒质的双重效果。

 思考题

1. 名词解释：麸曲白酒、麸曲酒母、合理配料、低温入窖、定温蒸烧、"三高一低"、"四高一散"、大清花、小清花。

2. 普通麸曲白酒生产工艺有哪些？画出其工艺流程图。

3. 生产不同香型的麸曲白酒对其原料和菌种有何要求？

4. 生产清香型麸曲白酒生产操作时应注意的工艺环节是什么？

5. 生产芝麻香型麸曲白酒工艺中应注意的问题有哪些？

6. 简述浓香型麸曲白酒制酒工艺。

7. 简述麸曲白酒与大曲酒的质量差别。

8. 提高麸曲白酒质量的技术措施有哪些？

9. 在实际生产操作过程中，如何贯彻"稳、准、细、净"的原则？

第7章 白酒的贮存与老熟

 导读

　　在白酒生产中，新蒸馏出的酒具有辛辣味和冲味，饮后会感到燥辣而不醇和。只有经过一定时间的贮存后，才能使酒变得醇香、优雅、协调、柔和。白酒的这种贮存过程，称为白酒的"老熟"或"陈酿"。白酒在贮存过程中，通过挥发、缔合等物理变化和氧化、还原、酯化与水解等化学变化，使酒的物理性质和化学性质都发生了变化，从而改变了酒的品质。

7.1　白酒的贮存与管理

7.1.1　白酒在贮存期内的变化

　　刚蒸馏出来的新酒比较燥辣、冲鼻、刺激性大，不醇和也不绵软。其主要原因是：

　　(1) 新酒中含有硫化氢、硫醇、硫醚、二乙基硫等挥发性硫化物，以及少量的丙烯醛、丁烯醛、游离氨等杂味物质。

　　(2) 新酒中自由酒精分子比较多，口味上不柔和、刺激性大。只有经过贮存老熟后，才能去除新酒味，使白酒香味更加自然协调、柔和优雅。

　　白酒的老熟，一般认为是白酒在贮存过程中发生了物理变化和化学变化。

　　1. 物理变化

　　白酒在贮存过程中最主要的物理变化是酒精与水的缔合。白酒经长期贮存，由于物理变化而改变白酒中酒精的辣味和冲鼻味，其原因就在于在长期贮存过程中，改变了酒精分子的排列。

　　水和酒精都是极性分子，有很强的缔合能力，它们都可以通过氢键缔合成大分子。

　　酒精分子间、水分子间相互缔合成大分子示意图如图 7-1 所示。

　　当酒精和水混合时，由于相同分子间的距离增大，故同分子间氢键便减弱，从而形成了酒精和水的缔合物，此过程的相互作用很复杂。酒精分子与水分子间形成的氢键被认为起了显著的作用。

　　酒精分子和水分子相互缔合成大分子示意图如图 7-2 所示。

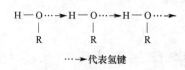

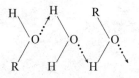

图 7-1　酒精分子间、水分子间相互　　　　图 7-2　酒精分子和水分子相互
　　　　缔合成大分子　　　　　　　　　　　　　缔合成大分子

上述分子间的相互缔合，可以看成是分子间的自动排列，从而加强了对乙醇分子的束缚力，降低了乙醇分子的活度。随着贮存期的延长，溶液中受到束缚的极性分子增多，分子排列更加整齐有序。

酒精与水分子间的缔合，大大改变了它们的物理性质如折光率、黏度等。当混合水和酒精时，其体积缩小，并放出热量。如用无水酒精 53.94mL 和水 49.83mL 混合时，由于分子间的缔合作用，其体积不是 103.77mL，而是 100mL，这就是由于分子间的缔合力，使分子间靠得紧，间隙缩小，从而使酒精水混合物表现出最大的收缩度。

新酒在贮存过程中，随着白酒贮存时间的增长，酒精与水分子通过缔合作用构成大分子结合群数量就增加，使更多的酒精分子受到束缚，白酒中自由酒精分子数量越来越少，结果就必然缩小了对味觉和嗅觉器官的刺激作用，在饮酒时就会使人感到柔和。茅台酒的酒度传统上规定为 53%～55%，而这个酒度，正是酒精和水混合时，收缩度最大的区域，这时酒精分子受到水分子的强力约束，自由酒精分子数目少，使酒在口味上柔和绵长。而这就是茅台酒醇和浓郁、味长回甜、刺激性小的一个原因。

白酒在贮存过程中另一个重要作用是新酒中的不良挥发性组分，如硫化氢、硫醇、硫醚、二乙基硫等挥发性硫化物，以及少量的丙烯醛、丁烯醛、游离氨等杂味物质在贮存过程中自然挥发而改善了酒的品质。

2. 化学变化

白酒在贮存过程中还发生缓慢的化学变化，主要是酒中含有的酸、醇、酯、醛等成分发生氧化、还原、酯化与水解等作用，直到建立新的平衡。其反应式为

醇氧化成醛：

$$RCH_2OH \xrightarrow{(O)} RCHO + H_2O$$
$$\text{醇} \qquad\qquad \text{醛} \quad\ \text{水}$$

醛氧化成酸：

$$RCHO \xrightarrow{(O)} RCOOH$$
$$\text{醛} \qquad \text{酸}$$

醇、酸氧化成酯：

$$RCH_2OH + R'COOH \xrightarrow{H_2O} RCH_2COOR'$$
$$\text{醇} \qquad\quad \text{酸} \qquad\qquad \text{酯}$$

醇、醛生成缩醛：

$$2R'OH + RCHO \longrightarrow RCH(OR')_2 + H_2O$$
$$\text{醇} \qquad \text{醛} \qquad\qquad \text{缩醛} \qquad \text{水}$$

由于这些化学变化和物理变化，白酒在贮存过程中有些成分增加，有些成分减少甚至消失，并产生新的成分。它们之间的变化见图 7-3。至于平衡朝哪方进行与贮存容器的材质、大小、温度、酸度和酒精含量、贮存时间等因素密切相关。

一般来讲，在白酒贮存过程中，由醇氧化生成酸是比较容易的，但通过贮存进行酯化作用比较缓慢、困难。绝大部分酯类物质由于发生水解反应生成相应的酸而减少。醇类物质在贮存中有所增加，但乙醇含量下降。醛类物质也有所降低，而酸类物质因贮存容器不同而变化。

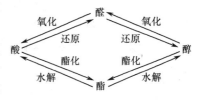

图 7-3　白酒贮存中的成分变化

从目前各酒厂的勾兑与贮存的情况来看，多数是先贮存、后勾兑，也有的是先勾兑、后贮存。从氢键缔合作用和分子重排的角度来看，新酒加浆调度后再贮存的效果比出厂前加浆调度更好，因为出厂前加浆调度，就重新打乱了酒中的缔合关系，抵消了贮存的作用，对酒的柔和、绵软有影响。但新酒直接调浆，各组分酒并不稳定，调出来的酒也不太好。所以，我们认为将上述两种方法结合起来应该是更科学一些。如入库新酒，先经五六个月的前期贮存，此期间可促进其氧化作用，加速乙缩醛的生成，促进酒的老熟。然后进行勾兑，调浆降度，精心调味，再转入后期贮存五六个月以上，在此过程中可促进物理化学性能改变，使水与醇的缔合作用增强，酒味绵柔、协调，减少燥辣味，促进酒的老熟。

总之，白酒经过贮存后，由于各种物理作用和化学作用，酒中的各种成分充分融合、协调，其风味一定会有良好的改变。因此各白酒厂均非常重视白酒的贮存。但是，酒的老熟必须建立在把酒做好的基础上，质量较差和邪杂味较重的酒，虽经长期贮存，也不会改变原有的不足而变成好酒。陈酿时，应该根据不同容器、容量、自然环境、生产条件和贮存条件等方面的情况来确定合理的贮存期。并不是所有的酒都是越陈越好。一般来讲，白酒质量也是有一定期限的，说酒酿出后，有其生涩期、成熟期和衰老期。应在其成熟期内饮用为好。若贮存时间过长，则会进入"衰老期"，酒的口味会变得淡薄，饮用时就会有失其故有的良好风格。

7.1.2　酒库管理

1. 新酒入库

新酒入库时，应经尝评小组人员评定等级，然后按等级或风格在库内分别存放。

各种不同风味的酒，不要不分好坏任意合并，这样无法保证质量。

应在容器上标上标签，详细建立库存档案，上面写清坛号、产酒日期、窖号、生产车间和班组、酒的风格特点、毛重、净重、酒精含量等。有条件的厂，最好能附上色谱分析的主要数据，为勾兑创造条件。

分别贮存后，还要定期品尝复查，随时调整级别。

调味酒单独原度贮存，不能任意合并，最好有单独一间小酒库贮存。

2. 贮存容器的容积

每个酒厂的贮存容器都有不同，其容量也有区别。如小坛有 20 kg、50 kg、100kg、150kg、250kg、500kg、1000kg 等，大罐有 5t、10t、15t、20t、30t、60t、100t、200t 等。

在名、优酒的生产中，酒库管理很重要。不能把酒库孤立地看作是存放和收发的容器而已，应该看成是制酒工艺的重要组成部分。

3. 验收原酒

1）原酒入库程序

（1）收酒前先将酒度计、温度计等计量器具准备妥当。

（2）将酿酒车间所交酒库的酒按等级搅拌均匀。

（3）用量筒取酒样，测实际酒精度，做好记录。

（4）先称其毛重，将酒收入库中后，除其毛重，分别记录。

（5）将酒度、重量填入原始记录和入库单，交车间一份。

（6）将酒取样交品尝人员进行等级品评，交质检部门进行总酸及总酯的化验，待结果出来后按各自等级分别入库，做好标志。

（7）收酒完成后，将酒泵中的残液清理干净，关闭电源，搞好卫生。

（8）所交原酒每桶混合均匀后，用容量 20～30mL 酒杯取样；静置片刻后，先对闻香进行辨别。对闻香大致分为糟香、窖香、放香好、放香小、浓香、香浓、有异香等评语，根据企业对原酒的质量要求按等级进行鉴别，并记录。

（9）口尝气味，看与质量要求对比符合的等级，做好记录。

（10）按鉴别的初步结果，将原酒并入该车间该班组同一等级的酒中，待月末或两三个月以后再进行鉴别，以便对质量进一步确认。

（11）对有特殊香气和口味的酒交上一级人员进行鉴别，在结果出来之前，先用空罐装，待鉴别结果出来后，能混合的再进行合并，并做好记录和标志。

（12）将各等级的酒按各自特点或要求分别入坛（罐），做好标志和记录。

2）原酒验收标准

每个酒厂对原酒的验收都有自己的企业标准，但其格式大同小异，主要区别是对等级、数据的要求，现将某酒厂原酒验收标准提供如表 7-1、表 7-2 所示。

表 7-1　感官要求

项目	一等	二等	酒尾一	酒尾二	双轮底	酒头	酒尾三	黄水丢糟酒
色	无色，清澈透明，无悬浮物，无杂质，允许微黄							
香	闻香正、浓郁、入口香、较甜、放香好	闻香正、浓郁、入口香、较甜、放香较好	闻香正、较浓郁	闻香较淡、入口较香	窖香浓郁、入口香甜、酒体丰满	闻香冲、浓郁入口香、放香好、香味较协调	闻香淡、入口酸味重	闻香较好

续表

项目	一等	二等	酒尾一	酒尾二	双轮底	酒头	酒尾三	黄水丢糟酒
口味	较涩口、较冲、香味协调、余味长、后味净	涩口、较冲、香味协调、余味长、后味净	香味协调、较涩口、放香长、后味净	余味较短淡、后味净	涩味重、较冲、香味协调、余味悠长、后味净	较冲、较涩口、后味长、较净	微带尾子味、后味较净	入口酸味重、香味较淡、微有黄水味、后味较净
风格	具有本品风格	具有本品风格	具有本品风格	具有本品风格	具有本品风格			

表 7-2　理化指标

等级 项目	单位	一等	二等	酒尾一	酒尾二	双轮底	酒头	酒尾三	黄水丢糟酒
酒度	%	≥72	≥68	≥66	≥59	≥66	≥66	≥53	≥52
总酯	%	≥4.8	≥4.1	≥3.2	≥2.8	≥5	≥5.6	≥2.8	≥3.6
总酸	%	≥0.5	≥0.5	≥0.5	≥0.7	≥0.5	≥0.9	≥1.4	≥2.3

注：以上总酸、总酯以酒精体积分数 54% 的样品计。名酒率占 30%（一、二、三等分别考核）；

各等级在规定标准情况下，综合出酒率达到 28% 为标准，优质品率达到 70%（包括一等、二等、酒尾一、双轮底及酒头）。

3）分级入库

原酒的分级一般是按酒头、前段、中段、尾段、尾酒、尾水等进行区分，并按不同的验收结果分级入库。

酒库贮酒容器要有明显的标志，其内容一般有入库时间、重量、酒度、等级、使用时间等，有条件的最好将色谱分析报告和理论检测指标同时附上，更有利于管理和使用。酒库贮酒容器标志的一般格式如表 7-3 所示。

表 7-3　酒库贮酒容器标志的一般格式

入库时间		重量/kg	
酒度（20℃）		等级（名称）	
使用时间		总酸/（g/L）	
管理人员		总酯/（g/L）	

在标志使用过程中，要注意容器中的酒利用后应对标志内容进行修改，以免发生错误，同时也要注意标志是否脱落而造成混级的现象。

7.2　贮酒容器及对酒质的影响

白酒的贮存容器有许多种，各种容器都有其优缺点。在确保贮存中酒不变质、少损耗并有利于加速老熟的原则下，可因地制宜，选择使用。现将常用的贮酒容器介绍如下。

1. 陶瓷容器

这是传统的盛酒和贮酒容器。这种容器的优点是能保持酒质，且有一定的透气作用，有利于促进酒的老熟。但陶瓷坛容量较小，一般为 250～300kg，占地面积大，每 1t 酒平均占地面积约 4m²，只能适于少量酒的存放，若大批量贮存则操作甚为不便。同时，陶质容易破裂，怕碰撞；质量不好的坛子也时常出现渗漏的现象，造成损失。使用陶瓷容器应注意以下几个问题：

（1）制造和涂釉是否精良、完整。

（2）装酒前先用清水洗净，浸泡数日，以减少"皮吃"、渗酒等损失。

（3）检查有无裂纹、砂眼。

（4）若有微细毛孔，可采用糊血料纸或环氧树脂（外涂）等方法加以修补。

（5）坛口可用猪尿泡或塑料薄膜（无毒、食品用）等包扎，以减少挥发损失。

2. 不锈钢容器

随着生产的发展，小量贮存已不能满足需要。目前贮酒大容器多采用不锈钢制制造。

3. 水泥池

水泥贮酒池是一种大型贮酒设备，建筑于地下或半地下，采用混凝土钢筋结构。普通水泥池是不能直接用来贮酒的，因为水泥池壁渗漏，又不耐腐蚀。

水泥池用来贮酒，应在水泥表面贴上一层不易被腐蚀的涂料，使酒不与水泥接触。目前采用的方法有内衬陶瓷板，用环氧树脂填缝；瓷砖或玻璃贴面；环氧树脂或过氯乙烯涂料等。

7.3　白酒人工老熟的方法

所谓人工老熟，就是人为地采用物理或化学方法，促进酒的老熟，以缩短贮存时间。

1. 冷热处理

贵州省茅台酒厂曾模拟茅台酒的自然老熟过程，采用冷、热交替处理方法，即先在 40℃环境下连续贮存，然后在 40℃ 和 25℃ 两种环境中交替循环处理，再在 60℃ 和 -60℃ 两种条件下交替处理，取得了一定效果。

2. 氧气处理

氧气处理主要目的是促进氧化作用。在室温下将装在氧气袋内的工业用氧气直接通入酒中，密闭存放 3～6d，进行品尝，经处理后的酒较柔和，但香味淡薄。

3. 高频处理

某酒厂采用工作频率为 14.8kHz、设计功率为 1kW、输出 50% 的种子处理仪，于两极之间卧放瓶装酒，进行高频处理。选择三种不同的电流强度 10、15、20A，三种不同的处理时间 10、15、20min。结果表明，以 15A、10min 处理酒的效果较好。处理后的酒进口香、味纯正、尾辣。此外，还有人应用高频振荡与紫外线照射相结合的方法，进行人工老熟，也取得了一定效果。

4. 紫外线处理

紫外线是波长<400nm 的光波，具有较高的能量。在紫外线作用下，可产生少量的初生态氧，促进白酒中一些成分的氧化。某酒厂用 253.7nm 的紫外线对酒直接照射，初步认为以 16℃处理 5min 效果较好。处理 20min 后，酒出现过分氧化的异味。从常规分析的结果（表 7-4）来看，随着处理温度的升高，照射时间的延长，酒的成分变化增大。这说明紫外线对酒内微量成分的氧化有一定的促进作用。

表 7-4　紫外线照射后酒成分的变化

处理温度/℃	照射时间/min	酒精含量/%	酸度/%	酯含量/%	醛含量变化/%
—	0	—	—	—	—
16	5	0	0.09	−0.89	−2.05
16	20	−0.38	3.06	−1.48	−2.47
40	5	0	2.10	−1.58	−3.48
60	5	−0.19	3.32	−1.73	−5.52

此外，各种可见光、红外线、激光等对白酒均有不同程度的催陈效果。波长在 514.5nm、530nm 的光有较好的催陈作用，具有很宽的连续光谱的普通强光源（氙灯、碘钨灯等），是较好的催陈光源。过长波长的光不宜用于白酒催陈，而高压汞灯等强紫外线输出光源，也不宜用做白酒催陈。光催陈的作用主要是光氧化作用。由于白酒是一个成分复杂的混合溶液，在这种溶液中的酸、醇、酯之间存在着下列动态平衡：

$$醇 \underset{还原}{\overset{氧化}{\rightleftharpoons}} 醛 \underset{还原}{\overset{氧化}{\rightleftharpoons}} 羧酸 \underset{还原}{\overset{氧化}{\rightleftharpoons}} 酯$$

当白酒受到光照射时，酒体获得了能量，可激化分子，特别是白酒中含有氧时，可产生激化态氧，加速氧化作用，促使这种平衡右移，产生酯。

5. 振荡处理

通过搅拌、振荡可使酒体充分混合，增加酒、水分子的碰撞机会，增加反应概率。特别是超声振荡能使酒老熟，一般选用振荡频率为 0.6~1.0MHz，功率为 1.6kW/m³。有人认为大功率超声波催陈效果没有小功率的效果好。

超声波高频振荡能增加各种反应的概率，改变酒中分子结构，使酒体变得醇和。但处理时间应选择好，如处理时间过长，酒味发苦；过短则效果不明显。有人选用频率为

14.7kHz、功率为200W的超声波发生器,在-20~10℃各种温度下分别处理11~42h。处理结果表明,酒香甜味都有所增加,总酯含量有所提高。

6. 磁化处理

酒内的极性分子在强磁场的作用下,极性键能减弱,而且分子定向排列,使各种分子运动易于进行。同时,酒在强磁场作用下,可产生微量的过氧化氢。过氧化氢在微量重金属存在时,分解出氧原子,促进酒中的氧化作用进行。

磁感应强度为0.04~0.4T(特)的可变磁场或固定磁场均可使白酒催陈。经磁化处理后的酒,香味略比原酒提高,醇和,杂味减少。但是单独用磁场来催陈,效果不明显,将磁场催陈法与氧化法、催化剂催陈法、光催陈法等配合使用效果才会明显。

7. 微波处理

微波是指波长为1~1000nm,或频率为$3\times10^{11}\sim3\times10^{8}$Hz范围内的电磁波。由于微波的波长与无线电波相比更为微小,故而叫微波。微波加热有以下几个特点:

(1)热是被加热物体内部的分子运动产生的,热量分布在物体之内,所以易于实现均匀加热。

(2)速度快,效率高,能量只被需要加热的物质所吸收。

(3)能准确控制加热速度和时间,有利于提高产品质量。

(4)选择性加热。由于通过介质损耗而发热,故损耗较大者加热较快。水是吸收微波最强的介质,故对含水物质的加热非常有利。

(5)有利于连续生产,设备简单,易于维修与操作,占地面积较小,投资省,效率高。

8. 激光催陈

激光催陈是借助于激光辐射物的光子以高能量对物质分子中的某些化学键发生有力的撞击,致使这些化学键出现断裂或部分断裂,某些大分子团或被撕成小分子,或成为活化络合物,自行络合成新的分子。利用激光的特性就能在常温下为酒精与水的相互渗透提供活化能,使水分子不断解体成游离的氢氧根,同酒精分子亲和,完成渗透过程。有人曾用激光对酒进行了不同能量、不同时间的处理,结果显示,经处理后的酒变得醇和、杂味减少,新酒味也减弱,相当于经过一定时间的贮存。

9. ^{60}Co γ射线处理

使用高能量的γ射线,使葡萄酒和白兰地酒人工老熟,早在20世纪50年代国外已有人研究过,近年来用此法处理白酒也有一定的发展。

^{60}Co γ射线能量很大,采用此法照射,可用密闭的容器或用连续流动的方法。如果饮料酒在有塞的瓶中进行照射,而瓶中留有1/5容量的空隙,则酯与过氧化氢的含量,在照射的规定时间内或完毕时达到最大值,酒中酸度略有下降,乙醛含量稍有上升。一般根据这一点可说明射线的有效作用。

10. 催化剂催陈

加酸可以加快醇酸反应生成酯的速度，在己酸和乙醇体系中加入酸性催化剂，可使其生成己酸乙酯的酯化速度提高 10 倍以上。

通过光作用使酒中的氧分子处于激化态，从而加速氧化反应使酒老熟。若在白酒中加入微量的（$1 \times 10^{-6} \sim 1 \times 10^{-4}$ mol）过氧化物如过氧碳酸钠、过氧化氢、过氧乙酸等，为酒体增加新生氧，也可以加速氧化反应，进而增加酯含量，使老熟加快。

微量金属离子对白酒的陈酿老熟有明显的催陈作用，尤其是铁、铜、锌等金属离子催陈效果明显，钾、钙离子稍差。微量金属离子对不同档次香型白酒的催陈效果略有差异，好酒优于差酒。经一定自然贮存期的白酒，微量金属离子对其仍有一定的催陈效果，且其效果要好于刚蒸出的新酒。微量金属离子对白酒的催陈效果还因材质不同而异，在透气性良好的贮存容器中要比在非透气性容器中的催陈效果好。

11. 超滤

所谓超滤是指以适当的超滤膜对酒进行过滤，即使用临界截止相对分子质量（指不能通过超滤膜的最小相对分子质量）为 20 万以内（酒中蛋白质和果胶质等会造成酒味恶化的因子可滤过排出）的超滤膜，对酒类进行过滤以除去酒中的浑浊成分使之澄清透明，除去能引起酸败的因素，以提高其保存性能。通过超过滤赋予酒以老熟风味，使之成为轻质化（即酒中胶体物质浓度不高，酒不带色或略带淡色）的白酒。如某厂用临界截止相对分子质量为 $500 \sim 1400$ 的超滤膜过滤后，大大提高了其口感，增加了饮用的舒适感。

12. 综合处理

采用超声波、热处理和磁场综合处理的办法，无论是化验分析还是品尝，酒质均有提高。某厂采用 60℃ 热处理 3d，超声波于 10℃ 下处理 1h，机械振荡 24h，磁场处理 22h，试验表明，总酸含量略有增加，总酯、总醛、糠醛、甲醇含量略有下降。杂味减弱，香甜味增加。

人工催陈处理白酒，即使是采用同一方法试验，若试样不同，其效果也各异。一般来讲，随着原酒质量的提高，人工陈酿的效果降低，即质量越差的酒，经人工催陈后，质量提高越显著；质量越好的酒，效果就差些。目前对于新酒的人工催陈尚无一种比较理想的方法，但随着科技的不断发展，人工催陈机理的深入研究和探索，人工催陈新技术、新设备的不断出现，人工催陈的效果会逐步提高，从而进一步地缩短白酒的贮存时间，节约库存资金，提高经济效益。

思考题

1. 新蒸馏出的白酒为什么要经过一段时间的贮存？

2. 白酒在贮存过程中发生了哪些物理变化和化学变化？

3. 白酒厂怎样进行酒库管理？

4. 白酒的贮存容器有哪些？贮存容器对酒质有何影响？

5. 何谓白酒的人工老熟？人工老熟的方法有哪些？

6. 简述微波催陈的原理。

7. 使用陶瓷容器贮酒应注意什么？

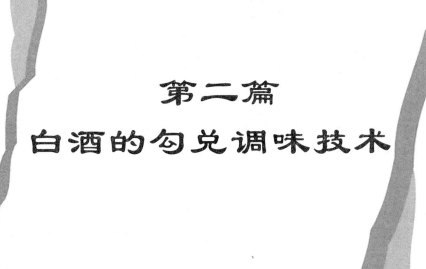

第二篇
白酒的勾兑调味技术

第8章　白酒的微量成分及其对酒质的影响

 导读

　　白酒是由乙醇、水和各种微量成分组成的，白酒中的微量成分种类很多，但含量极微，其总量不超过 2%。目前已检出的微量成分就有 340 多种。这些含量甚少的各种微量成分，形成了各种不同香型和不同风格质量的白酒。因此，我们有必要研究和了解白酒中各种微量成分的种类、含量、量比关系及其变化对白酒酒质的影响。

8.1　白酒中微量成分的化学分类及作用

　　白酒中的主要成分是乙醇和水，约占总量的 98% 以上。但决定白酒香型风味和质量的却是许多呈香呈味的有机化合物。自 1960 年色谱技术应用到白酒香气成分剖析中以来，根据各有关科研单位报道的研究成果，在各种香型白酒中至今已发现香气成分有342 种之多，根据其化学分类，可分为以下几种。

8.1.1　酸类

　　白酒中的酸一般指的是有机酸，化学上称羧酸。其特征是分子中含有羧基，除甲酸外，它们的分子可用通式 RCOOH 来表示。

　　1. 呈香呈味作用

　　酸类是形成香味的主要物质，它与其他呈香呈味物质共同形成白酒特有的气味。酸类还是形成酯类的前体物质，没有酸，一般就不会形成酯。酸也可以构成其他香味物质。其单体香味特征如表 8-1 所示。

　　有机酸含量的多少是酒质好坏的一个标志，在一定范围内，有机酸含量高，酒质好；反之则酒质差。含酸量少的白酒，酒味寡淡，香味短，使酒缺乏固有的风格；如酸味过大，则酒味粗糙，出现邪杂味，降低酒的质量。适量的酸在酒中能起到缓冲作用，可消除饮酒后上头和口味不协调等现象。酸还能赋予酒一定的甜味感，但酸过量的酒，甜味也会减少，也影响口味。一般优质白酒酸的含量较高，约高于普通白酒 1 倍，超过普通液态白酒 2 倍。

表 8-1　酸类的性质和风味特征

种类	分子式	沸点/℃	味阈值/(mg/kg)	风味特征
甲酸	HCOOH	100～101	1	微酸味，进口微酸，微涩，较甜
乙酸	CH_3COOH	118.2～118.5	2.6	闻有醋酸味和刺激感，爽口，微酸甜
丙酸	CH_3CH_2COOH	140.7	20	闻无酸味，进口柔和稍涩，微酸
异丁酸	$(CH_3)_2CHCOOH$	154.7	8.2	类似正丁酸气味
正丁酸	$CH_3(CH_2)_2COOH$	163.55	3.4	轻微的大曲酒糟香和窖泥味，微酸甜
正戊酸	$CH_3(CH_2)_3COOH$	185.5～186.6	＞0.5	有脂肪臭，似丁酸气味，稀时无臭，微酸甜
异戊酸	$(CH_3)_2CHCH_2COOH$	176.5	0.75	同正戊酸
乳酸	$CH_3CHOHCOOH$	122 (2kPa)	＜350	微酸、甜、涩、略有浓厚感
己酸	$CH_3(CH_2)_4COOH$	205.8	8.6	强脂肪臭，有刺激感，似大曲酒气味、爽口
庚酸	$CH_3(CH_2)_5COOH$	223	＞0.5	强脂肪臭，有刺激感
辛酸	$CH_3(CH_2)_6COOH$	239.7	15	脂肪臭，微有刺激感，置后浑浊
壬酸	$CH_3(CH_2)_7COOH$	255.6	＞1.1	特有脂肪气息及其他气味
苯甲酸	$C_6H_5—COOH$	249		几乎无气味或呈微香（酯）气，有甜酸的辛辣味
月桂酸	$CH_3(CH_2)_{10}COOH$	225	7.2	月桂油气味，爽口微甜，置后浑浊
肉桂酸	$C_6H_5—CH＝CHCOOH$	300		几乎无气味，有辣味后变成甜的和杏子样味

白酒中的酸类分挥发酸和不挥发酸两类。

挥发酸有甲酸、乙酸、丙酸、丁酸、己酸、辛酸等。挥发酸从丙酸开始有异臭出现，丁酸过浓呈汗臭味，而戊酸、己酸、庚酸有强烈的汗臭味，但这种气味随着碳原子数的增加又会逐渐减弱，辛酸的臭味很小，反而呈弱香味。8 个碳原子以上的酸类，其酸气较淡，并且微有脂肪气味。

不挥发酸有乳酸、苹果酸、葡萄碳酸、酒石酸、柠檬酸、琥珀酸等。这些不挥发酸在酒中起调味解暴作用，只要含量比例得当，就能使人饮后感到清爽利口，醇和绵软。但含量过高，则酸味重、刺鼻。

有机酸具有烃基（—CH_3 或—CH_2CH_3）和羧基（—COOH），因而能和很多成分亲合，如酸和醇的亲和性强，有形成酯的可能，有利于增加酒香，起着缓冲及平衡作用，使酒质调和。碳原子数少的有机酸，含量少可以助香，是重要的助香物质。碳原子较多，或不挥发性的酸，在酒中起调味解暴作用，是重要的调味物质。

2. 酸与酒质的关系

酒中各种有机酸含量多少和适当的比例关系，是构成各名优白酒的风格和香型的重要组成成分。一些名酒中主要酸含量如表 8-2 所示。

从表 8-2 可以看出，总酸含量以酱香型（茅台酒）为最高，达 294.5mg/100mL，郎酒也在 174.09mg/100mL。构成总酸的主要成分是乙酸、乳酸、己酸、丁酸和氨基酸，它们之和为 277.7mg/100mL，占总酸的 94.3%。茅台酒特别突出的是氨基酸含量较高，为 18.9mg/100mL，为其他各酒之冠，也是酱香型酸类物质的特征，但以乙酸、乳酸所占相对密度最大。浓香型酒以泸州特曲、五粮液为代表，含酸总量在 200mg/

100mL 左右，构成总酸的主要成分为己酸、乙酸、乳酸、丁酸，它们之和分别为 196.9mg/100mL 和 179.3mg/100mL，占总酸 94％和 93.72％。此两种酒的特点是己酸的含量为其他香型之冠，分别占总酸的 39.52％和 35.44％；其次为乙酸，分别占总酸的 30.69％和 23.21％。清香型（汾酒）含酸量较低，仅 128mg/100mL，以乙酸、乳酸为主，其中乙酸占总酸的 73.48％，乙酸所占该酒的百分比为其他香型之首，也是汾酒独特之处。米香型（三花酒）含酸量低，为 120.3mg/100mL，以乳酸、乙酸为主，其中乳酸占总酸 81.38％，乳酸占总酸的百分比为其他各酒之最；而且其他有机酸物质数量少，含量也少，除乳酸、乙酸外，仅占总酸约 1％，是米香型酒的特征。其他香型的董酒含酸量较多，为 219.4mg/100mL，以乙酸、丁酸、己酸、丙酸为主，此四酸之和占总酸的 93.07％，以绝对值来说，乙酸 119.4mg/100mL，丁酸 49.1mg/100mL，丙酸 14.5mg/100mL，在各香型酒中含量最多；以相对值来说，丁酸占总酸 22.38％，丙酸占总酸 6.61％，也是分别占各香型酒该酸百分比之冠，这些特征是构成董酒香味与众不同的原因。

　　乙酸、乳酸、己酸在各种香型酒的总酸中占的数量最多，百分比也大，是各种酒重要的有机酸，但它们在各香型酒中所表现出来的含量及构成总酸的比例方面都有着明显的区别及特征，并与"酯"的含量相对应。我们可以将乙酸、乳酸、己酸，看成是构成白酒有机酸的"骨架"，同样是决定酒的香型、风格的基础要素之一。普通白酒含酸量较少，在 45～100mg/100mL；液态法白酒含酸量更少，在 22～60mg/100mL。普通白酒和液态法白酒中酸的品种也少，这一点，在勾兑调味时要引起注意。

　　酒中含酸量，乙酸、乳酸、己酸、丁酸均以稍高为好，但乳酸不宜过高，否则会带来涩味。名酒中的主要酸含量如表 8-2 所示。

表 8-2　名酒中主要酸含量

种类	茅台酒/(mg/100mL)	泸州老窖/(mg/100mL)	五粮液/(mg/100mL)	全兴大曲/(mg/100mL)	汾酒/(mg/100mL)	西凤酒/(mg/100mL)	董酒/(mg/100mL)	洋河大曲/(mg/100mL)	古井贡酒/(mg/100mL)	剑南春酒/(mg/100mL)	三花酒/(mg/100mL)
甲酸	6.9	3.1	3.8	1.5	1.8	1.6	6.7	2.7	1.7	2.2	0.4
乙酸	111.0	64.3	44.4	37.0	94.5	36.1	119.4	24.9	33.6	53.0	21.5
丙酸	5.1	0.5	1.3	0.5	0.6	3.6	14.5	2.4	1.1	微	—
丁酸	20.3	12.0	12.5	6.7	0.9	7.2	49.1	9.2	7.4	11.5	0.2
戊酸	4.0	1.8	1.6	1.3	0.1	1.8	—	2.4	1.0	0.5	0.3
己酸	21.8	82.8	67.8	3.7	0.2	7.2	21.2	26.1	20.4	19.9	—
庚酸	0.6	—	—	0.4	—	0.1	—	0.4	—	—	—
辛酸	0.2	—	—	—	—	0.3	—	0.3	—	—	—
乳酸	105.7	37.8	44.6	23.2	28.4	1.8	8.5	7.6	17.4	14.8	97.9
氨基酸	18.9	7.2	15.3	—	2.1	—	—	—	—	—	—
柠檬酸	—	痕迹	+	+	痕迹	—	+	—	—	—	—
2-酮丁酸	+	痕迹	痕迹	痕迹	痕迹	痕迹	—	—	—	—	—
总计	294.5	9.5	191.3	74.3	28.6	59.8	219.4	76	82.6	101.9	120.3

3. 酒中酸类的来源

在发酵过程中，尤其是固态法白酒的酿造过程中，伴随着酒精发酵的过程，必然会产生各种有机酸，它们主要来源于微生物的代谢作用；其次，是乙醇和乙醛可以氧化为乙酸；在微生物和媒介的帮助下，低级的酸也可逐步合成为较高级酸；蛋白质、脂肪也能分解为氨基酸和脂肪酸。

8.1.2　酯类

酯类是有机酸与醇作用脱去水分子而生成的。酯类的分子可用通式 RCOOR′来表示。

1. 呈香显味作用

酯类多数是具有芳香气味的挥发性化合物，是白酒香气香味的主要组成成分。酯类的单体香味成分，以其结构式中含碳原子数的多少，而呈现出强弱不同的气味，含1～2个碳的香气弱，且持续时间短；含3～5个碳的具有脂肪臭，酒中含量不宜过多；6～12个碳的香气浓，持续时间较长；13个碳以上的酯类几乎没有香气。酯类的性质和风味特征如表8-3所示。

表8-3　酯类的性质和风味特征

种类	分子式	沸点/℃	味阈值/(mg/kg)	风味特征
甲酸乙酯	$HCOOCH_2CH_3$	64.3	5000	似桃香，味辣，有涩感
乙酸乙酯	$CH_3COOC_2H_5$	75～76	17.00	香蕉、苹果香，味辣带苦涩
乙酸异丁酯	$CH_3COOCH_2CH(CH_3)_2$	116.5	3.4	具有醋栗-梨香，风信子-玫瑰花香，似醚微苦
丙酸乙酯	$CH_3CH_2COOC_2H_5$	99	>4.0	菠萝香，味微涩，似芝麻香
异丁酸乙酯	$(CH_3)_2CHCOOC_2H_5$	112～113	—	苹果样气味
丁酸乙酯	$CH_3(CH_2)_2COOC_2H_5$	120	0.15	似菠萝香，带脂肪臭，爽快可口
乙酸正丁酯	$CH_3COO(CH_2)_3CH_3$	126.5	—	强烈的水果香，先甜后辣，似菠萝
乙酸异戊酯	$CH_3COO(CH_2)_2CH(CH_3)_2$	142 (267Pa)	0.23	似梨香、苹果香、香蕉香
戊酸乙酯	$CH_3(CH_2)_3COOC_2H_5$	145	1.10	似菠萝香，味浓刺舌，日本称"吟酿香"
乳酸乙酯	$CH_3CHOHCOOC_2H_5$	154.5	14	香弱，味甜，适量有浓厚感大量时带苦
己酸乙酯	$CH_3(CH_2)_4COOC_2H_5$	167	0.076	似菠萝香，味甜爽口，浓香型曲酒香
庚酸乙酯	$CH_3(CH_2)_5COOC_2H_5$	187	—	似苹果香
丁酸戊酯	$CH_3(CH_2)_2COO(CH_2)_4CH_3$	185～186	—	强烈的穿透性臭味，味甜
乙酸正己酯	$CH_3COO(CH_2)_5CH_3$	171～172	—	水果香，似梨的甜酸味
戊酸丁酯	$CH_3(CH_2)_3COOC_4H_9$	186.5	—	苹果-覆盆子香及甜味
辛酸丁酯	$CH_3(CH_2)_6COOC_4H_9$	206	0.24	似梨或菠萝香，苹果味带甜
壬酸乙酸	$CH_3(CH_2)_7COOC_2H_5$	226	—	水果味，芳香带甜
丁二酸二甲酯	$CH_3OOC(CH_2)_2COOCH_3$	195～196	—	轻飘的酒香，水果味，酒味及辣味
癸酸乙酯	$CH_3(CH_2)_8COOC_2H_5$	244	1.10	似玫瑰香，脂肪酸臭，带甜，置后浑浊

续表

种类	分子式	沸点/℃	味阈值/(mg/kg)	风味特征
丁二酸二乙酯	$C_2H_5OOC(CH_2)_2COOC_2H_5$	216	—	微弱的、令人愉快的香气
月桂酸乙酯	$CH_3(CH_2)_{10}COOC_2H_5$	269	0.64	月桂油香气,肥皂风味,油珠状,置后浑浊
棕榈酸乙酯	$CH_3(CH_2)_{14}COOC_2H_5$	185.5 (1333Pa)	>14	油臭,脂肪酸臭,带甜味
乙酸丙酯	$CH_3COO(CH_2)_2CH_3$	101.6	—	梨-草莓香气,稀时有犁样苦甜风味
丁酸丙酯	$CH_3(CH_2)_2COOC_3H_7$	142~143	—	似菠萝及杏仁香气,甜的香蕉、菠萝风味
丁酸丁酯	$CH_3(CH_2)_2COOC_4H_9$	162~165	—	梨-菠萝的水果香气
肉豆蔻酸乙酯	$CH_3(CH_2)_{12}COOC_2H_5$			似芹菜或黄油味
异戊酸乙酯	$(CH_3)_2CHCH_2COOC_2H_5$	293	—	苹果样香气及甜味
油酸乙酯	$C_{17}H_{33}COOC_2H_5$	134	0.87	油臭,脂肪酸臭
亚油酸乙酯	$C_{17}H_{31}COOC_2H_5$	205	4.0	脂肪酸味,植物油味,腐败味

　　浓香型白酒中主要酯类为己酸乙酯、乳酸乙酯、乙酸乙酯,三者之和可占白酒总酯含量的85%以上,故称为三大酯。三大酯含量的变化,对白酒风味有决定性的影响。另外,还有一种呈香成分是丁酸乙酯,是酒中老窖香气组成成分之一,但含量不能多,否则会带来脂肪臭味。

　　2. 酯与酒质的关系

　　各种酯的含量多少和比例关系是构成各种名酒的风格和香型的主要因素。各种香型白酒中总酯含量差别较大,浓香型最高达600mg/100mL,其次递减为清香型、酱香型、其他香型,最低为米香型,约120mg/100mL。名优曲酒中主要酯含量如表8-4所示。

表8-4　名优曲酒中主要酯含量

种类	茅台酒/(mg/100mL)	泸州老窖/(mg/100mL)	五粮液/(mg/100mL)	全兴大曲/(mg/100mL)	汾酒/(mg/100mL)	西凤酒/(mg/100mL)	董酒/(mg/100mL)	洋河大曲/(mg/100mL)	古井贡酒/(mg/100mL)	剑南春酒/(mg/100mL)	一般白酒/(mg/100mL)	三花酒/(mg/100mL)
甲酸乙酯	21.2	11.1	8.5	—	5.8	2.0	1.5	—	—	—	—	—
乙酸乙酯	147	170.6	113.0	91.0	305.9	122.0	26.0	124	118.0	342	132.7	20.9
丁酸乙酯	26.1	13.8	27.5	18.3	—	3.9	15.2	31	16.2	13.9	7.5	
戊酸乙酯	5.3	5.4	6.0	7.2	—	—	3.9	35	3.7			

种类	茅台酒 /(mg/ 100mL)	泸州老窖 /(mg/ 100mL)	五粮液 /(mg/ 100mL)	全兴大曲 /(mg/ 100mL)	汾酒 /(mg/ 100mL)	西凤酒 /(mg/ 100mL)	董酒 /(mg/ 100mL)	洋河大曲 /(mg/ 100mL)	古井贡酒 /(mg/ 100mL)	剑南春酒 /(mg/ 100mL)	一般白酒 /(mg/ 100mL)	三花酒 /(mg/ 100mL)
乙酸异 戊酯	2.5	4.7	3.1	—	—	—	—	—	0.4	—	—	—
己酸 乙酯	42.4	254.0	221.4	215.8	2.2	23.0	171.5	235	180.5	134	38.2	—
庚酸 乙酯	0.5	4.2	—	—	—	—	—	—	—	—	—	—
辛酸 乙酯	1.2	2.1	4.4	8.3	—	0.5	—	—	—	—	—	—
乳酸 乙酯	137.8	165	161	98.8	261.6	42.6	96.1	180	235.2	181	359.6	99.5
丙酸 乙酯	—	—	—	—	—	—	—	—	—	—	39.6	—
合计	384	630.9	544.9	439.4	575.5	194	314.2	605	554	670.9	577.6	120.4

从色谱分析的数据可以看出，在白酒香味成分中，含量较高的有乙酸乙酯、乳酸乙酯、己酸乙酯、丁酸乙酯等，另外还有含量虽少，但香味较好的乙酸异戊酯、戊酸乙酯等。

酯类在酒中含量，因种类、香型不同而有显著差异。名优白酒含酯量比较高，为200～600mg/100mL，一般大曲酒为200～300mg/100mL，普通白酒为100mg/100mL左右，液态法白酒为30～40mg/100mL。

从几种主要酯在不同香型白酒中的量比关系一般如下。

己酸乙酯是浓香型白酒的主体香气成分，其含量在浓香型白酒中一般为200mg/100mL以上，居各微量成分之首，占该香型酒总酯含量的40%左右，随着己酸乙酯含量的逐渐下降，浓香型酒的质量逐渐变差。己酸乙酯含量特别高的酒（例如：双轮底酒，窖底香酒）可作调味酒，具有浓郁、爽口、回甜、味长等典型特点。其他香型的董酒己酸乙酯的含量百分比虽为54.58%，但其绝对数不如浓香型的高，只有171.5mg/100mL，酱香型的己酸乙酯含量较低，占总酯的11%，清香型的更少，低到1%以下，例如汾酒只有0.38%，若己酸乙酯含量＞1%，清香型酒便有破格之势。米香型己酸乙酯基本上不含有。从以上分析可以看出己酸乙酯的含量在各香型曲酒中差异悬殊，它的多少对香型的区分及风格的差异起着重要的作用。

乙酸乙酯在清香型酒中含量最高，达305.9mg/100mL，占汾酒总酯的53.15%，是清香型酒的特征，以它为主体构成该酒的香型和风格。其次是酱香型、浓香型，这些酒含乙酸乙酯在100～170mg/100mL，占各自总酯的20.38%，米香型含乙酸乙酯较低，只有20mg/100mL，占总酯的17%，最低为其他香型的董酒，乙酸乙酯为26mg/100mL，占总酯的8%。乙酸乙酯在一般白酒中的含量为50mg/100mL，液态法白酒只含有 30mg/100mL 左右。

乳酸乙酯在五大香型白酒中的地位，较为复杂，主要有三大特点：

（1）五种香型含乳酸乙酯的量相差不悬殊，区间值一般不会超过 2 倍。以清香型的汾酒含量为最高，达 261.6mg/100mL，其他香型则多在 100～200mg/100mL，只有凤香型的西凤酒含乳酸乙酯较低，但占该酒总酯的百分比也在 22%，与其他香型也差不多。

（2）在浓香型酒中，乳酸乙酯必须小于己酸乙酯，否则会影响风格，这是造成浓香型酒不能爽口回甜的主要原因；在酱香型酒中，乳酸乙酯必须大于己酸乙酯，却小于乙酸乙酯；在清香型酒中，乳酸乙酯虽然远远地大于己酸乙酯，但也小于乙酸乙酯，其间的差距较大者为好；米香型的三花酒，乳酸乙酯含量与一般香型差不多，约 100mg/100mL，但此酒含酯品种甚少，乳酸乙酯竟占总酯百分比 82.64%，这是米香型酒突出之处；董香型的董酒，乳酸乙酯小于己酸乙酯，而大于乙酸乙酯，这是与其他香型不同之处。

（3）乳酸乙酯在白酒中含量较多，是白酒中重要的呈香成分。由于它的不挥发性并具有羟基和羧基，能和多种成分发生亲合作用。它与己酸乙酯共同形成老白干酒的典型风味，与乙酸乙酯组合形成清香型酒的特殊香味。同时乳酸乙酯和乙酸乙酯含量的多少，被认为是区别优质酒与普通白酒的重要特征。

乳酸乙酯的含量，在优质白酒中为 100～200mg/100mL，一般白酒为 50mg/100mL 左右，液态法白酒只有 20mg/100mL。乳酸乙酯对保持酒体的完整性作用很大，过少，则酒体不完整；过多，会造成主体香不突出。

丁酸乙酯在酒中的含量，比上述三种酯都少，在浓香型、酱香型、其他香型中含量在 13～27mg/100mL，清香型的汾酒、米香型的三花酒，基本上未检出有丁酸乙酯。丁酸乙酯的特殊功能，对形成浓香型酒的风味具有重要作用，它的含量为己酸乙酯的 1/15～1/10，在这个范围内常使酒香浓郁，酒体丰满。若丁酸乙酯过小，香味喷不起来，过大则发生臭味。

以浓香型酒的四种主要酯的量比关系而论，应该是己酸乙酯＞乳酸乙酯＞乙酸乙酯＞丁酸乙酯，这样的酒质较好。若乳酸乙酯占主要地位，则酒呈苦涩味。

戊酸乙酯在酒中含量甚少，在浓香型、酱香型、兼香型中存在，含量在 3.5～6mg/100mL 之间，在清香型的汾酒、米香型的三花酒中还未检出；乙酸异戊酯，只有浓香型、酱香型酒含有，为 2.5～4.7mg/100mL。在感官品评时，它们具有幽雅的香气，对浓香型酒的"窖香浓郁"有着微妙的作用。庚酸乙酯、辛酸乙酯等酯类只在某些香型酒中存在，它们可以己酸乙酯、乳酸乙酯、乙酸乙酯为骨架形成的酒体的基础上，起衬托补充作用，使酒体更加丰满细腻，风格突出。

3. 酒中酯类的来源

酯类一般是在发酵后期生成的，由酸和醇作用生成，也有由微生物（如生香酵母）作用而形成的。酒在贮存老熟过程中，通过缓慢的酯化作用，也可以形成一部分酯类。

8.1.3　醇类

在化学上，凡是有羟基（—OH）的都叫醇。这里探讨的是酒中除乙醇以外的一部分醇类对酒质的影响。醇的分类方法较多，按照醇分子中所含羟基的数目可分为一元醇、二元醇、三元醇等。二元或三元以上的醇统称为多元醇。根据分子中所含羟基的饱和与不饱和又可分为饱和醇与不饱和醇两类。

白酒中的微量成分以饱和一元醇为最多。一些相对分子质量比乙醇大的，即碳链中碳原子数＞2的带有羟基的醇类，称为高级醇，又称杂醇油。

1. 呈香显味作用

醇类在白酒中有着重要的地位，它们是酒中醇甜和助香的主要物质，也是形成香味物质的前驱体。

白酒中的醇类，除以乙醇为主外，还有甲醇、丙醇、仲丁醇、异丁醇、正丁醇、异戊醇、正戊醇、己醇、庚醇、辛醇、丙三醇、2,3-丁二醇等。通常讲的高级醇主要为异戊醇、异丁醇、正丁醇、正丙醇，其次是仲丁醇和正戊醇。

白酒中含有少量的高级醇可赋予酒特殊的香味，并起衬托酯香的作用，使香气更完满。这些高级醇在白酒中既是芳香成分，又是呈味物质，大多数似酒精气味，持续时间长，有后劲，对白酒风味有一定作用。

高级醇在口味上弊多利少，味道并不好，除了异戊醇微甜外，其余的醇都有苦味，有的苦味重而且长。因此它们的含量，必须控制在一定范围内，含量过少会失去传统的白酒风格；过多则会导致辛辣苦涩，给酒带来不良影响，容易上头，容易醉。高级醇含量高的酒，常常带来使人难以忍受的苦涩怪味，即所谓"杂醇油味"。

适量的高级醇是白酒中不可缺少的香气和口味成分。如果酒基处理的十分干净，即根本没有或十分缺少高级醇，白酒的味道将十分淡薄。如果在稀释的酒精中加入0.03％的高级醇，白酒便产生一定的香味，因此它们又是一种在构成白酒的香味成分和风格上起着重要作用的物质。关键是它们的含量必须适当，不能太多。同时，高级醇与酸、酯的比例，以及高级醇中各品种之间的比例，对于白酒风味也有重要影响。如果醇、酯比例高，则高级醇的杂醇油味就显得讨厌；而醇、酯比例适中，即使高级醇含量稍高一些，也仍然可以让人接受。根据经验，白酒中的醇酯比例应＜1；醇：酯：酸＝1.5：2：1，这样的比例较为适宜。如果高级醇高于酯，则会出现液态法白酒那种较浓的杂醇油的苦涩味道。反之，高级醇低于酯，则酒的味道就趋于缓和，苦涩味减少。

高级醇中品种之间的量比关系，主要的是异戊醇与异丁醇之比，一般来说比值大（即异丁醇含量少）的酒质好些，多数名酒中两者的比值在2～5之间。液态法白酒与固态法白酒之间的重要差异，就在于异戊醇与异丁醇的比值小。如一般液态法白酒含异戊醇常为130mg/100mL，异丁醇常为60mg/100mL，其比仅为2：1，而且两者含量特别多，约高于名优白酒3倍，因而导致液态法白酒质量低下，故一般酒中的异戊醇与异丁醇的比值应为2～5为宜。

酒中除了上述的高级醇外，还有多元醇。多元醇甜而稍带苦味，在酒中很稳定，使酒入口甜，落口绵。如丙三醇（甘油）具有甜味，使酒带有自然感，适量添加，使酒有柔和、浓厚之感。丁四醇（赤藓醇）甜度大于蔗糖2倍；戊五醇（阿拉伯糖醇）也是甜味物质；己六醇（甘露醇）有很强的甜味，可以使酒具有水果的甜味；还有2,3-丁二醇、环己醇均是白酒甜味物质。这些多元醇均为黏稠液体，都能给白酒带来丰满的醇厚感。

醇类中的 β-苯乙醇，是构成白酒风格香味的必要成分，给酒带来类似玫瑰的香味，持久性强，但过量时可带来苦涩味。

在勾兑调味中，可根据基础酒质情况，常常添加少量的丙三醇、2,3-丁二醇，也可用异戊醇、异丁醇、正丁醇和己醇等来改善酒质和增加自然感。

醇类的性质和风味特征见表 8-5。

表 8-5　醇类的性质和风味特征

种类	分子式	沸点/℃	味阈值/(mg/kg)	风味特征
甲醇	CH_3OH	64.7	100	有温和的酒精气味，有烧灼感
异丙醇	$(CH_3)_2CHOH$	82.3～82.4	1500	略有讨厌的酒精气味，味辣
正丙醇	CH_3CH_2CHOH	97.2	＞720	似醚臭味，带麻味
正丁醇	$CH_3(CH_2)_3OH$	117～118	＞5	微刺激臭，微苦涩，刺激感
异丁醇	$(CH_3)_2CHCH_2OH$	108.4	75	微弱戊醇味，苦味
叔丁醇	$(CH_3)_3COH$	82.8		似酒精气味，有糙辣感
异戊醇	$(CH_3)_2CH(CH_2)_2OH$	132	6.5	杂醇油气味，刺舌，稍涩，香蕉味
正戊醇	$CH_3(CH_2)_4OH$	138.06	10	略有奶油味，灼烧味，略小于酒精气味
旋性异戊醇	$CH_3CH_2CH(CH_3)CH_2OH$	128	32	类似杂醇油、酒精，稍有芳香，味甜
正己醇	$CH_3(CH_2)_5OH$	157.2～158	5.2	强烈芳香，香持久，有浓厚感
庚醇	$CH_3(CH_2)_6OH$	175		淡芳香，脂肪气息，辛辣味
辛醇	$CH_3(CH_2)_7OH$	194 195.2	1.1	新鲜柑橘味，香甜，有油脂感，略带药草味
2,3-丁二醇	$CH_3(CHOH)_2CH_3$	179～182	＜4500	有甜香，可使酒发甜，稍带苦味
壬醇	$CH_3(CH_2)_8OH$	213～215		玫瑰-橙子香味，略有油脂及橙子苦味
癸醇	$CH_3(CH_2)_9OH$	231	0.21	似橙花的花香气，淡的特有的油脂味
β-苯乙醇	$C_6H_5—CH_2CH_2OH$	220～222（98.7kPa）	7.5	玫瑰香气，先微苦后甜的桃子味
月桂醇	$CH_3(CH_2)_{11}OH$	150（2.67kPa）	1.00	脂肪气味，高浓度时令人不快，有花香
肉桂醇	$C_6H_5—CH=CHCH_2OH$	257.5		令人愉快的花香，苦味

2. 醇与酒质的关系

醇类在白酒中的含量，无论从总醇量来看，还是从各种醇类的量来看，不同的酒，其含量差距不大，尚未见其规律性；而这些差别又是造成各种酒不同口味的原因之一。名曲酒中主要醇类含量如表 8-6 所示。

从表 8-6 看，名优曲酒中总醇含量大都在 100～200mg/100mL，其中以董香型的董酒醇含量最高，达 385.1mg/100mL，其次为酱香型茅台酒、米香型的三花酒、凤香型的西凤酒，最低为浓香型和清香型酒，含醇总量都在 100mg/100mL 左右。

表 8-6　名曲酒中主要醇类含量　　　　　单位：mg/100mL

种类	茅台酒	泸州老窖	五粮液	全兴大曲	汾酒	西凤酒	董酒	洋河大曲	古井贡酒	剑南春酒	三花酒
甲醇	21.0	27.0	13.0	16.0	17.4	18.2	—	16.7	16.0	10.3	6.5
正丙醇	22.0	15.5	11.5	28.5	9.5	18.3	140	22	25.8	7.7	19.7
仲丁醇	4.5	2.8	2.4	6.6	3.3	2.2	130	8	7.8	9.5	—
异丁醇	17.2	12	10.6	14	11.6	22.5	—	14	23.7	13.2	46.2
正丁醇	9.5	8.8	5.2	15.2	1.1	9.5	—	13	19.9	23	0.8
异戊醇	49.4	34.6	39.6	35.5	54.6	60.1	90	71	33.9	24.5	96
正戊醇	0.3	1.5	—	—	—	—	—	—	—	—	—
己醇	2.7	0.9	4.0	1.5	—	1.6	—	8	3.7	—	—
庚醇	10.1	—	—	—	—	—	—	—	—	—	—
辛醇	5.6	—	—	—	—	—	—	—	—	—	—
丙三醇	＋＋	＋	＋＋	＋＋	16.7	—	—	—	—	—	—
2,3-丁二醇	56.5	15.7	18.3	23.0	—	17.8	25.1	—	—	—	—
合计	198.8	118.8	106.6	140.3	114.2	150.2	385.1	152.7	130.8	88.2	169.2

注：＋＋或＋表示痕迹或极个数量。

从醇类各品种在白酒中的量比关系来分析：异戊醇是醇类在酒中含量最多的醇，名优曲酒一般含 35～90mg/100mL，占各自总醇量的 25％～56％，其中米香型的三花酒含异戊醇最高，达 96mg/100mL，占总醇量的 56.74％。其顺序往往是米香型＞其他香型＞清香型＞酱香型＞浓香型。异戊醇在白酒中往往超标，所以调味时用白酒作基础酒时不必加异戊醇；对于酒精脱臭的酒，在不超标的情况下，添加适量的异戊醇也是允许的，但要注意与异丁醇的比例关系。

异丁醇在曲酒中含量不多，名优曲酒一般含 10～46mg/100mL，占各自总醇量的 9％～27％，其中以三花酒含异丁醇最高，达 46 mg/100mL，占总醇量的 27.3％，其他各香型酒的含量都相差不多。异丁醇的作用在于与异戊醇协调，保持恰当的比值。如三花酒含异戊醇、异丁醇都比较高，但它们之间量比关系协调，仍有令人愉快的感觉。

一般情况下，蒸馏酒中异戊醇与异丁醇的比值基本保持在 2.5～3.5，同一香型不同质量的酒中此比值如此，甚至不同香型的酒中，此比值也大体如此，这说明引起酒质变化的原因不是异戊醇与异丁醇的比值，而是它们的绝对含量，即好酒中异戊醇与异丁醇含量较低，而质量差的酒中，两种醇的含量都较高。

正丙醇在曲酒中的含量不多，各酒含量差距也小，名优曲酒中一般含 10～28mg/100mL，占各自总醇量的 8％～12％。正丙醇的香味界限值较大（2mg/100mL），所以它对酒的香味影响不大，调味或配制酒中是不应添加此成分的。

3. 醇类在酒中的来源

白酒在发酵过程中微生物作用于糖、果胶质、氨基酸等可生成一定量的醇，酸也可以还原为相应的醇。

8.1.4　醛酮类

在这里我们所要探讨的主要是酒中的醛,其次是少数与醛具有共同的结构特征、都含有羰基、性质上有许多相似的酮。醛的通式为 R—COH,酮的通式为 R—CO—R′。醛和酮按所含烃基的饱和或不饱和,分为饱和醛及酮或不饱和醛及酮。饱和醛及酮具有相同分子式 $C_nH_{2n}O$。

1. 呈香显味作用

白酒中的羰基化合物种类较多,各具有不同的香气和口味,对形成酒的主体香味有一定的作用。

甲醛:在常温时是气体,具有难闻的气味,剧毒,是一种消毒剂,易溶于水,酒中含量甚微。

乙醛:是极易挥发的无色液体,能溶于水、乙醇及乙醚中。由发酵制得的酒精溶液中含有少量乙醛,这是由乙醇氧化而来的。具有刺激气味,似果香,带甜、带涩、冲辣,酒中的燥辣味与乙醛含量成正比,因其沸点低,易挥发,有助于白酒的放香,少量的乙醛是白酒有益的香气成分。乙醛富有亲合性,可以和乙醇缩合,贮存时间越长,乙醛和乙醇缩合的量就越多,形成乙缩醛的量是乙醛的 2.7 倍,乙醛的刺激性就大大减少。

乙缩醛:是由 2 分子乙醇和 1 分子乙醛缩合而成,它本身具有愉快的清香味,似果香,味带甜,是白酒老熟的重要指标,为名优曲酒含醛量最高的品种,有的高达 100mg/100mL 以上,是曲酒主要香味成分之一。

酒中醛类品种中含量甚微而香味较好的,还有异戊醛、糠醛等。茅台酒中就含有较高的糠醛。但糠醛含量过高时,呈现极重的焦苦味,而使人反感,对人体也有害。有的厂家在进行液态法白酒调香时,还添加极微量的糠醛,对解决液态法白酒的酒精味能起较大作用,但含量不得超过国家颁布的“食品卫生标准”。

有时在白酒生产中出现不正常现象时,常会产生丙烯醛,丙烯醛不但辣得刺眼,并有持续性的苦味,为辣味之王,对人体危害极大。

酒中的醛类含量应适当,才能对酒的口味有好处。如果过量,则使白酒有强烈的刺激味和辛辣味,饮用这种酒后会引起头晕;经常饮用含游离状态乙醛的酒,饮后嗓子发干,并能养成“酒瘾”。醛类是酒中辛辣味的主要来源,只要有微量的乙醛,它便与乙醇及酒中的挥发酸,形成不良气味,使酒有辣味。酒作为一种有刺激性的嗜好品,适当的辣使酒有劲头,是必要的,但过分辣就有伤酒的风味,对人的健康不利,因此酒中羰基化合物含量不宜过高。白酒中主要羰基化合物的性质及风味特征如表 8-7 所示。

表 8-7　白酒中主要羰基化合物的性质及风味特征

种类	分子式	沸点/℃	味阈值 /(mg/kg)	风味特征
甲醛	HCHO	−21	—	刺激性气味较强,有催化作用
乙醛	CH_3CHO	20.8	1.2	微有绿叶味,略带水果味,味甜带涩

续表

种类	分子式	沸点/℃	味阈值/(mg/kg)	风味特征
糠醛	C_4H_3OCHO	162	5.8	似杏仁，有香蕉气味，带苦涩感
丙烯醛	$CH_2=CHCHO$	52	15	油脂烧焦时产生的臭味，强的刺激气味，辣味之王
丙醛	CH_3CH_2CHO	47.5～49	2	青草味，有窒息感
异丁醛	$(CH_3)_2CHCHO$	63.5 (33.9kPa)	1.3	香蕉味，甜瓜味，量多时有刺激性气味
正丁醛	$CH_3(CH_2)_2CHO$	75～76	0.028	甜瓜味，绿叶味
异戊醛	$(CH_3)_2CHCH_2CHO$	92	0.12	苹果香，苦麻味，似酱油味
戊醛	$CH_3(CH_2)_3CHO$	103.4	0.11	香蕉味，青草味，量高时有刺激臭
正己醛	$CH_3(CH_2)_4CHO$	128～128.2	—	似异戊醛气味，有葡萄酒味，微苦
乙缩醛	$CH_3CH(OC_2H_5)_2$	102.7	—	有羊乳干酪味，柔和爽口，味甜带涩
双乙酰	$CH_3COCOCH_3$	87～88	0.02	喜人的白酒香气，在啤酒中呈馊味
醋醛	$CH_3COCHOCH_3$	148	—	近似细菌臭，霉味，木味，特殊气味
丙酮	CH_3COCH_3	56.2	—	有特殊臭及辛辣味
2-己酮	$CH_3CO(CH_2)_3CH_3$	126	—	酮味，羊乳干酪味

2. 各种羰基化合物含量与酒质的关系

醛类在曲酒中是重要的，许多醛具有特殊的香味。由于醛类富有亲和性，易和水结合生成水合物，和醇产生缩醛，形成柔和的香味。它还能引起发酵过程及贮存过程中酒的各种化学反应，很多有益的化合物的生成需要醛的参与。总之，醛类在酒中是非常活跃的，它起着促媒和助香的作用。但是酒中醛的含量过多会给酒带来辛辣味。由于醛和酮的沸点较相应的醇的沸点低，所以容易挥发掉。

各名优曲酒中含羰基化合物总量差距悬殊，以酱香型的茅台酒含量最高，达431.1mg/100mL，其次为浓香型酒含醛总量为200mg/100mL左右，清香型的汾酒为161.2mg/100mL，其他香型酒为140～150mg/100mL，含醛总量最低者为米香型的三花酒只有3.8mg/100mL。这些差距悬殊的量，是形成白酒香型和风格的重要因素之一。名优曲酒中羰基化合物含量如表8-8所示。

表8-8　名优曲酒中主要醛和酮含量

种类	茅台酒/(mg/100mL)	泸州老窖/(mg/100mL)	五粮液/(mg/100mL)	全兴大曲/(mg/100mL)	汾酒/(mg/100mL)	西凤酒/(mg/100mL)	董酒/(mg/100mL)	洋河大曲/(mg/100mL)	古井贡酒/(mg/100mL)	剑南春酒/(mg/100mL)	三花酒/(mg/100mL)
甲醛	—	0.1	—	0.1	0.1	0.1	—	—	—		0.1
乙醛	55.0	44.0	26.0	24.5	14.0	19.6	27.5	26	22.8	47.5	3.5
乙缩醛	121.4	122.1	86.4	88.2	51.4	80.0	37.4	62.1	86.0	51.7	
正丙醛	1.9	0.2	3.6	1.4	2.8	1.7		3.2	1.1		
丙酮	—		0.2	0.3	0.2	0.6					
异丁醛	1.1	3.4	2.1	1.9	0.3	0.4	—	0.4	0.5		
正丁醛	0.4										0.1

续表

种类	茅台酒/(mg/100mL)	泸州老窖/(mg/100mL)	五粮液/(mg/100mL)	全兴大曲/(mg/100mL)	汾酒/(mg/100mL)	西凤酒/(mg/100mL)	董酒/(mg/100mL)	洋河大曲/(mg/100mL)	古井贡酒/(mg/100mL)	剑南春酒/(mg/100mL)	三花酒/(mg/100mL)
丁二酮	2.5	0.1	3.2	1.7	0.8	0.4	—	0.7	0.5	—	—
异戊醛	9.8	3.8	9.8	0.5	1.5	1.2	—	2.1	2.2	—	—
2-己酮	1.6	0.1	—	—	—	—	—	—	—	—	—
糠醛	29.4	1.9	3.5	0.5	0.4	0.4	10.0	6.7	0.2	—	0.1
双乙酰	33.0	22.5	65.0	28.5	18.0	22.0	27.5	—	—	—	—
醋醛	175.0	12.8	51.2	38.4	71.6	24.8	38.4	—	—	—	—
正己醛	—	0.1	0.2	0.3	0.1	0.6	—	—	—	—	—
合计	431.1	211.1	251.2	186.3	161.2	151.8	140.8	101.2	113.3	99.2	3.8

从各种羰基化合物对酒质的影响来分析：

乙缩醛是醛类在一般曲酒中含量最多的一种，除三花酒外，大多数含乙缩醛 50～120mg/100mL，占各自醛酮总量的 28%～57%。其中浓香型的泸州老窖特曲和酱香型的茅台酒含量为最高，分别为 122.1mg/100mL 和 121.4mg/100mL，占各自总量的 57.84% 和 28.16%，其他各香型酒含量多在 50～88mg/100mL，差距较小。而液态法白酒所含乙缩醛的量在 5～30mg/100mL，仅占名优酒的 10%～30%，其是酒质不佳的因素之一。

乙醛是醛类在酒中含量较多的品种之一，除三花酒外，各名优酒含乙醛的量差距不大，多数在 20～55mg/100mL，其中以酱香型的茅台酒为最多，含 55mg/100mL，其次递减为浓香型、其他香型、清香型，米香型的三花酒含量最少，为 3.5mg/100mL，也是米香型酒香与众不同的地方。

糠醛的味道并不美好，但在酱香型茅台酒含量特别高，达 29.4mg/100mL，大约为其他名酒含量的 10 倍，它是构成茅台酒焦香的成分，是茅台酒与其他名酒香味不同的原因之一。

3. 醛类在酒中的来源

酒中的醛类主要由醇的氧化及酸的还原产生，也有因微生物利用糖类代谢生成醛类的。

8.1.5　酚类

酚类是羟基跟苯环直接相连的芳香族环烃的羟基衍生物。

1. 呈香显味作用

酚类化合物在曲酒中含量很少，但呈香作用很大，它在百万分之一，甚至千万分之一的情况下，就能使人感到强烈的香气。在各香型酒中，酱香型酒中酚类化合物含量最高，较为突出，是形成其酱香的主要物质之一。在酚类中目前发现与酒类相关的物质主要有以下几种：

（1）4-乙基愈疮木酚。学名邻-羟基苯乙醚，具有酿造酱油特有的香味，它在千万分之一时，人们就能感到强烈的香味，其含量稀薄时更接近于酿造酱油的香味，这是酱香型酒风格的源泉。

（2）酪醇。学名对羟基苯乙醇，具有愉快的芳香味，也是一种重要的呈味物质，但在酒中含量稍高时，饮之有微苦味。

（3）香草醛。又称香茅醛和香兰素，学名 2-甲氧基-4-羟基苯甲醛。有香草豆的特殊香气，具有世界性嗜好的一种非常愉快的清香味，在酒中还发出芳香的甘味。

（4）阿魏酸。它具有轻微的香味和辛味，可以转变成香草醛、香草酸和 4-乙基愈疮木酚。

（5）香草酸。它的香味不及香草醛，但香味柔和，是很好的助香剂。

（6）丁香酸。是一种呈味物质，其香型与香草酸相似，并较其浓些。

2. 酚类与酒质的关系

从目前已检测出来的名曲酒中酚类化合物的量比关系来看，以酱香型的茅台酒含量最高、较突出，是形成它的特殊香型的主要呈味物质；泸州老窖特曲、五粮液酒以及其他的浓香型名曲酒中也含有一定量的酚类化合物，只是不及茅台酒高；清香型的汾酒除含有 4-乙基愈疮木酚外，其他的几乎没有；董香型的董酒含酚量极微。如果酒中含酚类化合物高，则发生涩味。

3. 酚类在酒中的来源

酒中酚类化合物主要来源于蛋白质（氨基酸），多由麦曲中生成，然后带入酒中，或在麦曲中形成中间产物，再经发酵而成。木质素、单宁等也能生成酚类化合物，它们之间还能互相转化而形成多种芳香族化合物。

8.1.6 α-联酮类

与白酒相关的 α-联酮类化合物主要有双乙酰、3-羟基丁酮和 2,3-丁二醇。在一定范围内，α-联酮类物质在酒中含量越多，酒质越好，对促进优质白酒进口喷香、醇甜、后味绵长起一定的作用。

双乙酰又名丁二酮，纯双乙酰为黄色油状液体，稀溶液具有令人喜爱的香味，类似蜂蜜的香甜，在名优白酒中的含量为 20～110mg/100mL，可增加进口喷香，使酒风味优良。

乙偶姻，学名 3-羟基丁酮，有刺激性，在酒中含量适中有增香和改善味觉的作用，在名优白酒含量为 4～180mg/100mL。

2,3-丁二醇具有甜味，在名优白酒中的含量为 5～60mg/100mL，可使酒后味调和，呈甜带绵。

正在发酵的糖液中，乙醛只要经过简单的缩合就可生成乙偶姻；在发酵和贮存过程中，乙醛和乙酸相作用，经过缩合而形成双乙酰；乙酸经过还原作用，也可以生成2,3-丁二醇。

8.2　酒中微量成分的再分类

第 8.1 节主要从化学成分的分类上讨论了白酒中微量成分的作用。事实上，在白酒这一复杂体系中，各种微量成分所起的作用在程度上各不相同。根据微量成分的某一部分在白酒中的地位和主要作用，还可将其分为色谱骨架成分、谐调成分和复杂成分。

8.2.1　白酒的色谱骨架成分

在白酒成分色谱常规定量分析中，有 20 多种物质在色谱分析报告单上均可找到。以浓香型白酒为例，它们是乙酸乙酯、乳酸乙酯、己酸乙酯、丁酸乙酯、戊酸乙酯、甲酸乙酯、异戊醇、正丁醇、仲丁醇、异丁醇、正丙醇、仲戊醇、正戊醇、正己醇、乙醛、乙缩醛、糠醛、2,3-丁二酮等。如果对酒中的有机酸进行色谱定量分析，它们是乙酸、乳酸、己酸、丁酸、丙酸、戊酸、异戊酸等。

这 20 多种物质虽占总微量成分的种类数很少，但却占去了微量成分含量的 95% 以上。显然这 20 多种物质是白酒中占优势的成分或称主干成分，它们是观察白酒中各种不同含量的成分对酒质影响的主要依据之一，也是勾兑调味、白酒配方设计时必须倚重和十分注意的核心要素之一，总之，是这些成分构成了白酒的骨架，通常每种骨架成分的含量一般都 > 2～3mg/100mL。因此，可以把白酒色谱骨架成分视为色谱分析含量 > 2～3mg/100mL 的成分。

上述列举的是浓香型白酒中的一般骨架成分，对其他香型白酒而言，骨架成分会发生相应变化。例如，米香型三花酒中，β-苯乙醇就是这种香型白酒的色谱骨架成分之一。香型不同、风格不同，其色谱骨架成分的构成情况也不同。实践中可通过色谱分析并结合感官品评来确定白酒中的色谱骨架成分。

研究白酒中色谱骨架成分的意义主要在于找出白酒中发挥主要作用的呈香呈味物质，为白酒的勾兑调味及白酒配方设计等搭建一个基本的成分结构框架。

8.2.2　白酒的谐调成分

白酒中各种成分对香和味的贡献，既有个体单独发挥作用的，也有多种物质综合谐调发挥作用的。其中多种物质综合谐调发挥作用对香和味的贡献更有普遍性。所以从风味的角度考虑，在白酒生产过程中，必须解决好以下四个方面的问题：香的谐调、味的谐调、香和味的谐调、风格（即典型性）的突出。

香和味的谐调主要包括两个方面的内容：一是主导着香型的那些骨架成分的构成是否合理；另一个是在骨架成分的构成符合常理的情况下，是哪些物质起着综合、平衡和协调的作用，这就是所谓"协调成分"的问题。

有研究发现，浓香型白酒中的乙醛、乙缩醛和乙酸、乳酸、己酸、丁酸这六种物质为谐调成分。它们可分为两组，乙醛和乙缩醛的主要作用是对香气有较强的谐调功能；乙酸、乳酸、己酸、丁酸主要表现为对味有极强的谐调功能。但必须强调一个前提：乙醛和乙缩醛之间的比例以及四种酸之间的比例关系必须恰当。

把这六种物质称之为"谐调成分",主要是根据它们在酒中的地位和作用来进行划分的。尽管这几种物质在酒中的含量一般都>2~3mg/100mL,应该属于色谱骨架成分,但它们还起到骨架成分无法起到的特殊的"谐调作用",因此把它们从色谱骨架成分中独立出来也是恰当的。必须注意的是,对上述浓香型白酒中的这六种色谱骨架成分必须作为一个整体看待才能显现它们的"谐调作用"。

白酒中各物质的谐调作用是十分复杂的,尚有许多关系有待进一步的研究和发现。

8.2.3　白酒的复杂成分

白酒中除去色谱骨架成分外的其他微量成分均可称为复杂成分,每种复杂成分在白酒中的含量一般在2~3mg/100mL以下。有研究表明,白酒中的复杂成分对白酒的典型性有很大影响。我国的白酒香型多,品种复杂,风格差异大。从色谱分析数据来看,不同香型的白酒,色谱骨架成分的种类大体上时差不多的,但不同白酒的色谱骨架成分的相互组成结构和各自含量是不同的,复杂成分的各自含量也是不同的,其中复杂成分的组成情况对白酒的风格和典型性有着重要影响。

以浓香型曲酒为例,我国浓香型白酒的主体香味物质是己酸乙酯,国家标准中规定以己酸乙酯含量的多少来划分产品等级。通过对全国有代表性的浓香型曲酒的色谱骨架成分的分析数据进行统计,可以发现,它们的色谱骨架成分的组成情况基本相同,各种色谱骨架成分的含量在一个不大的范围内变动,但浓香型曲酒的流派却是异彩纷呈。苏、鲁、豫、皖的名优酒与川酒虽同属浓香型,但风格和典型性却大不相同。这可能与"五粮酿造"或是"单粮酿造"的原料不同以及工艺不同等因素有关,从而造成了酒中复杂成分组成不同,形成了不同的风格和典型性。把其他同一香型的国家名酒的色谱骨架成分进行比较,也可以找到色谱骨架成分基本相同但风格和典型性明显不同的酒。这就说明,复杂成分的组成情况对白酒的风格和典型性的形成确实起着明显不同的重要原因。

8.3　各种香型白酒的香味成分特点

自1992年西凤酒被独立成型,确定为凤香型酒以来,我国的白酒就形成了酱香型、浓香型、清香型、米香型、凤香型五大香型以及兼香型、豉香型、特香型、芝麻香型、董香型、老白干香型、馥郁香型等香型的分类格局。

1. 酱香型白酒

酱香型白酒又称茅香型白酒,它是我国独特的酒种,也是世界上珍奇的蒸馏酒。其代表产品是贵州的茅台酒。

酱香型白酒中酯类化合物成分种类很多,从低沸点的甲酸乙酯到中沸点的辛酸乙酯,直到高沸点的油酸乙酯、亚油酸乙酯都存在。总酯含量比浓香型白酒低,含量最高的是乙酸乙酯和乳酸乙酯,己酸乙酯低于浓香型白酒,一般在30~50mg/100mL。己酸乙酯在众多种类的酯类化合物中并没有突出它自身的气味特征。同时与其他成分香气相比较,酯类化合物在酱香型白酒香气中的表现也不十分突出。

酱香型白酒中有机酸类化合物总量很高，明显高于浓香型白酒和清香型白酒。在有机酸成分中，乙酸含量最高，乳酸含量也较高，它们各自的绝对含量是各类香型白酒相应成分含量之冠。同时，有机酸的种类也很多，除主要的乙酸、乳酸外，己酸、丁酸也不少，异丁酸、异戊酸以及含碳原子较多的庚酸、辛酸、壬酸也有一定量，不饱和的油酸、亚油酸含量也较高。在品尝酱香型白酒的口味时，能明显地感觉到酸味，这与它的总酸含量高，乙酸与乳酸的绝对含量高有直接的关系。

酱香型白酒中醇类化合物含量高。高级醇比浓香型白酒高 1 倍以上。正丙醇与仲丁醇含量高于一般大曲酒，沸点较高的庚醇、辛醇也比其他香型白酒高。尤以正丙醇含量最高，这对于酱香型白酒的爽口有很大关系。同时，醇类含量高还可以起到对其他香气成分"助香"和"提扬"的挥发作用。

酱香型白酒中的羰基化合物中醛酮含量大，醛酮类化合物总量是各类香型白酒相应成分含量之首。乙醛、乙缩醛，特别是糠醛含量极为突出，与其他各类香型白酒含量相比是最多的。还有异戊醛、丁二酮和醋酚也是含量最多的。这些化合物的气味特征中多少有一些焦香与糊香的特征，这也许是酱香型白酒酱香的重要原因。

酱香型白酒中其他类化合物检出有芳香族化合物苯甲醛、4-乙基愈创木酚、酪醇等，苯甲醛含量高于其他香型白酒。吡嗪类化合物如吡嗪、三甲基吡嗪、四甲基吡嗪等，以四甲基吡嗪为主，高于其他香型白酒。这些香味成分应与酱香的气味有关。

酱香型白酒富含高沸点化合物，是各香型白酒相应成分之冠。这些高沸点化合物包括高沸点的有机酸、有机醇、有机酯、芳香酸和氨基酸等。高沸点化合物的存在，明显地改变了香气的挥发速度和口味的刺激程度。品尝酱香型白酒，我们能感觉到的是柔和的酸细腻感和醇甜感，这与高沸点化合物对口味的调节作用有很大关系。特别是它的空杯留香，与高沸点化合物的存在有直接关系。酱香型白酒富含高沸点化合物这一特点，是决定其某些风味特征的一个很重要的因素。

2. 浓香型白酒

浓香型白酒又称泸香型白酒，它是我国白酒中产量最大，品种最多，覆盖面最广的一类白酒。其代表产品是四川的泸州老窖特曲酒和五粮液等。

浓香型白酒的香味成分，以酯类成分占绝对优势，无论在数量上还是在含量上都居首位，它是这类香型成分的主体，大约占总香味成分含量的 60%。其中己酸乙酯的含量又是各微量成分之冠，是除乙醇和水之外含量最高的成分。它不仅绝对含量高，而且阈值较低，在味觉上还带甜味、爽口。因此，己酸乙酯的高含量、低阈值，决定了这类香型白酒的主要风味特征。在一定的比例浓度下，己酸乙酯含量的高低，标志着这类香型白酒品质的好坏。除己酸乙酯外，浓香型白酒酯类成分中含量较高的还有乳酸乙酯、乙酸乙酯、丁酸乙酯和戊酸乙酯，它们的浓度在 10~200mg/100mL 数量级。其中，己酸乙酯与乳酸乙酯浓度的比例在 1 : (0.6~0.8)，己酸乙酯与乙酸乙酯的比例在 1 : (0.5~0.6)（有些酒乙酸乙酯也可以略高于乳酸乙酯），己酸乙酯与丁酸乙酯的比例在 1 : 0.1 左右。其他含量较低的酯还有棕榈酸乙酯、油酸乙酯、亚油酸乙酯、庚酸乙酯、辛酸乙酯、甲酸乙酯、丙酸乙酯，等等。值得注意的是，浓香型白酒的香气是以酯类香气为主的，尤其突出己酸乙酯的气味特征。因此，酒体中己酸乙酯与其他酯类的比例关系将会影响到这类香型白酒的典型香气风格，特别是与乳酸乙酯、乙酸乙酯和丁酸乙酯的比例。

有机酸类化合物是浓香型白酒中重要的呈味物质，它们的绝对含量仅次于酯类含量，为香味成分总量的 14%～16%，总酯含量的 1/4，其浓度在 140～160mg/100mL 数量级。主要有乙酸、己酸、乳酸、丁酸以及丙酸、戊酸、异戊酸、异丁酸、棕榈酸、油酸、亚油酸，等等。其中乙酸、己酸、乳酸、丁酸的含量最高，其总和占总酸的 90% 以上。己酸与乙酸的比例一般在 1：(1.1～1.5)，己酸与乳酸的比例在 1：(1～0.5) 之间，己酸与丁酸的比例在 1：(0.2～0.5) 之间，浓度大小的顺序一般为乙酸＞己酸＞乳酸＞丁酸。总酸含量的高低对浓香型白酒的口味有很大的影响，它与酯含量的比例也会影响酒体的风味特性。若总酸含量低，酒体口味淡薄，总酯含量也相应不能太高，否则酒体显得"头重脚轻"；总酸含量太高也会使酒体口味变得刺激，粗糙、不柔和、不圆润。另外酒体口味持久时间的长短，很大程度上取决于有机酸，尤其是一些高沸点有机酸。

醇类化合物是浓香型白酒中又一重要呈味物质，它的总含量仅次于有机酸含量，占第三位，约为香味成分总量的 10%～12%。醇类突出的特点是沸点低、易挥发、口味刺激，有些醇带苦味。醇类的含量应与酯含量有一个恰当的比例，一般在 1：5 左右。在醇类化合物中，各成分的含量差别较大，以异戊醇含量最高，各醇类成分的浓度顺序一般为：异戊醇＞正丙醇＞异丁醇＞仲丁醇＞正己醇＞正戊醇。其中异戊醇与异丁醇对酒体口味影响较大，两者比例大约在 3：1。多元醇在浓香型白酒中含量较少，它们大多刺激性较小，较难挥发，并带有甜味，对酒体可以起到调节口味刺激性的作用，使酒体口味变得浓厚而醇甜。

羰基化合物在浓香型白酒中的含量不多，就单一成分而言，乙醛和乙缩醛的含量最多，一般在 10mg/100mL 以上，其次是双乙酰、醋酻、异戊醛等，其浓度大约在 4～9mg/100mL 左右。羰基化合物多数具有特殊气味。乙醛与乙缩醛在酒体中处于同一化学平衡，其比例一般在 (0.5～0.8)：1 之间，双乙酰和醋酻带有特殊气味，较易挥发，它们与酯类香气作用，使香气平衡、协调、丰满，并能促进酯类香气的挥发，在一定范围内，它们的含量稍多能提高浓香型白酒的香气品质。

其他类化合物成分在浓香型白酒中也有检出，如吡嗪类、呋喃类、酚类、含硫化合物等，这些化合物在浓香型白酒中含量甚微。浓香型白酒香气中的糟香、窖香乃至最高境界的陈味与哪一类或哪几类化合物相关联仍是一个谜，这有待于今后的进一步研究。

　3. 清香型白酒

清香型白酒又称汾香型白酒，其香味成分总含量远低于浓香型白酒。其代表产品是山西的汾酒。

酯类化合物仍然是清香型白酒中占绝对优势的一类成分。清香型白酒的总酯含量与总酸含量的比值，超过了浓香型白酒相应的比值，这是清香型白酒香味成分的一个特征，它们的比值大约在 5.5：1。在酯类化合物中，主要是乙酸乙酯和乳酸乙酯，它们含量的总和占总酯含量的 90% 以上，其中乙酸乙酯含量最高，乳酸乙酯次之，这是清香型白酒香味成分的另一个特征。乙酸乙酯和乳酸乙酯的绝对含量以及它们的量比关系对清香型白酒的风格特征有很大的影响。乙酸乙酯易挥发，气味特征明显，它在酒中含量高，阈值低，该香型白酒突出了乙酸乙酯的气味特征。而乳酸乙酯沸点较高，如果其含量过高或超过了乙酸乙酯的含量，使得乙酸乙酯的挥发性降低，酒体中乙酸乙酯气味突出的特征将会受到抑制。所以，在清香型白酒中，乙酸乙酯与乳酸乙酯应有一个恰当的浓度比例。一般乙酸乙酯与乳酸乙酯的浓度比例为 $1:(0.6\sim0.8)$。

清香型白酒中有机酸类化合物主要是以乙酸和乳酸含量最高，它们含量的总和占总酸含量的 90％以上，其余的有机酸类化合物含量较少，其中丙酸与庚酸相对稍多一些。乙酸与乳酸是清香型白酒酸含量的主体，它们各自的浓度范围在 20mg/100mL 数量级以上，乙酸与乳酸浓度的比值在 $1:(0.6\sim0.8)$；清香型白酒总酸含量一般在 60～120mg/100mL，太高或太低都会影响这类白酒的口味特征。

醇类化合物是清香型白酒很重要的呈味物质。在清香型白酒中，醇类化合物在各成分中所占的比例较高，与浓香型白酒成分构成相比较这又是它的一个特点。在醇类化合物中，异戊醇、正丙醇和异丁醇含量较高。从绝对含量上看，这些醇与浓香型白酒相应醇含量相比并没有突出的地方，但它们占总醇量的比例或占总成分含量的比例却远远高于浓香型白酒，其中正丙醇和异丁醇较为突出。清香型白酒的味觉特征很大程度上与醇类化合物的含量及比例有直接关系，醇类化合物确实形成了清香型白酒的口味特征。

清香型白酒中羰基类化合物含量不多，其中以乙醛和乙缩醛含量最高，它们含量的总和占羰基化合物总量的 90％以上。乙醛与乙缩醛具有较强的刺激性口味，特别是乙缩醛具有干爽的口感特征。它与正丙醇共同构成了清香型白酒爽口的味觉特点。因此，清香型白酒成分中，应特别注意醇类化合物与乙醛、乙缩醛对口味的作用特点。

清香型白酒中其他类化合物的含量极微量，气味特征表现不突出。值得一提的是，在贮存时间很长的清香型白酒香气中也有一种"陈酒"的香气，即陈味，同时，还带有糟香气味。这些气味特征与哪一类化合物成分相关，还需进一步研究。

4. 米香型白酒

广西桂林三花酒是米香型白酒的典型代表，采用先培菌糖化后发酵的半固态发酵工艺，在我国已有悠久的历史。米香型白酒香味成分有如下几个特点：

(1) 香味成分总含量较少，一般为 400mg/100mL 左右，比浓香型白酒、清香型白酒少许多。

(2) 主体香味成分是乳酸乙酯和乙酸乙酯及适量的 β-苯乙醇。

(3) 酯类化合物中，乳酸乙酯的含量最高，高达 90mg/100mL 以上，乙酸乙酯次之，含量为 20mg/100mL，它们含量之和占总酯量的 90％以上，其总酯含量比浓香型和清香型白酒的总酯含量低许多。

(4) 醇类化合物总含量高于酯类化合物总含量。其中异戊醇含量最高，一般为 90mg/100mL 以上，超过总醇量的 50％；正丙醇和异丁醇的含量也相当高，分别为 20mg/100mL 和 40mg/100mL 左右，异戊醇和异丁醇的绝对含量超过了浓香型白酒和清香型白酒中相应成分的含量。

（5）β-苯乙醇含量较高，其绝对含量也超过了浓香型白酒和清香型白酒相应成分的含量，米香型白酒国家标准规定 β-苯乙醇含量须≥30mg/L。

（6）酸类化合物中，以乳酸含量最高，达 90mg/100mL 以上，其次为乙酸，为 20mg/100mL 左右，它们含量之和占总酸量的 95％以上，两者比例接近其相应酯类比例。

（7）羰基化合物含量较低，乙缩醛含量一般为 13mg/100mL 左右，乙醛则更少。

该类香型白酒在香气上突出了乙酸乙酯和 β-苯乙醇为主体的淡雅蜜甜香气，β-苯乙醇的香气较明显；另外，在米香型白酒的香气中，还有一种似"煮熟"的稻米香气和似"甜酒酿"样的香气；在口味上突出了柔和、刺激性小、醇甜、甘爽，后味稍短但爽净等特点，优质酒回味怡畅。

5. 凤香型白酒

凤香型白酒是指具有西凤酒香气风格的一类白酒，其代表产品是陕西的西凤酒。由于它的贮酒容器特殊，首次从它的成分中检出了胺基类化合物。

凤香型白酒的香味成分有以下几个特点：

（1）凤香型白酒香味成分的构成，从整体上讲介于浓香型白酒和清香型白酒之间。香味成分总量低于浓香型白酒和清香型白酒，总酯含量明显低于浓香型白酒，略低于清香型白酒。

（2）酯类化合物中，乙酸乙酯含量最高，其绝对含量明显低于清香型白酒，它的含量一般在 80～160mg/100mL 之间，乳酸乙酯含量一般为 80～100mg/100mL。己酸乙酯含量明显低于浓香型白酒，一般在 10～50mg/100mL 之间，过高或过低都会影响凤香型白酒的典型风格。丁酸乙酯的含量也明显低于浓香型白酒，为 3～8mg/100mL。同时，乙酸乙酯与己酸乙酯、乳酸乙酯也有一个恰当的比例，它们的比例为乙酸乙酯：己酸乙酯＝1：（0.15～0.25），乙酸乙酯：乳酸乙酯＝1：（0.6～0.8）。

（3）酸类化合物以乙酸、乳酸、丁酸和己酸为主，丁酸和己酸的含量明显低于浓香型白酒。

（4）醇类化合物含量较高，这是其成分中很重要的一个特点，并影响着这类白酒的风味，它的总醇含量明显高于浓香型白酒和清香型白酒。在醇类成分中，异戊醇含量最高，正丙醇、异丁醇、正丁醇含量也较高。总醇与总酯的比例大约在 0.55：1。凤香型白酒在总成分及总酯含量相对较低的情况下，有如此高含量的醇类成分，必然会在它的香气中突出醇香的气味特征，构成凤香型白酒醇香秀雅的特点。

（5）凤香型白酒含有较多量的特征性成分乙酸羟胺和丙酸羟胺，这与它使用的特殊贮酒容器酒海有直接关系，这使得凤香型白酒的固形物含量较高。

6. 兼香型白酒的风味特征

兼香特指浓、酱兼香，既兼顾浓香型和酱香型白酒的风味特点，又协调统一自成一类。兼香型白酒的风味特征有两种风格，一种是以湖北的白云边酒为代表的风格，另一种是以黑龙江的玉泉酒为代表的风格。

白云边酒的感官评语是清亮（或微黄）透明，芳香幽雅舒适，细腻丰满，酱浓谐调，余味爽净、悠长。

白云边酒中，庚酸的含量较高，平均为 2mg/100mL，是酱香型白酒的 11.8 倍、浓香型白酒的 7.1 倍左右，与此相对应的庚酸乙酯含量也较高，多数样品为 20mg/100mL，是浓香型的 3 倍，比酱香型酒也高出许多。

此外，乙酸异戊酯和乙酸-2-甲基丁酯含量也较高，高出酱香型 3～4 倍，略高于清香型酒。丁酸、异丁酸的含量也较高，均比浓香型和酱香型白酒高出许多。2-辛酮含量虽仅为 1mg/100mL，但比酱香型酒多 4 倍，比其他就也高出一个数量级。

白云边酒闻香酱香为主，略带浓香，酱浓谐调；入口放香有微弱的己酸乙酯香气；口味较细腻，后味较长。

玉泉酒的感官评语是清亮（或微黄）透明，浓香带酱香，诸味谐调，口味细腻，余味爽净。

玉泉酒的己酸乙酯含量高于白云边酒近 1 倍，己酸含量高于乙酸含量，而白云边酒则是乙酸高于己酸；此外，玉泉酒的乳酸、丁二酸、戊酸含量较高，正丙醇含量较低（只有白云边酒的 1/2）；己醇含量高达 40mg/100mL，糠醛含量高出白云边酒 30%，比浓香型酒高出近 10 倍，与酱香型白酒接近。β-苯乙醇含量高出白云边酒 23%，与酱香型白酒接近；丁二酸二丁酯含量比白云边酒高出 40 倍。

玉泉酒闻香以浓香为主，带有明显的酱香，浓酱谐调；入口绵甜、较甘爽，以浓香为主；口味柔顺、细腻；后味带有酱香气味。

7. 董香型白酒

董香型白酒的香味成分特点是"三高一低二反"，"三高"是指总酸高、高级醇含量高、丁酸乙酯含量高；"一低"是指乳酸乙酯低；"二反"是指一般名酒是酯大于醇，酯大于酸，而它是醇大于酯，酸大于酯。

（1）它的总酸含量很高，一般高达 260 mg/100mL，有机酸中以乙酸含量最高，达到 120 mg/100mL，占总酸量的 40% 以上；丁酸含量为 45 mg/100mL 左右，超过了任何一种香型白酒的丁酸含量。

（2）它的总酯含量较低，一般为 250 mg/100mL 左右，低于总酸含量。总酯中以乙酸乙酯含量最高，达 120 mg/100mL 左右，占总酯量的 40% 以上。丁酸乙酯的含量高达 28 mg/100mL，在酒中突出了丁酸乙酯的酯香。

（3）由于它的组分中含有一定量的己酸乙酯、丁酸乙酯和己酸，使得它在香气中具有某些浓香型白酒的香气特点。

（4）它的醇类化合物含量较高，一般为 300 mg/100mL 以上，超过了总酯的含量。

（5）它的醛类物质主要由乙醛和乙缩醛组成，其含量分别为 20 mg/100mL 和 10 mg/100mL。

董酒的香气是由药香、酯香、丁酸等香气香味成分构成的幽雅而舒适的复合香气，清而不淡，香而不艳；入口和顺，既醇又香，醇和而不平淡，浓郁而不暴辣；味甘爽，爽而不腻，爽而不涩，饮后回甜味长。

8. 特香型白酒

典型特香型白酒的感官评语为无色透明，香气芬芳，柔和纯正，诸味谐调、悠长。

特香型白酒酯类中富含奇数碳脂肪酸乙酯，如丙酸乙酯、戊酸乙酯、庚酸乙酯、壬酸乙酯等，其总量高于其他各类香型白酒；而且高级脂肪酸及其乙酯总量也较高，超过其他白酒近一倍，如肉豆蔻酸及其乙酯、棕榈酸及其乙酯、油酸及其乙酯、亚油酸及其乙酯等；酯类化合物中，乳酸乙酯、乙酸乙酯、己酸乙酯含量最高，在酯类香气中突出以己酸乙酯为主的香气特征。醇类中正丙醇含量较多，这与丙酸乙酯、丙酸的高含量有很好的相关性。

闻香以酯类的复合香气为主，突出以乙酸乙酯和己酸乙酯为主体的香气特征，即清香带浓香是主体香，细闻还有轻微的焦煳香气；入口放香有较明显的类似庚酸乙酯的香气；口味柔和，绵甜，稍有糟味。

9. 芝麻香型白酒

芝麻香型白酒是指香气特征有类似炒熟芝麻的香味特征的一类白酒，它的代表产品是山东的景芝白干酒。典型芝麻香型白酒的感官评语为清澈透明（微黄透明），芝麻香突出，幽雅醇厚，甘爽谐调，尾净。

从芝麻香型白酒的香味组分可知，其己酸乙酯和其他乙酯类化合物的绝对含量均低于浓香型和酱香型白酒，但却高于清香型白酒的相应组分含量，这正好与它的香气淡雅风格相吻合。乙酸乙酯、丁二酸二—酯、正丙醇、异戊醇等组分含量与清香型白酒的相应组分相似，这表明芝麻香型白酒在某种程度上有清香型白酒的某些风味特征。

闻香有以清香加焦香的复合香气为主；入口放香以焦香和煳香气味为主，细细品评则有类似焙炒芝麻的香气；口味醇厚爽口；后味有轻微的焦香，稍有苦味。

10. 豉香型白酒

典型豉香型白酒的感官评语是：玉洁冰清，豉香独特，醇厚甘润，余味爽净。

豉香型白酒是以大米为原料，小曲大酒饼为糖化发酵剂，半固半液边糖化边发酵，液态蒸馏得到基础酒，基础酒再经陈肥肉浸泡、贮存，勾兑而成的一种白酒。其香味成分的特点是酸、酯含量低；高级醇含量高；β-苯乙醇含量相当高，为米香型白酒一倍左右，居所有各类香型白酒含量之首；含有一定量的丙三醇，而其他香型白酒中丙三醇含量甚少；含有相当数量的高沸点的二元酸酯，如庚二酸二乙酯、壬二酸二乙酯、辛二酸二乙酯等，是该酒的独特成分。

豉香型白酒酒体清亮透明，晶莹悦目；香气有以乙酸乙酯和β-苯乙醇为主体的清雅香气，并突出豉香（脂肪氧化的陈肉香气）有特别明显的"油哈味"；酒精度低，口味绵软、柔和，余味净爽，后味长。

11. 老白干香型白酒

衡水老白干酒的感官评语是：酒色清澈透明，醇香清雅，甘洌挺拔，丰满柔顺，回味悠长。

衡水老白干酒中的主要酯类物质是乙酸乙酯、乳酸乙酯及少量的己酸乙酯、丁酸乙酯并含较多的棕榈酸乙酯、亚油酸乙酯，己酸乙酯稍高于清香型白酒而低于凤香型白酒，使老白干酒具有醇厚、丰满、柔顺、爽净、回味悠长的特点。乙酸含量低于清香型白酒而乳酸、戊酸、己酸含量高于清香型白酒，这样适量的乳酸、戊酸、己酸对酒有浓厚感，使老白干酒的口味既不单调又具有绵软感。衡水老白干酒杂醇油含量高于清香型白酒，尤其是异戊醇的含量为 47.17mg/100mL，而清香型酒为 28.89mg/100mL，正丙醇含量也高于清香型白酒和凤香型白酒，增加了酒的醇厚绵甜。此外，衡水老白干酒中的乙醛、乙缩醛含量高于清香型白酒，衡水老白干风味独特，醛类物质的微妙衬托起了重要作用。

12. 馥郁香型白酒

馥郁香型白酒以湖南的酒鬼酒、湘泉酒为代表，其感官评语为无色透明，芳香秀雅，绵柔甘冽，醇厚细腻，后味怡畅，香味馥郁，酒体净爽。

馥郁香型白酒中酯类物质以乙酸乙酯、己酸乙酯、乳酸乙酯含量突出，其含量呈近乎平行的量比关系，区别于浓香型、清香型和米香型白酒，但从绝对含量及香味阈值来看，己酸乙酯的香气起了较为重要的作用，这一点与浓香型酒类似；此外，馥郁香型白酒还有明显的蜜甜香气和大米原料的香气。有机酸含量较高，总酸低于酱香型和特香型白酒，高于浓香型、清香型、米香型白酒和小曲清香型白酒。高级醇（异戊醇、正丙醇、正丁醇、异丁醇）含量适中，类似米香型和清香酒，但其之间量比关系高于浓香型、清香型酒，而低于米香型白酒和四川小曲。乙缩醛含量较高，与浓香型白酒相近，高于清香型白酒和四川小曲酒；存在四甲基吡嗪等含氮化合物。

因此，馥郁香型白酒兼顾了浓香、清香、米香及小曲清香型白酒的香气和口味上的某些特点，并协调一致，形成了馥郁香型白酒独特的风味特征。

8.4 微量成分的香味界限值和香味强度

8.4.1 香味界限值

各微量成分如果以相同浓度的溶液来品尝的话，其滋味会有大有小，甚至有的没有感觉。其原因是因为各种微量物质的香味界限值的强度不同。所谓香味界限值，就是指酒中某种微量成分，为人们味觉所能感觉到的最低浓度的数值，即最低呈味浓度，也称为味觉阈值或阈值。因此微量成分的味觉阈值越小，呈味作用越大。我们了解了白酒中各种香味成分的味觉阈值，酒可以根据它们各自的含量来推测每种香味成分在整个白酒中所起作用的大小，同时作为品评参考的依据，以探讨各种香味组分之间的关系和对整个香味的影响。部分香味成分的味觉阈值如表 8-9 所示。

某一种香味成分在白酒中的含量（浓度），如低于它本身的味觉阈值时，不会对酒的风味产生影响，而只有达到某种香味成分的含量，超过它的阈值时，才会显露出该成分的香味来。

表 8-9　部分香味成分的味觉阈值

名称	阈值/(mg/100mL)	名称	阈值/(mg/100mL)	名称	阈值/(mg/100mL)
甲酸甲酯	5000	庚酸	＞0.5	癸醇	0.21
甲酸乙酯	150	辛酸	15	正十二醇	1.0
乙酸乙酯	17.00	壬酸	＞1.1	正十四醇	＞5
丙酸乙酯	＞4.00	癸酸	9.40	正十六醇	1.1
乳酸乙酯	14	异戊酸	0.75	β-苯乙醇	7.5
丁酸乙酯	0.15	十一烷酸	＞0.5	2,3-丁二醇	4500
己酸乙酯	0.076	十四烷酸	＞12	糠醇	100
辛酸乙酯	0.24	油酸	＞2.2	丙三醇	0.1～1.0
癸酸乙酯	1.10	亚油酸	＞1.2	甲硫醇	2～3
乙酸异戊酯	0.23	棕榈酸	＞10	乙硫醇	1.7～10
棕榈酸乙酯	＞14	月桂酸	7.2	硫化氢	5
油酸乙酯	0.87	硬脂酸	＞1.6	乙醛	1.20
亚油酸乙酯	0.45	甲醇	100	丙醛	2
月桂酸乙酯	0.64	乙醇	14000	丁醛	0.028
乙酸乙丁酯	3.40	正丙醇	＞720	异丁醛	1.30
乙酸-β-苯乙酯	3.80	异丙醇	1500	正戊醛	0.11
十四烷酸乙酯	＞5.70	丁醇	＞5	异戊醛	0.12
乙酸	2.6	仲丁醇	＞10	乙二醛	7000
丙酸	20	异丁醇	＞75	糠醛	5.8
乳酸	＜350	正戊醇	80	丙烯醛	15
丁酸	3.4	异戊醇	6.5	双乙酰	0.02
异丁酸	8.2	活性戊醇	32	2,3-戊二酮	0.078
戊酸	＞0.5	己醇	5.2	4-乙基愈疮木酚	约 0.01
己酸	9.6	辛醇	1.1		

8.4.2　香味强度

　　各种香味成分的强弱程度，称为该香味成分的香味强度，其大小用该香味成分的含量与其味觉阈值之比来表示，其比值称香味强度，即

$$香味强度 = 香味成分含量/阈值$$

　　例如，五粮液酒，根据测定其含乙酸乙酯 1130mg/L，乙酸乙酯味觉阈值为 17 mg/L。则

$$五粮液酒中乙酸乙酯的香味强度 = 1130/17 = 66.47$$

　　这说明：白酒中各种香味成分的香味强弱，不仅和它在酒体中的含量（浓度）有关，而且还与它的味觉阈值大小有关。现将酒中常见微量成分，以其含量（浓度）的不

同，显示的各种风味特征列于表 8-10。

表 8-10　常见微量成分显示的风味

名称	浓度/(mg/L)	风味特征
乙酸	1000	有醋的气味和刺激感，进口爽口，带甜，有酸味
	100	有醋的气味和刺激感，进口爽口，带甜，有酸味
	10	接近界限值
丙酸	1000	有酸味，进口柔和稍涩，微酸
	100	无酸味，进口柔和稍涩，微酸
	10	接近界限值
丁酸	1000	似大曲酒的糟香和窖泥香味，进口有甜酸味，爽口
	100	有轻微的似大曲酒的糟香和窖泥香味，进口有甜酸味，爽口
	10	接近界限值
戊酸	1000	有脂肪臭味和不愉快感
	100	有轻微脂肪臭味，进口微酸涩
	10	无脂肪臭味，进口微酸甜
	1	无脂肪臭味，进口微酸甜，醇和
	0	接近界限值
乳酸	1000	微酸，微涩
	100	微酸，微甜，微涩，略有浓厚感
	10	微酸，微甜，微涩
	1	接近界限值
己酸	1000	似大曲酒气味，进口柔和，带甜，爽口
	100	似大曲酒气味，微甜爽口
	10	微有大曲酒气味，稍带甜味
	1	接近界限值
乙酸乙酯	1000	似香蕉气味，味辣带苦涩
	100	香味淡，味微辣，带苦涩
	10	无色无味，接近界限值
丙酸乙酯	1000	似芝麻香，味微涩
	100	微香，入口涩，后尾麻
	10	微香，略涩
	1	无色无味，接近界限值
戊酸乙酯	1000	似菠萝香，味较涩
	100	似菠萝香，进口微涩带菠萝味
	10	进口微有菠萝微，略涩带苦
	1	接近界限值

续表

名称	浓度/(mg/L)	风味特征
丁酸乙酯	1000	似大曲窖泥香味，进口窖气浓厚，有脂肪味
	100	有窖泥香味，较爽口，微带有脂肪臭，稍麻口
	10	微带窖香味，尾较净
	1	微带窖香味
	0.1	无气味，接近界限值
己酸乙酯	1000	闻似浓香型曲酒味，味甜爽口，糟香气味，浓厚感，似大曲香
	100	闻有浓香型曲酒的特殊芳香味，香短，有苦涩味
	10	微有曲酒香味，较爽口，稍带回甜
	1	稍有香气，微甜带涩
	0.1	稍带甜味，略苦
	0.01	无气味，接近界限值
乳酸乙酯	1000	香弱，稍甜，有浓厚感，带点涩味
	100	香弱，微涩，带甜味
	10	无气味，接近界限值
辛酸乙酯	1000	闻似有菠萝香或梨香，进口有苹果味带甜
	100	闻有菠萝香，后味带涩
	10	闻无香气，进口稍有菠萝味略涩
	1	接近界限值
庚酸乙酯	1000	闻似有苹果香味，进口有苹果香，味浓厚，较爽口，微甜尾净
	100	闻似有苹果香味，进口有苹果香，微甜，带涩
	10	稍有苹果香味，微甜爽口
	1	无气味，接近界限值
β-苯乙醇	1000	闻似玫瑰香味，进口有浓厚的玫瑰香，微甜，带刺激味
	100	闻似玫瑰香味，进口有玫瑰香，微甜爽口
	10	稍有玫瑰香味，进口有玫瑰香，微甜爽口
	0.1	无气味，接近界限值
丙三醇	1000	味甜，有浓厚感，细腻柔和
	100	味甜，有浓厚感，细腻柔和
	10	进口味带甜，柔和，较爽口
	1	微甜，爽口
	0.1	无气味，接近界限值
丁醇	1000	有刺激臭，带苦涩味
	100	有刺激臭，有苦涩麻味
	10	稍有刺激臭，微有苦涩，带刺激感
	1	无气味，接近界限值

续表

名称	浓度/(mg/L)	风味特征
戊醇	1000	微有刺激臭，似酒精味
	100	有闷人的刺激臭，稍似酒精味
	10	略有奶油味
	1	微有奶油味
	0.1	无气味，接近界限值
丁二醇	1000	闻有奶油香味，味浓厚，进口后微苦
	100	有奶油香，爽口，有木质味
	10	微有奶油香，稍有木质味
	1	稍有奶油香，带有酒精味
	0.1	稍弱的奶油香，酒精味突出
	0.01	无气味，接近界限值
乙醛	1000	有绿叶味
	100	微有绿叶味，略带水果味
	10	稍有水果味，较爽口
	1	无气味，接近界限值
乙缩醛	1000	有羊乳干酪味，略带水果味
	10	稍有羊乳干酪味，爽口
	1	稍有羊乳干酪味，爽口
	0.1	稍有羊乳干酪味，柔和爽口
	0.01	稍有羊乳干酪味，有刺激感
	0.001	接近界限值

通过对阈值和香味强度的研究，可以得出以下几点结论：

（1）如果某种香气成分在它的阈值以下进行浓度变化，不管它的浓度如何改变，都不会引起人们在感官检验时的明显反应。

（2）在白酒中，有许多芳香成分，虽然其滋味阈值较小，但由于它在酒中的浓度未达到阈值，仍然不能明显地察觉到它的香味。而有些芳香成分，显然在酒里含量较高，但由于它的阈值较大，它在整个的酒香中也不能发挥明显的作用，反之，如果某种香味成分的阈值较小，而在酒中的含量又较高，则这种香味成分的香味强度就高，它对酒的香味影响作用就大。

（3）几种具有不同阈值的芳香物质混合后，会产生新的复合香味和混合香味的阈值，所以调味调香时，必须用相同品种的芳香物质，试调它们的不同用量，以找到最佳的混合香味及混合香味的阈值。

8.5　白酒中的口味物质及其相互作用

8.5.1　白酒中的口味物质

1. 酸味物质

酸味物质分为无机酸和有机酸。

白酒中必须有一定的酸味物质，并与其他香味物质共同组成白酒固有的芳香。但它与其他香味物质一样，含量要适宜，不能过量，如过量，则香味物质也就成为异味了，不仅使酒味粗糙，欠协调，伤风味，降低质量，而且影响酒的"回甜"。反之，酸量过少，酒味寡淡，后味短。

白酒酸味过大的主要原因是酒醅生酸太大，工艺上可采取如下措施：

（1）搞好生产卫生，防止杂菌大量入侵。特别是夏季，气温高，空气中杂菌也多，由于摊晾时间的延长，带入窖内的杂菌也增多，从而升酸快而高。

（2）配料时要防止酒醅中蛋白质过剩，用曲量及酵母量不能大。

（3）合理控制发酵温度、水分、淀粉浓度、发酵期等工艺条件。特别在夏季，入窖温度高，升温猛，给杂菌繁殖造成适宜的条件，使糟或酒变成酸。

（4）缓慢蒸馏，量质摘酒，合理除去酒尾，避免高沸点含酸较高的成分流入酒内，使酒中酸味成分增多。

2. 甜味物质

甜味物质种类甚多，酒中常带有甜味，是酒精本身—OH 的影响。羟基数增加，其醇的甜味也增加，醇的甜味强弱顺序如下：

乙醇＜乙二醇＜丙三醇＜丁四醇＜戊戊醇＜己六醇

除醇类外，双乙酰具有蜂蜜样浓甜香味，作为甜味料用的还有蔗糖、果糖、麦芽糖、葡萄糖、蛋白糖等。酒中含有氨基酸多种，氨基酸中也有多种具有甜味。

3. 苦味物质

白酒中的苦味物质，在口味上灵敏度较高，而且持续性长，不易消失。因此在酿造过程中必须认真加以克制。酒中苦味的来源如下：

（1）从原料中带来的苦味。

（2）用曲、用酵母量大时产生苦味。

（3）制曲时温度过高，产生苦味。

（4）管理不善，工艺不合理产生苦味。

（5）蒸馏时大火大汽，把邪杂苦味带入酒中。

4. 辣味物质

白酒中呈辣味的成分有糠醛、高级醇、硫醇等。阿魏酸等酚类化合物及吡嗪等也有微辣味。丙烯醛、丁烯醛呈刺激性辣味。酒醅中侵入大量乳球菌，将甘油分解成丙烯醛，呈刺激性使人流泪的辣味。因其沸点低（55℃），故在贮存过程中可大幅度地下降。白酒中的辣味多是酒精与乙醛相遇而产生的。酒中尽管有微量乙醛，但酒也呈辣味，辣味与酒中乙醛含量成正比关系。糠醛焦苦，是由五碳糖生成的，若用糠量大，则糠醛及糠皮子味和燥辣味也重。减少辣味的措施如下：

（1）减少用糠量，辅料蒸透。

（2）控制蒸馏时间，保持馏酒时间在 30min 以上，提高流酒温度，有效地排出低沸点物质。

（3）搞好卫生，防止侵入大量乳酸菌，以减少丙烯醛的生成。

（4）合理贮存，保持酒库温度不低于 15℃，以充分排出低沸点物质，进行有效的分子缔合，均可使酒味绵软而辣味不突出。应该说明，微辣是白酒必需的，如果一点辣味也没有，如凉水一样没有刺激性，则反而不过瘾了。

5. 涩味物质

涩味是因为麻痹味觉神经而产生的，它可凝固神经蛋白质，给味觉以涩味，使口腔里、舌面上、上腭有不滑润感。有人认为，它不能成为一种味而单独存在。其理由是，涩味是由不协调的苦辣酸味共同组成的，并常常伴随着苦酸味共同存在。但是不管怎么说，白酒中都有涩味，不过好的白酒，一般涩味不露头，否则会使饮者不快。据测定，白酒中呈涩味的物质主要有：乳酸及其酯类（它是白酒中涩味之王）、单宁、糠醛、杂醇油（尤以异丁醇和异戊醇的涩味重）。形成涩味的原因有：

（1）以单宁和木质素含量较高的物质作原料和辅料，未经处理和清蒸。蒸酒时又用大火大汽，会给成品中带入较多的涩味成分。

（2）用曲、用酵母量过大，工艺操作不卫生，污染较多的杂菌，酒醅乳酸及其乳酸乙酯含量过大时，发酵不完全的酒，在后味中会产生麻舌头的苦涩感觉。

（3）发酵期长，管理又不好，翻边透气，会使涩味较大。

（4）酒与钙接触，如酒在用石灰血料涂的酒篓里存放时间过久，容易产生涩味。

6. 咸味物质

在酒基或加浆用水中含有 Na+ 和 Cl− 同时存在，酒就会呈现出咸味。如酒基或加浆用水中存在较多量的这类离子，应用离子交换树脂处理。但微量的盐类（如 NaCl）能促进味觉的灵敏，使酒味显得浓厚。

7. 臭味物质

白酒中常有臭味（气）物质，只不过有时能显现出来，有时臭味物质被香味物质及刺激性物质掩盖而不突出罢了。质量次的酒及新酒有明显的臭味（气），某种香味物质过浓和突出时，有时也呈臭味，一般说来，臭味有三个特点：

（1）臭味嗅觉的反应和味觉关系极小。如臭豆腐，闻着臭，吃着香，就是这个道理。因此，讲臭味倒不如讲臭气更确切些。再如新蒸出的白酒，闻有一股乳臭，喝时却不觉有此臭味。

（2）臭气和香气，都是通过鼻的嗅觉传到大脑的。一般很难确切区分其界限，就是同一成分，浓度不同，呈味也不同。如丁酸乙酯在酒中含量高时呈汗臭味，极稀薄时却是水果香。又如双乙酰在葡萄酒中是馊味，在白酒中却成为主要的香味物质了。

（3）臭味很难清除，因为人们的嗅觉非常灵敏，即使臭味物质基本上已除去，但在感觉上尚能闻出残留的气味。如臭窖泥沾在手上，虽经多次洗涤，仍然留有余臭。

新酒臭是以丁酸臭为主，与醛类及硫化氢等共同呈现的。可主要通过新酒的贮存老熟来消除臭气（味）。

白酒中常见的是浓香型白酒中的泥臭，其臭味成分主要是硫化物，是蛋白质经分解后生成的含硫氨基酸，如蛋氨酸、胱氨酸、半胱氨酸，再经发酵加水分解而生成的产物。例如梭状芽孢杆菌、大肠杆菌、枯草杆菌、酵母菌能水解半胱氨酸而生成丙酮酸及氨与硫化氢。在生产过程中生成硫化物的原因如下：

① 窖泥配方不合理，蛋白质过剩和窖泥发酵不成熟。

② 窖池结构不合理，窖壁垂直，窖泥易滑落。

③ 挖窖时不慎，铲落窖泥被带入酒醅内，一起蒸馏落入酒中。

④ 管理不善，窖泥乱堆乱放，混入酒醅内，蒸馏时一并带入酒内。

⑤ 酒醅中间夹入泥袋，泥袋中臭窖泥成分随淋浆被淋入酒醅中。

⑥ 发酵不正常，有臭味的黄水倒入底锅或拌入酒醅中蒸馏。

⑦ 管理不当，造成酒醅内因侵入大量杂菌，使酒醅烧包透气而引起的不快臭。

8. 油味物质

白酒风味与油味是不相容的，酒内如果含有微量油味，特别是腐败的"哈喇"味，会严重地损害白酒质量。为防止油性物质产生，可采取如下措施：

（1）采用含脂肪较高的原料，应尽量采取脱脂肪的措施（如玉米要脱胚），否则发酵后易产生高级脂肪酸及其酯类。

（2）长期贮存用的容器，不能用油或蜡中加油涂容器，否则油被溶入酒内就出现油味及"哈喇"味。

（3）避免生产和灌装白酒过程的污染。在生产和灌装白酒的操作中，误入机油或容器中有油污，特别回收的酒瓶都有可能带来油味，使酒质发生大的变化。所以在生产和灌装过程中，要防止油类的污染，对各种大小容器应经严格检查和清洗。

（4）摘高度酒时，没有恰当地截去酒尾，以致将酒尾中含量较多的水溶性高级脂肪酸酯带入成品中。

9. 辅料味和其他异杂味

白酒生产中若辅料用量太大或未清蒸时，酒会出现辅料味（糠味）；窖池管理不善、上层粮糟发倒烧，酒会发苦；若曲子受潮，大量长青霉，酒也会发苦；当糟子大量生长霉菌，酒会带霉味；底锅水不清洁或底锅水烧干，酒带煳味；稻壳用量太多或使用生糠，酒带糠腥臭；使用劣质橡胶管或输酒管，酒带橡胶臭；滴窖不净，酒带黄水味。此外，容器、工具不清洁，则会产生各种各样的怪杂味，把本来是好的酒也搞坏了。所以，清洁卫生工作和窖池管理工作不仅与出酒率有关，而且与酒质、酒味也有密切关系。

8.5.2　口味物质的相互作用

1. 咸味与其他味的关系

1）咸味和酸味

（1）咸味可以因添加极小量的乙酸而增强，即在 1‰～2‰ 的食盐溶液中加 0.01‰ 的乙酸，咸味即增大。

（2）咸味由于添加大量乙酸而减少，即 1‰～2‰ 的食盐溶液中，添加 0.05‰ 以上的乙酸（其 pH 在 3.4 以上）咸味减少。

（3）酸在任何浓度时添加少量食盐，酸味增强；加大量食盐，酸味减少。

2）咸味与甜味

（1）咸味由于添加蔗糖而减少，在 1‰～2‰ 浓度的食盐溶液中，添加 7～10 倍的蔗糖，咸味大部分消失。但若在 20‰ 的食盐溶液中添加再多的蔗糖，咸味也不消失。

（2）甜味可因添加少量而增大，并且变得敏感。10‰ 的蔗糖溶液中加入 0.15‰ 的食盐（即蔗糖量的 1.5‰）时最甜。

3）咸味和苦味

（1）咸味由于添加苦味物质而减少。

（2）苦味由于添加食盐而减少，但苦味处于最低呈味浓度时，添加适当浓度的食盐，苦味反而稍微增强。

2. 甜味与其他味的关系

1）甜味与酸味

（1）甜味由于添加最低呈味浓度的少量乙酸而减少，而且随着添加量的增加而逐渐减少。

（2）酸味随着蔗糖添加量的增加而减少。但它与添加量不成正比，而与 pH 有关。0.3‰ 以上的乙酸，即使添加大量的蔗糖，其酸味总也不消失。0.11‰ 的乙酸溶液加 5～10 倍的蔗糖，其味酸甜配合协调。配制汽水、汽酒、小香槟酒时，往往采用这样的酸度与甜度，其效果甚佳。

2）甜味与苦味

（1）甜味由于添加苦味物质而减少。

（2）苦味物质由于添加蔗糖而减少，但对于 0.03‰ 的极微苦味物质浓度，要添加 20‰ 以上的蔗糖才能使苦味消失。也就是说，在调味或配制酒时用加糖的办法，想抵消苦味是很难办到的，往往加糖以后，口味变得先甜后苦，或者是苦甜交加的怪味。

3. 酸味与其他味的关系

酸味使苦味增加，所以在调味、配制酒时，当其酒基中出现苦味时，一定要想法除去。可用除苦剂或少量玉米淀粉、粉末活性炭、蛋清、豆浆等处理。否则，在调味配酒过程中，加酸以后，其味会更苦。

思考题

1. 酸类、酯类、醇类、醛类、酚类、α-联酮类物质在白酒中主要有哪些作用？
2. 目前我国白酒的香型是如何划分的？
3. 简述酱香型白酒的风味特征。
4. 简述浓香型白酒的风味特征。
5. 简述清香型白酒的风味特征。
6. 简述米香型白酒的风味特征。
7. 简述凤香型白酒的风味特征。
8. 酱香型白酒的香味成分组成有何特点？
9. 浓香型白酒的香味成分组成有何特点？
10. 清香型白酒的香味成分组成有何特点？
11. 米香型白酒的香味成分组成有何特点？
12. 凤香型白酒的香味成分组成有何特点？
13. 香味界限值和香味强度。
14. 简述酸味、甜味、苦味和咸味等四味之间的相互作用。

第 9 章　感官品评与训练

 导读

　　白酒的色、香、味的判别和鉴定主要靠人的视觉、嗅觉和味觉器官来辨别。本章主要介绍视觉、嗅觉和味觉的生理学知识；介绍气味与嗅觉、口味与味觉的关系以及视觉、嗅觉、味觉的主要特征及其训练等方面的知识。

9.1　视觉及其训练

9.1.1　视觉

　　正常人获得的视觉信息主要由光通过视觉器官输入。视觉器官的外周感受器是眼睛，是以光波为适宜刺激的特殊感官。眼的视神经高度发达，具有完善的光学系统以及各种使眼睛转动并调节光学装置的肌肉组织。视觉是由眼、视神经和视觉中枢的共同活动完成的。外界物体发出的光，透过眼的透明组织发生折射，在眼底视网膜上形成物象；视网膜感受光的刺激，并把光能转变成神经冲动，再通过视神经将冲动传入视觉中枢，从而产生视觉。

　　白酒的外观鉴定，包括色调、光泽、透明度、浑浊、悬浮物、沉淀等，这些都通过眼来观察判断。一个没有色盲、视觉正常的人，在光度正常、环境良好等条件下，用正确的方法观察白酒，一般是容易得到正确的判断结论的。

9.1.2　视觉的测试与训练

　　以黄血盐配制 0.10％、0.15％、0.20％、0.25％、0.30％不同浓度的水溶液，交错密码编号，分别倒入酒杯中，在正常光线下观其色泽，由浅至深排列次序。如此反复训练，直至达到正确辨别色泽深浅的目的。在进行视觉训练时，可以蒸馏水为参照，借以提高辨别能力。

9.2　嗅觉及其训练

9.2.1　嗅觉

1. 嗅觉器官

　　人嗅觉器官的外周感受器是存在于鼻腔的最上端、淡黄色的嗅膜（嗅上皮）内的嗅细胞，嗅膜所处的位置不是呼吸气体流通的通路，而是被隆起的鼻甲掩护着。带有气味的空气只能以回旋式的气流接触到嗅感受器。

嗅觉是由物体发散于空气中的物质微粒作用于鼻腔嗅膜上的嗅细胞而引起的。嗅细胞的黏膜表面带有纤毛，可以与有气味的物质相接触。每种嗅细胞的内端延续成为神经纤维，与大脑嗅觉中枢联系。能引起嗅觉的刺激物分子必须需具备以下的条件：容易挥发产生气体；能溶解于水中；能溶解于油脂中。当空气中的物质微粒作用于鼻腔嗅膜上的嗅细胞时，借助发生的化学作用而刺激嗅细胞，进而产生神经冲动，再通过嗅神经将冲动传入大脑的嗅觉中枢，从而产生嗅觉。

慢性鼻炎患者的鼻甲肥厚常会影响气流与嗅感受器的良好接触，造成嗅觉功能障碍。嗅沟阻塞、嗅区黏膜萎缩、颅前窝骨折或病变及劳累均可导致嗅觉的减退或丧失。感冒也会引起嗅觉的暂时失去。

2. 嗅觉的敏感度与迟钝性

人类嗅觉的敏感度是比较大的，鼻腔嗅膜上的嗅细胞约为 500 万个，但与一些嗅觉发达的动物相比，还是不及的。例如狗的鼻腔内有约 2 亿个嗅觉细胞，其嗅觉比人高 100 万倍；兔子嗅觉细胞约为 1 亿个。

人类嗅觉的敏感度可用嗅觉阈值（也叫香气阈值）来表示。所谓嗅觉阈值是指能够引起嗅觉的有气味物质的最小浓度。表 9-1 列出部分物质嗅觉阈值。

表 9-1　部分物质在空气中的嗅觉阈值

名称	阈值/(mg/L)	名称	阈值/(mg/L)
苯	0.0088	乙酸异戊酯	0.039
吡啶	0.00074	乙酸乙酯	0.0036
苦马林	0.00002	丁酸戊酯	0.05
乙硫醇	0.00000066	甲烷	0.1428
硫化氢	0.00018	乙烯	0.01629
二氧化硫	0.0015～0.003	甲醇	450
甲硫醇	0.0002	乙醇	100
甲醛	0.00008	丙醇	9
丙烯醛	0.00048～0.0041	丁醇	0.24
二甲基硫	0.003	正癸醇	0.001
氨	0.0005～0.001	NO$_2$	0.00025

对于同一种气味物质的嗅觉敏感度，不同的人有很大的区别，有的人甚至缺乏一般人所具有的嗅觉能力，我们通常称此为嗅盲。即使是同一个人，嗅觉敏感度在不同情况下也有很大的变化，如妊娠期和更年期容易发生嗅觉过敏和衰退；某些疾病，对嗅觉也会有很大的影响，感冒、鼻炎都可会降低嗅觉的敏感度。环境中的温度、湿度和气压等的明显变化，也会对嗅觉的敏感度产生很大的影响。

嗅觉是极易疲劳的,对某一种气味嗅得稍久一点,就会迟钝不灵,这叫"有时限的嗅觉缺损"。但对某一种气味产生嗅觉迟钝后,对其他气味的嗅觉敏感度仍可保持不变。

3. 气味的强度和稳定性

气味的强度一般认为主要与呈香物质的气体对嗅觉的刺激性大小有关,容易产生嗅觉反应的其气味强度大,反之则小。但在嗅觉辨别时,当人的意图与感情纠缠在一起时,往往会出现复杂情况,不少例子表明,有时即使气体的浓度低于一般人所能感知的条件,也能进行较准确的辨别。呈香物质的气味强度不像化学的浓度那么直观,它受环境、人的心理和生理等诸多因素的影响,所以要以数字的形式定量表示呈香物质的气味强度不是一件容易的事。

气味的稳定性是指呈香物质在一定的环境条件下(如温度、湿度、压力、空气流通度、挥发面积等)在一定的介质或基质中的留存时间限度,即香气的留香能力或持久性。考察香气的持久性强弱,可用嗅觉评判的方法,特别是在食品中或是有其他香味物品共同存在时,嗅觉评判的方法更为适合。因为这时的香气是一个复杂的整体复合气味,如果用仪器测试其成分,很难得出一个满意的结果,而采用感官嗅辨,则比较简单、快速且效果较好。

有研究表明,气味的稳定性,大体上与呈香物质的平均相对分子质量的大小、体系的饱和蒸汽压、物质的沸点(或熔点)、官能团结构、化学物质的黏度等因素有关。一般说,呈香物质的沸点较高、饱和蒸汽压较低、黏度较大、相对分子质量较大,其气味的稳定性较高。反之较弱。

气味的强度与气味的持久性是两个不同概念。香气持久性强的物质不一定它的香气强度大。对于白酒勾兑师来说,一方面要设法勾兑出香气适宜并有一定香气强度的白酒,另一方面还应考虑如何保持白酒中香气的持久性。

4. 气味与分子的官能团

关于气味与分子官能团关系的研究很多,但仍然比较模糊。但有研究表明,决定物质气味特征的因素与分子的一些官能团有一定的关系。研究发现,大多数具有相似气味的物质,往往具有相似的分子结构,特别是分子结构中官能团的性质与气味的种类关系更为密切。无机化合物中除 SO_2、NO_2、NH_3、H_2S 等气体有强烈的气味外,大部分均无气味。有机化合物有气味的甚多,这与其化学结构有密切关系,有气味的物质在分子中都有某些能形成气味的原子或原子团,这些原子在元素周期表中,从Ⅳ族到Ⅶ族都有,其中 P、As、Sb、S、F 均是发恶臭的原子。

有机化合物分子中比较重要的能形成气味的官能团有:羟基(—OH)、苯基($\langle\!\!\!\bigcirc\!\!\!\rangle$—)、羧基($-\overset{\displaystyle O}{\underset{\displaystyle \|}{C}}-OH$)、硝基(—$NO_3$)、醚基(—R—O—R')、亚硝基(—$NO_2$)、酯基($R-\overset{O}{\underset{\|}{C}}-O-R'$)、羰基($-\overset{O}{\underset{\|}{C}}-$)、巯基(—SH)、内酯($R-\overset{O}{\underset{\|}{C}}-O$)、

酰氨基（—C—NH$_2$）、　硫醇基（—R—OH）等。
　　　　　‖　　　　　　　　　　　　‖
　　　　　O　　　　　　　　　　　　S

　　当相对分子质量较小时，官能团在整个分子结构中占较大的比例，官能团对分子的气味影响作用更为明显。具有链状的醇类、醛类、酮类和酯类等的同系化合物，在低相对分子质量范围内，官能团的性质决定了分子的气味强弱程度，此时它们的气味强烈，挥发性强。随着碳原子的增加，碳链增长，它们的香气种类逐渐由果实型气味向清香型再向脂肪型气味过渡，且香气的持久性增加。中等长度碳链（5～8 个碳）的化合物有清香气味；当碳链进一步增加时，脂肪臭的气味随之增加；当碳链达到 15～20 个碳时，却又变得气味微弱，甚至无气味。

　　5. 气味和嗅觉的其他一些特性

　　1）气味的混合作用

　　几种不同的气味混合，同时作用于嗅觉感受器时，可以产生不同情况：一种是产生新气味；一种是代替或掩蔽另一种气味，如高酒精度的酒，由于乙醇的气味减低了其他芳香气味的强度。同样混合后产生的气味比较强烈亦可减低乙醇气味的强度；第三种是可能产生气味中和，混合后的气味完全不引起嗅觉反应。

　　2）气味与浓度

　　不少香味物质在纯物质时的嗅觉是臭的，但降低到一定浓度时，则会呈现出香的气味。气味的强弱还取决于液体中物质分子的挥发程度，如搅动酒使芳香成分挥发加速，嗅觉气味则更加强烈。

　　3）气味与口味的复合作用

　　人们在食用食物时，有气味的分子的气体会部分通过鼻咽部进入上鼻道，人们不仅通过味觉器官感受食物的味道，还通过嗅觉器官感受食物的气味，这就是气味与口味的复合作用。由此可见，人们对香气和味道的感受往往是同时进行的。

9.2.2　嗅觉的测试与训练

　　1. 区分不同香气特征

　　取玫瑰、香蕉、菠萝、橘子、香草、柠檬、薄荷、茉莉、桂花等芳香物质的组织，分别制成 1～8mL 的水溶液，密码编号，倒入酒杯中，以 5 杯为一组，嗅其香气，并写出香气的特征。

　　2. 区分不同香气和化学名称

　　取乙酸、丁酸、乙酸乙酯、己酸乙酯、醋翁（3-羟基丁酮）、双乙酰（2，3-丁二酮）、乙缩醛、β-苯乙醇等芳香物质，用体积分数 40％～50％ 的酒精，按表 9-2 要求配制不同浓度的酒精溶液。分别倒入酒杯中，密码编号，5 杯为一组，嗅闻其香气并写出对应的化学名称，直至判断正确为止。

表 9-2　呈香物质在不同浓度下的香气特征

化学名	浓度 /(g/100mL)	香气特征
乙酸	0.05	醋味
丁酸	0.002	汗臭味
乙酸乙酯	0.01	乙醚状香气、有清香感
乙酸异戊酯	0.006	似香蕉香气
丁酸乙酯	0.0075	似水果香气、有爽快感
己酸乙酯	0.005	似窖香、醇净爽的香感
双乙酰	0.05	有清新爽快感
乙缩醛	0.001	稍有羊乳干酪味，柔和爽口

9.3　味觉及其训练

9.3.1　味觉

1. 味觉器官

舌是口腔中主要器官之一，是味觉感受最敏感的器官。它是由很多横纹肌组成的一个肌性器官。它分上下两面，上面叫舌面；下面叫舌底。舌面上的黏膜分布着不同形状的味觉乳头。这些乳头包括有茸状乳头、轮廓乳头和叶状乳头等。人的味觉感受器味蕾就分布在味觉乳头上。味蕾除主要分布在舌表面和舌边缘外，在口腔和咽部黏膜的表面等处也有味蕾存在。味蕾是人体内最活跃的体系之一，每一味蕾由味觉细胞和支持细胞组成。组成一个味蕾需要 50～150 个细胞，味蕾的细胞大约 10～14d 更换一次。味觉细胞顶端有纤毛，称为味毛，由味蕾表面的孔伸出，它是味觉感受的关键部位。当溶解于水或唾液中的化学物质作用于舌面和口腔黏膜上的味蕾时，刺激味觉细胞兴奋，包围在味觉细胞周围的支配味蕾的感觉神经末梢将味觉细胞的兴奋通过面神经和舌咽神经传入中枢，产生味觉。

人味蕾的数量随着年龄的增长而变化。一般 10 个月的婴儿味觉神经纤维已经成熟，能辨别出咸、甜、苦、酸。味蕾的数量在 45 岁左右增长到顶点。成年人舌头上的味蕾大约有 9000 个左右。主要分布在舌尖、舌头两侧和轮状乳头上。随着年龄的进一步增长，味蕾数逐渐减少。60 岁以上时，味蕾变性加速，味觉感受逐步迟钝。青年男女味觉敏感性无明显差异，50 岁以后，男性比女性有明显的衰退。有味盲的人也是男多于女。

舌是味觉感受最敏感的器官。由于味觉神经在舌头的各个部位上的分布不同；味觉乳头的形状不同，其各部位对味的感受性也不相同。以味觉乳头的形状来分：茸状乳头对甜味和咸味较敏感；叶状乳头对酸味较敏感；轮状乳头对苦味较敏感。反应在舌面上，舌表面的不同部分对不同味刺激的敏感程度是不一样的。一般是舌尖部分对甜味比较敏感；舌后两侧对酸味比较敏感；舌前两侧对咸味比较敏感；而软腭和舌根部对苦味比较敏感。但对不同味刺激的感受在舌面上并无严格的划分界线。另外，在舌的中央部分和背面基本没有味觉乳头，所以基本没有辨别滋味的能力，但存在触觉神经，因此，对压力、冷、热、光滑、粗糙、发涩等有感觉。图 9-1 表示舌对不同味刺激的敏感分布区。

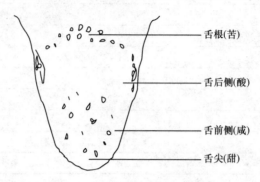

图 9-1　舌表面各味敏感分布区

对口味的感觉与唾液有很大的关系，因为只有溶于水中的物质才能刺激味蕾，完全不溶于水的物质实际是无味的。呈味物质首先与舌表面接触，通过唾液的溶解作用后才产生味觉。所以味觉的强度、出现味觉的时间以及维持时间因呈味物质的水溶性不同而有差异。水溶性好的物质，味觉产生的快，消失的也快；水溶性差的物质，味觉产生慢，消失也慢，其味觉维持的时间也长。

人的唾液能分泌出多种酶，对呈味物质进行分解或溶解，使人能感受到不同的味觉。人的唾液是由唾液腺分泌出来的。唾液腺是由腮腺、颌下腺和舌下腺三对大唾液腺和无数小唾液腺构成，其中大唾液腺分泌的唾液起着主导作用。唾液腺的活动与食物的种类有关。食品越是干燥，在单位时间内分泌的唾液量越多。此外，唾液的成分也与食物的种类有关。例如，对鸡蛋能分泌出较浓厚而富含酶的唾液，而对醋则能分泌出较稀薄的唾液且含酶量较少。唾液不但能润湿和溶解呈味物质，同时还能起洗涤口腔、舌面，恢复味蕾的味觉功能的作用。

2. 味觉的敏感度与迟钝性

人对呈味物质的味觉感受有不同的敏感度。一般来说，在研究对呈味物质的味觉感受时，常采用味觉阈值的概念来比较对味觉的敏感度。味觉阈值是口腔味觉器官（主要是舌）可以感觉到的特定味的最小浓度，是表示人对呈味物质的觉察敏感度的一个参数。应该说明的是：

（1）测定所得到的阈值数据是通过人的感官检验得到的，是人的群体感觉阈的平均值，对每一个具体的人来说不是一个常数。

（2）在表示阈值浓度时，应指明测定时的条件。因为在不同条件下，人对呈味物质的敏感度会出现不同的变化，随之阈值将会发生混乱。例如，某种呈味物质在不同温度下、不同介质体系中（水、酒精溶液、酸溶液等）都会呈现出不同的阈值变化。

（3）阈值是人的极限感知浓度，也是最低感知浓度。阈值越低，表示呈味物质越易被人察觉。

（4）某些情况下，有些呈味物质会呈现出多种味觉特征。例如，有些物质同时具有甜味和苦味，只是在不同浓度时分别表现出来。因此，在谈味觉值时，有必要说明是在何种条件下的阈值。

不同的味觉有着不同的极限阈值，表 9-3 列出了几种物质的味觉阈值。表 9-4 为舌不同部位的味觉阈值。

表 9-3　部分物质在水溶液中的味觉阈值

物质名称	味觉特征	阈值/%
砂糖	甜味	0.5
食盐	咸味	0.2
醋酸	酸味	0.0012
奎宁	苦味	0.0005
谷氨酸钠	鲜味	0.03

表 9-4　各种味觉在舌不同部位的阈值

物质名称	味觉特征	舌尖阈值/%	舌边阈值/%	舌根阈值/%
食盐	咸味	0.25	0.24~0.25	0.38
蔗糖	甜味	0.49	0.72~0.76	0.79
盐酸	酸味	0.01	0.003~0.006	0.03
硫酸奎宁	苦味	0.00029	0.0002	0.00005

当人们描述呈味物质味觉大小时，一般用味值强度来表示。味值强度与呈味物质在体系中的浓度成正比，与它的极限阈值成反比。用公式表示为

$$F = \frac{c}{L}$$

式中　F——表示该呈味物质的味值强度；

　　　c——表示该呈味物质在体系中的浓度；

　　　L——表示该呈味物质在体系中的极限阈值（即味觉阈值）。

由上式可知，某种呈味物质的味觉阈值一定，当它在体系中的浓度越高，则味值强度越大，即对人的味觉感官刺激越大；反之则对人的味觉感官刺激就小；当它在体系中的浓度小于其极限阈值时，理论上不出现味觉反应。

人的味觉容易出现疲劳，尤其是在经常饮酒抽烟或吃刺激性强的食物时，会加快味觉迟钝。味觉迟钝的原因是味觉器官的吸收系统由于经受长时间刺激或强刺激，味蕾被吸附的胶体物质堵塞所致。但味觉的迟钝也容易恢复，只要经适当的休息，让被吸附的胶体物质缓慢地从味蕾细孔中清洗出来，味觉也就基本恢复了。

3. 味觉分类

关于味觉的分类，有将味觉分为酸、甜、苦、辣、咸五味的，也有将味觉分为酸、甜、苦、辣、咸、鲜和涩六味的，还有再加上金属味的分法。但一般认为，基本味觉（典型味觉）为甜、酸、苦、咸四种，其他味觉都可以看成是由这四种基本味觉构成的。

关于四种基本味觉能构成所有的味觉的说法是否充分，现仍有争论，但它们确实能对大多数味觉体验给予比较充分的表述。

对于辣味，一般认为是呈味物质刺激口腔黏膜、鼻腔黏膜、甚至皮肤后引起的灼痛感觉；鲜味主要是由谷氨酸单钠、其他氨基酸盐或核苷酸产生的，这些物质被认为是某些风味物质的强化剂或增效剂，如与浓度不高的氯化钠溶液作用时，产生类似于蛋白质的"肉汤味"。涩味则被认为是一种化学作用引起触觉的复合感觉，是呈味物质与口腔蛋白接触后，使黏膜蛋白凝固所引起的收敛感觉。金属味比较难理解，有时它可以呈现接近甜和酸的口味，有时呈现一种病理复杂性的幻觉味觉紊乱和烧嘴的感觉。

4. 时间、温度等因素对味觉敏感性的影响

舌对各种味觉感觉的时间存在差异。从呈味物质入口到产生味感，咸味约需 1.4s、苦味约需 1.8s。如果各种呈味物质同时入口时，先感觉到的是咸味，其次为甜和酸，最后是苦味。舌尖部位的味觉最敏感，反应迅速而细致，消失也快。其次为舌前部，舌的后部（包括软腭、喉头等）的味觉来的比较慢，但味觉持续时间比较长久。这也是人们吃了有苦味的食物，常感到留有后苦的原因。

味觉的敏感度还受温度的影响。总体上说，能刺激味觉的温度在 10～40℃之间，其中以 30℃时最敏感。具体讲，咸味和苦味随温度上升而减弱；酸味从 10～40℃几乎不变；甜味从低温到高温逐渐增强，37℃达到最高点，高于这个温度又逐渐减弱，但甘氨酸除外，在温度改变时仍保持一定的甜味。另外，温度的改变对口腔的疼痛感也有影响，如酒精在低温时带有甜味，高温时则给口腔疼痛感。

除温度外，味觉还受血液中化学成分变化的影响。如肾上腺皮质功能低下的病人，由于氯化钠的排除量的增加，致使血液中钠离子含量减少，病人则主动选择含盐量较大的食物。可见，味觉的生理意义不仅仅在于营养方面，而且也与维持机体内环境的动态平衡有关。

5. 味觉的相互关系

味觉的相互关系主要有以下几个方面：

1）中和作用

两种不同性质的呈味物质混合时，由于化学的作用，各自失去原来独立味感的现象称为中和。如酸味高的呈味物质适量加入碱性物质，则其酸味降低，甚至出现盐的味觉。

2）抵消作用

两种不同性质的呈味物质混合时，它们各自的原味均被削弱的现象称抵消。如奎宁和蔗糖溶液不如等浓度的单独蔗糖溶液甜（即蔗糖在两种溶液中的浓度相同）；也不如等浓度的单独奎宁溶液苦。

3）抑制作用

两种不同性质的呈味物质混合时，两者之中的一种味觉全部消失，而另一种味觉仍然存在的现象称抑制。如浓度不太高的酸类呈味物质中的酸味可以被适当高浓度的糖的甜味几乎全部抑制（或称掩盖）住。

　　4）加成作用

　　两种具有相同或相类似味觉的呈味物质混合时，它们混合物的味觉强度成倍增加的现象称加成。如酸味物质、甜味物质都不同程度地存在这种现象。鲜味物质也有这种现象，如谷氨酸单钠加上某种核苷酸，则鲜味会成数倍的增加。

　　5）增加感觉

　　不同味觉的呈味物质混合，使某种呈味物质的味觉强度比原来独自的味觉强度增强的现象称增加感觉。如在蔗糖中加入少量的食盐，此时的甜味要比纯蔗糖还甜。尝过鲜味物质数分钟后，再尝甜味、咸味、酸味、苦味物质，试验证明，对于甜、咸味的敏感度不变，而对酸味和苦味的敏感度增加，这种现象称继时增加感觉。

　　6）变味现象

　　随着一种呈味物质在口腔内停留时间的延长，会感到与最初的味觉有不同的感觉，这种现象称变味。如硫酸镁开始尝时是苦味，25～30s 后出现甜味。

　　7）融和现象

　　融合现象是指几种不同味觉的呈味物质相互混合，融合成一个统一的复合味觉，而原来的几种不同味觉的物质不能单独显示其原有的味觉。融合过程中，可能出现化学变化，也可能出现物理变化。例如成品白酒呈现的味觉就是各种不同的呈味物质融合后呈现的味觉。

　　总之，不同味觉特征的物质相互混合后，会产生许多不同的相互作用，使原始味觉发生变化。认识和掌握这些变化的规律，对实际应用是很有意义的。

9.3.2　味觉的测试与基本训练

　　1. 区分味觉特征

　　用白砂糖、食盐、柠檬酸、味精、奎宁，按表 9-5 配制成不同浓度的水溶液。分别倒入酒杯中，密码编号进行品尝，区分是何种味感，并写出其味觉特征。

表 9-5　呈味物质在不同浓度下的味觉特征

呈味物质	纯　度	浓度 /（g/100mL)	味觉特征
砂糖	99%	0.5	甜味
食盐	食用分析纯	0.15	咸味
柠檬酸	食用分析纯	0.04	酸味
味精	95% 以上	0.01	鲜味
奎宁	针剂纯	0.004	苦味

　　在进行味觉测试和训练时，可将蒸馏水编入暗评，以检验味觉的可靠性。

　　2. 区分浓度差

　　将砂糖、食盐、味精按组分别配制成 0.5%、0.8%、1.0%、1.2%、1.4%、1.6%；0.15%、0.20%、0.25%、0.30%、0.35%、0.40%；0.01%、0.015%、

0.02％、0.025％、0.03％等不同的水溶液。密码编号，品尝区分不同味觉及浓度差，准确写出由浓至淡的排列次序。

3. 区分酒度高低

用除浊后的固态发酵法白酒或脱臭后的食用酒精配制成 30％～45％（体积分数）以 3％（体积分数）梯度增长的不同酒度溶液，并通过品尝写出由低到高酒度的排列次序。注意不得通过摇晃来判断酒度的高低。

 思考题

1. 名词解释：嗅觉阈值、嗅觉疲劳、气味强度、气味稳定性、味蕾、味觉阈值、味值强度、味觉疲劳、基本味觉。
2. 引起嗅觉功能障碍的主要原因是什么？
3. 影响嗅觉敏感度的主要因素有哪些？
4. 气味与嗅觉有哪些重要特征？
5. 味觉敏感性与人的性别、年龄之间存在着什么主要的关系？
6. 舌表面各部位对各种味刺激的敏感性如何？
7. 对于辣味、鲜味、涩味，一般是如何解释的？
8. 影响味觉敏感性的主要因素有哪些？
9. 味觉的相互关系主要有哪些？

第10章 白酒的勾兑

导读

　　本章重点介绍勾兑品评作用和意义、白酒勾兑的原理和勾兑方法，勾兑用酒的选择和基础酒的设计，并介绍一些名优酒厂白酒勾兑的情况。通过本章的学习，了解勾兑的一般原理，掌握白酒加浆计算和操作方法，掌握数学勾兑法，了解勾兑过程中的注意事项。

10.1　勾兑的作用和意义

　　白酒勾兑是生产中的一个组装过程，是指把不同车间、班组以及窖池和糟别等生产出来的各种酒，通过巧妙的技术组装，组合成符合本厂质量标准的基础酒。基础酒的标准是"香气正，形成酒体，初具风格"。勾兑在生产中起取长补短的作用，重新调整酒内的不同物质组成和结构，是一个由量变到质变的过程。

　　无论是我国的传统法白酒生产，还是其他新型白酒的生产，由于生产的影响因素复杂，生产出的同类酒酒质相差很大。如固态法白酒生产，基本采用手工操作，富集自然界多种微生物共同发酵，尽管采用的原料、制曲和酿造工艺大致相同，但由于不同的影响因素，每个窖池所产的酒酒质是不相同的。即使是同一个窖池，在不同季节、不同班次、不同的发酵时间，所产的酒质量也有很大差异。如果不经勾兑，每坛酒分别包装出厂，酒质极不稳定。通过勾兑，可以统一酒质、统一标准，使每批出厂的成品酒质量基本一致。勾兑可起提高酒质的作用，实践证明，同等级的原酒，其味道各有差异，有的醇和，有的醇香而回味不长，有的醇浓回味俱全但甜味不足，有的酒虽各方面均不错但略带杂味或不爽口等。通过勾兑，可以弥补缺陷，使酒质更加完美一致。

10.2　勾兑的原理

　　如前所述，酒中含有醇、酸、酯、醛、酮、酚等微量香味成分，因生产条件不同，它们含量多少及其相互间的量比关系各异，从而构成各种酒的不同香型和风格。目前，名优白酒的生产设备仍是以窖（或坛）、甑为单位，每个窖所生产的酒质是不一致的；即使同一个窖，每甑生产的酒质也有所区别，所含的微量成分也不一样；加上贮存酒的容器是坛、池等，每坛（池）酒的质量也存在一定差距；就是经尝评验收后的同等级酒，在香气和口味上也不一样。在这种情况下，不经过勾兑，是不可能保证酒质量稳定的。只有把含有不同微量香味成分的酒，通过勾兑，统一达到本品所固有的各种微量香味成分适宜含量和相互间的适宜比例，使每批出厂产品质量基本一致，才能保证酒的质量稳定和提高。

在勾兑中，会出现各种奇特的现象。

（1）好酒和差酒之间勾兑后，会使酒变好。

其原因是：差酒中有一种或数种微量香味成分含量偏多，也有可能偏少，但当它与比较好的酒勾兑时，偏多的微量香味成分得到稀释，偏少的可能得到补充，所以勾兑后的酒质就会变好。例如有一种酒乳酸乙酯含量偏多，为 200mg/100mL，而己酸乙酯含量不足，只有 80mg/100mL，己酸乙酯和乳酸乙酯的比例严重失调，因而香差味涩；当它与较好的酒，如乳酸乙酯含量为 150mg/100mL，己酸乙酯含量为 250mg/100mL 的酒相勾兑后，则调整了乳酸乙酯和己酸乙酯的含量及己酸乙酯和乳酸乙酯的比例，结果变成好酒。假设勾兑时，差酒的用量为 150kg，好酒的用量为 250kg，混合均匀后，酒中上述两种微量成分的含量则变化为

$$乳酸乙酯含量 = \frac{200 \times 150 + 150 \times 250}{150 + 250} = 168.75 (\text{mg}/100\text{mL})$$

$$己酸乙酯含量 = \frac{80 \times 150 + 250 \times 250}{150 + 250} = 186.25 (\text{mg}/100\text{mL})$$

（2）差酒与差酒勾兑，有时也会变成好酒。

这是因为一种差酒所含的某种或数种微量香味成分含量偏多，而另外的一种或数种微量香味成分含量却偏少；另一种差酒与上述差酒微量香味成分含量的情况恰好相反，于是一经勾兑，互相得到了补充，差酒就会变好。例如一种酒丁酸乙酯含量偏高，而总酸含量不足，酒呈泥腥味和辣味；而另一种酒则总酸含量偏高，丁酸乙酯含量偏少，窖香不突出，呈酸味。把这两种酒进行勾兑后，正好取长补短，成为较全面的好酒。此外，带涩味的酒与带酸味的酒相勾兑，带酸味的酒与带辣味的酒相勾兑，均有可能变成好酒。

（3）好酒和好酒勾兑，有时反而变差。

在相同香型酒之间进行勾兑不易发生这种情况，而在不同香型的酒之间进行勾兑时就容易发生。因为各种香型的酒都有不同的主体香味成分，而且差异很大。如浓香型酒的主体香味成分是己酸乙酯和适量的丁酸乙酯，其他的醇、酯、酸、醛、酚只起烘托作用；酱香型酒的主体香味成分是酚类物质，以多种氨基酸、高沸点醛酮为衬托，其他酸、酯、醇类为助香成分；清香型酒的主体香味成分是乙酸乙酯，以乳酸乙酯为搭配协调，其他为助香成分。这几种酒虽然都是好酒，甚至是名酒，由于香味性质不一致，如果勾兑在一起，原来各自协调平衡的微量香味成分含量及量比关系均受到破坏，就可能使香味变淡或出现杂味，甚至改变香型，比不上原来单一酒的口味好，从而使两种好酒变为差酒。

10.3　勾兑用酒的选择

勾兑技术已成为白酒生产中非常重要的环节。但勾兑不是万能的，它不能替代一

切，如果生产出的是劣质酒，则是难以勾调出好酒的。只有在生产出好酒或比较好的酒的基础上，正确选择具有不同特点的合格酒，注意各种酒之间的配比关系，同时加强酒库管理，才能保证勾兑和调味工作的顺利进行。

10.3.1　酒库的管理

白酒在酒库贮存的过程中，质量仍处于动态变化中，经过适当时间贮存和管理，酒变得醇和、绵软，为勾兑调味创造良好的前提条件，所以酒库管理是做好勾兑和调味工作的重要环节。为了搞好酒库管理，应做好以下几方面的工作：

（1）新酒入库时，应先经质检部门或专门的尝评小组初步评定等级后，分级入库。评定时，不可用评老酒的标准来评定新酒，对新酒的尝评方法和标准与尝评老酒应有所区别，要分别建立新酒和老酒的评酒方法和制度。

（2）每个贮酒容器上，要挂上登记卡片，详细建立库存档案，上面注明坛号、生产日期、窖号、糟别（粮糟酒、红糟酒、丢糟黄水酒等）、生产车间和班组、数量、酒精度、等级以及酒的色、香、味、风格特点等。有条件的厂，最好能附上气相色谱分析的主要数据。

（3）各种不同风味的酒，要避免不分好坏，任意合并，否则，无法保证质量。

（4）调味酒要单独贮存，不能任意合并，最好有单独地方贮存。

（5）分别贮存后，还需定期尝评复查。每批入库酒样，每月随机抽样一次。以100mL 吸管，吸取坛中酒样 100mL，盛入三角瓶内，封好，进行感官尝评和理化指标分析。根据结果，调整级别，换发卡片，并做好记录。

（6）酒坛装酒前，要检查酒坛是否渗漏。同时要保证酒坛干净，没有异杂味。

（7）酒坛装酒时，上部要留有一定空间，不要装得太满，装好后，要做好密封工作，防止酒精分以及其他香味成分挥发。

（8）平时要搞好酒库的清洁卫生。

（9）勾兑员和酒库管理员应密切配合，酒库管理人员要为勾兑人员提供方便，勾兑员和酒库管理员对库存酒要做到心中有数。

10.3.2　基础酒的设计

1. 确定合格酒

合格酒是指验收生产班组所产的符合质量标准的每坛酒。验收合格酒的质量标准应该是以香气正、味净为基础。每个班组生产的原度酒是不一致的，差距很大。如有的酒香气正、尾子净、窖香浓；有的酒香气正、味净、香气长；或者香气正、味净、风格突出等，这些类型的酒均符合上述标准，可以作为合格酒验收入库。另外，有的原度酒味不净、略带杂味，但某一方面的特点突出，如有的浓香型酒带苦味但浓香突出；微涩但陈味突出；微辛但醇厚，有回甜；燥辣但香长；欠爽但具备风格等，这些酒可以用来勾兑成质量较好的基础酒，可作为合格酒验收入库。另外，带酸、带馊、窖泥臭、中药味等酒，均可作为合格酒验收使用，质量较好的甚至可作为调味酒。

2. 基础酒的设计

基础酒是指勾兑完成后的酒，是调味的基础。基础酒是由各种合格酒组成的，但不是所有合格酒都能达到基础酒的质量标准，而是由各种各样的合格酒经过合理勾兑后，才符合基础酒质量标准。因此必须考虑合格酒的设计问题，这是提高合格率的关键。为了实现总体设计的质量标准，必须首先设计基础酒的标准，基础酒的标准是香气正、形成酒体、初具风格。基础酒是由合格酒组成的，根据主要微量香味成分的相互量比关系，合格酒大体分成七个范畴：

（1）己酸乙酯＞乳酸乙酯＞乙酸乙酯。这样的酒浓香好，味醇甜，典型性强。

（2）己酸乙酯＞乙酸乙酯≥乳酸乙酯。这种酒喷香好，清爽醇净，舒畅。

（3）乳酸乙酯≥乙酸乙酯＞己酸乙酯。这种酒闷甜，味香短淡，但只要用量恰当，则可以使酒味醇和净甜。

（4）乙缩醛＞乙醛（乙缩醛超过 100mg/100mL）。这样的酒异香突出，带馊香味。

（5）丁酸乙酯≥戊酸乙酯（含量达到 25～50mg/100mL）。这样的酒，有陈味和类似的中药味。

（6）丁酸＞己酸≥乙酸≥乳酸。

（7）己酸＞乙酸≥乳酸。

按这些范畴验收合格酒后，再根据设计要求勾兑成基础酒，这样就能提高酒的合格率。

3. 勾兑时各种酒的配比关系

勾兑时应注意研究和应用以下各种酒的配比关系：

1）各种糟酒之间的混合比例

各种糟酒各有特点，如粮糟酒甜味重，香味淡；红糟酒香味较好但不长，醇甜差，酒味燥辣。因此各种糟酒具有不同的香和味，将它们按适当的比例混合，才能使酒质全面，酒体完美。优质酒勾兑时，各种糟酒的比例，一般是双轮底酒占 10%，粮糟酒占 65%，红糟酒占 20%，丢糟黄水酒占 5%。各厂可根据具体情况，通过小样勾兑来确定各种糟酒配合的最适比例。

2）老酒和一般酒的比例

一般说来，贮存一年以上的酒称老酒，它具有醇厚、绵软、陈香回味好的特点，但香味欠浓。而一般酒贮存期相对较短，香味较浓，但口味糙辣、欠醇和，因此在勾兑组合基础酒时，一般都要添加一定数量的老酒。其比例多少恰当，应注意摸索，逐步掌握。以泸州老窖特曲为例，勾兑基础酒时，可添加 20% 的老酒，其余为 80% 的新酒（贮存 3 个月以上的合格酒）。由于每个酒厂的生产方法、酒质要求都不完全相同，在选择新酒与老酒之间的比例以及新酒与老酒的贮存期都有不同的要求，如四川五粮液酒厂，则全部采用贮存 1 年以上的酒进行勾兑。是否需要贮存更长的时间的酒如 3 年、5 年等，应根据各厂具体情况而定。

3) 老窖酒和新窖酒的配比

一般老窖酒香气浓，味纯正，新窖酒寡淡味短，用量过多时易于挫味和变质。所以在勾兑时，新窖合格酒的比例占 20％～30％。

4) 不同季节所产酒的配比

由于一年四季自然气候不同，自然界微生物不同，加上入窖条件、发酵条件不同，所产的酒质也不相同。热季（淡季）和冬季（旺季）所产之酒，各有各的特点和缺陷。勾兑时，应注意它们的配合比例，其配合比例一般为淡季：旺季＝1：3。

5) 不同发酵期所产的酒的配比

发酵期的长短与酒质有着密切的关系。发酵期较长（60～90d）的酒，香浓味醇厚，但挥发性香味物质少，香气较差；发酵期短（30～40d）的酒，挥发性香味物质较多，闻香较好。若按适宜的比例混合，可提高酒的香气和喷头，使酒质更加全面。勾兑时，一般可在发酵期长的酒中，可配以 5％～10％发酵期短的酒。

10.4　白酒加浆的计算与训练

10.4.1　质量分数和体积分数的相互换算

酒的浓度最常用的表示方法有体积分数和质量分数。所谓体积分数是指 100 份体积的酒中，有若干份体积的纯酒精。如 65％的酒是指 100 份体积的酒中有 65 份体积的酒精和 35 份体积的水。质量分数是指 100g 酒中所含纯酒精的克数。这是由纯酒精的相对密度为 0.78934 所造成的体积分数与质量分数的差异。每一个体积分数都有一个唯一的固定的质量分数与之相对应（详见附录：酒精容量％，相对密度、重量％对照表）。两种浓度的换算方法如下：

1. 将质量分数换算成体积分数（即：酒精度）

$$\varphi(\%) = \frac{w \times d_4^{20}}{0.78934}$$

式中　φ——体积分数，％；

　　　w——质量分数，％；

　　　d_4^{20}——样品的相对密度，是指 20℃时样品的质量与同体积的纯水在 4℃时的质量之比；

　　　0.78934——纯酒精在 20℃/4℃ 时的相对密度 。

【例 10-1】　有酒精质量分数为 57.1527％的酒，其相对密度为 0.89764，其体积分数为多少？

解

$$\varphi(\%) = \frac{w \times d_4^{20}}{0.78934} = \frac{57.1527 \times 0.89764}{0.78934} = 65.0\%$$

2. 体积分数换算成质量分数

$$w(\%) = \varphi \times \frac{0.78934}{d_4^{20}}$$

【例 10-2】　　有酒精体积分数的 60.0% 的酒，其相对密度为 0.90915，其质量分数为多少？

解

$$w(\%) = \varphi \times \frac{0.78934}{d_4^{20}} = 60.0 \times \frac{0.78934}{0.90915} = 52.0879\%$$

10.4.2　高度酒和低度酒的相互换算

高度酒和低度酒的相互换算，涉及折算率。折算率，又称互换系数，是根据"酒精容量%，相对密度、重量%对照表"的有关数字推算而来，其公式为

$$折射率 = \frac{\varphi_1\% \times \dfrac{0.78934}{(d_4^{20})_1}}{\varphi_2\% \times \dfrac{0.78934}{(d_4^{20})_2}} \times 100\%$$

$$= \frac{w_1\%}{w_2\%} \times 100\%$$

$$= \frac{原酒酒精度的质量分数}{标准酒精度的质量分数} \times 100\%$$

1. 将高度酒调整为低度酒

$$调整后酒的千克数 = 原酒的千克数 \times \frac{w_1(原酒的质量分数)\%}{w_2(调整后酒的质量分数)\%} \times 100\%$$

$$= 原酒千克数 \times 折算率$$

【例 10-3】　　65.0%（体积分数）的酒 153kg，要把它折合为 50.0%（体积分数）的酒是多少千克？

解　　　　查附录 1：65.0%（体积分数）= 57.1527%（质量分数）

　　　　　　　50.0%（体积分数）= 42.4252%（质量分数）

$$调整后酒的公斤数 = 153 \times \frac{57.1527\%}{42.4252\%} \times 100\% = 206.11(kg)$$

2. 将低度酒折算为高度酒

$$折算高度酒的重量 = 欲折算低度酒的重量 \times \frac{w_2(欲折算低度酒的质量分数)\%}{w_1(折算为高度酒的质量分数)\%} \times 100\%$$

【例 10-4】　　要把 39.0%（体积分数）的酒 350kg，折算为 65.0%（体积分数）的酒多少千克？

解　　　　查附录 1：39.0%（体积分数）= 32.4139%（质量分数）

　　　　　　　65.0%（体积分数）= 57.1527%（质量分数）

$$折算高度酒的重量 = 350 \times \frac{32.4139\%}{7.1527\%} \times 100\% = 198.50(kg)$$

10.4.3　不同酒精度的勾兑

有高低度数不同的两种原酒，要勾兑成一定数量一定酒精度的酒，需原酒各为多少

的计算，可依照下列公式计算：

$$m_1 = \frac{m(w - w_2)}{w_1 - w_2}$$

$$m_2 = m - m_1$$

式中　w_1——较高酒精度的原酒质量分数，%；

　　　w_2——较低酒精度的原酒质量分数，%；

　　　m_1——较高酒精度的原酒重量，kg；

　　　m_2——较低酒精度的原酒重量，kg；

　　　w——勾兑后酒的重量，kg。

【例 10-5】　有 72.0% 和 58.0%（体积分数）两种原酒，要勾兑成 100kg60.0%（体积分数）的酒，各需多少千克？

　　解　查附录 1：　　　72.0%（体积分数）=64.5392%（质量分数）

　　　　　　　　　　　58.0%（体积分数）=50.1080%（质量分数）

　　　　　　　　　　　60.0%（体积分数）=52.0879%（质量分数）

$$m_1 = \frac{m(w - w_2)}{(w_1 - w_2)} = \frac{100 \times (52.0879\% - 50.1080\%)}{(64.5392\% - 50.1080\%)} = 13.72(\text{kg})$$

$$m_2 = m - m_1 = 100 - 13.72 = 86.28(\text{kg})$$

即需 72.0%（体积分数）原酒 13.72kg，需 58.0%（体积分数）86.28kg。

10.4.4　温度、酒精度之间的折算

我国规定酒精计的标准温度为 20℃。但在实际测量时，酒精溶液温度不可能正好都在 20℃。因此必须在温度、酒精度之间进行折算，把其他温度下测得的酒精溶液浓度换算成 20℃时的酒精溶液浓度。

【例 10-6】　某坛酒在温度为 14℃时测得的酒精度为 64.0%（体积分数），求该酒在 20℃时的酒精浓度是多少？

　　解　其查表方法如下：

在附录 2（酒精浓度与温度校正表）中酒精溶液温度栏中查到 14℃，再在酒精计示值体积浓度栏中查到 64.0%，两点相交的数值 66.0，即为该酒在 20℃时的酒度 66.0%（体积分数）

【例 10-7】　某坛酒在温度为 25℃时测得的酒精度为 65.0%（体积分数），求该酒在 20℃时的酒精浓度是多少？

　　解　其查表方法如下：

在附录 2（酒精浓度与温度校正表）中酒精溶液温度栏中查到 25℃，再在酒精计示值体积浓度栏中查到 65.0%，两点相交的数值 63.3，即为该酒在 20℃时的酒度。

另外，在实际生产过程中，有时要将实际温度下的酒精浓度换算为 20℃时的酒精浓度，也可在附录 2（酒精浓度与温度校正表）中查取。

【例 10-8】　某坛酒在 18℃时测得的酒精浓度=40.0%（体积分数），其酒精浓度为多少？

解　查得 20℃时的酒精浓度为 40.8％（体积分数）。

【例 10-9】　某坛酒在 22℃时测得的酒精浓度＝40.0％（体积分数），其酒精浓度为多少？

解　查得 20℃时的酒精浓度为 39.2％（体积分数）

在无"酒精浓度与温度校正表"或不需精确计算时，可用酒精度与温度校正粗略计算方法，其公式为

该酒在 20℃时的酒精度（体积分数）＝实测酒精度（体积分数）＋（20℃－实测酒的温度度数）$\times \frac{1}{3}$

仍以上述例 10-6 和例 10-7 的有关数据为例说明：

【例 10-10】　求酒精度该酒在 20℃时的酒精度（体积分数）？

解　　　酒精度＝64.0＋（20℃－14℃）$\times \frac{1}{3}$＝66.0％（体积分数）

【例 10-11】　求该酒在 25℃时的酒精度（体积分数）？

解　　　酒精度＝65.0＋（20℃－25℃）$\times \frac{1}{3}$＝63.3％（体积分数）

10.4.5　白酒加浆定度用水量的计算

不同白酒产品均有不同的标准酒精度，原酒往往酒精度较高，在白酒勾兑时，常需加水降度，使成品酒达到标准酒精度，加水数量的多少要通过计算来确定：

$$加浆量＝标准量－原酒量$$
$$＝原酒量\times 酒度折算率－原酒量$$
$$＝原酒量\times（酒度折算率－1）$$

【例 10-12】　原酒 65.0％（体积分数）500kg，要求兑成 50.0％（体积分数）的酒，求加浆数量是多少？

解　查附录1：65.0％（体积分数）＝57.1527％（质量分数）

50.0％（体积分数）＝42.4252％（质量分数）

$$加浆数 ＝ 500 \times \left(\frac{57.1527\%}{42.4252\%} - 1 \right) ＝ 173.57（kg）$$

【例 10-13】　要勾兑 1000 千克 46.0％（体积分数）的成品酒，问需多少千克 65.0％（体积分数）的原酒？需加多少千克的水？

解　查附录1：65.0％（体积分数）＝57.1527％（质量分数）

46.0％（体积分数）＝38.7165％（质量分数）

$$需 65.0\%（体积分数）原酒千克数 ＝ 1000 \times \frac{38.7165\%}{57.1527\%} ＝ 677.42（kg）$$

$$加水数 ＝ 1000 - 677.42 ＝ 322.58（kg）$$

10.5　勾兑的方法

10.5.1　铝罐勾兑法

1. 选酒

选酒是以每坛酒的卡片为依据，最好再尝评一遍，以掌握实际情况。在选酒时，应注意酒的配比关系和各种香味之间的配合比例。

（1）后味浓厚的酒可与味正而后味淡薄的酒组合。

（2）前香过大的酒可与前香不足而后味浓厚的酒组合。

（3）味较纯正，但前香不足，后香淡的酒，可与前香大而后香淡的酒，加上一种后香长但稍欠净的酒，三者组合在一起，就会变成较完善的好酒。同时为利于选择，把香味分为香、醇、爽、风格四种类型，根据本厂情况，把参与勾兑的合格酒（多少不论），使这四种酒各占 25％左右。例如要选用 20 坛进行勾兑，那么香的、醇的、爽的，有风格的各选 5 坛。为了使勾兑顺利进行，又可把这 20 坛酒分成三组。

第一组：带酒，具有某种独特香味的酒，主要是双轮底酒和老酒，这种酒一般占 15％，使其起到风格方面的带头作用。

第二组：大宗酒，为一般的，无独特香味，但香、醇、爽、风格均有或某种香味稍好，而其他香、味又略差者；各坛可用小样勾兑，综合起来则能构成香、醇、爽、风格协调的酒，这种酒占 80％左右。

第三组：搭酒，有一定特点，有一些可取之处，但味稍杂或香气有不正之酒，这种酒一般占 5％左右。

2. 小样勾兑

酒选好后，在进行大样勾兑之前，必须先进行小样勾兑试验，以验证所选酒样是否适合，以及试选各种酒的配比量，然后再按小样比例进行大样勾兑。

小样勾兑试验具体可分四个步骤来进行：

（1）大宗酒的组合。就是将确定为大宗酒的那些酒样，先按等量混合，每坛用量杯量取 25～50mL 置于三角瓶中充分摇匀后，尝评其香味，确定是否符合基础酒的要求。如果不符合，就要分析其原因，调整大宗酒的比例，或增或减大宗酒，甚至加入部分带酒，再进行掺兑，尝评鉴定，反复进行，直到符合基础酒的要求为止。

（2）试加搭酒。取组合好的大宗酒初样 100mL，以 1％的比例递加搭酒，边加边尝评，根据尝评的结果，判定搭酒的性质是否适合，并确定搭酒添加量的多少。搭酒的添加直到再加有损其风味为止。如果添加 1％～2％时有损初样酒的风味，说明该搭酒不合适，应另选搭酒。当然也可以根据实际情况，不加搭酒。一般说来，如果搭酒选得好，适量添加，不但无损于初样酒的风味，而且还可以使其风味得到改善。只要不起坏作用，搭酒可尽量多加。

（3）添加带酒。在已经加过搭酒并认为合格的大宗酒中，按 3％～5％比例逐渐加入带酒，边加边尝评，直到酒质协调、丰满、醇厚、完整，符合合格基础酒标准为止。

根据尝评鉴定，测试带酒的性质是否适合以及确定添加带酒的数量。带酒添加量要恰到好处，既要提高基础酒的风味质量，又要避免用量过多。在保证质量的前提下，尽可能少加带酒。

（4）组合验证检查。将勾兑好的基础酒，加浆到产品的标准酒精度，再仔细尝评验证，并进行理化指标的检验，如酒质无变化，小样勾兑即算完成。若小样与调度前有明显的变化，应分析原因，重新进行勾兑，直到合格为止。然后，再根据小样比例，进行大样勾兑。

3. 正式勾兑

大样勾兑一般都在5～10t（或更大）的铝罐或不锈钢罐中进行。按小样勾兑的比例关系，计算大批量勾兑酒的数量。如某小样勾兑的比例为 A 酒 2.20∶B 酒 1.00∶C 酒 0.56∶D 酒 1.20。那么大批量勾兑为 A 酒 220kg，B 酒 100kg，C 酒 56kg，D 酒 120kg。按各自的用量，用酒泵泵入勾兑罐中，搅拌均匀后，取样尝评，并从中取少量酒样，按小样勾兑的比例，加入搭酒和带酒，混合均匀，进行尝评。若与原小样合格基础酒无大的变化，即按小样勾兑的比例，经换算扩大，将搭酒和带酒泵入勾兑罐，再加浆到成品的标准酒精度，搅拌均匀后，成为调味的基础酒。其感官尝评应达到：香气纯正，香味协调，尾净味长，初具酒体。然后再进行正式调味，如香味发生了变化，要进行必要的调整，直到符合标准为止。

10.5.2　坛内勾兑法

在坛内勾兑也应先做小样勾兑试验，然后按小样勾兑的最佳配比量，进行大样勾兑。坛内勾兑一般有以下几种方法：

1. 两坛勾兑法

根据尝评结果，选用两坛能互相弥补各自缺陷，发挥各自长处的酒进行勾兑。例如，有一坛 A 酒 200kg，香味好，醇和差，而另一坛 B 酒 250kg，则醇和好，香味差。这两坛酒就可以相互勾兑，小样勾兑比例可以从等量开始。第一次勾兑 A 酒取 20mL，B 酒取 25mL，混合均匀后尝评，认为是醇好香差，说明 B 酒用量过多，应减少。第二次勾兑用 A 酒 20mL，B 酒 12.5mL（25/2），混合均匀，再进行尝评，认为香好醇差，应增加 B 酒量。第三次勾兑用 A 酒 20mL，B 酒 18.75mL［（25＋12.5）/2］，混合均匀后进行尝评，认为符合等级质量标准。根据小样勾兑结果的配比，计算出扩大勾兑所需的用量：

$$A 酒＝200kg，B 酒＝187.5kg（250×18.75/25）$$

2. 多坛勾兑法

根据尝评结果，选用几坛能相互弥补各自缺陷，发挥各自长处的酒进行勾兑。例如，有 A、B、C、D 四坛酒，各自的数量、特点及缺陷如下：

A 酒：香味好，醇和感差，250kg。

B 酒：醇好香差，200kg。

C 酒：风格好，稍有杂味，225kg。

D 酒：醇香陈味好，香气稍差，240kg。

小样勾兑试验也用等量对分法：

第一步：以数量最小的 B 坛酒为基础，其他酒与之相比得到等量的比例关系；即为 A 酒（250/200）：B 酒（200/200）：C 酒（225/200）：D 酒（240/200）＝1.25：1：1.125：1.2。

按此比例关系勾兑小样，即 A 酒 125mL，B 酒 100mL，C 酒 112.5mL，D 酒 120mL，混合均匀后尝评。结果是味杂，香不足。这说明有杂味的 C 酒用量过多，应减少 C 酒用量；香不足，是香味好的 A 酒用量太少，应增加其用量。增加或减少应遵循对分原则。

第二步，按对分原则，减少 C 酒为 1.125/2＝0.56，增加 A 酒为

$$1.25＋1.25/2＝1.88。$$

因此调整比例为 A：B：C：D＝1.88：1：0.56：1.2，即 A 酒 188mL，B 酒 100mL，C 酒 56mL，D 酒 120mL，混合均匀后尝评，结果是杂味消失，但香气仍不足，说明带有杂味的 C 酒用量合适，而 A 酒用量仍然偏少，需进一步加大用量。

第三步，还是按对分原则，增加 A 酒比例数为 1.88＋1.25/2＝2.51，

再次调整的比例为 A：B：C：D＝2.51：1：0.56：1.20，即 A 酒 251mL，B 酒 100mL，C 酒 56mL，D 酒 120mL，混合均匀后尝评，结果是香气浓郁，达到合格基础酒的要求，则可以进一步试验 A 酒能否减少到最适量。

第四步，按对分法减少 A 酒的比例数为

$$2.51-\frac{1.25/2}{2}=2.20$$

即调整比例 A：B：C：D＝2.20：1.0：0.56：1.20，小样勾兑为 A 酒 220mL，B 酒 100mL，C 酒 56mL，D 酒 120mL，混合均匀后尝评，如酒质基本全面，就可以不再组合，小样勾兑试验完成。如仍有不理想之处，可按对分法再次进行调整，直到最佳比例为止。

对于 5 坛或 5 坛以上的多坛酒，勾兑方式有以下两种：

（1）从多坛酒中首先选出香味特点突出的带酒和具有某种缺陷的搭酒，而其他香味基本相似的酒，作为大宗酒，这样就可以采用"铝桶勾兑法"进行勾兑，效果是相当不错的。

（2）逐坛尝评，将香味相似的酒分为 4 个组，分别尝评出各自的香味特点，做好记录。然后采用等量对分法进行勾兑，该法虽步骤较烦琐，工作量较大，但勾兑效果显著，且易学易懂。

坛内勾兑的缺点是，勾兑的工作量大，酒质难以稳定，较难达到统一标准。

10.5.3　数学勾兑法

该法是运用数学手段进行组合的一种方法，它主要是根据微量成分的含量，进行合

理的科学勾兑。实践证明，采用这种方法勾兑的基础酒，不论是在酒质上，还是在用量、时间上，都优于感官尝评勾兑。当然这种方法的工作量非常大，要有一定的分析技术力量和较先进的气相色谱仪。

进行数学勾兑时，必须找准影响浓香型酒质的主要微量成分的含量及其量比关系。现在公认影响浓香型酒质量的微量成分是四大酯，即己酸乙酯、乳酸乙酯、乙酸乙酯和丁酸乙酯以及它们之间的量比关系，其中己酸乙酯又起着主导作用。根据所分析的大量数据和实践经验证明，酒中四大酯的含量及其量比关系如表 10-1 所示。

表 10-1　三种浓香型酒中四大酯的含量及其量比关系

酒别	己酸乙酯 /(mg/100mL)	乳酸乙酯 /(mg/100mL)	乙酸乙酯 /(mg/100mL)	丁酸乙酯 /(mg/100mL)	四大酯关系	风格特征
1	200	190	170	15	己酸乙酯＞乳酸乙酯≥乙酸乙酯＞丁酸乙酯	醇香浓郁，饮后尤香，清洌甘爽，回味悠长
2	180	170	150	20	己酸乙酯≥乳酸乙酯＞乙酸乙酯＞丁酸乙酯	香气浓郁，味醇厚甘美，净爽
3	170	150	170	25	己酸乙酯＞乙酸乙酯＞乳酸乙酯＞丁酸乙酯	浓香，醇和回甜，清洌净爽，余香悠长

1. 数学勾兑原理

根据各种酒微量成分的含量进行勾兑，达到该酒四大酯特定的量比关系和基本含量，从而烘托出该酒的风格特点。

2. 基本含量

就是保持该香型风格特点所需微量成分的最低含量。

3. 数学勾兑的方法步骤

首先确定勾兑的类型，是泸州老窖特曲的比例，还是五粮液的比例，或者是其他浓香型酒的比例，这是勾兑的关键。泸州老窖特曲酒和五粮液虽同是浓香型，但其微量成分的含量及其量比关系是不同的，反映在口感上也存在着较大的差异，故应首先确定勾兑的类型。

第一步，分析出各坛酒的四大酯的含量，这是进行数学勾兑的基础。

第二步，根据数学原理 $\bar{c} = \dfrac{\sum c \times w}{\sum w}$ 进行数据勾兑。如果勾兑的坛数不多，例如 5 坛左右，可直接按 $\bar{c} = \dfrac{\sum c \times w}{\sum w}$ 勾兑。

如我们确定勾兑的类型是泸州老窖特曲酒，那么己酸乙酯＝200mg/100mL，乳酸乙酯＝190mg/100mL。

现有 4 坛酒，分析数据见表 10-2。

表 10-2　四大酯含量

编号	己酸乙酯含量 /(mg/100mL)	乳酸乙酯含量 /(mg/100mL)	乙酸乙酯含量 /(mg/100mL)	丁酸乙酯含量 /(mg/100mL)	酒的重量/kg
1	240.5	228.7	180.3	20.3	158
2	176.4	165.5	163.5	18.3	202
3	215.8	203.5	170.3	22.3	180
4	189.2	177.6	175.4	17.7	220

按数学原理勾兑，$\bar{c} = \dfrac{\sum c \times w}{\sum w}$

式中　$\bar{c}$——勾兑成功酒样微量成分的含量，mg/100mL；

$\quad\quad c$——各坛酒中微量成分的含量；

$\quad\quad w$——勾兑时取各坛酒的重量，kg。

首先确定己酸乙酯的量，全部酒样勾兑时，

己酸乙酯的 $\bar{c}_{己酸乙酯} = \dfrac{\sum c \times w}{\sum w}$

$$= \frac{240.5 \times 158 + 176.4 \times 202 + 215.8 \times 180 + 189.2 \times 220}{158 + 202 + 180 + 220}$$

$$= 202.8 (\text{mg/100mL})$$

如果己酸乙酯＜200mg/100mL，就应减少己酸乙酯含量低的酒的用量。如表 10-2 中的 2 号或 4 号酒样，来相对提高己酸乙酯的含量；如果己酸乙酯远＞200mg/100mL，就应适当减少己酸乙酯含量高的酒的用量，但不能＜200mg/100mL，这样就可以达到最优组合，既可以提高酒质，又可以节约好酒的用量。

同理，进行乳酸乙酯、乙酸乙酯的组合，由于丁酸乙酯的含量很少，可以不作数据组合。

乳酸乙酯的 $\bar{c}_{乳酸乙酯} = \dfrac{\sum c \times w}{\sum w}$

$$= \frac{228.7 \times 158 + 165.5 \times 202 + 203.5 \times 180 + 177.6 \times 220}{158 + 202 + 180 + 220}$$

$$= 190.97 (\text{mg/100mL})$$

$$\bar{c}_{乙酸乙酯} = \frac{\sum c \times w}{\sum w}$$

$$= \frac{180.3 \times 158 + 163.5 \times 202 + 170.3 \times 180 + 175.4 \times 220}{158 + 202 + 180 + 220}$$

$$= 172.05(\text{mg}/100\text{mL})$$

最后，综合己酸乙酯、乙酸乙酯、乳酸乙酯所确定的用量，达到最优化组合。

第三步，如果进行大批量的勾兑，就要进行数据分析，列出数据范围，如 $140 \sim 160$、$160 \sim 180$、$180 \sim 200$、$200 \sim 240$。

例如，现需 15 坛酒组合，分析数据见表 10-3。

表 10-3　15 坛酒的四大酯含量

编号	己酸乙酯含量 /(mg/100mL)	乳酸乙酯含量 /(mg/100mL)	乙酸乙酯含量 /(mg/100mL)	丁酸乙酯含量 /(mg/100mL)	酒的重量/kg
1	192.1	176.3	161.5	15.6	225
2	170.7	232.1	201.8	18.3	187.5
3	206.5	195.1	177.2	20.3	190.5
4	212.5	208.4	191.6	17.7	200
5	203.7	176.5	155.6	22.3	195.5
6	237.2	212.7	186.3	25.1	188.7
7	226	183.2	167.5	18.3	240.7
8	167.5	166.7	180.3	17.8	210.6
9	173.2	180.1	163.5	13.2	192.3
10	184.6	174.7	170.3	15.4	198.7
11	188.1	182.9	175.4	17.5	205.5
12	195.3	183.6	172.1	18.5	250
13	173.5	167.8	180.2	15.3	220.5
14	162.3	166.5	170.2	17.8	187.6
15	215.4	202.8	195.6	13.9	241.2

按己酸乙酯含量进行数据分组如下：

$(160 \sim 180)$ mg/100mL：2 号、8 号、9 号、13 号、14 号

$(180 \sim 200)$ mg/100mL：1 号、10 号、11 号、12 号

$(200 \sim 220)$ mg/100mL：3 号、4 号、5 号、15 号

$(220 \sim 240)$ mg/100mL：6 号、7 号

①现将 $(180 \sim 200)$ mg/100mL 一组与 $(200 \sim 220)$ mg/100mL 一组组合。

$$
\begin{aligned}
c_1 =& (192.1 \times 225 + 184.6 \times 198.7 + 188.1 \times 205.5 + 195.3 \times 250 \\
& + 206.5 \times 190.5 + 212.5 \times 200 + 203.7 \times 195.5 + 215.4 \times 241.2) \\
& /(225 + 198.7 + 205.5 + 250 + 190.5 + 200 + 195.5 + 241.2) \\
=& 199.8(\text{mg}/100\text{mL})
\end{aligned}
$$

② $(160 \sim 180)$ mg/100mL 一组与 $(220 \sim 240)$ mg/100mL 一组组合。

$$
\begin{aligned}
c_2 =& (170.7 \times 187.5 + 167.5 \times 210.6 + 173.2 \times 192.3 \\
& + 173.5 \times 220.5 + 162.3 \times 187.6 + 237.2 \times 188.7 + 226 \times 240.7) \\
& /(187.5 + 210.6 + 192.3 + 220.5 + 187.6 + 188.7 + 240.7) \\
=& 187.9(\text{mg}/100\text{mL})
\end{aligned}
$$

从上面可以看出

① $c_1 = 199.8 \text{mg}/100\text{mL}$ 与 $200\text{mg}/100\text{mL}$ 非常接近，可以不做调整。

② $c_2 = 187.9 \text{mg}/100\text{mL} < 200\text{mg}/100\text{mL}$，应将组合用量进行调整，调整方式是将己酸乙酯含量低的酒的用量减少，甚至可以不进行组合，待下批再行组合。因此，决定剔除 28 号、14 号，则 c_2 变为

$$c_2 = \frac{173.2 \times 192.3 + 173.5 \times 220.5 + 237.2 \times 188.7 + 226 \times 240.7}{192.3 + 220.5 + 188.7 + 240.7}$$

$$= 202.7 (\text{mg}/100\text{mL})$$

$c_2 > 200 \text{mg}/100\text{mL}$，故合格。

因此，大批量勾兑：将 1 号、3 号、4 号、5 号、6 号、7 号、9 号、10 号、11 号、12 号、13 号各坛酒全部泵入大罐，混匀即可。其己酸乙酯的含量为

$$\bar{c}_{己酸乙酯} = \frac{199.8 \times 1706.4 + 202.7 \times 842.2}{1706.4 + 842.2} = 200.76 (\text{mg}/100\text{mL})$$

可见 $\bar{c}_{己酸乙酯} > 200\text{mg}/100\text{mL}$，达到己酸乙酯含量的要求。

另外，进行乳酸乙酯、乙酸乙酯、丁酸乙酯的组合，按上述方法，乳酸乙酯、乙酸乙酯、丁酸乙酯含量分别为

$$\bar{c}_{乳酸乙酯} = 186.72 \ (\text{mg}/100\text{mL})$$

$$\bar{c}_{乙酸乙酯} = 172.84 \ (\text{mg}/100\text{mL})$$

$$\bar{c}_{丁酸乙酯} = 18.03 \ (\text{mg}/100\text{mL})$$

而且乳酸乙酯：己酸乙酯＝0.93：1，乙酸乙酯：己酸乙酯＝0.86：1，丁酸乙酯：己酸乙酯＝0.091：1，量比关系合理。

根据其含量，选择最优化组合用量。经过这种方式勾兑的酒在酒质和用量上均优于感官勾兑的酒样。

4. 改进意见

用数学勾兑法需要逐坛进行气相色谱分析，工作量很大，花费人力和占用设备较大。因此在数学勾兑时，为了不断提高数学勾兑技术水平，可将经过色谱分析的酒的数据分成四类：

第一类酒：己酸乙酯含量在 180mg/100mL 以上，乳酸乙酯含量在 180mg/100mL 以下者。

第二类酒：己酸乙酯含量在 180mg/100mL 以下，乳酸乙酯含量在 180mg/100mL 以上者。

第三类酒：己酸乙酯和乳酸乙酯含量均在 180mg/100mL 以上者。

第四类酒：己酸乙酯和乳酸乙酯含量均在 180mg/100mL 以下者。

弄清上述四类酒样的感官特征，据此去尝评未经气相色谱分析的其他各坛酒样，区分出四类酒，归类混合于大容器中，再在大容器中取酒样进行色谱分析，用归类混合的四类酒样的数据进行数学勾兑，这样就大大地减少了气相色谱分析的工作量。

经尝评，上述四类酒样的感官特征如下：

第一类酒样：典型性强、香味较好，但香味单、短。

第二类酒样：香味较差、甜味好，但不爽，略涩或闷。

第三类酒样：香味丰满，酒体较全面，但味不够协调。

第四类酒样：香味短、淡，但味净爽。

另一种归类方法则是按尝评感官特征分陈味酒、香味酒、甜味酒和风格酒等进行分类。

5. 数学勾兑的注意事项

（1）参加勾兑的酒样，应是通过验收的没有怪杂味的合格酒，有异味、怪味的合格酒，只能作为搭酒参加数学勾兑，否则，会影响数学勾兑的质量。

（2）数学组合成功之后，必须先进行小样勾兑试验，经尝评认识后，又与搭酒进行搭配试验，然后再进行大批量勾兑。

（3）参加组合酒样的各微量成分含量均应折算成酒精分 60％ 的结果，否则组合不准。

（4）在验收和勾兑时，应做好记录，注意研究微量成分的含量及其量比关系和感官特征之间的内在联系，尤其要注意上述四类酒样和具有特殊口感酒样，从而不断摸索规律，积累认识，总结经验，提高尝评和数学勾兑的技术水平。

10.5.4　计算机勾兑法

计算机勾兑就是将基础酒中代表本产品特点的主要微量成分含量输入计算机，计算机再按指定坛号的基础酒中各类微量成分含量的不同，进行优化组合，使各类微量成分含量控制在规定的范围内，达到协调配比。同理可进行调味。

1. 计算机勾兑过程

1）酒体设计

酒体设计之前要做好调查工作。调查内容主要有以下几方面：

（1）市场调查：了解市场上对酒的品种、质量、风格的需求情况。

（2）技术调查：调查产品生产技术现状与发展趋势。同时结合本厂实际情况，准备好酒体设计的第一手资料。

（3）分析原因：对本厂产品进行感官和理化分析，查找质量上的差距及其原因。结合本厂生产能力、技术水平、工艺特点以及市场和消费者需求情况制定方案。

2）方案筛选

（1）消费者要求：了解和听取消费者对产品的意见与建议，注意不同地区有不同的饮酒习惯，这是酒体设计的主要依据。

（2）根据收集的信息、数据和资料，认真分析，综合考虑，筛选出科学合理的方案。

3）酒体设计决策

对不同方案进行技术经济论证和比较，最后决定最佳方案。一般有五种途径可提高产品价值。

（1）功能一定，成本降低。

（2）成本一定，提高功能。

（3）增加一定量成本，使功能大为提高。

（4）既降低成本，又提高功能。

（5）功能稍有下降，但成本大幅度下降，企业效益上升。

酒体设计方案确定之后，就可以着手研究制订生产方案。试制的样品酒出来后，从技术、经济上做出全面评价，再确定是否进入下一阶段的批量生产。

2. 计算机勾兑方法

1）基础酒

基础酒的好坏关系到大批量产品酒的质量。基础酒是由合格酒组成的，因此先要确定合格酒的质量标准和类型。入库时就按事先制定和划分的范畴验收合格酒。

2）计算机勾兑程序

首先将验收入库的原度酒逐坛进行气相色谱分析，测定微量香味成分含量。然后将测定所得数据按定性定量的种类、数量编号，用计算机进行运算平衡，使其达到基础酒的质量标准。最后按计算机显示的各坛酒的数量，输入大容器中混合贮存。计算机勾兑具体程序如下：

（1）制定基础酒和合格酒的质量标准。

（2）编制程序。

（3）逐坛进行微量香味成分的分析鉴定。

（4）将样品酒的微量香味成分标准输入计算机。

（5）平衡运算勾兑基础。

（6）计算机输出结果，复查验收。

（7）进行方案修订，转入新的循环运算。

3）计算机勾兑

对气相色谱数据进行分析，认清酒中重要的微量香味成分及其配比对酒的影响，得出若干套名优酒中微量香味成分含量的标准区间值，结合感官品尝，得到多套勾兑指标数据，从而将勾兑调味归结为一数学模型。再通过一系列措施，将这一数学模型转化为软件系统。因此对勾兑系统的控制其实就是对勾兑指标的控制。勾兑指标的控制流程如图 10-1 所示。

软件应操作简便，并附有回答指示，有较强的纠错和灵活的查询及修改功能，便于掌握。要控制组分

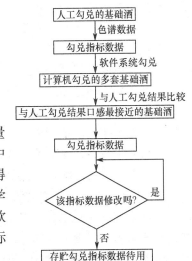

图 10-1　勾兑指标的控制流程

多，以增加半成品酒用量，并提高基础酒的合格率。库房号、楼层号、行列号、酒坛号及半成品酒原用途等数据的建立，是勾调的基础。

计算机勾兑，仍须进行感官品尝鉴定。两者必须相互配合才能保证产品质量及其稳定性。

10.6　勾兑中应注意的问题

勾兑是为了组合出合格的基础酒。基础酒质量好坏，直接影响到调味工作的难易和产品质量的优劣。勾兑时首先应注重以下几方面的问题：

（1）作为勾兑人员，应有高度的责任心和强烈的事业心。在实践中刻苦钻研勾兑、调味技术，不断提高自己勾兑技术水平，并练就过硬的评酒水平，对酒的风格、各种酒的香型等都要准确掌握。

（2）清楚地了解合格酒的各种情况。每坛酒必须有健全的卡片。在勾兑时必须清楚地了解每坛酒的上述基本情况，如因酒质有所变化，或因某种原因记载不详，勾兑人员应尝评了解该酒质情况。

（3）在勾兑中要注意全面运用各种酒的配比关系。有的酒厂在研究各种酒的配比关系时，一般只注重老酒和新酒，底糟酒和一般酒的配比，而忽视红糟酒、粮糟酒、丢糟黄水酒之间；新窖酒和老窖酒之间，不同季节所产酒之间的配比关系。由于各种酒之间的配合比例不恰当，使勾兑酒香味难以协调，用带酒甚至用调味酒都不易解决，所以在勾兑中要注意各种酒之间配比关系。

（4）必须先进行小样勾兑。勾兑时选酒不当，一坛酒可影响一二十坛酒，甚至几十吨酒的质量。为防止上述情况发生，小样试验勾兑是必不可少的。

（5）做好勾兑的原始记录。勾兑的原始记录（包括小样勾兑），能帮助我们记忆和提供分析研究的数字和依据，通过无数次的实践勾兑的记录，从中找出规律性的东西，这对于提高勾兑技术水平是非常重要的。

（6）正确认识杂味酒。带杂味的酒，尤其是带苦、酸、涩、麻味的酒，不一定都是坏酒，有时可能是好酒，甚至还是调味酒。所以对杂味酒要进行具体分析和研究，然后才能确定是好酒还是坏酒。

① 带麻苦味的酒。带麻苦味的酒一般是因为发酵周期过长，加上窖池管理不善而产生的，出酒率低，粮耗高，不注意就会被误认为是坏酒而被处理掉。经过反复验证，这种带麻苦味的酒一般均是好酒，如果在勾兑中添加适当，可以明显地提高勾兑酒的浓香味，应作为带酒，甚至作为很好的调味酒使用。

② 后味带苦、涩、酸的酒。后味带苦的酒，可以增加勾兑酒的陈味；后味带涩的酒，可以增加勾兑酒的香味；后味带酸的酒，可增加勾兑酒的醇甜味。所以带苦、涩、酸的酒不一定是坏酒，而且往往是好的调味酒，当然，用多了不行，或作为带酒或搭酒，要充分加以利用。但是如果酒带煳味、黄水味、稍子臭等人为的怪杂味，一般都是坏酒，这些杂味在勾兑中不会起良好作用的，轻微而又有特点的可作为搭酒加以处理。

③ 丢糟黄水酒。丢糟黄水酒，一般都是坏酒，要进行复蒸处理，或用于回窖再发酵之用。在勾兑实践中，人们发现，如果丢糟黄水酒没有煳味、酒尾味、霉味等人为的怪杂味，可以明显提高勾兑酒的浓香味和糟香味。

注意各种不同香味之间的关系和相互间的搭配。一是从感官认识上可用下面几句话表达：浓香可代短、淡、单，微燥、微涩醇和掩。酸头、苦头两相适，稍冲、稍辣增醇甜。放香不足调酒头，回味不长添香绵。双轮底酒配老酒，搭带恰当香爽调。

二是认识主要微量成分的含量与感官特征之间的内在联系：

（1）乙醛。含量适宜时（15mg/100mL 左右适宜）香爽、增喷降闷，偏高时冲淡香味、燥辣劲大。

（2）乙缩醛。含量较高时（40～100mg/100mL 之间最好）清香、清爽、有助放香，解闷，偏高时淡燥，过低时则不爽现闷。

（3）糠醛。（10mg/100mL 左右最好），含量偏高时燥辣劲大，欠正味杂。

（4）总醛。含量适宜时增香，偏高时燥辣劲大，欠正味杂。

（5）甲酸。含量适宜时（8mg/100mL 以内为好）陈香，偏高时微燥辣。

（6）乙酸。含量适宜时（50mg/100mL 以内）为好，爽快，舒畅，偏高时微带燥辣。

（7）丁酸。含量适宜时（30mg/100mL 以内）浓爽，甜柔，偏高时欠正味杂。

（8）戊酸。含量适宜时（3mg/100mL 左右为宜）现陈味甜柔，偏高时，欠正味杂。

（9）己酸。含量适宜时（50mg/100mL 以内偏大为好）浓，甜柔，增进风格，偏高时欠正味杂，偏低味淡单。

（10）乳酸。含量适宜时（40mg/100mL 以内偏大为好）醇和，浓厚，偏高时现涩欠正，偏低味淡。

（11）庚酸。含量适宜时（2mg/100mL 以内为好），微甜浓厚，偏高时，欠正味杂。

（12）总酸。含量适宜时浓、甜柔，偏高时酒味粗糙，现邪杂味，偏低味淡短。

（13）甲酸乙酯。含量适宜时（15mg/100mL 以下）助前香，增陈味，偏高现燥涩。

（14）乙酸乙酯。含量适宜时（200mg/100mL 以下）香，偏高时微带燥辣。

（15）丙酸乙酯。含量适宜时（5～30mg/100mL 以内为好）增喷香，偏高时香而带闷。

（16）丁酸乙酯。含量适宜时（15～50mg/100mL 以内）增前香和陈味，偏高现燥辣。

（17）戊酸乙酯。含量适宜时（15～10mg/100mL）味陈，醇和尾味浓厚。偏高欠正带药味。

（18）乳酸乙酯。含量适宜时（100～190mg/100mL）味浓厚，甜柔，偏高压香、闷甜、发涩。

（19）己酸乙酯。含量适宜时（180～250mg/100mL）陈、浓、香全面，偏高时则燥辣，较低时出现新、短、淡。

（20）庚酸乙酯。含量适宜时（15mg/100mL 以下）似窖底香，偏高则燥辣。

（21）辛酸乙酯。含量适宜时（6mg/100mL 以下）似窖底香，偏高则燥辣。

（22）油酸乙酯。含量适宜时（6mg/100mL 以下）香，偏高带油味。

（23）棕榈酸乙酯。含量适宜时（6mg/100mL 以下）香，微甜、味长，偏高带油味。

（24）总酯。含量适宜时浓香，偏低时则短淡。

（25）丙醇。含量适宜时（30mg/100mL 左右）现陈，甜柔，过高则嫩闷。

（26）仲丁醇。含量适宜时现新、燥辣，嫩闷。

（27）异丁醇。含量适宜时（10～30mg/100mL）陈、甜、净。

（28）正丁醇。含量适宜时（5～7mg/100mL）陈、甜、味长，偏高时燥辣、欠正味杂。

（29）异戊醇。含量在 60mg/100mL 以下最好，含量高时燥辣、欠正味杂。

（30）高级醇。含量适宜时现陈，甜柔助香，含量高时燥辣，欠正味杂。

（31）β-苯乙醇。含量适宜时（0.6mg/100mL 以下）浓，蜜香微甜，味长，偏高则闷、苦涩。

（32）2,3-丁二醇。含量适宜时（2～10mg/100mL）浓、醇厚，甜柔味长。

（33）双乙酰。含量适宜时（2～11mg/100mL）香爽，甜净，使酒味优良。

（34）丙三醇。含量适宜时浓厚甜柔，偏高欠正味闷。

10.7　部分企业勾兑工艺参考实例

名优白酒厂的勾兑因香型和风格差异较大，在此着重介绍汾酒和茅台酒的基本勾兑情况，概略介绍其他几个名酒的勾兑情况。

10.7.1　汾酒厂

汾酒是清香型白酒的代表，采用清蒸二次清的发酵工艺。原酒入库前先由质检部门品评，分为大楂、二楂酒、合格酒及优质酒四个类型，其中优质酒又可分为香、绵、甜、回味四种。为了突出其固有的风格，稳定产品质量，达到出厂标准基本一致，必须对不同发酵季节、不同轮次、不同贮存周期的酒，进行勾兑。

1. 不同轮次的汾酒勾兑

汾酒大楂酒和二楂酒的比例，以贮存大楂汾酒 60%～75% 与贮存二楂汾酒 25%～40% 较为合理，不仅突出了风格，也与生产的比例基本适应。

2. 贮存老汾酒与新汾酒的勾兑

汾酒的勾兑应限于入库同级合格酒，或在单独存放的精华酒中，加入适量的新酒，可以使放香增大。一般老汾酒占 70%～75%，新汾酒占 25%～30% 为宜。

3. 贮存汾酒与老酒头勾兑

汾酒中适量加入单独存放的老酒头 1%～3%，可以使酒的香气增加，酒质提高。但不能过量，否则会破坏汾酒的风格。

4. 热、冷季所产酒的比例以不超过 2:8 为宜

另外，酒头、酒尾、酒身的勾兑比例通常为(2～5):(3～5):(90～95)。

10.7.2　茅台酒厂

茅台酒是酱香型白酒的代表产品，生产工艺独特，历来讲究勾兑。勾兑对酒的质量和信誉起着重要作用。根据茅台酒勾兑技术的发展，可分为两个阶段：

20 世纪 60 年代前后，茅台酒勾兑是由成品酒车间主任负责，因为他们对酒库内的陈酿酒有全面地了解，并对尝评和勾兑有一定实践经验。70 年代以后，茅台酒厂设有专职勾兑人员，以感官尝评为主。

为了搞好勾兑工作，应先了解茅台酒不同轮次酒的风味特征、主要成分以及酱香、醇甜、窖底香等三种单型酒的香味组成。茅台酒不同轮次酒的风味特征如表 10-4 表示。

表 10-4　茅台酒不同轮次酒的风味特征

轮次	名称	每甑产量/kg	风味特征
1	生沙酒	—	香气大，具有乙酸异戊酯香味
2	糙沙酒	3～5	清香带甜，后味带酸
3	二次酒	30～50	进口香，后味涩
4	三次酒	40～75	香味全面，具有酱香，后味甜香
5	四次酒	40～75	酱香浓厚，后味带涩，微苦
6	五次酒	30～50	煳香，焦煳味，稍带涩味
7	小回酒	20 左右	煳香，带有糟味
8	枯糟酒	10 左右	香一般，带霉、糠等杂味

茅台酒不同轮次酒的主要成分如表 10-5 所示。

表 10-5　茅台酒不同轮次酒的主要成分

轮次	酒度（体积分数）/%	总酸/(mg/100mL)	总酯/(mg/100mL)	总醛/(mg/100mL)	糠醛/(mg/100mL)	高级醇/(mg/100mL)	甲醇/(mg/100mL)
1	37.2	0.2733	0.3260	0.0343	0.0012	0.244	0.045
2	53.8	0.2899	0.5353	0.0334	0.0016	0.235	0.012
3	56.0	0.1970	0.3684	0.0594	0.0158	0.127	0.005
4	57.6	0.1220	0.3846	0.0659	0.0217	0.226	0.005
5	60.5	0.0931	0.3606	0.0489	0.0239	0.253	0.005
6	58.7	0.0935	0.3079	0.0435	0.0172	0.235	0.005
7	57.0	0.0848	0.3310	0.0567	0.0226	0.271	0.005
8	28.0	0.1495	0.3117	0.0581	0.0500	—	—

表 11-6 为三种单型的感官特征。

表 10-6　三种单型酒的感官特征

名称	感官特征
酱香	微黄透明，酱香突出，入口有浓厚的酱香味，醇甜爽口，余香较长。留杯观察，酒液逐渐浑浊，除有酱香味外，还带有酒醅气味，待干涸后，杯底微黄，微见一层固形物，酱香更较突出，香气纯正

名称	感官特征
醇甜	无色透明，具有清香带浓香气味，入口绵甜，略有酱香味，后味爽快。留杯观察，酒液逐渐浑浊，除醇甜特点外，酒醅气味明显，待干涸后，杯底有颗粒状固形物，色泽带黄，有酱香味，香气纯正
窖底香	微黄透明，窖香较浓，醇厚回甜，稍有辣味，后味欠爽。留杯观察，酒液逐渐浑浊，浓香纯正，略带醅香，快要干涸时，闻有浓香带酱香。干涸后，杯底微有小粒状固形物，色泽稍黄，酱香明显，香气纯正

茅台酒的勾兑方法有多种，一般采用大宗法，即采用不同轮次、不同香型、不同酒度、新酒和老酒等单型酒相互搭配。其工艺流程：

标准风格酒→基础酒范围→逐坛尝评→调味酒→尝评鉴定→比例勾兑→质量检查。

主要程序和内容如下：

1. 要把握住勾兑用酒所具有的特点

其包括无色透明（或微黄透明），闻香优雅，酱香突出，口感醇厚，回味悠长，稍带爽口舒适的酸味，空杯留香持久。

2. 小样勾兑

取 2~7 不同轮次的酒，大约 200~300 个单型酒样进行勾兑。一个成型的酒样，先以勾兑一个小样的比例开始，至少要反复做 10 次以上试验。试验是用 5mL 的容器，先初审所用的单型酒，以"一闻、二看、三尝评、四鉴定"的步骤进行。取出带杂、异味的酒，另选 2~3 个香气典型、风味纯正的酒样，留着备用，其他部分则按新老、轮次、香型、酒度等相互结合，但不能平均用量。一个勾兑比例少的酒样需用 30 个单型酒，多则用 70 个。在一般情况下，多以酒质好坏来决定所用酒的用量。然后再凭借所把握的各种酒特点，恰当地使它们混合在一起，让它们的香气和口味能在混合的整体内各显其能。各种微量香味成分得到充分的中和，比例达到平衡、协调。从而改善了原酒的香气平淡、酒体单调，使勾兑样品酒初步接近典型风格。勾兑小样时，必须计划妥善，计量准确，并做好详细的原始记录。

3. 大样勾兑

取贮存 3 年以上的各轮次酒，以大回酒产量最多，质量最好；二次酒和六次酒产量少，质量较差。勾兑时一般是选用醇甜单型酒作基础酒，其他香型酒作调味酒。要求基础酒气味要正，形成酒体，初具风格。香型酒则要求其香气浓郁，勾兑入基础酒后，形成酒体，芳香幽雅。

常规勾兑的轮次酒是两头少，中间多，以醇甜为基础（约占 55%），酱香为主体（约占 35%），陈年老酒为辅助（约占 8%）的原则，其他特殊香的酒用作调味酒（约占 2%）。

勾兑好的基础酒，经尝评后，再调整其香气和口味，务求尽善尽美。

除参考酒库的档案卡片登记的内容外，还必须随时取样尝评。掌握勾兑酒的特征和用量，以取每坛酒之长，补基础酒之短，达到基础酒的质量要求。这是香型白酒勾兑工作的第一步。

4. 调味

调味是针对基础酒中出现的各种口味缺陷或不足，加以补充。采用调味酒就是为了弥补基础酒中出现的各种缺陷。选用调味酒至关重要，若调味酒选不准确，不但达不到调味的目的，反而会影响到基础酒酒质。根据勾兑实践经验，带酸的酒与带苦的酒掺和时变成醇陈；带酸的酒与带涩的酒变成喷香、醇厚；带麻的酒可增加醇厚、提高浓香；后味带苦的酒可增加基础酒的闻香，但显辛辣，后味稍苦；后味带酸的酒可增加基础酒的醇和，也可改进涩味；口味醇厚的酒能压涩、压烟；后味短的基础酒可增加适量的一次酒以及含己酸乙酯、丁酸乙酯、己酸、丁酸等有机酸和酯类较高的窖底酒。

此外，还可以用新酒来调香、增香，用不同酒度的酒来调整酒度。茅台酒禁止用浆水降度，这是其重要工艺特点之一。

一般还认为酱香型白酒加入一次酒后，可使酒味变甜，放香变好；加入七次酒后，使酒的烟香好，只要苦不露头，也可增长后味。其他含有芳香族化合物较多的曲香酒、酱香陈酿酒等，更是很好的调味酒；部分特殊香的醇甜酒及中轮次酒，也可以作调味酒使用。除用香型酒调香外，还需要用一次酒或七次酒来调味，使勾兑酒的香气更加突出，口味更加协调，酒体更加丰满。

10.7.3　五粮液酒厂

五粮液酒厂是全国同行中勾兑工作搞得最好的厂家之一。该厂勾兑的特点是：验收等级酒时，非常重视香气，严格检查香气是否正和好。气味不正、不好的酒一般都不作为合格酒验收。另外，还特别注意味的净爽。有怪杂味的酒，只要具有某一特点，如香味好或有风格等，就可以作为合格酒验收入库，而不要求每坛酒都全面达到五粮液的标准才算合格酒。这样可充分发挥勾兑优势，增加产量。

五粮液酒厂还把生产酒分为特等酒、合格酒和不合格酒三级。特等酒一般都是双轮底酒，贮存后作调味酒，或者作特需用酒。合格酒都是五粮液，经贮存 1 年后，从中挑选香气一致，口味符合要求和香型突出的组成基础酒。基础酒要照顾到香、醇、甜、爽和酒体协调，主体酯香和其他香味的烘托陪衬，酸酯含量符合标准等；调味原则是缺啥补啥，在贮存到期的酒中，逐坛尝评，按照香味特点挑选基础酒，勾兑小样，经尝评和化验合格后，作为合格基础酒，再细心调味。五粮液酒厂的调味工作认真细致，一个基础酒要经过反复多次调味才能完成。调味时，要集体研究，共同决定。该厂调味酒种类多，质量高，技术过硬，对调味酒和基础酒的性质较了解，经验也较丰富，用调味酒的数量较少，一般在 1/1000 以内，有的调味酒仅用 1/10 万左右。该厂对勾兑调味十分重视，做得十分严格，即使口味有微小的不足，也不轻易放过，严格控制产品质量。勾调好的酒经贮存 3～6 个月后包装出厂。五粮液酒厂的特点是重视普遍的贮存和香味检验。

10.7.4　泸州老窖酒厂

泸州老窖酒厂勾兑的特点是重视新酒和老酒之间，双轮底酒和一般糟酒之间的勾兑配合比例。一般情况下，新酒（指贮存 3 个月左右的酒）和老酒（贮存 1 年以上的酒）之间的配合比例为 7∶3 左右，双轮底酒和一般糟酒之间的配合比例为 1∶9 左右。泸州老窖酒厂传统观念认为老酒陈味、回味、醇和较好，但香味较差且不够清爽，尤其有浓香差、香味短的缺点，而新酒虽然较糙辣醇和差，但香浓味长。如果全部用 1 年以上的老酒进行勾兑，就会出现浓香不够的缺点，全部用新酒就会出现糙辣，不醇和的缺点。所以新酒、老酒之间按一定比例进行勾兑。

泸州老窖酒厂从 20 世纪 80 年代起，对调味工作就十分重视。该厂的特点是调味酒品种多，调味酒用量一般为 0.1%～0.5%，特别是对泸州老窖特曲酒的调味，更加认真细致。

10.7.5　成都全兴酒厂

成都全兴酒厂的勾兑方法是"先勾兑后贮存"，把新产出来的合格酒（当日新产或 3 个月的产品）进行勾兑，勾兑完成后，加浆到酒精分为 60%，再分装在陶坛里贮存 1 年，1 年后混合在一起，不再进行勾兑，便可以包装出厂。"先勾兑后贮存"的优点是勾兑后加浆至出厂成品酒库（略高一些）再贮存后，贮存 1 年后不再打乱酒、水之间的平衡和分子间缔合，使酒味醇和清爽。这是全兴大曲固有特点。"先勾兑后贮存"不宜在降度酒和低度酒中推广，否则会因酒度降低，水比例增大而造成酒质在贮存中发生变化。

10.7.6　绵竹剑南春酒厂

绵竹剑南春酒厂的勾兑方法，可分感官尝评和数字计算计算机平衡两种。前者是传统尝评勾兑法，按照香、浓、醇、甜、净的感官印象组合基础酒，要求勾兑的基础酒，具有本香型固有香气，形成初具风格的酒体；同时还要注意各种酒的特性，掌握各种酒的用量比例，从而使每次勾兑的酒完全符合基础酒规定的质量标准。后者是将验收入库的原酒，逐坛进行微量香味成分的测定，然后将测定的数据按照定性定量的种类数字编号，用微机代替人工进行数字平衡，同样可使剑南春具有芳香浓郁、醇和回甜，清冽净爽，余味悠长的独特风格。

思考题

1. 名词解释：勾兑、合格酒、基础酒、大宗酒、带酒、搭酒、酒精度。
2. 白酒为什么要进行勾兑？
3. 为什么通过勾兑可以提高酒的质量？
4. 勾兑时如何运用各种酒的配比关系？
5. 如何进行基础酒的设计？

6. 白酒的勾兑方法有哪些?

7. 怎样进行酱香型和清香型白酒的勾兑?

8. 勾兑中应注意哪些问题?

9. 白酒品评的作用和意义是什么?

第 11 章　白酒的调味

导读

　　勾兑好的基础酒在香气和口味上还存在一定的欠缺,需要进行调味操作,以使其达到成品酒的最后要求。本章将介绍调味的原理,调味酒的来源与性质,调味的操作与有关计算,并对调味中应注意的问题做简要说明。

　　调味是 20 世纪 60 年代初,在勾兑的基础上发展总结起来的一项新技术,该技术不仅在名优白酒生产中,而且在一般白酒、液态白酒等的生产中发挥着越来越重要的作用。

　　所谓调味,就是对已经勾兑好的基础酒进行进一步的精加工。在白酒的调味中,对传统白酒,历来使用调味酒;对新型白酒,既可使用调味酒,也可使用其他调味品。调味是一项非常精细而又微妙的工作,用极少量的调味酒或调味品,弥补基础酒在香气和口味上的欠缺,使其优雅丰满,达到成品酒的最后要求。当然,调味并不能解决基础酒的所有存在的问题,调味操作能否成功,与合格酒、基础酒的质量有着密切的关系。如果合格酒、基础酒存在的问题很多,靠调味来解决这些问题,效果是不明显的,有时甚至是不可能的。如果将勾兑比喻为"画龙",则调味可比喻为"点睛"。还有人认为白酒的勾兑、调味技术是"四分勾兑(组合),六分调味"。

11.1　调味的原理

　　关于调味的原理,目前尚无统一的认识,存在着不同的理解和看法。在基础酒中添加少量的调味酒或调味品就能使基础酒发生明显的变化,对此人们至今无法做出全面的解释。就目前的认识,对调味的原理,一般有以下几种解释。

11.1.1　添加作用

　　添加作用就是在基础酒中添加特殊的微量芳香成分,引起基础酒质量的变化,以提高并完善酒的风格。添加有两种情况:

　　(1)基础酒中原本没有某种芳香物质,而调味酒或调味品中该种芳香物质含量较多。调味酒或调味品加入基础酒后,使基础酒成分中增加了这种芳香物质,只要其浓度达到味觉阈值以上,就会呈现出香味,弥补基础酒的不足。酒中的微量芳香物质的味觉阈值一般都在 1/10 万～1/100 万之间,如乙酸乙酯的味觉阈值为 17mg/kg,己酸乙酯为 0.076mg/kg。因此,只要稍微添加一点,就能超过它的味觉阈值,呈现出单一或综合的香味来。

（2）基础酒中某种芳香物质较少，浓度达不到味觉阈值以上，香味不能显示出来，而调味酒或调味品中这种物质较多，添加后，在基础酒中增加了这种物质的含量，并达到或超过其味觉阈值，基础酒就会呈现出香味来。例如，乳酸乙酯的味觉阈值为 14mg/kg，而基础酒中乳酸乙酯含量只有 12mg/kg，达不到味觉阈值，因此香味就显示不出来；假如选用含乳酸乙酯 6g/kg 的特殊调味酒，按 8/万（即 1 万 kg 基础酒加该种调味酒 8kg）添加，则添加后基础酒中的乳酸乙酯含量应为

$$6 \times \frac{1000 \times 8}{10000} + \frac{12}{1} = 16.8 (\mathrm{mg/kg})$$

此时，添加后的基础酒中的乳酸乙酯含量超过乳酸乙酯的味觉阈值 14mg/kg，因而它的香味就会很好地显示出来。

当然，这只是简单地从单一成分考虑，实际上白酒中微量成分众多，互相缓冲、抑制、谐调等，要比这种简单计算复杂得多。

11.1.2　化学反应

化学反应如调味酒中的乙醛与基础酒中的乙醇进行缩合，可生成乙缩醛，乙缩醛是酒中的呈香呈味物质。乙醇和有机酸反应，可生成酯类，酯类更是酒中的重要呈香呈味物质。但是，这类反应都是极缓慢的，不少反应还是可逆的，而且也不一定同时发生。

11.1.3　平衡作用

在调味中，每一种白酒典型风格的形成，都是由众多的微量芳香成分相互缓冲、烘托、谐调、平衡复合而形成的，这可能是形成酒体风格主要原因之一。一般认为，调味中的平衡作用主要是依据调味酒或调味品中众多芳香成分的浓度大小和味觉阈值的高低共同确定的。根据调味的目的，加进调味酒或调味品，就是要以调味酒或调味品中众多芳香成分的浓度和味觉阈值特征打破基础酒原有的平衡，重新调整基础酒中微量成分的结构和物质组合，促使平衡向需要的方向移动，以达到排除、掩盖异杂味，固定、强化需要的香味，促使白酒典型风格的形成。

因此，掌握酒中微量成分的性质和作用，在调味时注意量比关系，合理选择和使用调味酒，使微量芳香物质在平衡、烘托、缓冲中发生作用是调味的关键。

一般来说，调味中的添加作用、化学反应和平衡作用是共同发挥作用的，而且受各种因素的影响，情况变化复杂。调味操作后的效果是否稳定，还需要经过贮存检验。若调味后经一定时间存放，发现酒质稍有下降，还应再次进行补调，以保证酒质稳定。

11.2　调味酒（调味品）的来源、制作方法和性质

传统白酒历来是用调味酒来调味的。在调味过程中，调味酒的作用非常微妙。调味酒与合格酒、基础酒有着明显的差异，一般是采用独特工艺生产的具有各种特点的精华酒，在香气和口味上都是特香、特浓、特甜、特暴躁、特怪等。单独品尝调味酒会感到气味和口感怪而不协调，没有经验的人往往会把它们误认为是坏酒。实际上这些不协调

的怪味很可能就是调味酒的特点。所以，掌握调味酒的特点、性能，对搞好调味有着非常重要的意义。

我们可以根据调味酒共有的一些性质来简单定义调味酒：即只要在闻香上、口感上或者某些色谱骨架成分的含量上有特点的酒就可以叫调味酒；某些非色谱骨架成分（复杂成分）高度富集特征性关键气味、口味物质高度富集的酒也可以叫调味酒。调味酒的这些特点越突出，其作用越大。

调味酒的主要功能和作用是使勾兑后的基础酒质量水平和风格特点尽可能得到提高，使基础酒的质量向好的方向变化并基本稳定。有些调味酒，如"双轮底"酒等，在勾兑时作为勾兑的组分之一使用，在调味时又可作为调味酒使用。由此可见，某些调味酒既有勾兑功能，又有调味功能，这说明这些调味酒在不同的过程中发挥着改变调整酒中芳香物质组成成分的相同的作用。

关于调味酒在调味时的用量，有人主张不超过 0.1%（指对高度酒调味而言）；也有人主张从实际需要出发确定使用量。

调味中，如果调味酒的用量<0.1%，那么对合格基础酒中的色谱骨架成分不会产生实质性的影响，只是由于高度富集了某些复杂成分的调味酒的加入，使得基础酒中相关复杂成分的含量发生了较大的改变，即发生了复杂成分的重新调整，这是调味酒的一个重要功能。

如果在调味中，调味酒用量超过 0.1%，此时的第一种可能是选用的调味酒不适合该基础酒；第二种可能是调味酒的用量不够或是基础酒存在问题。对出现的第一种可能，应重新选择合适的调味酒。对出现的第二种可能，解决的方法之一是适当加大调味酒的用量，例如增大到 0.1%～1.0%，这样在调整某些非色谱骨架成分（复杂成分）的同时，也使色谱骨架成分得到相应的微小的调整，有时也会起到比较理想的效果。调味酒用量超过 0.1%的情况在生产中也会经常发生，例如在勾调 38%～46%酒时。

新型白酒、液态白酒的调味，除可采用调味酒外，还可以考虑从发酵调味料或其他发酵食品中提取适用于白酒调味的调味品来调味。当然，这方面还有许多问题有待进一步研究和解决，但这也许是未来调味技术发展的重要途径之一。

要做好调味工作，必须要有种类繁多的高质量的调味酒或调味品。下面介绍一些调味酒和调味品的生产及主要性质。

1. 双轮底调味酒

双轮底酒酸、酯含量高，浓香和醇香突出，糟香味大，有的还有特殊香味。双轮底酒是调味酒的主要来源。

所谓"双轮底"发酵，就是将已发酵成熟的酒醅起到黄水能浸没到的酒醅位置为止，再从此位置开始在窖的一角（或直接留底糟）留约一甑（或两甑）量的酒醅不起，在另一角打黄水坑，将黄水舀完，滴净，然后将这部分酒醅全部平铺于窖底，在上面隔好篾子（或撒一层熟糠），再将入窖粮糟（大糙）依次盖在上面，装满后封窖发酵。隔醅篾以下的底醅经两轮发酵，称为"双轮底"糟。在发酵期满蒸馏时，将这一部分底醅单独进行蒸馏，产的酒叫作"双轮底"酒。蒸双轮底糟时，进行细致的"量质摘酒"，就可以摘出优质调味酒。

2. 陈酿调味酒

选用生产中正常的窖池（老窖更佳），把发酵期延长到 0.5 年或 1 年，以增加陈酿时间，产生特殊的香味。半年发酵的窖一般采用 4 月入窖，10 月开窖（避过夏天高温季节）蒸馏。一年发酵的窖，采用 3 月或 11 月装窖，到次年 3 月或 11 月开窖蒸馏。蒸馏时量质摘酒，质量好的可全部作为调味酒。这种发酵周期长的酒，具有良好的糟香味，窖香浓郁，后味余长，尤其具有陈酿味，故称陈酿调味酒。此酒酸、酯含量特高。

3. 老酒调味酒

从贮存 3 年以上的老酒中，选择调味酒。有些酒经过 3 年贮存后，酒质变得特别醇和、浓厚，具有独特风格和特殊的味道，通常带有一种所谓的"中药味"，实际上是"陈味"。用这种酒调味可提高基础酒的风格和陈酿味，去除部分"新酒味"。生产厂家可有意识地贮存一些风格各异的酒，最好是优质双轮底酒，数年后很有用处。

4. 浓香调味酒

选择好的窖池和适宜的季节，在正常生产粮醅入窖发酵 15d 左右时，往窖内灌酒，使糟醅酒精含量达到 7% 左右；按每 1m³ 窖容积灌 50kg 己酸菌培养液（含菌数 $>4\times10^8$ 个/mL）的比例往窖内灌己酸菌培养液。再发酵 100d，开窖蒸馏，量质摘酒即成。

采用回酒、灌己酸菌培养液、延长发酵期等工艺措施，使所产调味酒酸、酯成倍增长，香气浓而不可咽，是优质的浓香调味酒。

5. 陈味调味酒

每甑鲜热粮醅摊晾后，撒入 20kg 高温曲，拌均后堆积，升温到 65℃，摊晾，按常规工艺下曲发酵，出窖蒸馏，酒液盛于瓦坛内，置发酵池一角，密封，盖上竹筐等保护物。窖池照常规下粮糟发酵，经双轮以上发酵周期后，取出瓦坛，此酒即为陈味调味酒。这种酒曲香突出，酒体浓厚柔和，香味浓烈，回味悠长。

6. 曲香调味酒

选择质量好、曲香味大的优质麦曲，按 2% 的比例加入双轮底酒中，装坛密封 1 年以上。在贮存中每 3 个月搅拌一次，取上层澄清液作调味酒用。酒脚（残糟）可拌和在双轮底糟上回蒸，蒸馏的酒可继续浸泡麦曲。依次循环，进一步提高曲香调味酒的质量。

这种酒曲香味特别好，但酒带黄色及一些怪味，使用时要特别小心。

7. 酸醇调味酒

酸醇调味酒是收集酸度较大的酒尾和黄水，各占一半，混装于麻坛内，密封贮存 3 个月以上（若提高温度，可缩短贮存周期），蒸馏后在 40℃ 下再贮存 3 个月以上，即可作为酸醇调味酒。此酒酸度大，有涩味。但它恰恰适合于冲辣的基础酒的调味，能起到很好的缓冲作用。这一措施特别适用于液态法白酒的勾调。

8. 酒头调味酒

取双轮底糟或延长发酵期的酒醅蒸馏的酒头，混装在瓦坛中，贮存一年以上备用。取酒头的方法是，每甑取 0.25～0.50 kg 酒头，接取时要注意除去冷凝器上甑留下的酒尾浑浊部分。酒头中杂质含量多，杂味重，但其中含有大量的较低沸点的芳香物质，己酸乙酯、乙酸乙酯含量特多，醛类、酚类也多。使用得当，可提高基础酒的前香和喷头。

9. 酒尾调味酒

选双轮底糟或延长发酵期的粮糟酒尾。方法有以下几种：

（1）每甑取酒尾 30～40kg，酒精含量 15％左右，装入麻坛，贮存 1 年以上。

（2）每甑取前半截酒尾 25kg，酒精含量 20％左右，加入质量较好的丢糟黄水酒，比例可为 1∶1，混合后酒精含量在 50％左右，密封贮存。

（3）将酒尾加入底锅内重蒸，酒精含量控制在 40％～50％，贮存 1 年以上。

酒尾中含有较多的较高沸点的香味物质，酸酯含量高，杂醇油、高级脂肪酸和酯的含量也高。由于含量比例很不谐调（乳酸乙酯含量特高），味道很怪，单独品尝，香味和口味都很特殊。

酒尾调味酒可以提高基础酒的后味，使酒体回味悠长和浓厚。在勾调低度白酒和液态白酒时，如果使用得当，会产生良好效果。

酒尾中的油状物主要是亚油酸乙酯、棕榈酸乙酯、油酸乙酯等，呈油状漂浮于水面。

10. 酱香调味酒

采用高温曲并按茅台或郎酒工艺生产，但不需多次发酵和蒸馏，只要在入窖前堆积一段时间，入窖发酵 30d，即可生产酱香调味酒。这种调味酒在调味时用量不大，但要使用得当，就会收到意想不到的效果。

调味酒的种类和制备方法还有很多，不少厂家都有自己独特的调味酒生产方式。各种调味酒有各自典型的特点和用途。现将泸州曲酒厂一些调味酒的主要香味成分介绍如下，见表 11-1。

表 11-1　泸州酒厂一些调味酒的主要香味成分　　　　单位：mg/100mL

成分	双轮底酒	窖香酒	曲香酒	陈味酒	泥香酒	甜味酒	酸味酒	苦味酒
己酸乙酯	401	373	218	270	258	282	216	117
乳酸乙酯	162	136	200	118	118	145	152	1522
乙酸乙酯	114	107	146	144	61	92	242	123
丁酸乙酯	39	44	30	20	24	33	30	12
戊酸乙酯	15	17	10	8.0	10	13	12	2.5
棕榈酸乙酯	7.2	6.5	7.4	7.3	7.0	1.1	7.4	0.6
亚油酸乙酯	6.4	6.3	6.9	7.0	7.1	5.9	6.4	9.9
油酸乙酯	5.0	4.7	5.4	5.8	5.3	4.5	5.2	7.8
辛酸乙酯	8.4	7.7	5.5	4.5	6.1	4.5	5.2	3.2
甲酸乙酯	6.5	5.9	6.1	6.7	6.0	5.5	14	18

续表

成分	双轮底酒	窖香酒	曲香酒	陈味酒	泥香酒	甜味酒	酸味酒	苦味酒
乙酸正戊酯	5.3	5.9	5.4	8.1	4.3	6.6	9.8	4.2
庚酸乙酯	7.0	6.9	4.0	4.3	4.9	5.1	4.5	1.8
乙酸	43	40	45	61	39	36	73	43
己酸	56	60	31	38	56	45	25	223
乳酸	14	15	32	63	24	28	27	27
丁酸	22	32	17	10	27	23	18	12
甲酸	3.0	4.8	4.3	1.2	2.3	1.1	3.1	2.7
戊酸	3.5	4.5	2.2	2.0	3.4	3.3	2.4	0.9
棕榈酸	1.8	1.3	4.3	2.2	1.4	2.9	1.7	3.7
亚油酸	1.2	0.7	2.2	1.4	1.3	1.6	1.5	2.7
油酸	1.3	0.9	3.2	1.9	1.2	2.0	1.5	2.7
辛酸	1.1	1.2	0.5	0.7	1.5	0.7	0.5	0.5
异丁酸	1.0	1.2	0.7	0.7	0.8	0.8	1.7	0.8
丙酸	1.1	1.2	1.0	0.8	1.1	0.8	1.7	0.6
异戊酸	1.1	1.3	0.6	0.5	0.8	1.0	1.2	0.4
庚酸	0.7	0.9	0.3	0.4	0.8	0.4	0.3	0.2
乙缩醛	56	63	58	63	201	125	121	234
乙醛	42	31	31	30	116	52	43	134
双乙酰	11	8.4	6.2	12	4.3	7.3	7.0	4.4
醋酏	7.5	6.8	4.9	20	5.4	7.5	6.5	8.6
异戊醛	7.5	6.3	7.3	9.0	4.3	6.1	7.3	3.0
丙醛	4.1	5.0	4.9	3.2	2.9	2.2	3.5	2.7
异丁醛	1.8	2.8	2.8	2.4	1.3	1.7	2.4	1.3
糠醛	1.5	1.2	1.2	1.1	0.6	1.8	2.4	0.8
正丁醛	1.2	1.6	2.5	1.9	0.8	0.9	1.5	0.7
丙酮	0.8	1.2	0.9	0.9	0.4	0.4	0.6	0.6
丁酮	0.2	0.4	0.1	0.1	0.03	0.1	0.9	0.03
丙烯醛	0.9	1.7	1.2	1.2	1.1	0.7	0.5	0.8
异戊醇	33	42	33	31	40	41	36	44
正丙醇	19	17	19	19	16	16	27	12
甲醇	12	13	17	12	6.3	12	15	6.0
异丁醇	10	11	12	13	14	13	15	13
正丁醇	9.4	11	9.9	4.4	8.0	7.6	11	4.7
仲丁醇	7.9	13	7.5	3.6	4.4	7.4	18	1.7
正己醇	9.1	11	9.1	3.0	7.4	8.2	3.2	4.0
2,3-丁二醇	3.7	4.4	3.5	1.1	2.9	2.2	1.1	2.2
β-苯乙醇	0.3	0.4	0.4	0.4	0.5	0.3	0.6	0.5

11. 调味品

1）配方型酸性调味品

酸是白酒中的重要的呈味物质。使用单一的酸调味，酒的口味单调。克服这一缺陷的基本方法是使用混合酸。借鉴各类型白酒的气相色谱分析数据，抓住主体酸的量比关系，就可以得到调制新型白酒用的混合型酸性调味品。例如，浓香型新型白酒的混合酸较适宜的体积比范围为乙酸∶己酸∶乳酸∶丁酸＝（1.8～2.2）∶（1.6～1.8）∶（1.0）∶（0.6～0.8）。浓香型白酒中次重要的羧酸是异戊酸、戊酸、异丁酸和丙酸。前四种酸是主要酸性调味品，用量较大，首先使用；后四种酸在白酒达到味觉转变点后再使用，用量虽少，但效果突出。后四种酸的体积比范围是异戊酸∶戊酸∶异丁酸∶丙酸＝（1.0～1.2）∶（0.8～1.1）∶（0.4～0.6）∶（1.0）。清香型大曲酒和四川小曲酒，混合酸比较合适的体积比是乙酸∶乳酸＝（0.8～1.1）∶（0.4～0.6）。上述比例范围不一定适合每一个厂，应根据本厂酸的色谱数据，加以设计和调整。

2）黄水

传统固态法白酒，在发酵过程中，只要窖池不渗漏，都应该有黄水（黄浆水）。不同香型、不同原料、不同工艺、不同地区的黄水差异很大。

尽管黄水中的酸和其他成分千差万别，但酸含量高是肯定的。因此将黄水作为白酒的酸性"调味品"是一个重要的利用途径。黄水杂质多、异味重、变异性大、不稳定，不能直接使用。使用前必须进行必要的处理。

在此提供一个处理办法供参考：取一定量的新鲜优质黄水，加入95％（体积分数）的食品用酒精，以凝固和絮积其中的有机物、蛋白质、机械杂质等。酒精用量视黄水情况而定，可分次加入，以不再有固体析出物为度。静置过滤（也可离心处理），滤液中加入活性炭（根据不同情况掌握用量），进行脱臭、脱胶、脱色并除去杂味。过滤后便可作为白酒的酸性调味品使用。欲得到更高质量的黄水调味液，可将活性炭处理后的滤液于专用的设备中加热回流2～3h，蒸馏，分段收集蒸馏液，分别进行色谱检测和感官评定，择优作"调味品"用。这些"调味品"用于新型白酒勾调，可赋予酒"糟香"和"发酵味"。五粮液酒厂还从黄水提取具有发酵风味的乳酸用于白酒调配，效果很好。

3）酸性调味酒

固态发酵法生产白酒，在生产过程中由于种种原因，会产生出一些酸味较重（即含酸量较高）的酒，这些酒若无其他怪杂味，即可作为酸性调味酒。

大曲酱香型白酒的总酸含量大大高于浓香型白酒，因此大曲酱香白酒可以作为浓香型白酒的酸性调味酒。大曲酱香型酒生产工艺独特、周期长，因而酸高、成分复杂丰富，用它作调味酒，效果十分显著，就口感来说，被调的酒味长而丰满。

4）董酒

董酒是国内目前酸含量最高的成品酒，其总酸量是其他名酒的2～3倍，其中以丁酸含量最高。把各种成品白酒的总酸含量做比较有以下顺序：董酒＞酱香型酒＞浓香型酒＞清香型酒。董酒的风格之一就是带爽口的酸味。董酒的主体酸主要是丁酸和乙酸、乳酸、己酸、丙酸、戊酸。酿造董酒的曲是药曲，酸的复杂性很高。董酒的这些特点使它成为性能十分优异的酸性调味酒。但在使用中，为保持被调酒的本身风格，董酒作为调味酒的用量不能大，一般在1～10μL/100mL，只要使用得当，效果相当显著。

5）食醋

食醋的发酵过程是淀粉类物质首先发酵得到酒精，然后再进行醋酸发酵。食醋的成分很复杂，含有多种酸、醇、酯和酮醛类化合物。食醋在加工淋洗过程中，香味物质被稀释，除醋酸、乳酸、乙醇等含量较高外，其他成分含量都较少。食醋与白酒都是发酵产物，香味物质的组成也有一定的相似之处，所以食醋作为酸性调味品可以用来对白酒进行调味。食醋固形物含量较多，颜色也很深，故不能直接用来调味，调味前必须进行综合处理。

处理方法：将食醋过滤，除去不溶性物质，滤液置于蒸馏装置中蒸馏，可溶性的非挥发性物质如糖、食盐、苹果酸等固体羧酸和氨基酸等则残留在蒸馏器内。可挥发性的香味物质被蒸馏出来，馏出液经色谱分析和尝评后，可直接用来对合格基础酒进行调味，或者将馏出液用适量的白酒稀释后使用。另一种处理办法则是将过滤后的食醋与适量的白酒（或酒精）混合后蒸馏，馏出液作调味用。

6）酱油

发酵酱油有酱味，含有多种香味成分。酱油的主体香问题与酱香型白酒的主体香问题，一直是引起争议的话题，二者有很多相通或类似之处。酱油盐分多，杂质也多，可参照食醋的处理方法，将酱油处理后用作白酒调味。

7）中草药提取液

我国的中草药资源丰富，很多有特殊的香和味，将其提取液有针对性地应用于白酒调味，会取得意想不到的效果，但以不能破坏原有白酒的风格为原则。当然，开发新产品则另当别论。

11.3　调味的方法

本节主要介绍传统白酒的调味方法。低度白酒和新型白酒的调味方法将在本书的其他有关章节中介绍。

11.3.1　确定基础酒的优缺点

首先要通过尝评和色谱分析，弄清基础酒的酒质情况，找出存在的问题，明确调味要解决基础酒哪方面的问题。

如通过尝评和色谱分析，可以知道基础酒是否存在香气不正；存在新酒味；带有丢糟气味；带有生味、闷臭味、苦味；前香不足；后味短淡等缺陷，以便做到对症下药。

11.3.2　选用调味酒

应根据基础酒的质量，确定一种或几种调味酒。调味酒的选用是否得当，关系甚大，选准了则效果明显，且调味酒用量少；选取不当则调味酒用量大，效果不明显，甚至会越调越差。选准选好调味酒，要根据实践中逐渐积累的经验，在全面了解各种调味酒的性质有基础上，针对基础酒的缺陷进行选择，做到有的放矢。

在调味酒中，有些香味物质成分比较突出或复杂成分特多；有些还有特殊的感官特征。这些调味酒可赋予基础酒特殊的香、味和风格；可以克服基础酒的一些缺陷。下面介绍一些调味酒的使用特点，供参考：

（1）丁酸乙酯和辅以异戊醇含量高的调味酒，可以提前香，增爽快，克服香气不正的缺陷，但用量宜少不宜多。

（2）乙缩醛含量高的调味酒可以解闷增爽，促放香，适口除暴。但同时又冲淡了基础酒的浓味。

（3）丁酸乙酯、戊酸乙酯含量高的综合调味酒可以解决酒的新味问题。这类调味酒必须是老酒。

（4）总酸、总酯高的综合调味酒可以解决基础酒中的生味问题，若再出现生酒味，可用丁酸乙酯含量高的调味酒解决问题。

（5）乙缩醛、己酸乙酯、丁酸乙酯、异戊醇等含量高的综合调味酒可以克服香气不正的基础酒的缺点，如闷臭、带苦、短、淡、单、不净、不谐调等。

（6）己酸乙酯含量高，庚酸乙酯、己酸、庚酸等含量较高，并含有较高的多元醇的调味酒为甜浓型调味酒，其感官特点是甜、浓突出，香气很好。这种调味酒能克服基础酒香气差、后味短淡等缺陷。

（7）己酸乙酯、丁酸乙酯、乙酸乙酯等含量高，庚酸乙酯、乙酸、庚酸、乙醛等含量较高，乳酸乙酯含量较低的酒为浓香型调味酒，其感官特点是香气正，主体香突出，香长，前喷后净。这种调味酒能克服基础酒浓香差、后味短淡等缺陷。

（8）丁酸乙酯含量很高，己酸乙酯含量也高，但乳酸乙酯含量低的酒为香爽型调味酒，其感官特点是突出了丁酸乙酯、己酸乙酯的混合香气，香度大，爽口。这种调味酒能克服基础酒带面糟或丢糟气味的缺陷，提前香的效果比较好。

（9）己酸乙酯、乙酸乙酯含量均高的酒为爽型调味酒，它的特征是香而清爽，舒适，以前香味爽为主要特点，后味也较长。这种调味酒用途广泛，副作用也小，能消除基础酒的前苦味，对前香、味爽都有较好的作用。

（10）馊香型调味酒中乙缩醛含量高，己酸乙酯、丁酸乙酯、乙醛含量也高，这种调味酒的感官特点是馊香、清爽、或有己酸乙酯和乙缩醛香味。此酒能克服基础酒的闷、不爽等缺陷，但应注意防止冲淡基础酒的浓味。

（11）木香型调味酒中戊酸乙酯、己酸乙酯、丁酸乙酯、糠醛等含量较高，这种酒的特点是带木香气味。此酒能解决基础酒的新酒味缺陷，增加陈味。

调味酒的种类还有很多，如清香型调味酒、凤型调味酒等。选好选准调味酒一般需要这样一些基本条件：一是准确掌握基础酒的优缺点；二是有足够多的调味酒供选择；三是掌握调味酒的特性；四是要有丰富的经验。

11.3.3　小样调味

1. 调味的仪器、用具和添加量

常用的工具有：50mL、100mL、200mL、500mL、1000mL 量筒；60mL 无色无花纹酒杯；100mL、250mL 具塞三角瓶；玻璃搅拌棒；不同规格的刻度吸管；色谱进样器（微量进样器），其规格有 $10\mu L$、$50\mu L$、$100\mu L$ 等，使用中的换算关系为 $1mL=1000\mu L$，即 $10\mu L=0.01mL$、$50\mu L=0.05mL$、$100\mu L=0.1mL$。没有色谱进样器的也可使用 2mL 玻璃注射器及 $5^{1}/_{2}$ 号针头，但精确度较差；500mL、1000mL 的烧杯等。

若使用注射器，要先将调味酒吸入注射器中，用 $5^1/_2$ 号针头试滴，经确定针头滴加量。滴时要注意注射器拿的角度要一致，不要用力过大，等速点加，不能呈线。一般 1mL 能滴 $180\sim200$ 滴（与注射器中酒的量、拿的角度和挤压力大小等密切有关）。针头滴加量的确定可通过实验和计算来确定。

举例：据实验得知 1mL 调味酒能滴 200 滴，则每滴等于 0.005 mL，50 mL 基础酒中添加 1 滴调味酒，即添加量为 1/10000。

2. 试调前的准备和试调的基本操作

（1）将选好的各种调味酒编号，分别装入不同的规格的微量进样器备用。或者分别装入 2mL 的注射器内，贴上编号，装上 $5^1/_2$ 号针头备用。

（2）取需要调味的基础酒 50 或 100 mL，放入 100（或 250）mL 具塞三角瓶中。

（3）用微量进样器或配 $5^1/_2$ 号针头的 2 mL 玻璃注射器配向基础酒中添加调味酒。微量进样器从 $10\mu L$、$20\mu L$ 开始添加；配 $5^1/_2$ 号针头的 2 mL 玻璃注射器从 1 滴或 2 滴开始添加。每次添加后盖塞摇匀，然后倒入酒杯中品尝，直到香气、口味、风格等符合要求为止。

试调过程中要做有关记录，以备以后计算。

3. 调味方法

目前各厂主要采用下述三种方法：

1）分别添加各种调味酒

在调味过程中，分别加入各种调味酒，逐一进行优选，最后得出不同调味酒的需用量。此法的实质是对基础酒中存在的问题逐一解决。

举例：某种基础酒，经品尝，发现存在浓香差、陈味不足、较粗糙的缺陷。首先解决浓香差的问题，可先选一种能提高浓香的调味酒进行添加，以 1/10000（如 100 mL 基础酒中添加 $10\mu L$ 调味酒）、2/10000、3/10000 的添加量逐次添加，每添加一次，品尝鉴评一次，直到浓香味够了为止。如果这种调味酒添加到 1/1000，还不能解决问题，则应另找调味酒重做试验。然后解决陈味不足的问题，选能增加陈味的调味酒按上法试调直至达到目的为止。最后解决糙辣问题，方法同上。

在调味时，容易发生一种现象，即添加调味酒后，解决了原来的缺陷和不足，又出现了新的缺陷；或者要解决的问题没有解决，却解决了其他问题。例如解决了浓香，回甜就可能变得不足，甚至变糙；又如解决了后味问题，前香就嫌不足。这就是调味工作的微妙和复杂之处。要想调出一品完美的酒，必须要"精雕细刻"，切不可操之过急。对出现的新问题，可继续选用调味酒，按前述方法尝试解决。也可重新制定方案解决问题。

此法有利于认识了解各种调味酒的性能以及与基础酒的关系；有利于总结经验，积累资料，丰富知识。对初学者甚有益处。

2）同时加入数种调味酒

该法是针对基础酒的缺陷和不足，先选定几种调味酒，并记录其主要特点，各以 1/10000 的量添加，逐一优选，再根据尝评情况，增加或减少调味酒的种类和数量，直到符合质量要求为止。应用此法，比较省时，但需有一定的调味经验和技术才能顺利进行。初学者应逐步摸索，掌握规律。

举例：某种基础酒，缺进口香、回味短、甜味稍差。试选择提高进口香的调味酒按2/10000 的添加量添加；再选择提高回味的调味酒和提高甜味的调味酒各按 1/1000 进行添加，然后搅匀尝评鉴定。再根据情况酌情增减调味酒的种类和用量，直到满意为止。

3）综合调味法

该法是针对基础酒存在的问题，根据调味经验，选取不同特点的调味酒按一定比例组合成一种有针对性的综合调味酒，然后用该综合调味酒以 1/10000 的比例逐次加入基础酒中。如果效果不明显，可再适当增加用量，通过尝评找出最佳适用量。采用本法也常常会遇到添加 1/1000 以上仍找不到最佳点的情况。这时应更换调味酒或调整各种调味酒的比例。按上述方法进行添加，直到取得满意效果为止。本法的关键是正确认识基础酒的欠缺，准确选取调味酒并掌握其量比关系，其中具有十分丰富的调味经验显得非常重要。现在有不少酒厂采用此法进行调味。

11.3.4 调味酒用量的计算

调味是在勾兑的基础上进行的，所以调味的计算与勾兑计算有着密切的联系，一般采用勾兑和调味连续法计算。勾兑和调味连续计算法并不复杂，基本方法理根据小样勾兑、小样调味时的数据记录，按比例计算出实际生产时需用的酒量。

（1）先以使用微量进样器调味时的计算举一例说明。

【例 11-1】 勾兑计算：小样勾兑，取 1 号坛酒 50 mL，2 号坛酒 35 mL，勾兑搅匀后品尝的结果是：香气稍短，进口醇和味甜，后味较糙，需要添加其酒。但此酒品尝后只剩68 mL，在此酒中添加 3 号坛酒 10 mL，经品尝，糙辣解决了，香短未解决。品尝后还剩 55 mL，再加 16 号坛酒 6 mL，于是符合基础酒的质量要求，小样勾兑结束。正式勾兑时，若 1 号坛酒取 250kg，问 2 号、3 号、16 号坛应取酒各多少千克？

解 设：正式勾兑时，2 号坛酒该用 $x$kg、3 号坛酒该用 $y$kg、16 号坛酒该用 $z$kg，

a. 1 号坛酒取 250 kg，2 号坛酒的用量应根据下式计算：

$$50 : 35 = 250 : x$$

$$x = \frac{250 \times 35}{50} = 175(\text{kg})$$

b. 正式勾兑时，3 号坛酒的用量应根据下式计算：

$$68 : 10 = (250 + 175) : y$$

$$y = \frac{10 \times (250 + 175)}{68} = 62.5(\text{kg})$$

c. 正式勾兑时，16 号坛酒的用量应根据下式计算：

$$55 : 6 = (250 + 175 + 62.5) : z$$

$$z = \frac{6 \times (250 + 175 + 62.5)}{55} = 53.18(\text{kg})$$

正式勾兑后得到的基础酒总量为

$$250 + 175 + 62.5 + 53.18 = 540.68 \ (\text{kg})$$

【**例 11-2**】　第一次调味计算：勾兑得到的基础酒接下来进行调味。取基础酒 100 mL，使用微量进样器加老酒调味酒 $20\mu L$，混匀后取 20 mL 品尝，发现老酒用量过头。再加基础酒 20 mL 冲淡，经品尝，质量符合要求。问 100 mL 基础酒应加老酒调味酒多少微升？正式调味（大样调味）时，540.68kg 基础酒中应加老酒调味酒多少千克？

解　设：100 mL 基础酒应加老酒调味酒 $x_1\mu L$

540.68kg 基础酒中应加老酒调味酒 x_2 kg

根据比例关系，有

$$100mL：20\mu L＝（100-20）mL：x_1（\mu L）$$

$$x_1＝\frac{20×（100-20）}{100}＝16（\mu L）$$

即 100 mL 基础酒应加老酒调味酒 $16\mu L$。

则 100 mL 基础酒中老酒调味酒的添加量为

$$\frac{16\mu L}{100mL×1000}＝1.6/10000$$

所以正式调味时，540.68kg 基础酒应加老酒调味酒的量为

$$x_2＝540.68kg×1.6/10000＝0.08650（kg）$$

【**例 11-3**】　第二次调味计算：在第一次调味后的酒中取 100mL，使用微量进样器加酒尾调味酒 $50\mu L$，混匀后取 20 mL 品尝，发现酒尾调味酒用过头，再加 20mL 冲淡，经品尝质量符合要求。那么在 100mL 第一次调味后的酒中，应添加酒尾调味酒多少微升？正式调味（大样调味）时应加酒尾调味酒多少千克？

解　设：第一次调味后的酒中，应添加酒尾调味酒 $y_1\mu L$

正式调味时应加酒尾调味酒 y_2 kg

根据比例关系，有

$$100\ mL：50\ \mu L＝（100-20）：y_1$$

$$y_1＝\frac{50×（100-20）}{100}＝40(\mu L)$$

即 100 mL 第一次调味后的酒中应加酒尾调味酒 $40\mu L$。

则 100 mL 第一次调味后的酒中酒尾调味酒的添加量为

$$\frac{40\mu L}{100mL×1000}＝4/10000$$

所以，正式调味时，（540.68＋0.0865）kg 的第一次调味后的酒中应加酒尾调味酒的量为：

$$y_2＝（540.68＋0.0865）×4/10000＝0.21631（kg）$$

（2）如果是使用配 $5\frac{1}{2}$ 号针头的 2 mL 玻璃注射器调味，计算方法如下，供参考：

【**例 11-4**】　勾兑计算：小样勾兑，取 1 号坛酒 50 mL，2 号坛酒 35 mL，勾兑搅匀后品尝的结果是：香气稍短，进口醇和味甜，后味较糙，需要添加其酒。但此酒品尝后只剩 68 mL，在此酒中添加 3 号坛酒 10 mL，经品尝，糙辣解决了，香短未解决。品尝后还剩 55 mL，再加 16 号坛酒 6 mL，于是符合基础酒的质量要求，小样勾兑结束。正式勾兑时，若 1 号坛酒取 250kg，问 2 号、3 号、16 号坛应取酒各多少千克？

解 ① 1 号坛酒有 250 kg，2 号坛酒该用多少千克？

$$50 : 35 = 250 : x$$

$$x = \frac{250 \times 35}{50} = 175(\text{kg})$$

② 正式勾兑时，应加 3 号坛酒多少千克？

$$68 : 10 = (250 + 175) : y$$

$$y = \frac{10 \times (250 + 175)}{68} = 62.5(\text{kg})$$

③ 正式勾兑时应加 16 号坛酒多少千克？

$$55 : 6 = (250 + 175 + 62.5) : z$$

$$z = \frac{6 \times (250 + 175 + 62.5)}{55} = 53.18(\text{kg})$$

正式勾兑后得到的基础酒总量为

$$250 + 175 + 62.5 + 53.18 = 540.68 \ (\text{kg})$$

【例 11-5】 第一次调味计算：勾兑得到的基础酒接下来进行调味。取基础酒 50 mL，加老酒调味酒 2 滴，取 10 mL 品尝，发现老酒用量过头。再加基础酒 10 mL 冲淡，经品尝，质量符合要求。问 50mL 基础酒应加老酒调味酒多少滴？正式调味（大样调味）时，540.68kg 基础酒中应加老酒调味酒多少千克？

解

$$50\text{mL} : 2 \text{ 滴} = (50 - 10) \text{ mL} : x_1 \text{ 滴}$$

$$x_1 = \frac{40 \times 2}{50} = 1.6 \ (\text{滴})$$

即 50 mL 基础酒应加老酒调味酒 1.6 滴。

若由实验知，1 mL 酒能滴 200 滴，则每滴为 0.005 mL。

则 50 mL 基础酒中老酒调味酒的添加量为

$$x_2 = \frac{1.6 \times 0.005}{50} = 1.6/10000$$

所以正式调味时，540.68kg 基础酒应加老酒调味酒的量为

$$540.68\text{kg} \times 1.6/10000 = 0.08650 \ (\text{kg})$$

【例 11-6】 第二次调味计算：在第一次调味后的酒中取 50mL，加酒尾调味酒 5 滴，取 10mL 品尝，发现酒尾调味酒用过头，再加 10mL 冲淡，经品尝质量符合要求。那么在 50mL 第一次调味后的酒中，应添加酒尾调味酒多少滴？正式调味（大样调味）时应加酒尾调味酒多少千克？

解

$$50 : 5 = (50 - 10) : y_1$$

$$y_1 = \frac{5 \times 40}{50} = 4 \ (\text{滴})$$

即 50 mL 第一次调味后的酒中应加酒尾调味酒 4 滴。

按每滴酒为 0.005mL 计，酒尾调味酒的添加量为

$$\frac{4 \times 0.005}{50} = 4/10000$$

所以，正式调味时，（540.68＋0.0865）kg 的第一次调味后的酒中应加酒尾调味酒的量为

$$y_2 = （540.68＋0.0865）\times 4/10000 = 0.21631 （kg）$$

以上两种计算中仅仅是调味时使用的工具存在不同，计算的原理是一致的。在实际操作时，建议采用微量进样器。因为配 $5\frac{1}{2}$ 号针头的 2 mL 玻璃注射器其实是一种注射工具，针筒上刻度误差很大，不是计量用的仪器，测出的每滴酒液的毫升数也因各具体人的操作不同而存在较大的差异，会给调味操作带来较大的误差，而微量进样器操作精度高，易掌握。目前使用微量进样器调味已基本取代使用玻璃注射器调味。

11.3.5　正式调味（大样调味）

根据小样调味实验和基础酒的实际总量，计算出正式调味（大样调味）的用量。举例：小样调味时所用调味酒的量为 8/10000，正式调味的基础酒为 5000kg，其调味酒用量为

$$5000 \times 8/10000 = 4 （kg）$$

按计算结果，将调味酒加入基础酒内，搅匀品尝。如很好地符合小样的质量，则调味即告完成。若与小样有较大差异，则应在已经加了调味酒的基础酒上再次调味，直到满意为止。调好后，充分拌匀，贮存 10d 以上，再尝，质量稳定方可包装出厂。

调味实例：现有勾兑好的基础酒 5000kg，尝之较好，但不够全面，故进行调味。根据其欠缺，选取三种调味酒：

甜香调味酒；

醇、爽调味酒；

浓香调味酒。

分别取 20mL、40mL、60mL，混合均匀。分别取基础酒 100mL 于 5 个 250mL 具塞三角瓶内，各加入混合调味酒 $10\mu L$、$30\mu L$、$50\mu L$、$70\mu L$、$90\mu L$，搅匀，尝之，发现以加入 $50\mu L$、$70\mu L$ 的效果较好。按加 $70\mu L$ 的情况进行计算：1 kg60％的酒为 1100mL，5000kg 酒共 5500L，则共需混合调味酒 3850mL，根据调味酒的比例，需甜香调味酒 641.6mL，醇爽调味酒 1283.4 mL，浓香调味酒 1925mL。分别取量倒入勾兑罐中，充分搅拌后，尝之，酒质达到小样标准，调味便告完成。

11.4　调味中应注意的问题

（1）调味中，是根据小样调味的数据放大来进行正式调味的，所以小样调味时，使用器具必须非常清洁干净，操作必须非常小心，计量必须非常准确，认真做好操作中原始数据的记录，尽可能减少和排除各种因素的影响。否则，小样调味得到的数据可靠性差，放大后用在正式调味时，导致结果偏差大，效果不好，既浪费调味酒，又破坏基础酒。

（2）必须准确鉴别基础酒，认识调味酒。调味时，根据基础酒的缺陷，选择什么种

类的调味酒，选几种调味酒，是调味成功的关键。这需要在实践中不断摸索，总结经验，练好基本功。

（3）调味酒的用量一般不超过 3/1000（酒度不同，用量也有差异）。如超过一定用量，基础酒仍未达到质量要求时，说明该调味酒不适合该基础酒，应另选用调味酒。在调味中，酒的变化很复杂，有时只需添加 1/10 万的调味酒，就会使基础酒变好。因此，要少量添加，逐次尝评，随时准备判断调味的终点。

（4）调味中，由于调味酒的用量很少，因此调味酒的酒精度不必一定要与基础酒的酒精度相同，只要选好、选准调味酒即可使用。

（5）调味完成后，不要立刻包装出厂，特别是低度白酒，最好能存放 1~2 周。经检查如出现小问题，还需进行补调，再存放。直至质量无大变化、比较稳定后才能包装。

（6）生产厂家要制备好调味酒，不断增加调味酒的种类，提高调味酒的质量。增加调味中调味酒的可选性。这对提高白酒的质量特别是低度白酒的质量尤为重要。

（7）要注意勾兑调味时间的安排。勾兑人员应在每天感觉较敏感的时间内进行勾兑和调味。一般应安排在每天上午 9:00~11:00 时或下午 15:00~18:00 时进行操作。同时还要注意选择安静、整洁的工作环境。不能因为生产任务紧而疲劳工作。另外，工厂的勾兑人员应保持稳定，以利于技术和产品质量的提高。

11.5　勾兑、调味、品评的相互关系

品评、勾兑与调味技术是白酒生产工艺中非常重要的环节，它对稳定酒质、提高优质酒的比率起着极为显著的作用，是一个不可分割的有机整体。品评是勾兑和调味的先决条件，是判断酒质的主要依据；勾兑是组装过程，是调味的基础；调味则是掌握风格、调整酒质的最后关键。有人把勾兑、调味比喻为画龙点睛，勾兑是"画龙"身，调味则是"点睛"，说得就是它们的相互关系。

还要说明的是，品评可在白酒勾兑前和勾兑调味中进行，如对原酒进行质量分级、对半成品进行检验等；也可在勾兑调味进行中和结束后进行，此时主要是对白酒半成品或成品进行检验。品评是为了勾兑和调味；勾兑和调味必须品评。

 思考题

1. 名词解释：调味酒、调味品、混合酸、小样调味、正式调味。
2. 白酒勾兑后，为什么要进行调味？调味与勾兑的关系如何？
3. 调味的原理是什么？
4. 调味酒的来源主要有哪些？各种调味酒的特点如何？
5. 应用于调味操作中的调味品有哪些种类？各种调味品的特点如何？
6. 调味中，选好选准调味酒的基本条件有哪些？

7. 为什么在小样调味时，不宜使用普通注射器，而普遍使用色谱微量进样器？

8. 调味中，添加调味酒的三种方法分别是什么？它们各有什么特点？

9. 勾兑调味连续计算法的原理是什么？

10. 调味中应注意哪些问题？

第 12 章　低度白酒的勾兑与调味

导读

  酒精体积分数在 40% 以下的白酒称为低度白酒。低度白酒生产中主要问题是高度酒降度后的浑浊问题和低度白酒如何保持原型酒风味不变的难题。本章主要介绍低度白酒酒基与调味酒的选择；白酒降度时出现浑浊的原因及除浊的方法以及低度白酒的勾兑与调味方法。

12.1　低度白酒的酒基选择及调味酒选择

1. 白酒降度后的变化

  高度酒加水稀释后，由于微量成分数量的减少及彼此之间存在的平衡关系、协调关系、缓冲关系的破坏，会使白酒的风味改变，出现"水味"（即白酒后味很淡，有似水的感觉）。另外，由于降度和添加的香味成分不够等也会造成"水味"。

  通过对不同香型白酒进行降度试验（表 12-1），其风味的变化是：清香型白酒由于含风味物质较少，降低酒度后风味变化较大，尤其当酒度降至 45%（体积分数）时，口味淡薄，失去了原酒风味；酱香型白酒，因高沸点成分较多，酒度降至 45%（体积分数）时酒味已显淡薄，降至 40%（体积分数）便出现"水味"，低度酒生产比较困难；液态法白酒，所含风味物质更少，随着酒度的降低风味显得十分淡薄，以至于出现较重的"水味"；浓香型白酒的酒度即使降到 38%（体积分数），基本上还能保持原酒的风格，并且具有芳香纯正、后味绵甜的特点。其原因参看表 12-2 不同香型白酒降度前后的理化指标。

表 12-1　不同香型的酒降度后风味的变化

	酒度（体积分数）/%	65	62	60	55	50	45
清香型	外观	无色透明	无色透明	无色透明	+	++	+++
	品尝结果	清香纯正	清香纯正	酒香减弱	口味淡	口味淡	口味淡
	酒度（体积分数）/%	55	50	45	40	38	35
浓香型	外观	无色透明	+++	++++	++++	++++	++++
	品尝结果	酒香浓郁味长	酒香浓郁纯正	酒香浓郁纯正	酒香浓回味	酒香回甜	香味淡薄

续表

液态法白酒	酒度（体积分数）/%	60	55	50	45	40	35
	外观	无色透明	无色透明	无色透明	无色透明	无色透明	＋
	品尝结果	酒精味辛辣	酒精味辛辣	酒精味辛辣	酒精味辛辣减少	酒精气味少，味淡	酒精气味少。味淡薄

注：外观中"＋"表示轻微浑浊，"＋＋"、"＋＋＋"、"＋＋＋＋"表示浑浊度增加。

表 12-2　不同香型酒降度前后的理化指标

项目	浓香型酒/(g/L)		清香型酒/(g/L)		酱香型酒/(g/L)		液态法白酒/(g/L)	
酒度（体积分数）/%	62	38	65	38	55	35	60	35
总酸	1.3380	1.0280	0.4700	0.2960	1.6030	0.9650	0.0670	0.0380
总酯	5.0820	2.8990	1.3080	0.7530	2.5720	1.5370	0.200	0.160
杂醇油	0.530	0.500	0.800	0.290	—	—	—	—

搞好低度白酒生产的关键是要做好、选好酒基。所选用的酒基，主要的香、味成分的含量要相当高，使加水稀释后的低度酒中的这些成分含量仍在预定的指标范围内，因而不失原有酒种的基本风格。

2. 低度白酒的酒基选择

有些白酒厂采用生产高度酒时勾兑用的带酒、搭酒及调味酒作为低度酒生产的酒基，或以香醅制取的香料酒为酒基。若用固态法发酵的大宗高度酒，或液态法发酵白酒以及食用酒精为低度酒的酒基时，要用高度酒的调味酒等进行勾兑和调味。

做好低度酒的酒基，对不同香型的酒有不同的要求：清香型酒可在蒸馏时截取头段酒（酒头除外）作为酒基；浓香型酒也可参照上述方法，如用双轮底或采用多层夹泥发酵而得的酒或窖边香糟酒作酒基，效果会更好；以酱香型及液态法白酒为酒基时难度较大，应采取特殊工艺，如液态法的白酒的调香、串香、浸香等措施。此外，无论以那种酒为酒基制作低度酒，均应使用一些调味酒，在勾兑、调味上下功夫。

有些酒基在原来的高酒度下，某些成分在较浓的香味物质掩盖下，未能明显地显示出来。但降度后，可能会呈现某种邪杂味。所以酒基要优质，而且应有几种组成，并有主次之分。

选择酒基的基本要求：

（1）要符合国家规定的卫生标准。若用酒精作酒基，则酒精应达到食用级要求。

（2）不能有异臭等气味以及杂味感。

（3）以固态发酵法白酒为酒基时，其主要香味成分含量要高，以保证低度白酒相应的典型性。

3. 低度白酒的调味酒选择

要生产高质量的低度白酒，调味酒的作用是关键。调味酒就是采取独特工艺生产的具有各种特点的精华酒。低度白酒生产中常用的调味酒有：双轮底调味酒、陈酿调味酒、浓香调味酒、陈味调味酒、酒头调味酒、酒尾调味酒、新酒调味酒、花椒调味酒等。

12.2　白酒降度后浑浊的原因

高度白酒（特别是固态法白酒）加水降度后立即产生乳白色浑浊，酒度降的越低越浑浊，从而失去酒基原来的透明度。研究发现白酒降度后浑浊的原因与白酒的成分和加浆水的成分及其浓度有关。

1. 高级脂肪酸乙酯

1) 高级脂肪酸乙酯的种类及成因

据研究测定，白酒白色浑浊的成分主要为棕榈酸乙酯、油酸乙酯及亚油酸乙酯，其次是十二酸乙酯、十四酸乙酯，异丁醇、异戊醇以上的高级醇也是浑浊成分。高级脂肪酸乙酯在三种香型白酒中的含量，以浓香型酒为多，清香型及酱香型白酒中的含量基本上接近。如表 12-3 和表 13-4 所示。

表 12-3　三种不同香型白酒中脂肪酸乙酯的含量

酒别	棕榈酸乙酯/(mg/L)	油酸乙酯/(mg/L)	亚油酸乙酯/(mg/L)
浓香型白酒	65.0	52.0	63.0
酱香型白酒	27.0	10.5	18.3
清香型白酒	37.0	11.6	15.0

表 12-4　各种酒的高级脂肪酸乙酯含量

成分	茅台酒/(mg/L)	泸州特曲/(mg/L)	汾酒/(mg/L)	桂林三花酒/(mg/L)	二锅头/(mg/L)	液态法白酒/(mg/L)
棕榈酸乙酯	30.1	40.5	30.5	50.2	24.0	19.8
油酸乙酯	10.5	26.5	11.6	15.1	12.7	6.4
亚油酸乙酯	18.3	31.5	15.0	17.1	25.8	11.4

2) 影响三种高级脂肪酸乙酯溶解度的因素

（1）酒度及三种酯含量。这三种高级脂肪酸乙酯都溶于乙醇，不溶于水，当白酒酒度降低时，这三种酯因溶解度的降低而析出。它们在不同酒度下的含量及溶解度情况如表 12-5和表 12-6 所示。

表 12-5　三种酯在不同酒度下的含量及溶解度

酒度（体积分数）/%	50	45	40	40
棕榈酸乙酯/(mg/L)	4	3.5	2.5	2.0
溶解情况	溶	难溶、析出	析出、浑浊	溶
油酸乙酯或亚油酸乙酯/(mg/L)	4	3.5	2.5	2.0
溶解情况	溶	难溶、浑浊	浑浊、析出	溶

表 12-6　除浊后的低度白酒及酒基中三种酯的含量比较

酒别	棕榈酸乙酯/(mg/100mL)	油酸乙酯/(mg/100mL)	亚油酸乙酯/(mg/100mL)
38%（体积分数）低度白酒	0.68	0.87	0.52
62%（体积分数）酒基	3.76	3.93	3.89

在 45%（体积分数）的酒精溶液中，上述三种酯各加入 5mg/L 即可呈现轻度浑浊。

（2）温度。这三种酯在白酒中的溶解度随温度降低而减少，所以在冬季白酒易出现白色浑浊。

2. 白酒中杂醇油

白酒降度后出现乳白色浑浊物，也可能与酒中的杂醇油有关。

白酒降度后，原来构成香味的物质，被加浆水冲淡。原来完全溶解于高度酒中的香味物质，因酒度的降低而变成白色浑浊物。这些浑浊物在低度酒生产时要设法除去。

3. 其他成分

白酒降度出现浑浊的原因还与酒中含的金属离子有关、与降度用水的成分（水中的 Ca^{2+}、Mg^{2+} 含量）及其用量等有关。加浆用水必须经过软化或除盐处理后才能使用。

12.3　低度白酒的除浊方法

低度白酒生产的技术关键之一是降度后的除浊。目前，各生产厂家采取的白酒除浊工艺主要是采用吸附过滤或膜分离过滤等手段，以除去白酒中易造成浑浊的物质。现将目前国内常用的除浊方法作简要介绍。

1. 冷冻过滤法

这是国内解决低度白酒浑浊采用较早的方法。白酒中棕榈酸乙酯、油酸乙酯、亚油酸乙酯的凝固点较低，棕榈酸乙酯为 $-24℃$，油酸乙酯为 $-34℃$。此法是根据醇溶性的物质——高级脂肪酸乙酯在低温下溶解度降低而析出凝聚沉淀的原理，将加浆后的白酒（38%～40%，体积分数）冷冻到 $-16～-12℃$，并保持数小时，使高级脂肪酸乙酯絮凝、析出、颗粒增大，并在低温条件下过滤除去浑浊物，即可获得澄清透明的白酒。由于沉淀物是油性物质，过滤比较困难，一般可通过添加淀粉、纤维素、硅藻土等作助滤剂。这种方法效果较好，也较稳定，但需要一套高制冷量的冷冻设备和一个低温过滤室，必须冷至−12℃以下，否则遇冷又会返浑。这种方法设备投资大、生产费用高，此外，呈香成分损失也较大，对酒基要求较高。

2. 仿生物膜透析法

本法是将待降度的白酒放在透析袋中，袋外容器中按一定比放稀释用水，每隔10min左右振荡混合一次，促使杂乱运动的溶质分子通过透析袋的微孔从高浓度区向低浓度区扩散（即透析袋中的乙醇分子向容器中扩散，容器中的小分子物质向透析袋中扩散），其他高分子的酯类则难以通过透析袋上的微孔进入容器中。这样即可在容器中得到清亮透明的低度白酒。但此法目前仅在实验室完成。

3. 蒸馏法

根据棕榈酸乙酯、油酸乙酯、亚油酸乙酯沸点较高，不溶于水，而且蒸馏时这三种物质多集中于酒头、酒尾的特点，将基础酒加水稀释到30％（体积分数），再次蒸馏，并掐头去尾，这样得到的酒再加水稀释也不会出现浑浊。此法理论上是能解决低度白酒的浑浊问题，但酒中风味物质损失多。

近年来，有些厂采用分馏法来解决低度白酒和白酒冬季浑浊问题，取得较好效果。根据白酒蒸馏中，高级脂肪酸酯集中于前馏（酒头）和酒尾的特点，在蒸馏时掐头去尾，摘取中馏酒单独贮存，并将前馏酒（酒头酒）与酒尾酒合并，此混合酒的酒度为38％～45％（体积分数），在这个混合酒中加入一定量的活性炭，吸附过夜，过滤除去浑浊物，可得清亮酒液。再与中馏酒以适当比例勾兑，即可使低度白酒清澈透明，且有较强的抗冷能力。此法尤其适于液态法串香白酒的生产。

4. 吸附法

利用吸附技术，将三种高级脂肪酸乙酯吸附出来，而尽可能不吸附或少吸附其他香味物质，从而达到除浊的目的，使低度白酒清亮透明，并且能保持原酒基本风格。常用的吸附材料有活性炭、淀粉、硅藻土、高岭土、树脂及其他特制澄清剂等。各种吸附剂处理酒样的效果不同，常用的吸附法有以下几种。

1）活性炭吸附法

活性炭具有吸附能力强、分离效果好、处理量大、价格低、来源容易等优点。由于活性炭来源或制造方法的不同，其吸附能力也有不同。常用的活性炭有粉末状和颗粒状两种。

在加浆降度的低度白酒中添加0.1％～0.5％的活性炭（颗粒状活性炭应增大用量），充分搅拌后静置24h，过滤后即可得到透明的酒液。活性炭应为符合食用标准的植物性活性炭，具体用量和处理时间应以小试确定。

活性炭不但能吸附浑浊微粒，也能吸附异味成分，同时也对酒中的酸、酯成分有影响，添加量大和处理时间长，会造成酒中香味的过多损失，酒损也大。一般应处理后再进行调味，以保证酒质。

2）淀粉吸附法

淀粉吸附法是国内生产低度白酒的常用方法之一。其吸附原理为：淀粉分子中的葡萄糖分子通过氢键卷曲成螺旋状的三级结构，聚合成淀粉颗粒，淀粉颗粒吸水膨胀后颗粒表面形成许多微孔，能吸附白酒中的浑浊物，再经过滤而除去。

淀粉种类很多，以玉米淀粉为好。表 12-7 为低度白酒加入不同来源的淀粉时酒的澄清情况。

表 12-7　低度白酒加入不同来源的淀粉时酒的澄清情况

淀粉种类	24h	48h	72h	96h	120h	144h
玉米淀粉	无变化	稍变清	较明显变清	变清	清、透明	清、透明
高粱淀粉	无变化	不清，微红	稍清，微红	稍清	稍清	较清，微红
小麦淀粉	无变化	不清	稍清	稍清	稍清	较清
大米淀粉	无变化	不清	稍清	稍清	稍清	较清

玉米淀粉的用量为 1%～2%，淀粉加入后要充分搅拌，经常 5～7d 即可澄清透明。淀粉对低度白酒中的呈香物质的吸附量很少，对保持原酒基的风味有利，但用量过多会带进淀粉的不良气味。

淀粉吸附法虽然能解决低度白酒的浑浊问题，但不够彻底，在寒冷地区，酒会出现"返浑"现象，必须配合冷冻处理效果才好。

由于改性淀粉体积比普通淀粉增大十余倍，分子内部含有较多的亲水性的-OH 基，易溶于水，吸附除浊效果更好，且用量减少（仅为普通淀粉的 1/10 左右），处理时间短（仅需 2～4h），过滤容易，成本低，操作简单，其应用不断增加。

3）植酸澄清法

在浑浊失光的低度白酒中，或带黄色的白酒中（指染锈的酒）添加适量的植酸，静置过滤后即可得到澄清透明的酒液，而且对酒的香味物质含量、总酸、总酯等均无影响。酒液经低温冷冻处理，也不复混。植酸也是一种白酒除浑浊较为理想的澄清剂。

5. 离子交换法及树脂吸附法

离子交换法是采用离子交换树脂与酒中的阴阳离子进行交换而除去造成低度白酒浑浊的成分，这是一种常用的分离、纯化、除杂的方法。具体所用树脂种类和工艺条件可根据酒基的实际情况通过试验确定。吸附达到饱和的树脂经再生液再生后可重新使用。

6. 无机矿物质吸附法

以天然无机矿物质如高岭土、麦饭石、硅藻土等多孔性物质作为吸附剂，有利于低度白酒的澄清。

　　7. 超滤法

　　根据酒液中要去除物质分子质量的大小，选择透析性不同的过滤介质。当酒液经过过滤介质时依照分子质量大小、沸点高低，通过或滞留在介质的两侧，达到去浊的目的。经超滤法处理后的白酒，能保持原酒风味不变，总酸、总酯不降低，无邪杂味，低温下冷冻酒体也能保持清澈透明。

　　在实际生产中上述方法可单独使用，也可结合使用。

12.4　低度白酒的勾兑与调味

　　关于勾兑、调味的酒源和勾兑、调味的一般原理、方法等内容，可参见第 10 章、第 11 章有关部分的内容。低度白酒勾兑、调味的方式一般有以下几种。

　　1. 一次勾兑、调味

　　1）除浊后勾兑、调味

　　（1）只将基础酒（酒基）除浊。将基础酒降度后，经添加淀粉等除浊方法处理，再调入调味酒。此法能较好地保持原酒的风味，但在贮存或包装后易出现浑浊。

　　（2）基础酒及调味酒均除浊。将基础酒降度至与成品低度酒相近的酒度，再进行除浊处理。同时把调味酒加水稀释至 45%（体积分数）左右进行除浊，然后进行勾兑、调味。此法的调味酒用量较前一种方式大。在成品低度白酒不再浑浊的情况下，前一种方式也是切实可行的。

　　2）勾兑、调味后再除浊

　　在澄清剂对酒的风味无影响的情况下，使用这种方式较好。

　　即将基础酒加水降度后，立即用调味酒进行调味，再添加蛋白分解液等进行澄清、过滤。

　　2. 多次勾兑、调味

　　在低度白酒生产中以多次勾兑、调味为好。可以在降度前后各进行一次勾兑、调味，在低度白酒贮存一段时间后再进行一次勾兑、调味，装瓶前若再进行一次调味效果则更好。

　　3. 低度白酒的调味

　　调味是低度酒生产的关键之一。

　　1）选好调味酒

　　生产低度白酒所用的调味酒，大多选用酒头调味酒、酒尾调味酒、双轮底调味酒、老酒调味酒、新酒调味酒、花椒调味酒等。

　　酒头调味酒：含有大量的挥发性物质，如挥发酯、挥发酸等低沸点香味物质。能提高低度白酒的前香和喷香。由于酒头中杂味太重，必须贮存 1 年以上才能作为调味酒。

　　酒尾调味酒：选双轮底糟或延长发酵期的粮糟酒的酒尾，经 1 年以上的贮存即可作为调味酒。酒尾调味酒含有大量的不挥发酸、酯，可以提高基础酒的后味，使酒体回味悠长和浓厚。使用得当，会产生较好的效果。

双轮底调味酒：双轮底酒是调味用的主要酒源。双轮底酒酸、酯含量高，浓香和醇甜突出，糟香味大，有的还具有特殊香味。

老酒调味酒：一般在贮存 3 年以上的老酒中选择调味酒。有些酒经过 3 年以上的贮存后，酒质变得特别醇和、浓厚，具有独特的风格和特殊的味道。用这种酒调味可提高基础酒的风格和陈酿味，去除部分"新酒味"。

新酒调味酒：选用辛辣、味冲、香长、尾子干净的新酒调味，可弥补低度白酒酒度低、口味淡的缺点，起到延长口感、增加后味的作用。

花椒调味酒：取适量整粒花椒，用文火将豆油加热至 7~8 分热时，把花椒迅速放入油中浸炸，当花椒变成浅黄色时立即捞出。然后脱油洗净再加入 70%（体积分数）左右的高度酒基中浸渍 5~7d。花椒中的山椒素易溶于 70%（体积分数）的乙醇。其对低度白酒有增香增味的作用。

2）调味方法

根据低度白酒的缺陷，选取适当的调味酒，以弥补其不足，突出风格。

（1）直接调味法：取 50mL 低度酒样（已经澄清），若闻香较差，有水味，后味短，就可选用酒头调味酒提香，酒尾提后味。如先逐步加酒头调味酒 10 滴，酒尾调味酒 20 滴，混匀后尝之，闻香好，浓香，无水味，后味较长但略有杂味。再逐步调入老酒调味酒 10 滴，边加边尝，达到前香突出，浓香醇厚，无水味，尾净，后味较长为止。小样调味符合质量要求时，便可以此加入的调味酒数量来计算正式调味时应加入的各种调味酒数量，其中酒头调味酒可达 0.1%（体积分数，下同），酒尾可达 0.2%，老酒可达 0.1%。

（2）间接调味法：在直接调味时发现，有时由于低度基础酒质量太差，所用调味酒量会相应增大，酒头调味酒用量可达 2%，酒尾调味酒用量可达 5%甚至更高。这时候低度酒又会重新浑浊，原因是酒头酒中含有大量的酯类物质，当用量大时，这些高级脂肪酸酯在低酒度时析出，以致浑浊。解决的办法是，将酒头酒度降到 45%~50%（体积分数），析出大量的高级酯，澄清之后再用于调味。当然最根本的方法就是选好的基础酒作为低度酒的酒基，这样既节约了大量的调味酒，又节省了人力、物力，降低成本。

此外，调味时还要注意酸、酯配比关系。白酒是酸、酯、醇、醛、酚等的混合体，它们之间存在着一定的配比关系，特别是酸、酯配比，在低度酒中更加重要。酸高酯低，不能突出低度酒的风格，酯高酸低在贮存中易产生变化，可使酯类含量减少，香味变弱，水味重现。

3）新型低度白酒的勾兑与调味

低度新型白酒调味时主要应做好酒基、香料、配方、水质及解决好"水味"、香味不足等问题。

（1）酒基。使用食用酒精为酒基，应经除杂脱臭处理。新型白酒中易出现的所谓"酒精味"，实际上是酒精中的杂质所造成的邪杂味，优质酒精加水稀释后只有轻微的香气和微甜的感觉，并无"酒精味"。

（2）香料。新型白酒所使用的香料必须符合国家标准。要求香料品种齐全，使用品种多，总量少。

（3）配方。新型白酒配方，是用多种化学成分来模仿某一种或几种名优酒的微量成分勾调而成的。生产中首先要对模仿对象的风味特征和微量芳香成分的量比关系进行深入了解，拟定出配方。根据配方先配出多种不同比例的小样，经过反复品评对比，并征求市场消费者的反映，确定本厂产品的配方。

（4）水质。生产新型白酒的加浆用水，必须经过处理后才能使用。

（5）水味的消除。由于降度或添加的香味成分不足，会造成新型低度白酒出现"水味"，解决的办法是通过添加酸和甜味剂来调整。通常酒度为 28%（体积分数）的新型低度白酒，总酸可调到 $0.6 \sim 1.2 g/L$。调节甜味常用的甜味剂为高甜度蛋白糖。丙三醇也是白酒中的组分之一，适量添加可以增加酒的醇厚感和甜度，弥补白酒口味的不足。

（6）某些香味不足的消除。新型低度白酒香味不足，原因有两个，一是降度产生的，二是有些香味物质一开始就没有加够或没加到。具体需要添加那种香味物质应在酒勾兑成型后通过感官品尝，找出香味不足的原因，再补加所需成分。

低度新型白酒勾兑成型后最好通过白酒净化器进行净化处理，以达到净化和催陈的目的。

12.5　低度白酒勾兑调味参考实例

低度白酒的勾兑调味比高度白酒更复杂，难度更大，其主要原因是难以使酒中主要香味物质与其他助香物质的含量在勾兑调味后达到平衡、谐调、匹配、烘托的关系。

不同香型的曲酒，如清香型、酱香型、浓香型、米香型或其他香型的酒，降度后的质量与风格与降度前相比都会发生较大差异。一般认为，清香型白酒内因含香味物质较少，比较纯净，所以降度后的变化更大些，较难保持原有的风格和特点；而浓香型和酱香型白酒因酸、酯含量较高，降度后尚能实出其原有风格和特点，当然，若因酒基质量差或勾兑技术不过关，也会出现酒味淡薄、甚至水味的现象。由于清香型白酒降度的难度更大些，所以在此仅介绍清香型低度白酒勾兑调味的情况。

12.5.1　低度汾酒的勾兑与调味

汾酒是国家名酒，低度汾酒应保持汾酒的独特风格，达到清而不淡、清香协调的要求。汾酒厂在研制 38% 汾特佳酒时，经多次试验，发现用汾酒的酒头和经过处理的酒尾进行调香调味，既能避免一般低度白酒普遍存在的香气不足、口味淡薄、后味较短的缺陷，又能保持汾型酒特殊风味，真正做到降度而不降格。该产品研制成功后即获全国旅游产品金樽奖，市售时受到消费者的广泛欢迎，并在第五届评酒会上与其母酒汾酒共同被为全国名酒，荣获金牌奖。

1. 汾酒酒头和酒尾的成分和作用

1）汾酒酒头的成分和作用

刚蒸取的汾酒酒头含有大量低沸点的易挥发成分，气味既香又怪，刺激性大，会被误认为是劣酒而被处理掉。其实酒头中大量的酸、酯、高级醇都是香味成分。据分析，汾酒酒头中总酸高达 $0.9 \sim 1.2g/L$；乙酸乙酯含量为 $10 \sim 13\ g/L$；乳酸乙酯为 $0.8 \sim 1.2g/L$。酒头中原有的若干有害成分，经一定时间贮存后，部分挥发，部分发生变化，使酒头变成了价值较高的勾兑调味用酒。

2）汾酒酒尾的作用

汾酒酒尾中含有较多的高沸点香味成分，如酸、酯、高级醇等。据分析，酒尾中总酸含量为 $0.9 \sim 1.4g/L$；乙酸乙酯含量也达 $1.9 \sim 2.4g/L$。但由于上述成分间的量比关系不协调，并含有一些高沸点物质，故若将酒尾单独品尝，则味道很怪；若将其直接调入低度酒中，也会带进不愉快的异味，因而须将酒尾进行适当处理后再使用。试验表明，以采用活性炭吸附处理为好。经处理后的酒尾，清澈透明，既除去了邪杂味，又保留了有益的香味，风味独特。

3）酒头酒尾共呈香韵、共赋口味

如上所述，汾酒酒头、酒尾中富含各种高级醇，它们是汾酒的主要呈香呈味成分。在低度汾酒中调入酒头、酒尾，可增加酸、酯含量，协调香味成分的量比关系，从而使酒味纯正协调。如添加适量酒头，可增加前香；添加酒尾，可增加醇厚感及后味。若降度后再调入适量的酒头、酒尾，则可达清香纯正、口感谐调、落口爽净、回味较长的效果。若降度后未加酒头、酒尾，则放香小，口味淡，后味短。

2. 勾兑与调味要点

汾酒勾兑中大楂酒与二楂酒比例一般为：贮存大楂酒占 $60\% \sim 75\%$；贮存二楂汾酒占 $25\% \sim 40\%$。这样不仅突出了风格，也与生产中酒中间产品的比例基本适应。

汾酒的勾兑应限于入库同级合格酒或单独存放的精华酒。加入适量的新酒，可使放香增大。一般老汾酒占 $70\% \sim 75\%$，新汾酒占 $25\% \sim 30\%$。汾酒中适量加入单独存放的老酒头 $1\% \sim 3\%$，可使香气增加，酒质提高，但不能过量，否则会破坏汾酒的风格。

在降度后去浊前，再添加酒头、酒尾，以增加酒的前香和后味。此时酒头用量一般为 $0.2\% \sim 0.4\%$；酒尾用量为 $1\% \sim 3\%$ 较合适。酒尾使用前，最好先用 $0.2\% \sim 0.4\%$ 的活性炭处理后、过滤。

12.5.2　低度清香型白酒北国春酒勾兑技术

黑龙江绥化市制酒厂生产的低度清香型白酒北国春酒，具有酒度低而不淡、低而不浊、清纯爽净的风格。其勾兑技术基本情况如下：

1. 调味酒的选择

选择一些能增强低度清香型白酒风格的调味酒。

1）酒头调味酒

经分析，该厂酒头调味酒中的总酸含量达 0.9～1.3g/L，总酯含量达 2.0～2.5g/L，其中乙酸乙酯含量为 1.0～1.8g/L。这种调味酒可增强低度白酒的前香和提高喷头。

2）酒尾调味酒

经分析，该厂酒尾调味酒中总酸含量为 1.0～1.5g/L，总酯含量为 2.1～3.0g/L，其中乙酸乙酯含量为 1.0～1.5g/L。此酒尾调味酒有怪味异臭，且浑浊不清，故使用前应先用 0.1～0.3％活性炭和 0.5～1.0％的玉米淀粉进行吸附处理并滤清后，方可使用。这种酒尾调味酒可使低度清香型白酒增强醇厚感和后味，使之回味悠长。

3）新酒调味酒

选用贮存期为 3～6 个月、口味较纯正、尾净爽快的大楂酒和二楂酒，可增强和延长低度清香型白酒的口感，以消除因酒度低而口味淡薄的缺陷。

4）陈味调味酒

选用贮存期在 3 年以上略带"酱香"的陈酒为调味酒，这是解决低度清香型白酒口味淡薄、口味短等弊病的有效措施。

2．基础酒的选择及其勾兑

1）基础酒的选择

严格酒库管理，建立不同轮次、季节、贮存期库存酒的分析档案，为选好合格基础酒提供依据。

选择基础酒的标准是：清香纯正、余味爽净；酒度为 65％以上，总酸0.8～1.0g/L，总酯 2.5～3.0g/L，其中乙酸乙酯不低于 1.9g/L，固形物不得超过国家标准。乳酸乙酯的含量必须低于乙酸乙酯，否则会使酒显得闷腻而有损清香型白酒的固有风格。

2）基础酒的勾兑

北国春酒采用清蒸二次清的工艺，发酵期为 28d，蒸得大楂酒和二楂酒，经不同的贮存期，选出合格的基础酒。为了突出产品固有的风格，稳定产品质量，使产品出厂标准基本一致，必须先将不同发酵季节、不同轮次、不同贮存期的基础酒进行勾兑，然后进行调味。

（1）不同轮次基础酒的勾兑比例。选择香气正、酒体完整、具有清香型酒基本风格的大楂酒和二楂酒进行分析，如表 12-8 所示。再以不同的比例进行勾兑并尝评，如表 12-9所示。

表 12-8　大楂酒、二楂酒成分分析

酒楂别	酒度（体积分数）/％	总酸/(g/100mL)	总酯/(g/100mL)	乙酸乙酯/(g/100mL)
大楂	63	0.0502	0.346	0.296
二楂	65	0.0640	0.301	0.201

表 12-9　不同轮次基础酒的勾兑比例及评语

勾兑比例/%		评语
大糙酒	二糙酒	
70	30	清香突出，口味纯正，有余香
60	40	清香纯正，口味谐调，余味爽净
50	50	清香纯正，口味协调，余味爽净
40	60	清香较纯正，口味尚协调，尾欠净

从表 12-9 可看出，以大糙酒 50~60%，二糙酒 40~50% 的勾兑比例较为合适。

（2）不同贮存期的基础酒勾兑比例。根据入库时酒的级别，确定 0.5~1 年、1.5~2 年、2.5~3 年三种不同的贮存期，分别称之为新酒、中酒和老酒。再将它们按不同比例进行勾兑和评定，如表 12-10 所示。

表 12-10　不同贮存期的基础酒勾兑比例及评定

勾兑比例/%			语
新酒	中酒	老酒	
20	70	10	清香风格较突出，口味纯正，爽净，有余香
25	65	10	清香风格突出，口味纯正爽净，有余香
30	65	5	具有清香风格，口味纯正，较爽净，后味短
40	50	10	清香风格不突出，新酒味重，欠爽净
50	45	5	清香风格不够突出，口味较杂，尾欠净

从表 12-10 可见，以新酒 20%~25%、中酒 65%~70%、老酒 10% 的勾兑比例为宜。基础酒贮存期不能划一，应按酒质而异。

3. 勾兑用水及低度酒除浊

1）勾兑用水

北国春酒的加浆用水为深井水，其硬度低、清凉甘美，经自然氧化处理后，即可直接应用。

2）低度酒除浊

白酒降度后呈现乳白色浑浊。该厂通过试验，对除浊方法进行了选择，如表 12-11 所示。

表 12-11　北国春酒除浊方法的选择

吸附剂及其用量	吸附时间/h	评语
活性炭 0.2%	12~24	具有清香风格，失光，口味较纯正、淡薄、后味短
玉米淀粉 0.5%	12~34	具有清香风格，微透明，口味尚纯正，后味短，尾欠净
活性炭 0.1%	—	—
玉米淀粉 0.3%	8	清澈透明，清香风格突出，口味纯正，有余香

从表 12-11 可见，以活性炭 0.1％、玉米淀粉 0.3％吸附、过滤的方法为好。此法处理的酒若加冰块饮用，依然清澈透明。若经吸附后再进行冷冻、过滤，则效果更好。如在冬季可利用自然条件进行致冷后再进行过滤。

 思考题

1. 为什么说生产低度白酒的关键是做好、选好酒基？

2. 低度白酒降度后出现浑浊的原因是什么？常用除浊的方法有哪些？

3. 如何进行低度白酒的勾兑和调味？

4. 任选市售高度白酒，加水降度，观察白酒外观变化情况；采用添加玉米淀粉、活性炭、硅藻土等澄清剂处理，记录处理时间与酒的澄清情况。

第 13 章　新型白酒的勾兑与调味技术

 导读

　　新型白酒是指以优质食用酒精为基础酒，经调配而成的各种白酒。本章将介绍新型白酒的特点、新型白酒生产原料的特点及处理方法和新型白酒的生产技术等。学生通过本章的学习，应了解新型白酒的概念以及新型白酒生产的基础原料；掌握生产新型白酒基础原料的处理方法；通过勾兑调味的训练，掌握新型白酒勾兑调味的基本技术。

13.1　新型白酒勾兑与调味方法

13.1.1　食用酒精的选用及处理

　　新型白酒所用的酒精必须达到食用级酒精标准水平，如果用来生产中、高档优质白酒，必须选用食用优级、特级酒精，普通酒精必须经过脱臭处理后才能用来勾兑新型白酒。常用的酒精处理方法有以下几种：

　　1. 酒类专用活性炭处理法

　　1）活性炭的作用原理

　　活性炭在活化过程中，产生了很多空隙，形成了活性炭的多孔结构。这些孔隙一般分为微孔、过渡孔、大孔三类。孔径不同，吸附对象也不同。例如孔径在 2.8nm 的活性炭能吸附焦糖色，称为糖用活性炭。孔径在 1.5nm 的活性炭吸附亚甲基蓝的能力强，称为工业脱色活性炭。对不同的酒基，应选用不同的活性炭来处理。如重庆产的"汪洋牌"酒用粉末炭的规格性能如表 13-1 所示。

表 13-1　各类粉末活性炭的规格性能

规格	适用性能
JT201 型	低度白酒除浊，新酒催陈
JT203 型	去除白酒异杂味，除浊
JT204 型	防止酯含量高的低度白酒低温下复浊
JT205 型	去除糖蜜酒精异杂味
JT207 型	去除酒中异杂味，也可以处理制备伏特加酒的纯酒精
JT209 型	清酒除浊，催陈
JZF	去除酒精异杂味、大幅度降低酒中还原性物质

2）活性炭的使用方法

（1）1L酒精中加粉末活性炭0.1～0.8g，搅拌均匀，25min后滤除活性炭，可获得良好的效果。

（2）在酒精中加入0.2%～0.4%的粉末活性炭，搅拌均匀后静置24～48h，将活性炭全部沉淀后，取上清液使用。

（3）将颗粒活性炭（1～3.5mm）装于炭塔中，使酒精流经炭塔进行脱臭处理。有的厂以2～3个高4m左右的炭塔串联使用，流速为600L/h，获得了良好的效果。但应注意：不同牌号的活性炭、不同质量的酒精，与炭接触的时间应通过试验确定，不能固定不变。

2. 高锰酸钾处理法

1）高锰酸钾的作用原理

高锰酸钾是一种强氧化剂，可氧化甲醇为甲醛，氧化甲醛、乙醛为甲酸、乙酸。

反应式为：$2KMnO_4 + 3CH_3CHO + NaOH \longrightarrow CH_3COONa + 2CH_3COOK + 2MnO_2 + 2H_2O$。因此酒精中加入适量的高锰酸钾，对降低酒精中甲醇、乙醛等杂质有很显著的作用。为了防止酒精被氧化，一般反应在碱性条件下进行，所以加入高锰酸钾的同时应加入一定量的氢氧化钠。

2）高锰酸钾用量的测定

高锰酸钾的用量随酒质而异。当酒基杂质多时，高锰酸钾的用量多，反之则少。由于高锰酸钾是一种强氧化剂，使用时，不能过量，否则会将酒精氧化，而且过多的锰离子存留在酒中，对人体健康不利，同时也影响酒的风味。根据卫生要求，对经过高锰酸钾处理过的酒精均需重新蒸馏。高锰酸钾的测定的方法为：

取酒精于50mL滴定管中，然后在三角瓶中加入0.2g/L浓度的高锰酸钾溶液，以20～30滴/min的速度将酒精滴入三角瓶中，使呈土褐色为止。根据所耗用酒样的毫升数，可计算出酒精中需加入高锰酸钾的用量。

例如：滴定0.2g/L高锰酸钾溶液5mL，耗用酒精10mL，则每升酒精需高锰酸钾的量=5×0.0002×1000/10=0.1（g/L）。

一般高锰酸钾用量约在酒基的0.01%～0.015%范围之间。

3）具体操作方法

将欲处理的酒精加水稀释到需要的酒度，然后加入需用的氢氧化钠（事先测定其用量）的一半，搅拌均匀。再加入经过测定计算的高锰酸钾溶液，充分搅拌，静置6h，在蒸馏前加入其余的一半氢氧化钠，搅拌10～15min，进行蒸馏，截头去尾，一般酒头为5%～7.5%、酒尾为7.5%～10%（酒头、酒尾去掉多少应按照被处理的酒精质量而定），以中馏酒为合格酒基。使用高锰酸钾时，应先用热水溶解，并分2～3次缓缓加入，每次加入后，可通压缩空气搅拌20min左右，起协助氧化作用，待红色褪去后再加第二次，然后让其静置2～3d，便可过滤或重新蒸馏。

高锰酸钾氧化时间不可过长，否则一部分酒精将被氧化成醛，反而增加了酒精中杂质的含量。

3. 活性炭和高锰酸钾联合法

在 100L 酒精分为 57%～65% 的待处理酒基中加入 30～40g 干法活性炭，充分搅拌后作用 24h，过滤，然后加入按测定用计算的高锰酸钾溶液，充分搅拌，静置 8h 后进行复蒸，取中馏酒作为处理酒基。

另一种简单的方法是，加入高锰酸钾，用量只要测定量的一半，控制最终锰离子含量不得超过 2mg/kg。作用 8h 后，再加入活性炭（用量为 0.3～0.4g/L），作用 24h 后过滤。处理时高锰酸钾和活性炭用量要严格控制，并细致过滤，以免影响酒基的质量。

4. 化学精制法

该法是将酒精先进行化学处理，即加入氢氧化钠，然后再进行重新蒸馏。

1）加入氢氧化钠的作用

（1）皂化酯类，使挥发性的酯类转变成酒精及不挥发性的盐类

$$RCOOR' + NaOH \longrightarrow R'OH + RCOONa \downarrow$$

（2）中和挥发酸，将酸类变成不挥发的盐类

$$CH_3COOH + NaOH \longrightarrow CH_3COONa + H_2O$$

（3）缩合乙醛，将挥发性乙醛聚合成红色沉淀

$$nCH_3CHO \xrightarrow[\text{加热}]{NaOH} (CH_3CHO)_n$$

2）NaOH 加量的测定

在使用氢氧化钠处理酒基时应事先测定其用量，因为过多的用量会使酒精变成乙醛，还会给酒基带来苦涩味，从而影响酒精质量。测定的方法为：

取已稀释至酒精分为 60% 的酒精 50mL，准确加入 0.1mol/L 的 NaOH 溶液 10mL，加热回流 30min（或静置 24h），待冷却后加入 0.1mol/L H_2SO_4 10mL，用酚酞作指示剂，再用 0.1mol/L 的 NaOH 滴定至微红色，根据滴定所消耗的 NaOH 毫升数，可计算出酒精分为 60% 的酒精所需要的 NaOH 用量。

例如：有酒精分为 60% 的酒精 50mL，用 0.1012mol/L 的 NaOH 标准溶液滴定，消耗 2mL，求每升酒基要加多少克的 NaOH？

设每升酒基消耗 NaOH 为 x 克：

$$x = 2 \times 0.1012 \times 0.004 \times 1000/(50 \times 0.1) = 0.1619(\text{g/L})$$

式中　0.004——1mL 0.1mol/L NaOH 标准溶液中 NaOH 的克数；

　　　0.1——换算成 0.1mol/L NaOH 标准溶液的因数；

　　　1000——每毫升酒基换算成升的倍数值。

3）具体操作方法

将欲处理的酒精加水降度到所需的标准酒度，加入经测定计算的氢氧化钠（配成 10% 浓度的溶液），搅拌 30min（最好用空气压缩机通入压缩空气搅拌）静置 24h 后，取上清液蒸馏。

4）蒸馏方式

蒸馏可分釜式间隙蒸馏和塔式蒸馏两种。从处理效果上讲，间隙蒸馏有利于截头去尾，便于排出杂质，不足之处是工效低，能耗高，酒损大。用酒精塔连续蒸馏，各项杂质排除更方便、更彻底，而效率高，酒精质量提高更大。所以酒精企业应在生产工艺、设备等方面进行改进和提高，直接生产出高质量的优级酒精，省去白酒企业再处理的各种麻烦。

5. 热处理法

将酒精加热处理，处理后的酒精中不饱和化合物发生缩合作用，酒精本身味道变得柔和、氧化时间增加。

6. 白酒净化器处理

净化是通过净化介质来完成的。净化介质是由不同型号的分子筛按一定比例配制而成，它们具有选择性的吸附能力。分子较大或分子极性较强的引起浑浊的物质或杂味物质被吸附；相反，分子较小，分子极性较弱的不被吸附。不仅对各种基础酒具有良好的除浊净化功能、对新酒具有一定的催陈作用，而且对酒精具有良好的脱臭除杂功能（和处理基础酒的介质不一样），经处理后的酒精无明显的刺激、暴辣和不愉快的酒精味。

具体的操作过程：

（1）酒精分为95%的原度酒精→加水降度至酒精分为50%～60%（如清亮透明不浑）→净化处理→备用。

（2）酒精分为95%的原度酒精→加水降至酒精分为50%～60%（如出现浑浊、失光等现象）→静置24～48h→上清液净化处理→备用。

13. 1. 2　增香工艺技术

1. 制作香醅

1）香醅的种类

香醅的种类按原香醅的工艺及所含成分不同来分为普通类及优质类。优质类又可分为不同的香型。香醅还有另一种分类方法，即按制作工艺来划分，如可分为麸曲香醅、大曲香醅、短期发酵香醅、长期发酵香醅等。

2）香醅制作实例

（1）清香型香醅制作：取高粱粉500kg，与正常发酵21d蒸馏过的清香型热酒醅3000kg混合，保温堆积润料18～22h，然后入甑蒸50min出甑扬冷至30℃左右，再加入黑曲90kg，生香ADY50kg，液体南阳酵母30kg，低温入窖发酵15～21d，即为成熟香醅。

（2）浓香型香醅的制作：取60d发酵蒸馏后的浓香型酒醅3000kg，加入高粱粉500kg，大曲粉100kg，回30%酒精分的酒尾50kg，黄水酯化液30kg，入泥窖发酵60d，即为成熟香醅。

（3）酱香型香醅的制作：取大曲7轮发酵后的按茅台酒工艺生产的香醅3000kg，

加入高粱粉 300kg，加入中温大曲 80kg（或麸曲 50kg、生香 ADY50kg），堆积 48h 后，高温入窖发酵 30d，即为成熟香醅。

（4）取浓香型或酱香型丢糟 3000kg，加入糖化酶 1kg，生香 ADY2kg，30%酒精分的酒尾 50kg，堆积 24h 后，30℃入窖发酵 30d，即为成熟香醅。

2. 酒精串蒸香醅

1）常用法

当前各厂普遍采用的方法，一般是先将高度酒精稀释至酒精分为 60%～70%，倒入甑桶底锅，用酒糟或制作好的香醅作串蒸材料。串蒸比（酒糟：酒精）一般为（2～4）：1。如比例过大，成品酒虽香，但不协调，反而影响产品质量；比例过小，香短味淡。在保证成品酒质量的前提下，应少用香醅，可降低成本。串香操作时要注意以下几方面问题：

（1）串香蒸酒装甑时要轻、松、簿、匀、缓，不压汽、不跑汽、不坠甑。为了使汽化后的酒精分子能与香醅层充分接触，在装甑过程中，必须撒得准、撒得松、撒得平，使汽上得齐，不压汽，不跑酒。具体操作过程：将出池香醅加入适量的稻壳（稻壳要清蒸），拌和均匀，先在甑底撒少许稻壳，装一层香醅，厚度约 15cm 左右，然后将上述比例的食用酒精与前甑酒稍加入底锅，混匀浓度为 50%（体积分数）左右，（或将食用酒精加浆稀释到 60%～70%），开汽加热，稍待片刻，让酒精蒸汽上升时，按上述要点进行装甑。在装甑满 4/5 时，即打醅墙，装满后迅速盖上甑盖，进行蒸酒。串香白酒同样要截头去尾，根据实践经验，每甑截酒头 0.5～1.5kg，作回酒用，以断花去尾（50%左右）为宜。初摘的酒尾作回酒用，浓度较低的回下甑底锅进行重新蒸馏。

（2）串香蒸酒的速度：串香蒸酒宜缓慢进行。这样可使酒精蒸汽与香醅层充分接触，促进相互间的物理与化学反应，提高成品酒的风味。一般流酒速度为 7.5～8kg/min 较宜，每甑流酒时间为 85min 左右。

（3）串香流酒的温度：串香流酒的温度，直接影响到成品酒的质量。据生产实践经验，流酒温度以 25℃左右为宜。

（4）注意串香的酒基和香醅的质量：串香用的酒精必须是符合食用酒精国家标准 GB10343—2002 的产品，干净无杂味，加水降至酒精分为 60%～70%后串蒸。另外要制作优质的香醅，香醅不香，就无所谓串香。

如用酒醅串蒸，每锅装醅 850～900kg，使用酒精 210～225kg（以酒精分为 95%计），串蒸一锅的作业时间为 4h，可产酒精分 50%的白酒 450～500kg，以及酒精分 10%的酒尾 100kg。耗用蒸汽 2t 左右，串蒸酒损 4%～5%。串蒸后的酒精分 50%的白酒，其总酸可达 0.08g/L 以上，总酯可达 0.15g/L 以上，相当于在酒精中添加 10%的固态法白酒的水平。

2）常用法的改进

（1）用串蒸的糟进行再发酵，使其含有一定量的酒精，可减少糟中的酒精分的残留，使酒损降低 1%左右。

（2）改变酒精的添加办法。变直接往锅底一次性添加为设置高位槽，接通管路至锅底，缓慢连续性添加，可减少酒损 2％左右。

（3）采用串蒸酒精连续蒸馏装置。该装置改变酒精的添加方式，变间隙蒸馏为连续蒸馏，提高了蒸馏效率。最大优点是酒损可达 0.5％以下。

3）薄层恒压串蒸法

该法是由吉林省食品工业设计研究所研制成功的一项新技术。主要是设计制造了串蒸新设备——白酒薄层串蒸锅。

使用该设备可使被串蒸糟的料层厚度下降 1/2～1/3，提高串蒸比。由原来的 4∶1 变为 2∶1，加之酒精蒸汽压的稳定，使蒸馏的效果提高，酒的损失可减少至 1％以下。

使用这种串蒸锅可与原来甑桶的冷却系统连接，采用 2∶1 的串蒸比。每班次蒸 3 锅，可产白酒 2t 多。串蒸后的酒，总酸可达 0.9～1.5g/L，总酯 0.3～1.7g/L，具有明显的固态法白酒风味。

3. 浸香法

该法是用酒精浸入或加入香醅中，然后通过蒸馏把酒精分与香味物质一起取出的方法。

浸香法的优点是能使香醅中香味物质较多的浸到酒精中。缺点是酒精损失大或耗能高，加工香醅中的一些杂味物质也极易带入酒中，故目前各企业已很少采用这种方法。

4. 调香法

新型白酒调香的香源有 3 种：一是传统固态法发酵的白酒及发酵中的副产物如香糟、黄水、酒头、酒尾等。二是酒用香精香料。三是自然香源的选用，如各种中草药、各种植物、花卉的花、根、茎、叶等。

目前新型白酒大多以固态法发酵的白酒及相关产物为调香剂；尽量使用生物途径产生的混合香源，少用或不用纯化学合成的香源。各类香源使用量及注意事项如下：

1）普通白酒

用这类酒勾调新型白酒，一般使用量在 10％～20％；并且使用酒精分 50％左右、酸度高一些的贮存期 3 个月以上的普通白酒，勾兑的效果更好。使用普通白酒调新型白酒应注意三点：

（1）用量不可过大，否则将把这类酒的杂味带到新型白酒中。

（2）应配合使用一定比例的酒尾及化学酸味剂，使酒的酸度达标。

（3）如果使用酒用香精香料，一般多用己酸乙酯、乙酸乙酯及乳酸乙酯。

2）优质白酒

使用各种香型优质白酒为调香剂，勾成的酒也具有同类香型的特点。一般用量在 5％～7％可勾兑出普通级稍带本香型风格的白酒；用量在 30％左右可勾兑出中档同香型优质白酒；用量在 70％以上可兑出质量基本相当于原酒的"二名酒"。使用优质酒为调香剂时，选用的食用酒精应是优级或特级酒精。

3）香糟

香糟中所含的各种微量成分正是酒精中所缺少的，而且品种齐全、数量充足。所以采取串蒸的方法把香糟中的有益成分提取出来，然后再用这种串蒸酒来与食用酒精勾兑，使新型白酒带有固态法白酒风味。但应注意以下三点：

（1）使用比例不可过大，一般不超过 40% 为界限，否则会增加新酒的杂味。

（2）串香后的酒应贮存一段时间再用，以增强勾兑效果；

（3）用同一香型工艺生产的香糟串蒸酒最好用于勾兑相同香型的新型白酒。

4）酒头、酒尾、尾水

酒头中含有低沸点成分较多，用来提高酒的前香。一般用量在 1%～2%，过多会使酒微量成分的量比不平衡。

酒尾中含有大量的酸味物质及高级脂肪酸酯类物质和其他一些高沸点的香味成分。用酒尾来调整酒的酸度及后味效果明显。但用量不可过大，超过 20% 将影响低度酒的透明度，而且会给酒带来稍子味。一般不超过 5%～10% 的用量。

另外，蒸馏过程中，摘酒尾后的尾水中含有较丰富的酸类及高级脂肪酸酯类物质，经适当处理和贮存后，代替部分加浆用水，用来勾调低档新型白酒，也会起到不错的效果。

5）黄水

黄水的酸度很高，用来调酸效果明显。但黄水杂味很重，直接用来兑酒将严重影响酒味的干净。一般使用黄水必须经过各种处理，以串蒸后使用及酯化后再串蒸使用，效果较好。

6）酒用香精、香料

（1）酒用香精、香料首先必须符合国家标准：我国对食用香精香料有严格的规定，1986 年首次以国家标准（GB2760—1986）颁布了食用香料品种，1988 年、1989 年又先后做了两次补充。白酒企业要选用正规或定点企业生产的纯度高的产品。每批香精香料进厂，要有检验报告，要做必要的试验。简单的方法是加到低度酒精中嗅闻、尝评，进行鉴定和比较，不合格的香精香料坚决不能用来勾调新型白酒。

（2）使用的方法：使用质量合格、纯度高的香料，不宜直接加入白酒中。应先把香料与一定比例的食用酒精（酒精先经脱臭除杂处理）混合均匀，将香精香料稀释溶解后，加到白酒中。醇、醛、酸、酯分组组合后，再以组为单位添加。

也可将香精香料加入黄水酯化液中，或加入香糟中，通过串蒸的形式提取出来，这样使用的效果更好。但采用这种方法会有一定量的损失，以后应研制先进的设备或工艺，尽量减少损失。

香精香料添加的顺序：添加香精香料时，要求乙醛水溶液先加入，然后依次加入醇、酯、其他醛类，最后加入酸。添加醇、酯两类香精香料时，有条件的话，最好进行高温酯化，如在 45℃处理 4h 后，再加入到酒中，效果会更好。

保存：香精香料应贮存在避光、低温、阴凉的地方。有条件的企业应单独存放香精香料，同时将各种香精香料分类存放，以防止其他异杂味和香料气味之间的交叉感染。另外，由于香精香料大部分为挥发性液体，使用是应注意其保质期。

白酒常用香料品种及用量范围如表 13-2 所示。

表 13-2　白酒常用香料品种及用量范围

名称	用量范围/%	特征
乙酸	0.01～0.03	有刺激性酸味
丁酸	0.005～0.01	有强烈持久的臭味
己酸	0～0.02	似汗臭味
乳酸	0.005～0.01	无香气,有浓厚感,多则有涩味
异丁酸	0.005～0.01	轻的不愉快气味,似浓香型大曲酒风味
柠檬酸	0.01～0.02	酸味较长,且爽口,水溶性强
乙酸乙酯	0.01～0.05	呈香蕉香味,是清香型酒的主体香气
丙酸乙酯	0～0.05	似菠萝香,微涩,带芝麻香
乙酸异戊酯	0～0.02	呈强烈的香蕉香味
丁酸乙酯	0.01～0.03	似老窖酒香味,味持久
丁酸异戊酯	0～0.003	呈苹果香味
异戊酸乙酯	0～0.002	有类似凤梨的香味
己酸乙酯	0.02～0.07	有老窖酒香味,是浓香型酒的主体香气
月桂酸乙酯	0～0.001	有很强的果实香
苯乙酸乙酯	0～0.0005	有蜂蜜香味
戊酸乙酯	0～0.003	似菠萝香,味浓刺舌,特称"吟酿香"
乙醛	0～0.005	微有水果香,味甜带涩,具有酒头香气
乙缩醛	0～0.005	有愉快的清香气味
异戊醛	0～0.001	似苹果香,有甜味
异戊醇	0～0.02	特有的酒精气味,无苦味,白酒中主要的高级醇
正丁醇	0～0.01	强的酒精气味,似葡萄酒香
β-苯乙醇	0.0003～0.0005	呈强烈的玫瑰香味
甘油	0.01～0.02	味甜柔和,有浓厚感

7) 植物香源

(1) 浸提法:植物药材的浸提过程比较复杂,它不像糖那样容易溶解,而是逐渐地从不同结构的药材细胞内,把那些易溶于酒中的成分溶解出来。

浸提的方法一般有常温浸提、加温浸提、煮沸浸提三种。

常温浸提是以白酒或酒精(酒精要经过脱臭除杂处理)为溶剂,将一种或多种香源物质放在酒中浸泡。为提高浸渍效果,需适当延长浸渍时间。

加温浸提就是把溶剂加温到 $50\sim60℃$,加入被浸物,保温数小时,然后冷却过滤。加温浸提比常温浸提时间短,有效成分提取率高,但一些香气轻淡的香源不宜采用。

煮沸浸提是将香源物质先用水浸透,再直接加热煮沸,冷却,过滤,取滤液可直接用来兑酒。

(2) 蒸馏法:将各香源原料在酒基中浸透,然后与酒基一同蒸馏,此蒸馏液具有酒香,也有明显的香源香气。用于兑酒,会提高酒的香气程度。

(3) 压榨法:浆果类植物中有不少品种具有特殊香气。浸提法、蒸馏法处理不当会损失天然香感,而且这些浆果大部分含水分较多。采用直接粉碎、压榨、取汁,再将汁澄清、净化处理后,用于兑酒,香源的天然香味会保留于酒中。

（4）发酵法：将各种香源（以植物类为多）干燥、粉碎后，加入白酒的大曲、小曲中，一同培养成曲。此曲带有明显的香源香味物质。用这种曲酿酒也会将各种有益的香味带入酒中。还有一种形式，就是将香源粉碎后与其他发酵底物进行混合发酵。此发酵液可进行蒸馏，用此蒸馏液兑酒。此发酵液也可直接进行固液分离；液体按正常工艺进行贮存陈化，到期后再用来兑酒，香源使用效果更明显。

另外还有二氧化碳萃取法，此法效果好，但使用成本较高。

13.1.3　调味调香

新型白酒的调味调香主要在三个方面即酸味的调整、甜味的增加和醛类的功能及调整。

1. 酸味的调整

新型白酒调酸的原则是酸与酯的平衡，其根据有四点：

（1）中国名优白酒大多数是遵循酯高酸高的规律。

（2）酸味对其他香味物质有重要的衬托助长作用。酸度不够，酒体往往不丰满，香味也不协调；酸高，其他香味成分含量偏低也会严重影响酒体。

（3）国外著名的蒸馏白酒酯低，酸低。"俄得克"酒甚至无酸也无酯。

（4）新型白酒加入部分酒精后，所有的香味成分均得到稀释。酯降低了，酸也降低。有些企业在新型白酒中又加入大量的外来酯类，而忽略对酸味的调整，造成了这类新型白酒饮用后不舒适、副作用大的严重缺陷。可见新型白酒在低酸低酯的前提下，酸酯平衡更显重要。

用于新型白酒调酸的种类，最好是黄水、酒尾、尾水中含有的经发酵生成的混合酸类。这些酸味物质不仅能提高新型白酒的固态法白酒风味，更重要的是能与各种酯类很好配合，使酒的口味协调，饮用的副作用减少。必要的时候，也可以用纯度高的几种有机酸食用香料以一定比例配制成混合酸用来勾调新型白酒。混合酸 I 的配方：

（1）乙酸 80mL，己酸 60mL，乳酸 40mL，丁酸 35mL。用酒精分为 50% 的酒精溶液稀释至 1000mL。酒精要经过脱臭除杂处理。

（2）乙酸 50%，己酸 25%，乳酸 19%，丁酸 6%，用酒精分为 50% 的酒精溶液稀释后使用。混合酸 II 的配方：丙酸∶戊酸∶异戊酸∶异丁酸＝0.8∶1.0∶1.0∶0.2（体积比），用食用酒精稀释至 10 倍后使用。前四种是主要酸性调味液，用量较大；后四种酸在白酒达到味觉转变后使用，用量较小，效果突出。

此外，大量的实践经验表明，在新型白酒的调味中用董酒和食醋来调酸味，效果也相当好。

用董酒来勾调新型白酒，可以使酒香气浓郁，入口醇和味爽，后味、余香长。其用量一般在 1/10 万～1/万，即做小样时，500mL 的样品中加入 1～10 滴的董酒（5.5 号针头）；用微量进样器时，在 500mL 的样品中加入 5～50μL 的董酒。

用食醋来勾调新型白酒：食醋是发酵食品，其香味物质的定性组成与白酒有相似之处。

　　具体方法是：将食醋（香醋或香醋和陈醋以一定比例混合）过滤后蒸馏，将挥发性香味成分提取出来，馏出液可直接用来勾调基础酒；或者将白酒和食醋以一定比例混合后蒸馏，用馏出液来调味。

　　新型白酒的酸酯平衡是勾调成功的关键，在勾调中酯过高，酸偏低时，酒体表现为香气过浓、口味爆辣、后味粗糙，饮后易上头；酸过高，酯偏低时，酒体表现为香气沉闷、口味淡薄，杂感丛生。一般在低酯情况下，即总酯含量不超过 2.5g/L 前提下，酸与酯的比例保持在 1:2 左右的范围内较好。如低档新型白酒的总酸为 0.5～0.6g/L，总酯可为 1.0g/L 左右。中档新型白酒总酸为 0.8～0.9g/L，总酯可为 2.0g/L 左右。高档新型白酒总酸为 1.0g/L 以上，总酯可为 2.5g/L 左右。

　　2. 甜味的增加

　　新型白酒中加入适量甜味物质会增加酒体的丰满感，常用的甜味剂是白砂糖。使用方法是：

　　1）制糖浆

　　糖浆制备方法为：在不锈钢或铜锅中溶化，先加水 100L，煮沸，再加入砂糖 196kg，待溶化后按 1kg 白糖加 10g 柠檬酸，继续加热，使糖液沸腾约 10min，趁热过滤，出锅糖浆应为无色或微黄色透明稠状液体，熬糖时应经常搅拌，防止砂糖淤锅，造成糖浆老化，熬糖火力要均匀。

　　熬糖时加入少许柠檬酸，不仅可以加速糖的转化，并可防止糖液结晶。

　　2）用砂糖制糖色

　　取 10kg 砂糖放入熬糖锅中，即倒入水 1L（糖水比为 10:1），开始加热，先用微火，以后逐渐加大火力并不断搅拌，砂糖溶解，颜色逐渐变黄，进而变黑褐色。当颜色合适时，停止"焦化"，去掉火力，趁热在一细筛上过滤。为防止污染，可在糖色装入贮存容器后，再加入 85% 的脱臭酒精，使糖色溶液的酒精浓度在较高的水平，起到防腐作用。

　　新型白酒加糖的范围应在 2～10g/L 之间。高于这个范围，甜味突出，有失白酒风格。其他甜味剂的使用，要遵照说明书，先做小样试验找出最佳用量后再投入大生产使用。

　　3. 醛类的功能及调整

　　在新型白酒调味调香过程中，还要注意醛类物质的功能及调整问题。如前所述，醛类化合物与酒的香气关系密切。白酒中醛类物质主要是乙醛和乙缩醛，其次是糠醛，它们占总醛物质的 98%。它们与羧酸一起是白酒中的协调成分。酸偏重于口味的平衡和协调，而乙醛和乙缩醛主要是对白酒香气的平衡和协调。

　　醛类在新型白酒中主要起以下几方面的作用：

　　（1）携带作用：白酒的溢香、喷香与乙醛的携带作用有关。乙醛的沸点低，只有 20.8℃，很容易挥发，它可以"提扬"其他香气成分的挥发，起到了"提扬"香气和"提扬"入口喷香的作用。

（2）阈值的降低作用：乙醛的存在对可挥发性物质的阈值有明显降低作用，白酒的香气变大了，提高了放香感知的整体效果。

（3）掩蔽作用：酸和醛的功能不一样，酸压香增味，醛则提香压味。处理好这两类物质间的平衡关系，就不会显现出有外加香味物质的感觉。提高了酒中各香味成分的相溶性，掩盖了白酒中某些成分过分突出自己的弊端。

此外，乙醛和乙缩醛的比例也相当重要，是影响酒香气是否协调的重要因素。一般来讲，乙醛：乙缩醛＝3：（4～1）：1左右为宜，比值波动的范围不能过大。

13.2　新型白酒的勾兑与调味训练

13.2.1　浓香型新型白酒的勾调训练

1. 以串蒸酒为酒基的勾调实例

（1）对串蒸酒进行常规理化指标分析和气相色谱检测。

把串蒸酒加浆降至标准酒度，如果勾调酒精分为 38％～46％的酒应用活性炭处理，活性炭的用量一般在 0.2％～0.5％，处理时间一般在 24～48h。过滤后备用。

（2）根据设计的酒体色谱骨架成分，以 100mL 酒中成分的毫克数表示，并做计算。如己酸乙酯的设计值为 186mg/100mL，经上述色谱检测串蒸酒中已含己酸乙酯为 50mg/100mL，应添加己酸乙酯的量为：186－50＝136（mg/100mL）。一般做小样（或放大样）时往往以体积为单位添加的。所以应把 136mg/100mL 的添加量换算成体积如毫升或微升的加量。己酸乙酯的相对密度为 0.873g/mL，136mg 的己酸乙酯的体积数为 136/0.873＝155.8μL。此外还要考虑到己酸乙酯纯度这一因素的影响，如己酸乙酯的纯度为 98％，则还要换算成 100％纯度的添加量，那么实际的添加量为 155.8/0.98＝159.0μL。以此类推，可以求出其他色谱骨架成分的添加量。

此外，对乙醛来讲，市售的乙醛是 40％水合乙醛，例如需补加乙醛 30mg/100mL，那么经换算实际的添加量则为：30/0.4＝75 μL。但因 40％的乙醛水溶液在放置过程中能聚合成三聚乙醛，它不溶于水，为一种油状液体浮在上层，下层为水合乙醛，只能用分液漏斗分出下层来调酒，三聚乙醛不能用来调酒。

（3）根据计算好的各香味成分的添加体积数一次配 200mL 或 400mL，采用不同体积的微量进样器加入各种成分，为消除计量上的误差，应遵循一次加足数量的原则。如需加 100μL 的某成分，不能用 50μL 的微量进样器分 2 次加入，而应用 100μL 的微量进样器一次加入 100μL 的量。

（4）采用混合酸调味，混合酸的配方如前所述。取 100mL 上述已配好的样品酒，用微量进样器滴入稀释好的混合酸摇匀，静置后尝评。开始加 5～10μL。到后边用量越小，加 1～2μL，当酒的苦味逐渐消失而出现甜味时，说明该酒已达味觉转变区间。各次加入量的总和即为合适量。另外再取 100mL 同样的样品酒，一次加入总酸量的 95％，以核对味觉转变区是否找准。为什么不能一次全部加入？因尝评次数多，体积发生变化，加的次数多易产生误差，否则在放大样时就会差之毫厘，失之千里。如放大样

100t，小样相差 1μL，放大样时就会相差：

$$100 \times 1000 \times 1000 / (100 \times 1000) = 100 \text{mL}$$

（5）放大样的计算。小样做成后，以小样的各种添加剂用量为准进行扩大计算。方法有两种：一种是以勾兑罐的体积。换算关系为：$1\text{m}^3 = 1000\text{L}$，$1\text{L} = 1000\text{mL}$，$1\text{mL} = 1000\mu\text{L}$。以己酸乙酯为例：如做小样时其添加量是 $60\mu\text{L}/100\text{mL}$，勾兑罐体积是 20.5m^3，则己酸乙酯的添加量为

$$\frac{20.5 \times 1000 \times 1000 \times 60}{100} = 12.3 \ (\text{L})$$

另一种是以勾兑酒的实际重量。例如要调配 20t 酒精分为 52.0% 的白酒，己酸乙酯的小样添加量仍为 $60\mu\text{L}/100\text{mL}$，则放大样时己酸乙酯添加量为

$$\frac{20 \times 1000 \times 1000 \times 60}{100 \times 0.92621} = 12.96 \ (\text{L})。$$

式中　0.92621 是酒精分 52% 的酒的相对密度。

放大样时，把计算好的添加剂依次加入，要求乙醛水溶液第一个加入，混合酸最后加入。搅拌均匀，混合酸不可全部加入，只加小样量的 80%～90%，便于后面有调整的余地。另外要考虑加入一定比例固态法白酒所带来的影响。

2. 以固液结合基酒的勾调实例

一般有两种方法：一是已勾调好的串蒸酒与固态法白酒的组合；二是已调好的酒精与固态法白酒的组合。目前许多厂家为方便和效益考虑，大多用把降度以后的酒精和部分曲酒按一定比例混合后进行勾调。方法简介如下：

首先必须对固态法白酒和食用酒精所需的酒精度进行尝评。根据固态法白酒的用量为总量的 10%～50% 的比例，组合好的基础酒。一般具有口感淡薄、回甜、有明显的酒精味，略带固态酒的风味。若固态法白酒本身有异杂味，可能因组合酒精而被冲淡，某些偏高的香味成分同时被稀释，从而形成新的酒体。例如，做一个浓香型固液勾兑白酒，己酸乙酯含量为 220mg/100mL，类似名酒风格，酒精分为 46%。

1）材料

固态法白酒：酒精度为 60%，经气相色谱检测，色谱骨架成分（单位：mg/100mL）为

己酸乙酯	210	己酸	20
乙酸乙酯	190	乙酸	25
乳酸乙酯	270	乳酸	60
丁酸乙酯	30	丁酸	15

口感：闻香较好，酒体较醇厚，但尾涩，不协调，有新酒味，略带青草味（乳酸乙酯、乳酸偏高的结果）。

食用酒精：最好经酒类专用炭或白酒净化器进行脱臭除杂处理。

优质酒用香精香料。

调味酒：窖香调味酒、糟香调味酒、陈味调味酒等。

$50\mu L$ 和 $100\mu L$ 微量进样器、2mL 的医用注射器（配 5.5 号针头）、烧杯、三角瓶、量筒等容器。

2）基础酒的勾兑

将固态法白酒和食用酒精加浆降至酒精分为 46％，然后按固液比例分别为 1∶9、2∶8、3∶7、4∶6、5∶5 的不同比例组合小样。经尝评比较，1∶9 比例的样品其固态法白酒风味小，其他三种口感类似，从成本考虑，选择 2∶8 固液比例较适宜，并组合出 1000mL 基酒。则上述各色谱骨架成分的含量变化为：

己酸乙酯：$210×38.7165％/52.0879％×20％=31.2$（mg/100mL）　（注：式中 38.7165％为酒精分 46％对应的重量百分比，52.0879％为酒精分 60％对应的重量百分比，以下同）

乙酸乙酯：$190×38.7165％/52.0879％×20％=28.2$（mg/100mL）

乳酸乙酯：$270×38.7165％/52.0879％×20％=40.1$（mg/100mL）

丁酸乙酯：$30×38.7165％/52.0879％×20％=4.5$（mg/100mL）

乙酸：$25×38.7165％/52.0879％×20％=3.7$（mg/100mL）

己酸：$20×38.7165％/52.0879％×20％=3.0$（mg/100mL）

乳酸：$60×38.7165％/52.0879％×20％=8.9$（mg/100mL）

丁酸：$15×38.7165％/52.0879％×20％=2.2$（mg/100mL）

根据某名酒色谱骨架成分含量及量比关系：己酸乙酯为 220mg/100mL（单位以下同）、乙酸乙酯 118.8（$220×0.54=118.8$，其中 0.54 为乙酸乙酯和己酸乙酯的适宜比例）、乳酸乙酯 165.0（$220×0.75=165.0$，其中 0.75 为乳酸乙酯和己酸乙酯的适宜比例）、丁酸乙酯 22（$220×0.1=22.0$，其中 0.1 为丁酸乙酯和己酸乙酯的适宜比例）、己酸 20、乙酸 45、乳酸 45、丁酸 10。通过数学计算，得到基酒中应补加各香味成分的量分别为

$$己酸乙酯 = 220 - 31.2 = 188.8(mg/100mL) = \frac{188.8}{0.873 × 98％}$$
$$= 220.6(\mu L/100mL)$$

$$乙酸乙酯 = 118.8 - 28.2 = 90.0(mg/100mL) = \frac{90.0}{0.901 × 98％}$$
$$= 101.9(\mu L/100mL)$$

$$乳酸乙酯 = 165.0 - 40.1 = 124.9(mg/100mL) = \frac{124.9}{1.03 × 98％}$$
$$= 123.7(\mu L/100mL)$$

$$丁酸乙酯 = 22.0 - 4.5 = 17.5(mg/100mL) = \frac{17.5}{0.879 × 98％}$$
$$= 20.3(\mu L/100mL)$$

$$己酸 = 20 - 3.0 = 17.0 （mg/100mL）= \frac{17.0}{0.922 × 98％} = 18.8 （\mu L/100mL）$$

$$乙酸 = 45 - 3.7 = 41.3(mg/100mL) = \frac{41.3}{1.049 × 98％}$$

$$=40.2(\mu L/100mL)$$

$$乳酸 =45-8.9=36.1(mg/100mL)=\frac{36.1}{1.249\times80\%}$$

$$=36.1(\mu L/100mL)$$

$$丁酸 =10-2.2=7.8(mg/100mL)=\frac{7.8}{0.964\times98\%}$$

$$=8.3(\mu L/100mL)$$

其他一些香味成分如醇、醛等同样做相应的补加，使酒体协调丰满。

基酒的调味，正常情况下，单种调味酒的用量在1‰左右，一般不超过3‰；具体操作和食用香精香料相似：取100mL初组合好的基酒，加一种或二种以上的调味酒，经反复试验，得到较好方案如窖香调味酒18滴、糟香调味酒15滴、陈味调味酒12滴，经尝评，窖香较好，酒体浓厚，醇和绵软，尾净余长，具有固态法白酒的风格，调香感不明显，风格典型。

通过调味，使酒体放香得到改善，酒体更加醇和绵软，掩盖令人不愉快的香精味和酒精味，具有良好的固态法白酒的风味，使其具有典型的风格。

通过上述的小样勾调工作，确定固液比例为2∶8以及小样中各种食用香精香料和各种调味酒用量，按此方案，再适当放大勾兑，经复查质量达到小样要求，就可以进行大样勾调。

固液勾兑必须具备的条件以及勾调中需注意的问题：

(1) 食用酒精和固态法白酒要符合国家标准或相关标准。

(2) 配方设计要合理，符合实际。

(3) 有一定数量不同风格和特色的调味酒。并能根据基酒具体情况，正确选用调味酒。

(4) 要注意计量的准确性，在做小样时，最好使用微量进样器，用医用注射器以滴为添加单位时，要注意由于各种香精香料的相对密度等因素的影响，相同体积的不同香精香料的滴数是不一样的。不能千篇一律都以1mL（5.5号针头）为200滴来进行扩大计算，那会造成较大的误差，从而影响勾调的结果。具体情况如表13-3所示。

表13-3　5.5号针头1mL部分香精、调味酒滴数与相对密度的关系

添加物	相对密度/(20℃/4℃)	滴数	添加物	相对密度/(20℃/4℃)	滴数
己酸乙酯	0.873	200	乙酸乙酯	0.901	200
乳酸乙酯	1.030	160	丁酸乙酯	0.871	170
戊酸乙酯	0.877	200	己酸	0.922	150
乙酸	1.049	120	乳酸	1.249	130
丁酸	0.964	170	正己醇	0.815	130
双乙酰	0.981	130	乙缩醛	0.826	174
β-苯乙醇	1.024（15℃）	100	一般调味酒	0.88～0.90	200

（5）使用 2mL 注射器时，手要拿正，用力轻而稳，等速点滴，不要呈线。

3. 以食用酒精为基酒的勾调实例

以食用酒精为基酒的勾调关键是要搞好配方的设计。配方设计是以名优白酒的微量成分含量及其相互间的量比关系、各微量成分的香味界限值和各单体香料的风味以及白酒的理化卫生指标等为主要依据。首先拟定模仿什么香型、什么风味的酒，然后拟定设计原则，进行计算、试配、尝评，再反复调整逐步完善。

配方设计的方法一般有两种：全比例设计和分比例设计。

1）分比例设计

分比例设计主要是先确定主体香味成分的含量范围，再通过其他成分与主成分的比例关系，推导出其他成分的用量，再根据各个组分之间的比例进行调整，或选择其中某些成分含量，分别确定其使用量，或通过试验进行优选，以取得最佳值。

例如模仿五粮液的调香白酒的设计。

（1）五粮液酒以己酸乙酯、乙酸乙酯、乳酸乙酯、丁酸乙酯为四大主要酯类，以己酸乙酯和适量的丁酸乙酯为主体香。己酸乙酯在五粮液酒中的含量范围约为 200～250mg/100mL。四大酯占酯类的百分比平均值为：

己酸乙酯/四大酯＝43.36％，乙酸乙酯/四大酯＝21.73％，乳酸乙酯/四大酯＝29.03％，丁酸乙酯/四大酯＝5.17％，总酯的含量为 580～750mg/100mL。

根据以上比例，设其他比例不变的情况下，选出己酸乙酯的试配值，同时取以中间值为主，试配两头的方法进行选取。再根据其他微量成分对己酸乙酯的比值，确定或选取其他微量成分的数据。

（2）五粮液酒中的主要微量成分与己酸乙酯的量比关系如表 13-4 所示。

表 13-4　五粮液酒中微量成分与己酸乙酯的量比关系

成分名称	对己酸乙酯的比例/％	成分名称	对己酸乙酯的比例/％
乙酸乙酯	45.0～65.0	甲酸	1.3～2.3
丁酸乙酯	10.0～25.0	乙酸	17.5～30.0
戊酸乙酯	2.3～7.0	丁酸	3.5～6.0
乳酸乙酯	50.0～95.0	异戊酸	0.5～0.8
庚酸乙酯	2.5～10.0	戊酸	0.7～1.6
辛酸乙酯	1.0～5.0	己酸	10.0～22.5
壬酸乙酯	0.7～1.3	乳酸	5.0～25.0
棕榈酸乙酯	1.5～2.3	正丙醇	7.5～15.0
油酸乙酯	0.2～2.0	仲丁醇	5.0～10.0
亚油酸乙酯	1.0～2.5	异丁醇	5.0～10.0
乙醛	17.5～25.0	正丁醇	2.5～7.5
乙缩醛	15.0～37.5	异戊醇	20.0～30.0

五粮液之所以具有喷香、丰满协调、酒味全面的独特风格，主要是由酒中主要微量成分的种类、绝对含量及其相互间的量比关系决定的。

五粮液酒中主体成分除四大酯外，还必须辅以适量的戊酸乙酯、辛酸乙酯、庚酸乙酯等。这些物质多数似窖底香，它们香度大，有助前香、前劲。除了上述酯类含量是决定酒质的重要因素外，己酸乙酯与各种微量成分之间的比例关系也是一个主要因素。如果其中有一个或更多的比例不当，不但使诸味失调，甚至可能出现喧宾夺主的现象，酒的质量将受到严重影响，在五粮液酒中，主要成分的含量及其相互间的比例存在以下具基本规律：

① 主要酯类成分在含量上由大到小的顺序是：己酸乙酯＞乳酸乙酯＞乙酸乙酯＞丁酸乙酯＞庚酸乙酯＞戊酸乙酯＞辛酸乙酯。

其中乳酸乙酯：己酸乙酯＝（0.6～0.8）：1最适宜，一般在1以下为好，丁酸乙酯：己酸乙酯＝1：5～15，乙酸乙酯：己酸乙酯＝（0.4～0.6）：1。乳酸乙酯在浓香型白酒中含量与酒的风味关系很大，是造成浓香型白酒不能爽口回甜的主要原因。

这里需要特别指出的是，20世纪90年代后，比较好的浓香型白酒（如五粮液、剑南春）的分析结果四大酯含量顺序变化为：己酸乙酯＞乙酸乙酯＞乳酸乙酯＞丁酸乙酯，且丁酸乙酯的含量略有增加。比较可知，乙酸乙酯＞乳酸乙酯的酒前香好。

② 主要高级醇成分在含量上由多到少的顺序是：异戊醇＞正丙醇＞仲丁醇＞异丁醇＞正丁醇。其中正丙醇、正丁醇的量以偏小为好。正丁醇/丁酸乙酯、正丙醇/丁酸乙酯的比值应＜1。若比值＞1就是质量差的酒。异戊醇/异丁醇即A/B值一般在2～5之间。好的浓香型酒的醇酯比一般在1：6左右。

③ 主要有机酸成分在含量上由小到大的顺序是：乙酸＞己酸＞乳酸＞丁酸＞甲酸。酒质好一般总酸较多，突出在己酸含量上，有利于提高酒的浓郁感，总酸与总酯的平衡协调相当重要。浓香型白酒的酸酯比一般在1：4左右。

④ 高沸点成分中，酯类主要成分在含量上的基本顺序是：庚酸乙酯＞棕榈酸乙酯＞辛酸乙酯、亚油酸乙酯＞油酸乙酯＞壬酸乙酯＞十四酸乙酯＞苯乙酸乙酯＞丁二酸乙酯＞月桂酸乙酯。

醇类主要成分在含量上的基本顺序是：β-苯乙醇＞糠醇＞十四醇＞月桂醇＞癸醇。这些高沸点物质，大多数含量不宜过多。

（3）调配五粮液型酒时应注意的几个问题。

① 乳酸乙酯含量过大的酒会出现不同程度的嫩闷、甜味，就是说如果乳酸乙酯的含量大于己酸乙酯，就会严重影响五粮液型酒的风格。

② 丁酸乙酯、己酸乙酯含量过低，而其他成分的比例关系偏高，必然造成主体香气缺乏而影响香气及浓香味。

③ 丁酸乙酯、丁酸类偏大或过高的酒会出现香劲大，味单调粗糙并影响香气，严重时还可能出现不同程度的丁酸臭味。

④ 丁酸乙酯、乙酸乙酯和乳酸乙酯含量过大，也影响香气和味，造成香气差、香味过重，甚至出现苦涩味，这样配出的酒，基本上没有五粮液型酒的风味。

⑤ 醛类物质，浓香型酒中主要是乙醛、乙缩醛，其次是糠醛。乙醛有刺激味；乙缩醛是白酒香味的主要成分之一，是白酒老熟和质量的重要指标，它有助于酒的放香，含量过大时，会出现酒味清淡、过重时会严重缺乏浓香味，含量过小，酒不爽；也有人

认为乙缩醛与酒的陈香有关。糠醛有一定焦香，对酒后味起作用。

⑥ 各主要微量成分含量太低，即使其量比关系基本符合要求，也会出现香味淡薄而达不到感官要求的质量程度。

⑦ 各微量成分在酒中的含量总是适量时有利，过量时有弊、差量时无利，因此各有其最适量的范围，要求达到诸味协调，酒中所含主要微量成分应基本处在各自的最适范围内。

仿五粮液酒主要微量成分见表 13-5 所示。

表 13-5　仿五粮液酒成分比例配方

成分	含量/(mg/100mL)	成分	含量/(mg/100mL)
己酸乙酯	225	乳酸	35
乳酸乙酯	168	丁酸	13
乙酸乙酯	126	丙酸	2
丁酸乙酯	21	甲酸	4
戊酸乙酯	6	戊酸	3
庚酸乙酯	3	异戊酸	2
辛酸乙酯	5	异戊醇	40
油酸乙酯	4	异丁醇	10
棕榈酸乙酯	5	仲丁醇	3
壬酸乙酯	2	正丁醇	5
2，3-丁二醇	20	正丙醇	12
双乙酰	65	正己醇	4
醋䣈	50	乙醛	36
乙酸	45	乙缩醛	47
己酸	42		

2）全比例设计

首先确定和选择模拟酒的各类量比关系，再确定各类微量成分中的各组分的量比关系，通过计算得出总酯、总酸、醇类、多元醇、羰基化合物各自含量，再分别计算各类中的各组分含量。根据某些法则或特殊要求进行调整。先进行统计、试配、尝评、调整、再试配、尝评，并逐步完善。

下面以仿泸州特曲酒为例，说明全比例设计方案的计算过程。

（1）浓香型酒泸州特曲中各类别间的量比关系设以酯类为 1，其他类与酯类的比值如表 13-6 所示。

表 13-6　泸州特曲中各类别间的量比值

酒号	酯酸比	酯醇比	酯醛比
泸州特曲 1 号	1：0. 29	1：0. 19	1：0. 08
泸州特曲 2 号	1：0. 28	1：0. 16	1：0. 07
平均值	1：0. 285	1：0. 175	1：0. 075

各类中还有多种成分的香味物质，如酸类就有 12 种酸，但有些成分的含量是低于

阈值的，调香时可以不考虑这些含量低于阈值的物质。

（2）各类中各组分的量比关系。

① 酸类中各组分的量比关系。设乙酸的含量为1，则乙酸与其他酸之间的量比关系是：乙酸：丁酸：戊酸：己酸：乳酸：丙酸＝1：0.187：0.028：1.288：0.588：0.008。

② 酯类中各组分的量比关系。设乙酸乙酯的含量为1，则乙酸乙酯与其他酯类之间的量比关系是：乙酸乙酯：丁酸乙酯：己酸乙酯：庚酸乙酯：乳酸乙酯＝1：0.14：0.03：1.49：0.025：0.97。

③ 羰基类中各组分的量比关系。设乙醛的含量为1，则其他组分与乙醛的量比关系为：乙醛：乙缩醛：异丁醛：正戊醛：异戊醛：双乙酰：醋酚＝1：2.78：0.077：0.102：0.086：0.51：0.29。

④ 醇类中各组分的量比关系。设甲醇为1，则其他组分与它的量比关系为：甲醇：丙醇：仲丁醇：异丁醇：异戊醇：己醇＝1：0.56：0.102：0.44：1.26：0.032，另外，A/B＝2.88。

⑤ 多元醇类的量比关系。2,3-丁二 醇：丙三醇＝1：2左右。

而各类间的量比关系为：

总酯：总酸：醇类：醛酮类：多元醇类＝1：0.285：0.175：0.075：0.6。

（3）经尝评、调整，对仿泸州特曲确定数据如下

① 各类间的量比关系。

总酯：总酸：总醛：醇类：多元醇类＝1：0.285：0.075：0.175：0.6。

② 酸类中各成分的量比关系。

乙酸：丙酸：丁酸：戊酸：己酸：乳酸＝1：0.01：0.2：0.03：1.3：0.5

③ 酯类中各成分的量比关系。

乙酸乙酯：丁酸乙酯：戊酸乙酯：己酸乙酯：庚酸乙酯：辛酸乙酯：乳酸乙酯＝1：0.15：0.03：1.5：0.02：0.015：0.5

④ 醛酮类的量比关系。

乙醛：乙缩醛：异丁醛：正戊醛：异戊醛：双乙酰：醋酚＝1：2.5：0.07：0.1：0.08：0.5：0.3

⑤ 醇类中各成分的量比关系。

甲醇：丙醇：仲丁醇：异丁醇：异戊醇：己醇＝1：0.3：0.1：0.4：0.1：0.1

⑥ 多元醇的量比关系。

2,3-丁二醇：丙三醇＝1：2。

（4）各种成分用量的计算。

① 类别计算。设总酯的含量为 400（mg/100mL），总酸含量＝400×0.285＝114（mg/100mL）羰基化合物含量＝400×0.075＝30（mg/100mL），醇类含量＝400×0.175＝70（mg/100mL），多元醇含量＝400×0.6＝240（mg/100mL）。

② 各类中各主要组分计算。

a. 酸类中各组分的计算。

酸类的比例总和＝1＋0.01＋0.2＋0.03＋1.3＋0.5＝3.04

乙酸＝114×1/3.04＝37.5（mg/100mL）

丙酸＝114×0.01/3.04＝0.38（mg/100mL）

丁酸＝114×0.2/3.04＝7.5（mg/100mL）

戊酸＝114×0.03/3.04＝1.12（mg/100mL）

己酸＝114×1.3/3.04＝48.75（mg/100mL）

乳酸＝114×0.5/3.04＝18.75（mg/100mL）

以此类推可求得

b. 酯类中各组分的用量。

乙酸乙酯＝124.42mg/100mL

丁酸乙酯＝18.66mg/100mL

戊酸乙酯＝3.73mg/100mL

己酸乙酯＝186.63mg/100mL

庚酸乙酯＝2.48mg/100mL

乳酸乙酯＝62.21mg/100mL

c. 羰基化合物的用量。

乙醛＝6.59mg/100mL

乙缩醛＝16.45mg/100mL

异丁醛＝0.46mg/100mL

正戊醛＝0.66mg/100mL

异戊醛＝0.53mg/100mL

双乙酰＝3.30mg/100mL

醋酉翁＝1.98mg/100mL

d. 醇类中各组分的用量。

甲醇＝24.14mg/100mL

丙醇＝7.24mg/100mL

仲丁醇＝2.41mg/100mL

异丁醇＝9.66mg/100mL

异戊醇＝24.14mg/100mL

己醇＝2.41mg/100mL

e. 多元醇的用量。

2,3-丁二醇＝80mg/100mL

丙三醇＝160mg/100mL

　　全比例设计，往往全盘设计后，发现有些成分达不到界限值，如仿泸州特曲酒的全比例设计中，像异丁醛设计只有 0.46mg/100mL，而它的界限值却有 1.3mg/100mL，就失去了调香调味的价值，就需要调整。而这一成分的调整则要影响到整个组分内的比例失调，从而影响各组分的全比例的变动；达不到界限值的可以不加此成分。反过来，如果超过应有的最高含量者，则必须重新设计，调整比例，每动一个数据要导致整个配方的重新计算。故多数酒厂多采用分比例设计，此种设计配方灵活、实用，可以根据需要随时调整。

13.2.2　清香型新型白酒的勾调实例

1. 普通清香型新型白酒勾调实例

普通食用酒精加水调成酒精分为 45%，其比例为 85%；普通 4d 发酵粮食白酒也调成酒精分为 45%，其比例为 15%。加入酒尾 5%，调入乙酸乙酯 0.01%～0.02%，加糖5g/L。成品酒中酒精分 45%，总酯 0.8g/L，总酸 0.5g/L 左右。感官尝评，该产品有明显的普通白酒风味。

2. 优质中档清香型新型白酒勾调实例

用优级食用酒精调成酒精分 50%，其比例占 70%；用优质清香大曲酒调成酒精分50%，其比例占 30%。加糖 0.3g/L，用清香酒尾及乙酸乙酯调整。成品酒中，总酸 0.7～0.8g/L，总酯 1.8～2.0g/L。该产品有明显的老白干酒及二锅头酒风味。

13.2.3　兼香型高档优质白酒勾调实例

（1）优质食用酒精，加处理后的水，调成酒精分为 42.0%，其比例为 30%。

（2）配制固态法白酒。大曲酱香型优质白酒（原度计）3%，其他酱香型优质白酒占 4%～7%，浓香型调味酒占 55%～58%。几种酒混合加水除去浑浊后，调成酒精分42.0%的酒。

（3）调味。用高酸调味酒调整酸度，使总酸在 0.8～1.2g/L，用高酯调味酒调整总酯在 2.0～2.5g/L。

（4）加入白砂糖 3g/L。

感官尝评：浓香中有酱香，浓酱协调，口味较丰满，较甜，后味较长，兼香型酒的风格明显。

13.2.4　生料酒的勾兑实例

1. 生料酒的除杂增香

新蒸馏的生料酒大都带有一些不愉快的生料味和新酒气味，影响生料酒的品质。需适当处理后，才能勾兑调味。处理措施一般有以下几种：一是通过陶坛自然贮存，或在贮存过程中按每 100kg 生料酒加 0.1kg 左右的猪板油或肥肉浸泡，半年后生料味基本消失，酒体醇甜、净爽。二是用酒类专用炭处理，酒类专用炭用量为 0.1%～0.2%，加入后充分搅拌，处理时间为 24～48h，过滤后使用，能去除杂味并起到一定的催熟作用。三是使用白酒净化器或其他酒类多功能处理机除杂处理。

2. 勾兑方法

正式勾兑前，必须先做小样勾兑试验。按照设计方案，把生料酒、固态法白酒、食用酒精、香料等组合成基础酒，并加水调至所需酒度。若组合后的基础酒与设计要求的标样相符，则小样勾兑成功；若有差异则需重新修正，调整至满意为止。小样勾兑好后，按照小样组合基础酒的比例，分别计算出各种物料的用量，准确称量后组合，然后充分搅拌均匀，尝评。若与标样一致则组合完毕，否则应调整。基础酒组合好后再进行调味。勾调成型的酒贮存 1 个月左右即可销售。

3. 勾兑配方举例

1）勾兑浓香型白酒

根据浓香型白酒香味特征和主要微量成分含量及其量比关系，设计配方，在生料酒中加入一定量的浓香型大曲酒（或经脱臭除杂的优质食用酒精）、调味酒和酒用香料等。可勾调出中低档浓香型白酒，配方如表 13-7、表 13-8 所示。

表 13-7　低档浓香型大曲酒配方

原材料	52%（体积分数）大曲酒/%	46%（体积分数）大曲酒/%	38%（体积分数）大曲酒/%
生料酒	90	85	80
浓香型大曲酒	5	10	15
酒头	1	1.5	2
酒尾	4	3.5	3
己酸乙酯	0.11	0.13	0.15
乳酸乙酯	0.08	0.08	0.09
乙酸乙酯	0.09	0.09	0.10
丁酸乙酯	0.01	0.013	0.015
己酸	0.008	0.008	0.008
乳酸	0.003	0.003	0.004
乙酸	0.007	0.007	0.008
丁酸	0.001	0.001	0.001
乙缩醛	0.04	0.05	0.05
甜味剂	适量	适量	适量

表 13-8　中档浓香型大曲酒配方

原材料	52%（体积分数）大曲酒/%	46%（体积分数）大曲酒/%	38%（体积分数）大曲酒/%
生料酒	70	60	50
浓香型大曲酒	25	35	45
酒头	1	1.5	2
酒尾	4	3.5	3
双轮底调味酒	0.10	0.12	0.15
陈味调味酒	0.30	0.35	0.40
浓甜调味酒	0.20	0.25	0.40
己酸乙酯	0.16	0.17	0.18

原材料	52%（体积分数）大曲酒/%	46%（体积分数）大曲酒/%	38%（体积分数）大曲酒/%
乳酸乙酯	0.10	0.11	0.11
乙酸乙酯	0.11	0.12	0.11
丁酸乙酯	0.016	0.017	0.018
戊酸乙酯	0.001	0.001	0.001
辛酸乙酯	0.0005	0.0005	0.0005
2,3-丁二醇	0.001	0.001	0.001
丙三醇	0.05	0.06	0.06
己酸	0.04	0.04	0.045
乳酸	0.02	0.02	0.02
乙酸	0.05	0.05	0.05
丁酸	0.01	0.01	0.01
异戊醇	0.05	0.05	0.05
乙醛	0.03	0.035	0.04
乙缩醛	0.05	0.05	0.06
双乙酰	0.0002	0.0002	0.0002
醋酼	0.0001	0.0001	0.0001

2）勾兑清香型白酒

依据清香型白酒香味特征和主要微量成分含量要求，设计配方，在生料酒中加入一定量的清香型白酒（或经脱臭除杂的优质食用酒精）、调味酒和酒用香料，可勾兑出中低档清香型白酒，其配方如表13-9所示。

表13-9　清香型白酒配方

原材料名称	中档清香型白酒/%	低档清香型白酒/%
生料酒	50	90
清香型白酒	40	5
清香酒酒头	3	1
清香酒酒尾	7	4
陈味调味酒	0.5	—
香甜调味酒	0.6	—
绵净调味酒	0.3	—
乳酸乙酯	0.25	0.17
乙酸乙酯	0.29	0.23
乙酸	0.07	0.05
乳酸	0.02	0.015
正丙醇	0.01	—

续表

原材料名称	中档清香型白酒/%	低档清香型白酒/%
异戊醇	0.03	—
异丁醇	0.01	—
乙醛	0.01	—
乙缩醛	0.02	—
双乙酰	0.0005	—
甜味剂	—	适量

3）勾兑米香型白酒

根据米香型白酒的风味特征和主要微量成分含量，设计配方，加入一定量的传统工艺米香型白酒和酒用香料，可勾兑成米香型白酒。配方如表 13-10 所示。

表 13-10　米香型白酒配方

原材料	用量/%	原材料	用量/%
生料酒	80	正丙醇	0.01
传统米香型白酒	15	β-苯乙醇	0.005
米香型酒酒头	1	异戊醇	0.05
米香型酒酒尾	4	异丁醇	0.02
陈酒	0.5	乙醛	0.001
乙酸乙酯	0.02	乙缩醛	0.002
乳酸乙酯	0.06	2,3-丁二醇	0.005
乙酸	0.03	乙酸异戊酯	0.003
乳酸	0.04	甜味剂	适量

4）用复合酒用香精勾兑不同香型的白酒

复合酒用香精是依据各种香型白酒的主要微量成分的含量和量比关系，将多种呈香呈味的单体香料复配在一起，制成具有不同风格特征的香精，如浓香香精、清香香精、米香香精、酱香香精等；也有的将香味骨架成分、微量成分、生物发酵液、相应香型的优质酒、调味酒调配成各种香型的"调味液"。使用时参照相关说明添加一定的"香精"或"调酒液"，可勾兑成相应香型的白酒。

思考题

1. 名词解释：新型白酒、香醅、黄水、黄水酯化液、酒头和酒尾、全比例设计、分比例设计。

2. 生产新型白酒的基础原料有哪些？

3. 在新型白酒生产过程中如何利用黄尾水？

4. 生产新型白酒时对甜味剂有何要求?

5. 食用酒精处理的方法有哪些?

6. 串香操作时应注意哪些方面的问题?

7. 使用酒用香精香料时应注意哪些方面问题?

8. 如何进行新型白酒的调味调香?

9. 怎样进行固液勾兑?

10. 怎样进行分比例设计?

11. 如何进行生料酒的勾兑?

第 14 章　白酒的品评

 导读

　　品评是利用人的感官判断酒质优劣的一种方法。本章将介绍白酒品评的作用，评酒员应具备的条件，评酒员的训练和考核，评酒的环境、规则；评酒的方法与标准，品评中使用的评酒术语以及影响评酒效果的因素等内容。

　　此外，本章还收录了全国第四届评酒会、第五届评酒会评酒委员的考试试题以及白酒品评的相关国家标准和其他资料。

14.1　白酒品评的作用

　　在白酒生产中，作为一名优秀的勾兑人员，既应有丰富的生产知识，还必须有高超的品评水平。

　　1. 品评是确定质量等级和评优的重要依据

　　在白酒生产中，应快速、及时检验原酒，通过品尝，量质接酒，分级入库，按质并坛，以加强中间产品质量的控制。这要求在生产一线建立一支技术过硬的评酒队伍，通过对生产中各中间产品质量的化学检验和感官检验，发现生产中存在的问题，掌握产品质量变化动态，了解产品的质量水平，并能提出提高产品质量的生产技术措施。

　　国家行业管理部门通过举行评酒会、产品质量研讨会等活动，检评质量、分类分级、评优、颁发质量证书，这对推动白酒行业的发展和产品质量的提高也起重要的作用。举行这些活动，也需要通过品评来提供依据。

　　2. 品评可检验勾兑调味的效果

　　勾兑调味是白酒生产的重要环节。通过勾兑调味，能巧妙地把基础酒和调味酒合理搭配，使酒达到平衡、谐调、风格突出等目的。

　　经勾兑和调味，达到成品酒标准的白酒，一般应具有以下特性：

　　1) 比较突出的典型性

　　白酒的典型性又称风格或酒体，是反映白酒质量的重要组成部分。不同香型的白酒具有不同的典型风格；即使是同一香型的白酒，也有不同的风格特征。例如，浓香型白酒虽然都有以己酸乙酯为主体的复合香气，但仍具有不同的风格特征和不同的浓香型流派：有的是以纯正的己酸乙酯为主体的复合香气的流派；有的是以己酸乙酯为主体略带陈味的复合香气的流派等。

2）各种组分的平衡性

在白酒中，尽管存在着某些组成成分对香和味起特别明显的作用，但白酒是由数百种香味成分组成的集合体，各组成成分之间存在着适当的量比关系，保持着一定的平衡，共同体现白酒的特征，这就是白酒组分的平衡性。因此在勾兑调味中，要注意使主体香与一般香（或使色谱骨架成分与复杂成分之间）保持谐调，不能使某一成分过分突出，防止失去平衡而产生异香。

3）较好的缓冲性

缓冲性一般被认为是指在酒中加入了某些成分后，使酒的香气、香味更为谐调绵软。已发现多元醇、特别是环己六醇对白酒有明显的缓冲作用，2,3-丁二醇、双乙酰等也可能存在这种作用。例如试验证明，甜味大的酒，加入少量上述成分后就能使酒更加柔和。

4）水、酒精分子的良好缔合性

白酒在贮存过程中，水和酒精的氢键或其他成分的极性之间产生缔合作用，形成缔合群，从而减少了酒精的刺激性，使人感到酒味柔和。经贮存老熟后的酒经勾兑和调味，由于缔合作用，香味会更柔和。因此，在勾兑时，应适当勾入一些贮存期较长的酒，发挥这类酒能使勾兑后的酒更柔和的作用，使酒体和谐，香味浑然一体。

白酒勾兑调味的效果需要通过品评来判断和检验，品评是衡量勾兑、调味成败的一把尺子，作用十分关键。因此，在勾兑和调味的过程中和结束后必须进行品评鉴别。一名出色的白酒勾兑师必然是一名高水平的评酒师。

3. 品评是鉴别假冒伪劣产品的重要手段

在流通过程中，假冒伪劣白酒冲击市场的现象屡见不鲜，这些假冒伪劣白酒不仅使消费者在经济上蒙受损失，还给消费者身体健康带来严重威胁，而且使生产企业的合法权益和声誉受到严重侵犯。实践证明，感官品评是识别假冒伪劣白酒的直观而又简便的手段。

14.2　评酒员的条件、训练和考核

14.2.1　评酒员的条件和要求

无论是在企业生产第一线，还是在各种级别的评酒或质量鉴评场合，对评酒员的要求基本是一致的。评酒员的条件和要求一般有以下几个方面：

1. 应具备较高的评酒能力和品评经验

评酒员的评酒能力和品评经验是由多方面因素决定的，既要有比较优越的先天条件，也要具备刻苦钻研的精神，苦练品评基本功，并善于在实践中不断总结经验，不断提高自己的评酒水平。评酒员的评酒能力一般表现为检出力、识别力、记忆力和表现力。

1）检出力

评酒员应具有灵敏的视觉、嗅觉和味觉功能，对色、香、味有很强的检出能力，这是评酒员应具有的最基本的条件。

2）识别力

评酒员通过长期的训练，应具有识别各种香型白酒、判断其优缺点的能力。

3）记忆力

评酒员通过广泛接触各种不同类型的白酒，不断地进行品评训练，可提高自己评酒的记忆力，如重复性、再现性等。

4）表现力

评酒员应能根据在评酒中得到的印象，以打分的形式和文字的形式准确地表现出来，这与评酒员的品评基本功、文化素养、品评经验等有密切的关系。

2. 要坚持实事求是和认真负责的工作态度

一个评酒员如果参加某项评酒活动，他不能抱着代表本地区、本部门、本单位利益的态度去工作，而应是代表着广大消费者和国家的利益参加评酒，在工作中要充分体现实事求是和认真负责的工作态度。

3. 要熟悉产品标准、产品风格和工艺特点

不管是生产基层的评酒员，还是省级、国家级的评酒委员，都要加强业务知识的学习，扩大知识面，既要熟悉相关产品标准和产品风格，又要了解产品的工艺特点；既要懂品评，又要懂生产。要具备通过品评找出质量差距，分析质量问题原因的能力。

4. 要有健康的身体，保持感觉器官的灵敏性

评酒员平时要坚持锻炼身体，预防疾病。要尽量少吃或不吃刺激性强的食物，少饮酒更不能酗酒，以保持视觉、嗅觉和味觉的灵敏性。

5. 坚持服务的宗旨

评酒员要坚持为生产厂家服务、为社会服务、为消费者服务，把个人的知识和能力贡献给社会。在评酒中，要掌握标准，坚持原则，排除外界影响和干扰，公正地提出自己的意见，以便采取改进措施，提高产品质量和经济效益。

14.2.2　评酒员的训练和考核

1. 评酒员的训练

评酒员训练的方法很多。首先要通过测试确定感官是否正常。感官不正常或有缺陷的人是不能担任评酒员工作的。感官正常的人，还要经过多次的、科学的训练，才能逐步掌握评酒的基本方法。现介绍一些训练的方法，供参考。

1）视觉、嗅觉、味觉的测试与训练

（1）视觉的测试与训练。以黄血盐配制 0.10%、0.15%、0.20%、0.25%、0.30%不同浓度的水溶液，交错密码编号，分别倒入酒杯中，在正常光线下观其色泽，由浅至深排列次序。如此反复训练，直至达到正确辨别色泽深浅的目的。在进行视觉训练时，可以蒸馏水为参照，借以提高辨别能力。

（2）嗅觉的测试与训练。

① 区分不同香气特征。取玫瑰、香蕉、菠萝、橘子、香草、柠檬、薄荷、茉莉、桂花等芳香物质的组织，分别制成 1～8mL 的水溶液，密码编号，倒入酒杯中，以 5 杯为一组，嗅其香气，并写出香气的特征。

② 区分不同香气和化学名称。取乙酸、丁酸、乙酸乙酯、己酸乙酯、醋翁（3-羟基丁酮）、双乙酰（2,3-丁二酮）、乙缩醛、β-苯乙醇等芳香物质，用体积分数 40%～50% 的酒精，按表 14-1 要求配制不同浓度的酒精溶液。分别倒入酒杯中，密码编号，5 杯为一组，嗅闻其香气并写出对应的化学名称，直至判断正确为止。

表 14-1　呈香物质在不同浓度下的香气特征

化学名称	浓度/(g/100mL)	香气特征
乙酸	0.05	醋味
丁酸	0.002	汗臭味
乙酸乙酯	0.01	乙醚状香气、有清香感
乙酸异戊酯	0.006	似香蕉香气
丁酸乙酯	0.0075	似水果香气、有爽快感
己酸乙酯	0.005	似窖香、醇净爽的香感
β-苯乙醇	0.005	似玫瑰香气
双乙酰	0.05	有清新爽快感
醋翁	0.05	略有酸馊味，似糟香感
乙缩醛	0.001	稍有羊乳干酪味，柔和爽口

（3）味觉的测试与训练。

① 区分味觉特征。用白砂糖、食盐、柠檬酸、味精、奎宁等，按表 14-2 配制成不同浓度的水溶液。分别倒入酒杯中，密码编号进行品尝，区分是何种味感，并写出其味觉特征。

表 14-2　呈味物质在不同浓度下的味觉特征

呈味物质	纯度	浓度/(g/100mL)	味觉特征
砂糖	99%	0.5	甜味
食盐	食用分析纯	0.15	咸味
柠檬酸	食用分析纯	0.04	酸味
味精	95% 以上	0.01	鲜味
奎宁	针剂纯	0.004	苦味

在进行味觉测试和训练时，可将蒸馏水编入暗评，以检验味觉的可靠性。

② 区分浓度差。将砂糖、食盐、味精分别配制成 0.5%、0.8%、1.0%、1.2%、1.4%、1.6%；0.15%、0.20%、0.25%、0.30%、0.35%、0.40%；0.01%、0.015%、0.02%、0.025%、0.03% 等不同的水溶液。密码编号，品尝区分不同味觉及浓度差，准确写出由浓至淡的排列次序。

③ 区分酒度高低。用除浊后的固态发酵法白酒或脱臭后的食用酒精配制成 30%～45%（体积分数）以 3%（体积分数）梯度增长的不同酒度溶液，并通过品尝写出由低

到高酒度的排列次序。注意不得通过摇晃来判断酒度的高低。

2）准确性、重复性、再现性和质量差异的训练

（1）准确区分各种白酒的香型。取各种香型的白酒，分别倒入酒杯中品尝，体会其香型和风格特点，并记忆。经一段时间品尝记忆后，再揭去各种香型白酒的商标，分别倒入酒杯中，密码编号，品尝判断是什么香型和风格。在训练时，要注意用酒的色、香、味来确定香型和风格。

（2）同轮重复性。在同一轮次的评酒中，编入两个相同的酒样，经品评后，应做到对它们香型的判断、打分及评语相同。若香型判断错误或打分用评语差别太大，则说明重复性判断是错误的。

（3）异轮再现性。取同一酒样分别插入两个相近的轮次中，密码编号，进行品评。要求打分及评语相同，香型判断正确。

（4）质量差异。在同一香型酒样的轮次中，对不同酒质的酒样进行品评，准确打分和写出评语。酒质好的得分高，评语表达好；酒质差的得分低，评语表达差。最后根据分数和评语排列次序，判断质量差异。

3）几种品评方法的训练

（1）一杯品评法。先拿出一杯酒样为 1 号，品评后取走。再拿出另一杯酒样为 2 号，进行品评。要求对 1 号和 2 号酒样做出是否相同判别。此法用来训练评酒人员记忆力和再现性。

（2）两杯品评法。一次拿出两杯酒样，其中一杯是标准样，另一杯是被检样。品评后要求对被检样做出与标准样异同点的判断。此法可提高评酒人员对酒样差异的辨别能力。

（3）三杯品评法。又称三角品评法。一次拿出三杯酒样，其中两杯是同一种酒。要求准确品评出两杯相同的酒样与第三杯酒样的差异。此法用来训练评酒员的准确性和辨别能力。

（4）顺位品评法。将几种酒样密码编号进行暗评，以酒质优劣排列顺序，优者在前，次者列后。此法是训练评酒员对酒质差异的分辨能力。在企业中常用于选拔基础酒和调味酒，以便确定配方。

（5）记分品评法。将酒样分别进行暗评，按色、香、味和风格打分写评语。评分采用百分制，以前的评分标准是色泽占 10％、香气占 25％、口味占 50％、风格 15％，现在改为色泽占 5％、香气占 25％、口味占 60％、风格 10％。再按表 14-3 填写。此法常用于评优和检评质量。

表 14-3　白酒品评记录表

酒样编号	评酒记录				总分 （100 分）	评语
	色（5 分）	香（25 分）	味（60 分）	格（10 分）		

　　　　单位：　　　　　　　　　　　　　　　　　　　　　评酒员：

如果经常按以上方法进行训练，可大大提高品评的水平。

2. 评酒员的考核

评酒员分国家、省（部）级评酒员和企业生产一线（厂级、车间级）评酒员。评酒员的产生一般需经过培训、考核、审核等程序。在评酒员的考核工作中，应建立具有权威性的考核机构，考核机构的工作主体是专家组，负责考核的组织领导和技术工作。

企业生产一线（厂级、车间级）评酒员的培训和考核可由企业自主组织，该类评酒员除承担生产一线的品评工作外，还可以担任勾兑工、勾兑师、酿酒操作工等工作。

国家、省（部）级评酒员的培训和考核由相应主管部门组织，这类评酒员的主要任务是参加各种级别的评酒大赛，他们的职责一般是在某个级别的评酒会（大赛）阶段中行使。从1979年第三届全国评酒会到1989年第五届全国评酒会，连续三届由主管部门（第三届由原轻工业部，第四、五届由中国食品工业协会）聘请白酒专家组成专家组对国家级白酒评委进行考核、评选。

现将全国第四届（白酒）评酒委员考试、第五届全国白酒评委考试试题收录如下，以供参考。

全国第四届（白酒）评酒委员考试试题

第一，嗅觉与味觉试题

（1）闻香：①橘子，②菠萝，③玫瑰，④香蕉，⑤菠萝。

（2）尝味：①蒸馏水，②味精，③柠檬酸，④食盐，⑤砂糖。

（3）化学成分：①丁酸，②乙酸异戊酯，③乙酸乙酯，④β-苯乙醇，⑤己酸乙酯。

（4）酒度：①55%，②50%，③45%，④65%，⑤60%。

第二，典型性试题

我国白酒分清香型、酱香型、浓香型、米香型、其他香型。名优白酒均具有不同的风格特点，这要求评酒委员不但要认识风格，还要了解风格的特点。对试题要求答对典型性，再写评语，评语要求写得贴切、简练、抓往实质。典型性答错了评语无效。

①茅台酒，②泸州特曲酒，③黄酒，④汾酒，⑤西凤酒。

第三，重复性和再现性试题

本部分是考试重点。评酒主要根据评委的判断，掌握准确的评分，这是评委最重要的基本功。同一种酒给分忽高忽低，将会严重影响评酒结果。试题采用三个香型，五轮对比测验。

（1）清香型。

第一轮、前轮：①宝丰酒，②宝丰酒，③汾酒，④六曲香酒，⑤三花酒。

后轮：①宝丰酒，②宝丰酒，③汾酒，④三花酒，⑤六曲香酒。

（2）酱香型。

第二轮、前轮：①茅台，②郎酒，③，芦台春酒，④迎春酒，⑤龙滨酒。

后轮：①郎酒，②茅台，③芦台春酒，④迎春酒，⑤龙滨酒。

（3）浓香型。

第三轮：①五粮液，②古井贡酒，③洋河大曲酒，④洋河大曲酒，⑤口子酒，⑥双沟大曲酒。

第四，文字题

（1）白酒按产品香型、糖化剂、生产方法分哪几类？

（2）评酒委员的基本条件有哪些？

（3）何谓阈值？

（4）浓香型白酒中的己酸乙酯含量是否越高越好？还是不好？为什么？

第五届全国白酒评委考试试题

理论部分考题（总分 20 分）

（1）影响评酒效果的因素有哪些方面？为什么会产生顺位效应和后效应？

（2）乙酸乙酯、丁酸乙酯、己酸乙酯、乳酸乙酯、β-苯乙醇和糠醛分别在我国哪个香型或哪个名优酒中含量最多？

（3）浓度为 100mg/L 的乙酸乙酯、丁酸乙酯、乳酸乙酯，依其香气大小排列出顺序，并说明排列的依据。

（4）目前国内部优以上的其他香型白酒中有几个类型？写出每类中一个代表性的产品的名称及其风格特征。

（5）修改下列各类香型优质白酒的评语。

① 清香型：微黄透明，香气优雅，酒体醇厚。

② 浓香型：香气浓郁，绵甜纯净，口味醇和。

③ 酱香型：酱香带焦，幽雅细腻，绵爽醇厚。

④ 米香型：酯香清透，绵甜清净，回味悠长。

（6）对普通白酒的感官质量，应有哪些基本要求？

实际评酒鉴别能力的考核（总分 80 分）

第一轮　对酒度的鉴别（5 分）

考题：取 6 只空酒杯，分别倒入 60%、55%、50%、45%、45%、40% 的酒样各一杯，密码编号，要求按酒度由高到低排列顺序。

第二轮　香型鉴别（5 分）

考题：5 杯密码编号的不同酒样，要求写出各自的香型及评语

第三轮　香型鉴别和重现性（10 分）

考题：5 杯密码编号的不同酒样，要求写出各自的香型，并寻找其中重现的酒样。

第四轮　香型鉴别及质量差（5 分）

考题：5 杯密码编号的不同酒样，要求写出其各自的香型和质量差别，仅只要求抓两头，即最好者和最差者，中间不计。

第五轮　酱香型的酒度差及质量差（10 分）

考题：5 杯密码编号的不同酱香型酒样，要求判别出其酒度差及质量差，打分。

第六轮　浓香型酒的质量差（10分）

考题：对5杯密码编号的不同酒样，要求写评语及打分，以判断其质量的差异。

第七轮　香型及特征的鉴别（10分）

考题：5杯密码编号的不同酒样，要求写出各自的香型及其特征。

第八轮　浓香型酒的重现性（10分）

考题：6杯密码编号的不同浓香型酒样，要求找出其中重现的酒样，写评语及打分。

第九轮　酱香型酒的重现性（5分）

考题：5杯密码编号的酒样，要求找出其中重现的酒样，写评语及打分。

第十轮　无题（10分）

考题：5杯密码编号的不同酒样，要求写出各自的香型、评语及打分。

14.3　评酒的准备与规则

1. 评酒环境

白酒的感官品评，除依赖评酒员感官上较高的灵敏度、准确性和精湛的评酒技巧外，还需要有较好的评酒环境。

评酒员感官的灵敏度和准确性易受环境的影响。有人试验，在隔音、恒温、恒湿、设备完善的环境中评酒与在有噪声、振动等干扰条件下评酒，正确率存在很大差异。在良好环境中，评酒的准确度高于有干扰的环境，两者品评的正确率相差15%左右。这说明，评酒环境是影响评酒结果的一个不可忽视的因素。通常对评酒环境的要求为：环境噪声在40dB以下，温度为15~22℃，湿度调节至50%~60%；评酒室的大小应适宜，适当宽敞；天花板和墙壁应使用统一的色调柔和的材料；评酒室光线要充足柔和，以散射光为宜；空气清新，不允许有任何异味、香味、烟味等。

评酒室内的陈设尽可能简单适用，无关的用具不要放入。集体评酒室应为每一位评酒员准备一张评酒桌，桌面铺白色桌布或白纸。桌子之间应有一定的间隔，最好在1m以上，以免互相影响。评酒员的坐位高低要适宜、舒适，以减少疲劳。评酒桌上放一杯清水，一杯淡茶，桌旁设痰盂。评酒室最好有温水洗手池。

2. 评酒杯

评酒杯是评酒的主要用具，它的质量对酒样色、香、味的判别会产生直接和间接的影响。评酒杯可用无色透明、无花纹的高级玻璃杯，大小、形状、厚薄应一致。酒杯的标准按GB10345.2—1989执行。我国白酒品评时多用郁金香型酒杯，容量约为60mL的酒杯，评酒时，装入1/2~3/5的容量。这种杯的特点是腹大口小，按1/2~3/5容量装酒时，酒的液面蒸发面积最大，而杯口小能使蒸发的酒气味分子集中在杯内，有利于嗅评。评酒用的酒杯要专用，以免染上异味。在每次评酒前应彻底洗净，先用温水冲洗多次，然后用洁净凉水或蒸馏水清洗，再用烘干箱烘干或用白色洁净稠布擦拭至干。洗净后的酒杯应倒置在洁净的瓷盘内，不可放入木柜或木盘内，经免感染木料或涂料气味。

3. 评酒的规则和注意事项

评酒的规则和注意事项是保证品评准确性的必须措施。在评酒会上，组织者会制定严格的规则来规范评酒操作；在酿酒生产过程中，对半成品或成品酒的品评可参照评酒会评酒的规则，结合生产实际，制定出企业自己的评酒规则来进行。现对全国有关白酒评选的一般评酒规则和注意事项做一简要介绍，以供参考。

1）评酒规则

评酒规则一般包括以下一些内容：

（1）正式评酒前先进行 2～3 次标样酒的试评，以协调统一评分和评语标准。

（2）参加评比的样品，须由组织评选的单位指定检测部门按国家统一的检测方法进行严格的检测，并出具正式的检测报告。

（3）参加其他香型评选的产品，必须附有工艺操作要点、企业标准等资料，并经有关部门组织专业技术人员审查认可。

（4）参加评选的样品，由主管评选组织的相关机构或食品协会会同标准局、工商局等部门组成抽样小组，在当地商业仓库抽样监封。抽取酒样时，要在相同产品中相当多的库存量内抽取（国家级评酒中，规定库存量不得少于 100 箱）。抽样数量根据需要确定。抽取的酒样应是评选前 3～12 月期间内的商品。

（5）评选国家优质白酒，按香型和糖化剂（大曲、麸曲、小曲）种类分别品评，其中其他香型分为 6 种品评。地方评酒评选分组，可视当地产的酒品种而定。

（6）视酒样的数量多少进行分组，密码编号品评。

（7）采用淘汰法评选，分组初评，淘汰复评，择优终评。

（8）采用评语和评分（百分制）法评选。

（9）评酒场所、评酒杯的要求等本节前已述。

2）评酒注意事项

（1）评酒员要严格遵守作息制度，不迟到不请假，不中途退出评酒会议。评酒前，要得到充分的休息和睡眠，保持精力旺盛，感官灵敏。患感冒、头痛等，不宜参加评酒。

（2）评酒员评酒前半小时不得吸烟。评酒期间，忌食辣椒、生葱、生蒜等辛辣食物。不将有异味的物品、芳香味的食品、化妆品和用具等带入工作场所。评酒期间不能饮食过饱，不吃刺激性强的影响评酒效果的食物。

（3）评酒前，最好刷牙漱口，保持口腔清洁，以便对酒做出正确的鉴别。

（4）评酒时，要保持安静。暗评时要独立品评和思考，不相互议论和交流评分结果。

（5）评分和评语要书写确切，字体清楚。

（6）评酒期间，除正式评酒外，不得饮酒和交换酒样。

（7）评酒时，任何人不得向评酒员提供或暗示有关酒样的情况，评酒员不得接受任何人关于酒样的暗示。

（8）集体评议时（明评），允许申诉、质询、答辩有关产品质量问题。

3）评酒时间

评酒时间以上午 9:00 开始最为适宜。这时人的精神最充足稳定，注意力易于集中，感官也灵敏。下午评酒最好是 14:00 或 14:30 开始。每次评酒时间长短在两小时以内。每日评酒样尽量不超过 24 个（一组 5～6 个，一日 3～4 组为宜）。总之，以不使评酒员的嗅觉和味觉产生疲劳为原则。

4）酒样的温度

白酒温度不同，给人的味觉和嗅觉感受也不相同。人的味觉在 10～38℃最敏感，低于 10℃会引起舌头凉爽麻痹的感觉；高于 38℃则易引起炎热迟钝的感觉。评酒时若酒样的温度偏高，则放香大，有辣味，刺激性强，不但会增加酒的不正常的香和味，而且会使嗅觉味觉发生疲劳；温度偏低，则可减速少不正常的香和味。各类酒的最适宜的品评温度，也因品种不同而异。一般来说，酒样温度以 15～20℃为好。

4. 评酒样品的编排

集体评酒的目的是为了对比、评定酒的品质。因此，一组中的几个酒样必须要有可比性，酒的类别和香型要相同。分类型应根据评委会所属地区产酒的品种而定，不必强求一致。白酒分酱香、清香、浓香、米香、其他香、兼香型和糖化剂种类，分别进行品评。也包括不同原料、不同工艺的液态法白酒、低度白酒、普通白酒。

酒样编排的品评先后顺序一般是从无色到有色，酒度由低到高，质量由低档到高档。分组时，每组酒样一般为 5 个，有时也可 6 个。

14.4　评酒的方法与标准

14.4.1　评酒的方法

在评酒会上，评酒的方法可根据评酒的目的、提供酒样的数量、评酒员人数的多少来确定。一般分为明评和暗评两种方法。

1. 明评

明评又分明酒明评和暗酒明评。明酒明评是公开酒名，评酒员之间明评明议，最后统一意见，打分、写评语，并排出名次顺序，个别意见只能保留。这种评酒方法在企业内部确定产品质量，分等定级、勾兑定级中常常使用。在酒类评优过程中，如酒样和评酒员都很多时，为了使酒样之间的打分不至相差悬殊，争取意见统一或接近，亦可部分采用明评、明议的方法。暗酒明评是不公开酒名，酒样由专人倒入编号的酒档中，由评酒员集体评议，最后统一意见，打分、写评语，并排出名次顺序。

2. 暗评

暗评是酒样密码编号，从倒酒、送酒、评酒一直到统计分数、写综合评语、排出名次顺序的全过程，分段保密，最后揭晓公布评酒结果。评酒员做出的评酒结论具有权威性，经法律公证后还具法律效力，其他人无权更改。一般产品的评优，质量检验等多采用此方法。

14.4.2　评酒的步骤

白酒的感官品评主要包括色、香、味、格四个方面，通过眼观其色，鼻闻其香，口尝其味，并综合色、香、味三方面感官印象，确定其风格。具体评酒步骤如下：

1. 眼观色

白酒色泽的鉴评，是先把盛有酒样的酒杯放在评酒桌的白纸（或白布）上，用眼正视和俯视，观察酒样中有无色泽和色泽深浅，同时做好记录。再把酒杯拿起来，轻轻摇动，观察透明度、有无悬浮物和沉淀物质。根据观察，对照标准，打分并做出色泽的鉴评的结论。正常的白酒（包括低度白酒）应是无色（酱香型白酒色泽呈微黄）透明的澄清液体，不浑浊，没有悬浮物及沉淀物。

2. 鼻闻香

白酒的香气是通过人的嗅觉器官来检验的。

当被评酒样上齐后，要先把酒杯中多余的酒倒掉，使同一轮酒样中酒量基本相同，然后才开始嗅评。嗅评时，要注意酒的香气是否协调愉快；主体香气是否突出、典型；香气强不强、正不正；有无邪杂味以及溢香、喷香、留香等特征。

嗅评开始，执酒杯于鼻下 2~5cm，头略低，轻嗅其气味。这是第一印象，应充分重视。第一印象一般比较灵敏、准确。嗅一杯，立刻记下该杯的香气情况，避免各杯相互混淆，稍事间歇后再嗅第二杯；也可以几杯嗅完后再做记录。稍事休息后再做第二遍嗅评，转动酒杯，稍用力嗅其气味，用心辨别，这样就可以对酒的香气做出准确的判断，一组（轮）酒经 2~3 次嗅评，即可根据自己的感受，按香气浓淡或优劣排出顺序。若判断还有困难，可按 1、2、3、4、5，再 5、4、3、2、1 的顺序反复几次嗅评，同时对每杯酒的情况做好记录，写出特点。

如需对某杯酒做更细致的辨别或因与其他杯酒差异极微而难以确定名次的，可采取特殊的嗅香方法：

（1）用一条普通滤纸，让其浸入酒杯中吸一定量的酒样，嗅纸条上散发的气味，然后将纸条放置 10min 左右再嗅闻一次。这样可判别酒样放香的浓淡和时间的长短，同时也易于辨别出酒液中有无邪杂味及气味大小。这种方法使用于酒质相似的白酒质量比较，效果较好。

（2）在洁净的手心滴入一定量的酒样，再握紧手与鼻靠近，从大拇指和食指间形成的空隙处，嗅闻其香气，以此检验所判断的香气是否正确，效果比较可靠。

（3）将少许酒样置于手背上，借用体温，使酒液挥发，及时嗅其气味。此法可用于辨别白酒香气的浓淡和真伪、留香的长短和好坏。

（4）酒样评完后，将酒倒出，留出空杯，放置一段时间，或放置过夜，以检验留香。此法用于酱香型白酒的检验。

鉴别酒的气味，应注意嗅评每杯酒时，鼻子与酒杯的距离、吸气时间、吸气间歇以及吸入空气的量要尽可能相等，不可忽近忽远、忽长忽短、忽多忽少，否则易造成嗅评中误差的增多。

3. 口尝味

白酒的口味主要通过味觉来确定，这是白酒品评中最重要的部分。

尝评要按闻香的顺序进行，先从香气较淡的样酒开始，逐个进行尝评。把异味大的异香和暴香的酒样放到最后尝评，以防止味觉刺激过大而影响品评结果。

尝评时，将酒液饮入口中，每次饮入的量要尽量保持一致，酒液入口时要慢而稳，使酒液先接触舌头，布满舌面，进行味觉的全面判断。在进行味觉判断时，气味分子的气体会部分通过鼻咽部进入上鼻道，因此嗅觉也在发挥一定的作用。所以还要注意辨别味觉与嗅觉的共同感受。

尝评中，需要辨别的感受很多，很复杂。不仅要注意味的基本情况，如是否爽、净、醇和、醇厚、辣、甜、涩等，更要注意各种味之间的协调、味与香的协调、刺激的强弱、是否柔和、有无杂味、后味余味如何、是否愉快等等情况。

要注意每次入口的酒液量要基本相等，以防止味觉偏差过大。高度酒每次入口量为0.3~2mL，低度白酒的入口量可稍大些，当然这也因人而异。酒液在口中停留的时间一般为2~3s，如在口中停留时间过长，酒液会和唾液发生缓冲作用，影响味觉的判断，还会造成味觉疲劳。

尝评中的酒样入口次数不要太频繁集中，间隔适当大些，每次品尝后要用清水或淡茶水漱口，以防止味觉疲劳。

尝评时按酒样的多少，一般分为初评、中评、总评三个阶段：

初评：一轮酒样嗅香气后，从嗅闻香气小的开始尝评，入口酒样量以能布满舌面和能下咽少量酒为宜。酒样下咽后，可同时吸入少量空气，并立即闭口用鼻腔向外呼吸，这样可比较全面地辨别酒的味道。做好记录，排出初评的口味和顺序。初评对酒样中口味较好和较差的判断比较准确，中等情况的或口味相差不多的判断可进入中评判断。

中评：重点对口味相似的酒样进行认真品尝比较，确定中间及酒样口味的顺序。

总评：在中评的基础上，可加大入口量，一方面确定酒的余味，另一方面可对暴香、异香、邪杂味大的酒进行品尝，以便最后确定排出本次酒的顺位，并写出确切的评语。蒸馏白酒的基本口味有甜、酸、苦、辣、涩等。白酒的味觉感官检验标准应该是在香气纯正的前提下，口味丰满浓厚，绵软、甘洌、尾味净爽、回味悠长、各味谐调，过酸、过涩、过辣都是酒质不高的标志。评酒员应根据尝味后形成的印象来判断优劣，写出评语，给予分数。

4. 综合起来看风格

白酒的风格又称酒体、典型性，是指酒色、香、味的综合表现。这是对酒进行色、香、味的全面鉴评后所做的综合性的评价。白酒风格的形成取决于原料、生产工艺、生产环境、勾兑调味等各种综合因素。各种香型的名优白酒都有自己独特的风格，质量一般的白酒往往风格不够突出或不具有典型的风格。评判风格，就是对某种酒做出其是否具有风格、风格是否突出的判断。这种判断要靠评酒员平时对酒类的广泛接触和深刻的理解，取决于经验的积累。因此，必须进行艰苦的实践和磨练，才能"明察秋毫"。

14.4.3　评酒的标准及品评记分办法

1. 评酒的标准

1）白酒感官评定方法国家标准 GB/T10345.2—1989

按 GB10345.2—1989 白酒感官评定办法的规定，白酒的评酒包括色、香、味和风格四个方面。现将白酒感官评定方法国家标准 GB/T10345.2—1989 抄录如下。

（1）主题内容与适用范围。

本标准规定了白酒感官检验评定办法。

本标准适用于于各种香型白酒感官的分析评定。

（2）原理。感官评定是指评酒者通过眼、鼻、口等感觉器官，对白酒样品的色泽、香气、口味及风格特征的分析评价。

（3）品酒环境。品酒室要光线充足、柔和、适宜，温度为 20～25℃，湿度为 69% 左右，恒温恒湿，空气新鲜，无香气及邪杂气味。

（4）评酒员。

① 要求感觉器官灵敏，经过专门训练与考核，符合感官分析要求，熟悉白酒的感官品评用语，掌握各类香型白酒的特征。

② 评语要公正、科学、准确。

（5）品酒杯。酒杯的形状是郁金香型高脚，无色、透明，无花纹，厚薄均匀，杯高 100mm，杯身最大直径 45mm，杯口直径 33mm，厚度为 0.7mm±0.2mm，杯脚座直径 39mm。

（6）感官评定方法。

① 色泽。将样品注入洁净、干燥的品酒杯中，在明亮处观察，记录其色泽、清亮程度、沉淀及悬浮物情况。

② 香气。将样品注入洁净、干燥的品酒杯中，先轻轻摇动酒杯，然后用鼻进行闻嗅，记录其香气特征。

③ 口味。样品注入洁净、干燥的品酒杯中，喝入少量样品（约 2mL）于口中，经味觉器官仔细品尝，记下口味特征。

④ 风格。通过品尝香与味，综合判断是否具有该产品的风格特点，并记录其强弱程度。

2）白酒产品的感官标准

评酒的主要标准是产品质量标准中的感官标准和卫生标准等。产品质量标准分国家标准、行业标准和企业标准。根据国家标准化法规定，各企业生产的产品首先要执行国家标准，无国家标准的要执行行业标准，无行业标准的要执行企业标准。

目前我国执行的主要白酒国家标准和行业标准如表 14-4 所示。

表 14-4　白酒国家标准的名称和代号

序号	标准名称	代号
1	浓香型白酒	GB/T10781.1—2006
2	清香型白酒	GB/T10781.2—2006
3	米香型白酒	GB/T10781.3—2006
4	凤香型白酒	GB/T14867—2007
5	豉香型白酒	GB/T16289—2007
6	芝麻香型白酒	GB/T20824—2007
7	特香型白酒	GB/T20823—2007
8	液态法白酒	GB/T20821—2007
9	固液法白酒	GB/T20822—2007
10	老白干香型白酒	GB/T20825—2007
11	食用酒精	GB10343—2002
12	白酒检验规则	GB/T10346—1989
13	白酒感官评定方法	GB/T10345.2—1989
14	蒸馏酒及配制酒卫生标准	GB2757—1981
15	饮料酒标签标准	GB/T10344—1989
16	浓酱兼香型白酒	GB/T23547—2009

（1）酱香型白酒感官标准。酱香型白酒的质量目前暂无国家标准，一般按 1989 年全国第五届评酒会评选标准执行。该标准主要内容抄录如下：

① 国家酱香型优质白酒感官要求如表 14-5 所示。

表 14-5　酱香型优质白酒感官要求

色泽	无色（或微黄），透明，无悬浮物，无沉淀	口味	醇厚丰满，酱香显著，回味悠长
风格	具有本品特有风格	香气	酱香突出，幽雅细腻，空杯留香

② 国家香型优质白酒理化指标如表 14-6 所示。

表 14-6　酱香型优质白酒理化指标

项目	酒精含量	总酸	总酯	固形物
单位	（体积分数）20℃，%	以醋酸计，g/L	以乙酸乙酯计，g/L	g/L
指标	<40	≥0.7	≥1.5	—
	40～57	≥1.5*	≥2.5*	—

* 是指按 55% 酒标准计算，低于或高于 55% 者，按标准折算。

（2）浓香型白酒感官标准。在浓香型白酒质量标准 GB/T10781.1—2006 中，感官要求有：

① 高度浓香型白酒感官要求如表 14-7 所示。

表 14-7 高度浓香型白酒感官要求

项目	优级	一级
色泽和外观	无色或微黄，清亮透明，无悬浮物，无沉淀	
香气	具有浓郁的己酸乙酯为主体的复合香气	具有较浓郁的己酸乙酯为主体的复合香气
口味	酒体醇和谐调，绵甜爽净，余味悠长	酒体较醇和谐调、绵甜爽净，余味较长
风格	具有本品典型的风格	具有本品明显的风格

② 低度浓香型白酒感官要求如表 14-8 所示。

表 14-8 低度浓香型白酒感官要求

项目	优级	一级
色泽和外观	无色或微黄，清亮透明，无悬浮物，无沉淀	
香气	具有较浓郁的己酸乙酯为主体的复合香气	具有己酸乙酯为主体的复合香气
口味	酒体醇和谐调，绵甜爽净，余味较长	酒体较醇和谐调、绵甜爽净
风格	具有本品典型的风格	具有本品明显的风格

（3）清香型白酒感官标准。在清香型白酒质量标准中 GB/T10781.2—2006，感官要求有：

① 高度清香型白酒感官要求如表 14-9 所示。

表 14-9 高度清香型白酒感官要求

项目	优级	一级
色泽和外观	无色或微黄，清亮透明，无悬浮物，无沉淀	
香气	清香纯正，具有乙酸乙酯为主体的优雅、谐调的复合香气	清香较纯正，具有乙酸乙酯为主体的复合香气
口味	酒体柔和谐调，绵甜爽净，余味悠长	酒体较柔和谐调、绵甜爽净，有余味
风格	具有本品典型的风格	具有本品明显的风格

② 低度清香型白酒感官要求如表 14-10 所示。

表 14-10 低度清香型白酒感官要求

项目	优级	一级
色泽和外观	无色或微黄，清亮透明，无悬浮物，无沉淀	
香气	清香纯正，具有乙酸乙酯为主体的清雅、谐调的复合香气	清香较纯正，具有乙酸乙酯为主体的复合香气
口味	酒体柔和谐调，绵甜爽净，余味较长	酒体较柔和谐调、绵甜爽净，有余味
风格	具有本品典型的风格	具有本品明显的风格

（4）米香型白酒感官标准。在米香型白酒质量标准 GB/T10781.3—2006 中，感官要求有：

① 高度米香型白酒感官要求如表 14-11 所示。

表 14-11　高度米香型白酒感官要求

项目	优级	一级
色泽和外观	无色，清亮透明，无悬浮物，无沉淀	
香气	米香纯正，清雅	米香纯正
口味	酒体醇和，绵甜、爽冽，回味怡畅	酒体较醇和，绵甜、爽冽，回味较畅
风格	具有本品典型的风格	具有本品明显的风格

② 低度米香型白酒感官要求如表 14-12 所示。

表 14-12　低度米香型白酒感官要求

项目	优级	一级
色泽和外观	无色，清亮透明，无悬浮物，无沉淀	
香气	米香纯正，清雅	米香纯正
口味	酒体醇和，绵甜、爽冽，回味较怡畅	酒体较醇和，绵甜、爽冽，有回味
风格	具有本品典型的风格	具有本品明显的风格

（5）凤香型白酒感官标准。在凤香型白酒质量标准 GB/T14867—2007 中，感官要求有：

① 高度凤香型白酒感官要求如表 14-13 所示。

表 14-13　高度凤香型白酒感官要求

项目	优级	一级
色泽和外观	无色或微黄，清亮透明，无悬浮物，无沉淀	
香气	醇香秀雅，具有乙酸乙酯和己酸乙酯为主的复合香气	醇香纯正，具有乙酸乙酯和己酸乙酯为主的复合香气
口味	醇厚丰满，甘润挺爽，诸味谐调，尾净悠长	醇厚甘润，谐调爽净，余味较长
风格	具有本品典型的风格	具有本品明显的风格

②低度凤香型白酒感官要求如表 14-14 所示。

表 14-14　低度凤香型白酒感官要求

项目	优级	一级
色泽和外观	无色或微黄，清亮透明，无悬浮物，无沉淀	
香气	醇香秀雅，具有乙酸乙酯和己酸乙酯为主的复合香气	醇香纯正，具有乙酸乙酯和己酸乙酯为主的复合香气
口味	酒体醇厚谐调，绵甜爽净，余味较长	醇和甘润，谐调，味爽净
风格	具有本品典型的风格	具有本品明显的风格

（6）浓酱兼香型白酒感官标准。在浓酱兼香型白酒质量标准 GB/T23547—2009 中，感官要求如表 14-15、表 14-16 所示。

表 14-15　高度浓酱兼香型白酒感官要求

项目	优级	一级
色泽和外观	无色或微黄，清亮透明，无悬浮物，无沉淀	
香气	浓酱谐调，幽雅馥郁	浓酱较谐调，纯正舒适
口味	细腻丰满，回味爽净	醇厚柔和，回味较爽
风格	具有本品典型的风格	具有本品明显的风格

表 14-16　低度浓酱兼香型白酒感官要求

项目	优级	一级
色泽和外观	无色或微黄，清亮透明，无悬浮物，无沉淀	
香气	浓酱谐调，幽雅舒适	浓酱较谐调，纯正舒适
口味	细腻丰满，回味爽净	醇甜柔和，回味较爽
风格	具有本品典型的风格	具有本品明显的风格

2. 品评记分办法

现将第五届全国评酒会优质白酒评选记分办法介绍如下，供参考。

1）国家浓香型白酒感官品评记分办法

采用评语和评分（100 分）法评选。其中色泽 10 分，香气 25 分，口味 50 分，风格 15 分。记分办法如表 14-17 所示。

表 14-17　浓香型白酒感官品评记分办法

色泽	凡符合感官指标要求，得 10 分 凡浑浊、沉淀、带异色，有悬浮物等的情扣 1～4 分 凡有恶性沉淀或悬浮物者，取消评选资格
香气	凡符合感官指标要求，得 25 分 放香不足，香气欠正，带有异香者，酌情扣 1～6 分 香气不谐调，且邪杂气重，则扣 6 分以上
口味	凡符合感官指标要求，得 50 分 味欠绵软谐调，口味淡薄，后尾欠净，味苦涩，有辛辣感，有其他杂味等，酌情扣 1～10 分 酒体不谐调，尾不净，且邪杂味重，则扣 10 分以上
风格	具有本品固有的独特风格，得 15 分 基本上具有本品风格，但欠谐调或风格不够突出，酌情扣 1～5 分 不具备本品风格要求的，扣 5 分以上

2）国家酱香型白酒感官品评记分办法

酱香型白酒的品评采用评语和评分（100 分）法评选。

（1）色（10 分）。

① 符合无色（或微黄），透明，无悬浮物，无沉淀得 10 分。

② 凡黄色明显，浑浊或有悬浮物、沉淀等情况，可酌情扣 1～4 分。

③ 凡有恶性沉淀或悬浮物者，则取消评选资格。

（2）香（25 分）。

① 符合酱香突出，幽雅细腻，空杯留香，幽雅持久得 25 分。

② 凡有下列情况的，如酱香不突出，如焦香明显，窖香露头，空杯留香不持久，欠幽雅等，可酌情扣 1～6 分。

③ 如酒样有酸、馊、油臭等异杂味，且空杯留香有异味，则扣 6 分以上。

（3）味（50 分）。

① 符合酒体丰满、醇厚、酱香显著，回味悠长的得 50 分。

② 凡有下列情况的，如酒体欠醇厚丰满，焦煳味，酸涩味明显，回味短，苦味重或尾味不净等，可酌情扣 1～10 分。

③ 如酒的口味淡薄，酒体又不谐调，有异味，且尾味不净，则扣 10 分以上。

（4）格（15 分）。

① 具有本品特有风格，得 15 分。

② 基本具有本品风格，但欠谐调或风格欠典型的，可酌情扣 1～5 分。

③ 如不具备酱香型白酒风格，则扣 5 分以上。

3）国家清香型白酒感官品评记分办法

采用评语和评分（100 分）法评选。其中色泽 10 分，香气 25 分，口味 50 分，风格 15 分。记分方法如表 14-18 所示。

表 14-18　清香型白酒感官品评记分办法

色泽	凡符合指标要求时，得 10 分
	凡有下列情况时：略有异色、浑浊，有悬浮物和沉淀物，酌情扣 1～4 分
	有恶性沉淀或悬浮物者，取消评选资格
香气	凡符合指标要求时，得 25 分
	凡有下列情况时：放香小，欠清雅纯正，糟香突出，略带浓酱香气或异香，酌情扣 1～6 分
	有明显邪杂味，有异臭味时，酌情扣 6 分以上
口味	凡符合感官指标要求时，得 50 分
	凡有下列情况时：欠绵甜爽净，欠醇和，余香短，回味短，余味欠爽净，有其他邪杂味，酌情扣 1～10 分
	有过重的油腻、霉苦或其他异臭味，酌情扣 10 分以上
风格	凡符合感官指标要求时，得 15 分
	凡有下列情况时：典型性差、欠幽雅，风格一般或出格，酌情扣 1～5 分
	偏格、错格明显，酌情扣 5 分以上

4）国家米香型白酒感官品评记分办法

采用评语和评分（100分）法评选。其中色泽 10 分，香气 25 分，口味 50 分，风格 15 分。

（1）色泽（10 分）。

① 无色透明，无悬浮物，无沉淀，得 10 分。

② 如有异色、浑浊及沉淀，酌情扣 1～5 分。

③ 如有恶性沉淀或悬浮物，取消评选资格。

（2）香气（25 分）。

① 蜜香清雅，得 25 分。

② 如蜜香稍欠，香气不纯正，有异香，有刺激性气味，有邪杂气味，酌情扣 1～6 分。

③ 如有异味，刺鼻难闻，有邪杂气味，扣 6 分以上。

（3）口味（50 分）。

① 入口绵甜，落口爽净，回味怡畅，得 50 分。

② 如味欠绵甜，微苦，余香较差，有辛辣感受，微酸涩，有异味，尾味不净，酌情扣 1～10 分。

③ 如口味淡薄，酒体不谐调，暴燥刺喉，有异味，尾味不净，扣 10 分以上。

（4）风格（15 分）。

① 具有本品固有的独特风格，得 15 分。

② 如基本有风格，但欠谐调，米香风格欠典型，应酌情扣 1～5 分。

③ 不具备米香型风格者，扣 5 分以上。

5）国家其他香型白酒感官品评记分办法

采用评语和评分（100分）法评选。其中色泽 10 分，香气 25 分，口味 50 分，风格 15 分。记分方法如表 14-19 所示。

表 14-19 其他香型白酒感官品评记分办法

色泽	凡符合感官指标要求，得 10 分
	凡色泽较深，浑浊或有悬浮物，有沉淀时，酌情扣 1～4 分
	凡有恶性沉淀或悬浮物时，则取消评选资格
香气	凡符合感官指标要求，得 25 分
	凡有下列情况时：香气欠谐调，香气特征不明显或闻香有异杂味等，可酌情扣 1～6 分
	香气平淡，欠谐调，无明显特征，邪杂味重，可酌情扣 6 分以上
口味	符合感官指标要求，得 50 分
	凡有下列情况时：味略短，欠谐调，苦味明显，尾味酸涩重或酒体特征不明显等，可酌情扣 1～10 分
	如酒味淡薄，酒体又不谐调，尾不净，邪杂味重，可酌情扣 10 分以上

14.5　各类香型白酒的品评术语

对白酒进行感官鉴评后，除要评分外，还要写出评语，把各种感官感觉用语言表达出来。为了便于交流，应使用大家都能理解的，比较规范统一语言来进行描述。现将国内白酒品评中一般使用的品评术语介绍如下，以供参考。

1. 浓香型白酒的品评术语

1）色泽

无色，晶亮透明，清亮透明，清澈透明，无色透明，无悬浮物，无沉淀，微黄透明，稍黄、浅黄、较黄、灰白色，乳白色，微浑，稍浑，有悬浮物，有沉淀，有明显悬浮物等。

2）香气

窖香浓郁、较浓郁，具有以己酸乙酯为主体的纯正谐调的复合香气，窖香不足，窖香较小，窖香纯正，窖香较纯正，有窖香，窖香不明显，窖香欠纯正，窖香带酱香，窖香带陈味，窖香带焦煳气味，窖香带异香，窖香带泥臭味，窖香带其他香等。

3）口味

绵甜醇厚，醇和，香醇甘润，甘洌，醇和味甜，醇甜爽净，净爽，醇甜柔和，绵甜爽净，香味谐调，香醇甜净，醇甜，绵软，绵甜，入口绵，柔顺，平淡，淡薄，香味较谐调，入口平顺，入口冲，冲辣，糙辣，刺喉，有焦味，稍涩、涩、微苦涩、苦涩，稍苦，后苦，稍酸，酸味大，口感不快，欠净，稍杂，有异味，有杂醇油味，酒梢子味，邪杂味较大，回味悠长，回味较长，尾净味长，尾子干净，回味欠净，后味淡，后味短，余味长，余味较长，生料味，霉味等。

4）风格

风格突出，典型，风格明显，风格尚好，具有浓香风格，风格尚可，风格一般，固有风格，典型性差，偏格，错格等。

2. 清香型白酒的品评术语

1）色泽

同浓香型白酒。

2）香气

清香纯正，清香雅郁，清香馥郁，具有以乙酸乙酯为主体的清雅谐调的复合香气，清香较纯正，清香欠纯正，有清香，清香较小，清香不明显，清香带浓香，清香带酱香，清香带焦煳味，清香带异香，不具清香，其他香气，糟香等。

3）口味

绵甜爽净，绵甜醇和，香味谐调，自然谐调，酒体醇厚，醇甜柔和，口感柔和，香醇甜净，清爽甘洌，清香绵软，爽洌，甘洌，爽净，入口绵，入口平顺，入口冲、冲辣、糙辣、暴辣，落口爽净，欠净，尾净，回味长，回味短，回味干净，后味淡，后味短，后味杂、稍杂、寡淡，有杂味，有邪杂味，杂味较大，有杂醇油味、酒梢子味、焦煳味，涩、稍涩、微苦涩、苦涩，后苦，较酸，过甜，有生料味，有霉味，有异味，刺喉等。

4）风格

风格突出、典型，风格明显，风格尚好，风格尚可，风格一般，典型性差，偏格，错格，具有清、爽、绵、甜、净的典型风格等。

3. 酱香型白酒的品评术语

1）色泽

微黄透明，浅黄透明，较黄透明。其余参见浓香型白酒。

2）香气

酱香突出、较突出，酱香明显，酱香较小，具有酱香，酱香带焦香，酱香带窖香，酱香带异香，窖香露头，不具酱香，有其他香，幽雅细腻，较幽雅细腻，空杯留香幽雅持久，空杯留香好、尚好，有空杯留香，无空杯留香等。

3）口味

绵柔醇厚，醇和，丰满，醇甜柔和，酱香显著、明显，入口绵，入口平顺，有异味，邪杂味较大，回味悠长、长、较长、短，回味短，回味欠净，后味长、短、淡，后味杂，焦煳味，稍涩、涩、苦涩，稍苦，酸味大、较大，有生料味、霉味等。

4）风格

风格突出、较突出，风格典型、较典型，风格明显、较明显，风格尚好、一般，具有酱香风格，典型性差、较差，偏格，错格等。

4. 米香型白酒的品评术语

1）色泽

参考浓香型白酒。

2）香气

米香清雅、纯正、蜜香清雅、突出，具有米香、蜜香带异香、其他香等。

3）口味

绵甜爽口，适口，醇甜爽净，入口绵、平顺，入口冲、冲辣，回味怡畅、幽雅，回味长，尾子干净，回味欠净。其余参考浓香型白酒。

4）风格

风格突出、较突出，风格典型、较典型，风格明显、较明显，风格尚好、尚可，风格一般，固有风格，典型性差，偏格，错格等。

5. 凤香型白酒的品评术语

1）色泽

参考浓香型白酒。

2）香气

醇香秀雅，香气清芳，香气雅郁，有异香，具有以乙酸乙酯为主、一定量的己酸乙酯为辅的复合香气，醇香纯正、较正等。

3）口味

醇厚丰满，甘润挺爽，诸味谐调，尾净悠长，醇厚甘润，谐调爽净，余味较长，较醇厚，甘润谐调，爽净，余味较长，有余味等。

4）风格

风格突出、较突出，风格明显、较明显，具有本品固有的风格，风格尚好、尚可、一般，偏格，错格等。

6. 其他香型白酒的品评术语

1）色泽

参考浓香型白酒。

2）香气

香气典雅、独特、幽雅，带有药香，带有特殊香气，浓香谐调的香气，芝麻香气，带有焦香，有异香，香气小等。

3）口味

醇厚绵甜，回甜，香绵甜润，绵甜爽净，香甜适口，诸香谐调，绵柔，甘爽，入口平顺，入口冲，冲辣，刺喉，涩、稍涩、苦涩，酸、较酸，甜、过甜，欠净，稍杂，有异味，有杂醇油味，有酒梢子味，回味悠长、较长、长，回味短，尾净香长，有焦煳味，有生料味，有霉味等。

4）风格

风格典型、较典型，风格独特、较独特，风格明显、较明显，具有独特风格，风格尚好、尚可、一般，典型性差，偏格，错格等。

14.6　影响评酒效果的因素

影响评酒效果的因素很多，包括评酒环境、用具、评酒时间、酒样编组、身体状况、心理状态、人为影响等。其中评酒环境、用具、评酒时间、酒样编组等影响前已述，这里主要阐述身体状况、心理状态等的影响。

1. 身体状况

评酒员的身体状况直接影响评酒的结果。生病、感冒或情绪不佳以及过度疲劳都会影响人的感官的灵敏性和准确性。因此，评酒员在评酒期间，应保持健康身体和良好精神状态。

2. 心理因素

评酒员要具备良好的心理素质，努力克服各种心理因素可能给评酒结果带来的不良影响。因此，评酒员要加强心理素质的锻炼和提高，注意克服评酒中的偏爱心理、猜测心理等，注意培养轻松、和谐、公正的心理状态。在评酒过程中，要防止和克服顺序效应、后效应和顺效应。

1) 顺序效应

评酒员在评酒时，产生偏爱先品评酒样的心理现象叫正顺序效应；产生偏爱后品评酒样的心理现象叫负顺序效应。在品评时，如对两个酒样进行同次数反复比较品评，在品评中以清水或茶水漱口，可以减少顺序效应的影响。

2) 后效应

品评了前一个酒样后，影响到对后一个酒样结果判断的心理现象叫后效应。在品完一个酒样后，一定要漱口，在清除前一个酒样的酒味后再品评下一个酒样，这样可减少后效应的产生。

3) 顺效应

在评酒过程中，经较长时间的刺激，嗅觉和味觉逐渐变得迟钝，甚至会出现无知觉的现象，这称为顺效应。为减少和防止顺效应的产生，每轮次品评的酒样不宜安排过多，一般以 5～6 个酒样为宜。每天下、上午各安排两轮次较好，每评完一轮次酒后，必须休息 30min 以上，等嗅觉、味觉恢复正常后再评下一轮次的酒。

3. 人为因素

人为因素的一个方面是评酒员自身的素质、评酒能力和经验。只有具备良好的素质、一定的评酒能力和丰富的品评经验，才能在评酒中得到比较准确、正确、公正的评酒结果。因此，作为评酒员，要加强学习，坚持训练，经常参加评酒活动和评酒实践，不断提高品评技术水平和积累评酒经验。

人为因素的另一个方面是来自外界人为的干扰，这在评酒活动中要特别引起重视。要从制度上、思想上坚决克服各种不正之风，维护评酒结果的公正性。

思考题

1. 名词解释：典型性、平衡性、缓冲性、缔合性、一杯品评法、两杯品评法、三杯品评法、顺位品评法、记分品评法、明评、暗评、顺序效应、后效应、顺效应。

2. 评酒员的评酒能力具体表现为哪些方面？

3. 评酒员的训练分哪几个方面？每个方面着重解决什么问题？

4. 对评酒的环境一般有什么要求？

5. GB/T10345.2—1989 规定白酒评酒杯的要求是什么？

6. 评酒的一般规则主要包括哪些内容？

7. 在鉴别白酒香气时，如需对某杯酒做更细致的辨别或与其他酒作更细致的比较，可采用哪些特殊的方法？

8. 鉴别白酒香气、口味的要领有哪些？

9. 白酒口味鉴别中的初评、中评、总评分别解决什么问题？

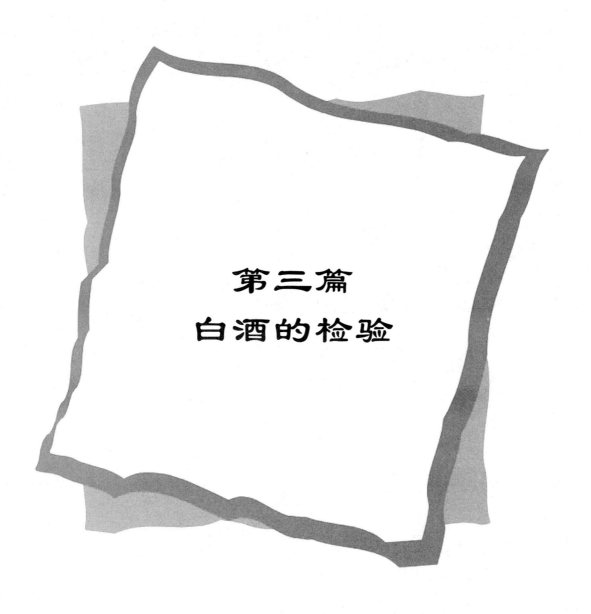

第三篇
白酒的检验

第15章 白酒的检验技术

 导读

通过本章学习，掌握白酒中的酒精、固形物、总酸、总酯、杂醇油、甲醇、乙酸乙酯、己酸乙酯以及有害金属等检测方法。

15.1 取 样

批量在500箱以下，随机开4箱，每箱取出1瓶（以500mL/瓶计），其中2瓶作检测用，另2瓶由供需双方共同封印，保存半年以备仲裁检查。批量在500箱以上，随机开6箱，每箱取出1瓶（以500mL/瓶计），其中3瓶作检测用，另3瓶封存备查。

散装白酒每批均匀取样2kg。

所谓一批，是指由生产厂勾兑、调配，包装出厂的质量相同、均一的产品。

15.2 物 理 检 查

物理检查是指通过评酒者的眼、鼻、口等感觉器官对白酒的色泽、香气、口味及风格特征做出评定。

15.3 化 学 分 析

15.3.1 酒精含量的测定

1. 相对密度法

1）原理

酒精相对密度是指20℃时，酒精质量与同体积纯水质量之比。用密度瓶法测定酒样馏出液的相对密度，由酒精的相对密度查出相应的酒精体积分数（即酒精度）。

2）仪器

（1）玻璃蒸馏器：500mL；

（2）超级恒温水浴：准确度±0.1℃；

（3）附温度计相对密度瓶：25mL 或 50mL。

3）操作步骤

（1）样品制备：吸取 100mL 酒样，于 500mL 蒸馏烧瓶中加水 100mL 和数粒玻璃珠或碎瓷片，装上冷凝器进行蒸馏，以 100mL 容量瓶接受馏出液（容量瓶浸在冰水浴中）。然后开启电炉缓缓加热蒸馏，收集约 95mL 馏出液后，停止蒸馏，加水定容至刻度，摇匀备用；

（2）酒精含量测量：将附温度计的 25mL 相对密度瓶洗净，热风吹干，恒重。然后注满煮沸并冷却至 15℃左右的水，插上带温度计的瓶塞，排除气泡，浸入 20℃±0.1℃的恒温水浴中，待内容物温度达 20℃时，取出。用滤纸擦干瓶壁，盖好盖子，立即称重。

倒掉相对密度瓶中的水，先用无水乙醇，再用乙醚冲洗相对密度瓶，然后吹干，将馏出液装满相对密度瓶，同上操作，称重。

（3）计算

$$d = \frac{m_2 - m}{m_1 - m}$$

式中　　d——馏出液 20℃时的相对密度；

　　　　m——密度瓶的质量，g；

　　　　m_1——密度瓶和水的质量，g；

　　　　m_2——密度瓶和馏出液的质量，g。

根据酒样相对密度，得出酒样的酒精含量。

注：原酒样经蒸馏处理，有利于避免酒中固形物和高沸点物质对酒精含量测定的影响，测出的酒精含量会高一些，高 0.15%～0.45%（体积分数）。同时这种蒸馏方法也容易造成酒精挥发损失和蒸馏回收不完全的负效应，使测定值偏低。所以在固形物不超标的情况下，宜采用不蒸馏直接测定法。

2. 酒精计法

酒精的相对密度随酒精含量的增高而减小，但不是简单的反比关系。通过酒精水溶液的相对密度和酒精含量之间的对照表，在酒精计上的细管上刻上由体积换算而来的相对密度的刻度，即可用酒精计直接读出被测酒精的相对密度。根据酒液温度和酒精计上的示值。

将试样注入洁净、干燥的量筒中，在室温下静置几分钟，放入洗净、擦干的酒精计，同时插入温度计，平衡 5min，水平观测酒精计，读取酒精计与液体弯月面相切处的刻度示值，同时记录温度。根据测得的酒精计示值和温度，校正为 20℃时的酒精含量。

所得结果表示至一位小数。

15. 3. 2　固形物的测定

1. 原理

白酒经蒸发、烘干后，将挥发性物质除去，不挥发物质残留于蒸发皿中，即为固形物，用称量法称重，计算其含量。

2. 仪器

(1) 分析天平：0.0001g/分度。
(2) 恒温干燥箱。
(3) 水浴锅。
(4) 100mL 铂金蒸发皿或瓷蒸发皿。

3. 操作步骤

吸取酒样 50mL，注入已烘干恒重的 100mL 铂金蒸发皿或瓷蒸发皿内，于沸水浴上蒸发至干。然后将蒸发皿放入 100~105℃ 烘箱内干燥 2h。取出置于干燥器内冷却 30min 后，迅速而准确地在分析天平上称量。再放入烘箱内烘 1h，取出于干燥器内冷却 30min 后称量，反复上述操作，直至前后两次称量之差不超过 0.2mg 即为恒重。

4. 计算

$$固形物含量(g/L) = \frac{m - m_1}{50} \times 1000$$

式中　m——固形物和蒸发皿的质量，g；

　　　m_1——蒸发皿的质量，g；

　　　50——取样体积，mL。

　　　1000——换算成每升酒样中固形物的含量。

同一样品的两次测定值之差，不得超过 0.004g/L。保留两位小数，报告测定结果。

5. 说明

(1) 烘干温度对测定结果影响很大，应严格控制温度。
(2) 水浴用水最好用蒸馏水，以免水垢粘在蒸发皿底部，使测定结果偏高。

15.3.3　总酸的测定

1. 原理

利用酸碱中和滴定。白酒中的有机酸，以酚酞为指示剂，酚酞在酸性溶液中无色，在碱性溶液中红色，理论变色点为 pH9.1。用 NaOH 标准溶液中和滴定，终点溶液呈红色，pH 约为 9.1，以乙酸计算总酸量。

2. 仪器和试剂

(1) 碘量瓶：250mL。
(2) 移液管：50mL。
(3) 碱式滴定管：25mL 或 50mL。

（4）10g/L 酚酞指示液：称取 0.5g 酚酞溶于 50mL 95% 的乙醇中，摇匀。

（5）氢氧化钠标准溶液 $[c_{NaOH}=0.1mol/L]$。

配制：称取 4g 分析纯氢氧化钠，溶于少量已煮沸并放冷的蒸馏水中，弃去下面碳酸钠沉淀物取上清液，用上述蒸馏水稀释至 1000mL，摇匀。

标定：称取已于 120℃ 烘干至质量恒重的邻苯二甲酸氢钾 0.5g 3 份，分别置入 250mL 三角瓶中，加入 50mL 上述蒸馏水溶解，加 2 滴 10g/L 酚酞指示液，以新配制的氢氧化钠标准溶液滴定至微红色，同时做空白试验。

计算：

$$c_{NaOH}=\frac{m}{(V_2-V_1)\times 0.2042}$$

式中　c_{NaOH}——氢氧化钠标准溶液的浓度，mol/L；

　　　m——基准邻苯二甲酸氢钾的质量，g；

　　　V_1——滴定时消耗氢氧化钠标准溶液的体积，mL；

　　　V_2——空白试验消耗氢氧化钠标准溶液的体积，mL；

　　　0.2042——邻苯二甲酸氢钾的摩尔质量，kg/mol。

3. 操作步骤

吸取酒样 50mL 于 250mL 碘量瓶中，加入酚酞指示液 2 滴，以 0.1mol/L 氢氧化钠标准溶液滴定至微红色，30s 内不消失即为终点。

4. 计算

$$总酸（以乙酸计，g/L）=\frac{c\times V\times 0.0601}{50.00}\times 1000$$

式中　c——氢氧化钠标准溶液的浓度，mol/L；

　　　V——消耗氢氧化钠标准使用溶液的体积，mL；

　　　0.0601——乙酸的摩尔质量，kg/mol；

　　　50.00—取酒样体积，mL；

　　　1000——把 mL 换算成 L 的系数。

同一样品两次测定值之差，不得超过 0.006g/L，保留两位小数报告测定结果。

15.3.4　总酯的测定

1. 指示剂滴定法

1）原理

先用碱中和白酒中游离酸，再加入一定量的碱使酯皂化，过量的碱用酸滴定。

2）仪器和试剂

（1）冷凝器。

（2）水浴锅。

（3）10g/L 酚酞指示剂。

（4）0.1mol/L 氢氧化钠标准溶液。

（5）0.1mol/硫酸（$1/2H_2SO_4$）标准溶液：取浓硫酸 3mL，缓缓加入适量水中，冷却后用水稀释至 1L。

标定：吸取 H_2SO_4 溶液 25mL 于 250mL 三角瓶中，加入 2 滴酚酞指示剂，以 0.1mol/L 氢氧化钠标准溶液滴定至微红色。

计算：

$$c_1 = \frac{c \times V}{25.00}$$

式中　c_1——硫酸（$1/2H_2SO_4$）标准溶液浓度，mol/L；

　　　c——氢氧化钠标准溶液浓度，mol/L；

　　　V——滴定消耗氢氧化钠标准溶液体积，mL；

　　　25——吸取硫酸（$1/2H_2SO_4$）标准溶液体积，mL。

3）操作步骤

吸取酒样 50mL 于 250mL 碘量瓶中，加入酚酞指示剂 2 滴，以 0.1mol/L 氢氧化钠标准溶液滴定至微红色（切勿过量），记录消耗氢氧化钠标准溶液体积（可作总酸含量计算）。再准确加入 0.1mol/L 氢氧化钠标准溶液 25mL（若酒样总酯含量高时，可适当多加），摇匀，装上回流冷凝管于沸水浴上回流 30min 进行皂化（应从溶液沸腾后，自冷凝管滴下第一滴冷凝液起计时），取下冷却至室温。或者盖好瓶塞，置于暗处，在室温不低于 25℃ 的环境中皂化 24h。然后用 0.1mol/L 硫酸（$1/2H_2SO_4$）标准溶液滴定过量的氢氧化钠溶液，使微红色刚好完全消失为终点，记录消耗的 0.1mol/L 硫酸（$1/2H_2SO_4$）标准溶液体积。

仲裁时，以沸水浴上回流 30min 的方法为准。

4）计算

$$总酯(以乙酸乙酯计,g/L) = (c \times 25.00 - c_1 \times V) \times 0.088 \times \frac{1}{50.00} \times 1000$$

式中　c——氢氧化钠标准溶液的浓度，mol/L；

　　　25.00——皂化时加入氢氧化钠标准溶液的体积，mL；

　　　c_1——硫酸（$1/2H_2SO_4$）标准溶液的浓度，mol/L；

　　　V——滴定时消耗硫酸（$1/2H_2SO_4$）标准溶液的体积，mL；

　　　0.088——乙酸乙酯的摩尔质量，kg/mol；

　　　50.00——取酒样体积，mL；

　　　1000——把 mL 换算成 L 的系数。

同一样品两次测定值之差，不得超过 0.006g/L，保留两位小数，报告检验结果。

2. 电位滴定法

1）原理

与指示剂滴定法相同，终点用酸度计确定。

2）仪器和试剂

（1）自动电位滴定仪（或附电磁搅拌器的 pH 计）；

（2）pH8.0 缓冲溶液：分别取 46.1mL0.1mol/L 氢氧化钠标准溶液，25.00mL 0.2mol/L 磷酸二氢钾溶液于 100mL 容量瓶中，用水稀释至刻度。

其他试剂同指示剂滴定法。

3）操作步骤

（1）样品制备。中和与皂化同指示剂滴定法。

（2）仪器准备。安装好自动电位滴定仪，待稳定后用 pH8.0 缓冲溶液校正仪器 pH。

（3）酒样滴定。将皂化后的样品溶液倒入 150mL 烧杯中，用 20mL 驱除二氧化碳后的蒸馏水分次冲洗碘量瓶，洗液并入烧杯中，在烧杯中放入一枚转子，置烧杯于电磁搅拌器上，插入电极，搅拌，自滴定管分次滴加 0.1mol/L 硫酸（$1/2H_2SO_4$）标准溶液，开始时快速滴加，当样品溶液 pH 达 6 左右，记录滴入硫酸标准溶液的体积及 pH，然后慢慢滴加，每加一滴，记录一次滴加量及 pH，直至 pH 出现突跃（此时溶液 pH 为 9.0），即为终点，记录消耗 0.1mol/L 硫酸（$1/2H_2SO_4$）标准溶液的体积。

计算及结果的允许差同指示剂滴定法。

15.3.5 杂醇油的测定

杂醇油是指甲醇、酒精以外的高级醇类，包括正丙醇、异丙醇、正丁醇、异丁醇、正戊醇、异戊醇、己醇、庚醇等。

测定杂醇油的方法有比色法和气相色谱法。

1. 对二甲氨基苯甲醛比色法

1）原理

杂醇油的测定基于脱水剂浓硫酸存在下生成烯类，烯类与对二甲氨基苯甲醛发生缩合反应，生成橙红色化合物，该化合物的颜色深浅与杂醇油含量成正比，以比色法测定。

对二甲氨基苯甲醛对不同醇类呈色程度是不一致的，其显色灵敏度为异丁醇＞异戊醇＞正戊醇，而正丙醇、正丁醇、异丙醇等显色灵敏度极弱。作为卫生指标的杂醇油是指异丁醇和异戊醇的含量，标准杂醇油采用异丁醇和异戊醇（1＋4）的混合液。

2）仪器和试剂

（1）10mL 成套比色管；

（2）分光光度计：可见光范围；

（3）5g/L 对二甲氨基苯甲醛硫酸溶液：取 0.5g 对二甲氨基苯甲醛溶于 100mL 浓硫酸中，于棕色瓶内，贮存于冰箱中。

（4）无杂醇油酒精：取无水酒精 200mL，加入 0.25g 盐酸间苯二胺，于沸水浴中汇流 2h。然后改用分馏柱蒸馏，收集中间馏分约 100mL。取 0.1mL 已制备的酒精，按酒样分析一样操作，以不显色为合格。

（5）杂醇油标准溶液：称取 0.08g 异戊醇和 0.02g 异丁醇（或吸取 0.26mL 异丁醇和 1.04mL 异戊醇）于 100mL 容量瓶中，加无杂醇油酒精 50mL，然后用水稀释至刻度，即浓度为 1mg/mL 的杂醇油标准溶液，贮存于冰箱中。

（6）杂醇油标准使用液：吸取杂醇油标准溶液 5mL 于 50mL 容量瓶中，加水稀释至刻度，即为 0.1mg/mL 的杂醇油标准使用液。

3）操作步骤

标准曲线的绘制：取 6 支 10mL 比色管，分别吸取 0mL、0.1mL、0.2 mL、0.3 mL、0.4 mL、0.5 mL 杂醇油标准使用液，分别补水至 1mL。放入冰浴中，沿管壁加入 2mL5g/L 对二甲氨基苯甲醛硫酸溶液，摇匀，放入沸水浴中加热 15min 后取出，立即冷却，并各加 2mL 水，混匀，冷却。于波长 520nm，1cm 比色皿测吸光度，绘制标准曲线。

吸取 1mL 酒样于 10mL 容量瓶中，加水稀释至刻度。混匀后吸取 0.3mL 置于 10mL 比色管中。同标准系列管一起操作测定吸光度。查标准曲线求得试样中杂醇油含量（mg）。

4）计算

$$杂醇油含量(g/L) = m \times \frac{1}{V_2} \times 10 \times \frac{1}{V_1} \times \frac{1}{1000} \times 1000$$

式中　m——试样稀释液中杂醇油含量，mg；

V_2——测定时吸取稀释酒样体积，mL；

10——稀释酒样总体积，mL；

V_1——吸取酒样体积，mL；

$\frac{1}{1000}$——把 mg 换算成 g 的系数；

1000——把 mL 换算成 L 的系数。

5）讨论

（1）若酒中乙醛含量过高对显色有干扰，则应进行预处理：取 50mL 酒样，加 0.25g 盐酸间苯二胺，煮沸回流 1h，蒸馏，用 50mL 容量瓶接受馏出液。蒸馏至瓶中尚余 10mL 左右时加水 10mL，继续蒸馏至馏出液为 50mL 止。馏出液即为供试酒样。

（2）酒中杂醇油成分极为复杂，故用某一醇类以固定比例作为标准计算杂醇油含量时，误差较大，准确的测定方法应用气相色谱法定量。

2. 甲醇和高级醇类的气相色谱法测定

1）原理

酒中的甲醇和高级醇类在气相色谱仪中气化后，在载气的携带下，通过填满固定相的色谱柱时，由于样品各组分经过多次分配达到完全分离，按照不同的时间顺序，从固定床中流出，显示不同的色谱峰，根据物质含量与色谱峰的峰高和面积成正比的关系，求出甲醇和高级醇类的含量。

2）仪器和试剂

（1）气相色谱仪：具有氢火焰离子化检测器。

（2）微量进样器：1μL。

（3）载体 GDX-102（60～80 目），气相色谱用。

（4）甲醇（色谱纯）。

（5）正丙醇（色谱纯）。

（6）仲丁醇（色谱纯）。

（7）异丁醇（色谱纯）。

（8）正丁醇（色谱纯）。

（9）异戊醇（色谱纯）。

（10）无甲醇、无杂醇油酒精。取 500mL95％的酒精，加入少许高锰酸钾，蒸馏，收集馏出液。在馏出液中加入硝酸银溶液（1g 硝酸银溶于少量水中）和氢氧化钠溶液（1.5g 氢氧化钠溶于少量水中），摇匀，取上层清液蒸馏。弃去最初 50mL 馏出液，收集中间馏出液约 400mL。用酒精计测定其酒精体积分数，加水配成 60％的无甲醇酒精溶液。

取制备好的无甲醇酒精 200mL，加入 0.25g 盐酸间苯二胺，于沸水浴中汇流 2h。然后改用分馏柱蒸馏，收集中间馏分约 100mL。

（11）甲醇和高级醇类标准溶液。

标准溶液：分别准确称取甲醇、正丙醇、仲丁醇、异丁醇、正丁醇、异戊醇各 600mg 及乙酸乙酯 800mg，以少量水洗入 100mL 容量瓶中，并加水稀释至刻度，摇匀，置冰箱中保存。

标准使用液：吸取 10.0mL 标准溶液于 100mL 容量瓶中，加入一定量无甲醇、无杂醇油酒精，控制含量在 60％，并用水稀释至刻度，摇匀，贮存于冰箱中备用（或根据仪器灵敏度配制）

3）操作步骤

（1）色谱参考条件。采用不锈钢色谱柱，柱长 2m，内径 4mm，以 GDX-102（60～80 目）为固定相，氮气、氢气的流量为 40mL/min，空气流量为 450mL/min，柱温 170℃，检测器温度 190℃，或通过试验选择最佳操作条件。

（2）定性。根据各组分保留时间定性。进标准使用液和样液各 0.5μL，分别测得保留时间，样品与标准出峰时间对照而定性。

（3）定量。进 0.5μL 标准使用液，制得色谱图，分别量取各组分峰高，与标准峰高比较计算。

4）计算

杂醇油以异丁醇、异戊醇。

$$x = \frac{h_1 \rho V_1}{1000 h_2 V_2} \times 100$$

式中　x——样品中甲醇或杂醇油含量，g/100mL；

　　　ρ——进样标准中某组分的含量，mg/mL；

　　　h_1——样品中某组分的峰高，mm；

　　　h_2——标准中某组分的峰高，mm；

　　　V_1——样品溶液进样量，μL；

V_2——标准溶液进样量，μL；

1000——由 mg 换算成 g；

100——换算为 100mL 试样中甲醇或杂醇油的含量。

15.3.6　甲醇的测定

1. 亚硫酸品红比色法

1）原理

甲醇在磷酸溶液中被高锰酸钾氧化为甲醛，过量的高锰酸钾被草酸还原，所生成的甲醛与亚硫酸品红（又称席夫试剂，Schiff）反应，生成醌式结构的蓝紫色化合物，呈色深浅与甲醇含量成正比，将样品管与标准系列比较定量。

2）仪器和试剂

（1）分光光度计：可见光范围。

（2）水浴锅。

（3）10mL 成套比色管。

（4）高锰酸钾-磷酸溶液：称取 3g 高锰酸钾，加入 15mL85％磷酸与 70mL 水的混合液中，溶解后加水稀释至 100mL，贮存于棕色瓶中。

（5）草酸-硫酸溶液：称取 5g 无水草酸或 7g 含 2 分子结晶水的草酸，溶解于100mL（1＋1）硫酸中，稀释至 100mL。

（6）亚硫酸品红溶液：称取 0.1g 碱性品红，溶解于 80℃的 60mL 水中，冷却后加入 10mL 100g/L 无水亚硫酸钠溶液（称取 1g 亚硫酸钠，溶于 10mL 水中）和 1mL 浓盐酸，加水稀释至 100mL。放置 1h，使溶液褪色并具有强烈的二氧化硫气味（不褪色者，碱性品红不能用），贮存于棕色瓶中，置于低温保存。

（7）甲醇标准溶液：称取 1.000g 甲醇或吸取密度为 0.7913g/mL 的甲醇 1.26mL。置于 100mL 容量瓶中，加水稀释至刻度。

（8）甲醇标准使用液：吸取 10mL 甲醇标准溶液于 100mL 容量瓶中，用水稀释至刻度。该甲醇溶液浓度为 1mg/mL；

（9）无甲醇酒精：取 300mL95％的酒精，加入少许高锰酸钾，蒸馏，收集馏出液。在馏出液中加入硝酸银溶液（1g 硝酸银溶于少量水中）和氢氧化钠溶液（1.5g 氢氧化钠溶于少量水中），摇匀，取上层清液蒸馏。弃去最初 50mL 馏出液，收集中间馏出液约 200mL，用酒精计测定其酒精体积分数，加水配成 60％的无甲醇酒精溶液。取0.3mL 按试样操作方法检查，不应显色。

3）操作步骤

（1）试样：根据酒中酒精浓度适当取样（酒精体积分数 30％取 1.0mL，40％取0.8mL，50％取 0.6mL，60％取 0.5mL），置于 25mL 比色管中，加水稀释至 5mL，以下操作同标准曲线绘制，测定吸光度，并从标准曲线求得甲醇含量（mg）。

（2）标准曲线的绘制：取 6 支 10mL 比色管，分别加入甲醇标准使用液 0mL、0.1mL、0.2mL、0.4mL、0.6mL、0.8mL、1.0mL，各加 0.5mL60％无甲醇酒精溶

液，补水至 5mL。

于试样管和标准管中各加 2mL 高锰酸钾-磷酸溶液，混匀，放置 10min。各加 2mL 草酸-硫酸溶液，混匀，使之褪色。再各加 5mL 亚硫酸品红溶液，混匀，于 20～25℃ 静置反应 30min。用 1cm 或 2cm 比色皿，于波长 590nm 处测定吸光度，绘制标准曲线（低浓度甲醇不成直线关系）。

4）计算

$$甲醇(g/L) = m \times \frac{1}{V} \times \frac{1}{1000} \times 1000$$

式中　m——试样管中的甲醇含量，mg；

　　　V——吸取酒样体积，mL；

　　　1000——把 mL 换算成 L 的系数；

　　　$\frac{1}{1000}$——把 mg 换算成 g 的系数。

5）讨论

（1）甲醇显色灵敏度与酒精含量有关，酒精度越高，甲醇显色灵敏度越低，所以试样与标准显色时的浓度应严格控制在 6％。取样量切勿太大，否则酒精含量高，灵敏度降低；取样量也不宜过小，取样量小相对误差大。

（2）加入高锰酸钾-磷酸溶液的氧化时间不能过长，否则由甲醇氧化生成的甲醛可进一步氧化成甲酸，使结果偏低。一般控制在 10min，立即加入草酸-硫酸溶液。

（3）在显色反应过程中，温度、时间对显色有影响，要严格控制反应温度和时间。时间越长，颜色逐渐加深，因此比色时，标准溶液与试样必须在同一时间进行比较。加入亚硫酸品红溶液后保温 30min 立即比色。

2. 变色酸比色法

1）原理

甲醇在磷酸溶液中被高锰酸钾氧化成甲醛，用偏重亚硫酸钠除去过量的高锰酸钾，甲醛与变色酸在浓硫酸存在下，先缩合，随之氧化，生成对醌结构的蓝紫色化合物。与标准系列比较定量。

2）试剂

（1）高锰酸钾-磷酸溶液：同亚硫酸品红比色法。

（2）100g/L 偏重亚硫酸钠（$Na_2S_2O_5$）溶液：100g $Na_2S_2O_5$ 溶解于水，稀释至 1L。

（3）变色酸显色剂：称取变色酸（$C_{10}H_6O_8S_2Na_2$）溶解于 10mL 水中，边冷却、边加 90mL90％（质量分数）硫酸，移入棕色瓶中，置于冰箱保存，有效期为 1 周。

（4）甲醇标准溶液：同亚硫酸品红比色法。

（5）甲醇标准使用溶液：同亚硫酸品红比色法。

3）操作步骤

（1）标准曲线的绘制：标准系列管与样品管的制备同亚硫酸品红比色法。然后根据样品中甲醇的含量，吸取相近的 4～5 个不同浓度的甲醇标准使用液各 2.00mL，分别注入 25mL 比色管中。

（2）在样品管和标准系列管中各加高锰酸钾-磷酸溶液 1mL 放置 15min。加 100g/L 偏重亚硫酸钠溶液 0.6mL，使其脱色。在外加冰水冷却情况下，沿管壁加变色酸显色剂 10mL，加塞摇匀，放置于 70℃±1℃水浴中，20min 后取出，用水冷却 10min。立即用 1cm 比色皿，在波长 570nm 处，以零管（试剂空白）调零，测定其吸光度。

以标准使用溶液中甲醇含量为横坐标，相应的吸光度值为纵坐标绘制标准曲线。

4）计算

同亚硫酸品红比色法中计算。

15.3.7　乙酸乙酯和己酸乙酯的测定

1. 原理

清香型白酒需测定乙酸乙酯含量，浓香型白酒需测定己酸乙酯含量。

采用气相色谱法测定乙酸乙酯和己酸乙酯含量，色谱柱为 DNP 混合柱（或 PEG20M 柱），氢火焰离子化检测器，内标法定量。

2. 仪器和试剂

气相色谱仪　氢火焰离子化检测器。

1）DNP 混合柱色谱条件

载体：Chromasorb W AW DMCS，80～100 目。

固定液：邻苯二甲酸二壬酯（DNP）（20％），吐温 80（7％）。

内标：2％（体积分数）乙酸正丁酯的 50％（体积分数）乙醇溶液。

2）PEG20M 柱色谱条件

担体：Chromasorb W AW DMCS，80～100 目。

固定液：相对分子质量 2 万的聚乙二醇（20％）。

内标：2％（体积分数）乙酸正戊酯的 50％（体积分数）乙醇溶液。

3. 操作步骤

（1）色谱操作条件：柱内径 3mm，长 2m，柱温、气体流速等需经试验选择最佳分离条件。

（2）校正系数的测定：吸取 1mL2％（体积分数）标准溶液及 1mL2％（体积分数）内标溶液，用 50％乙醇稀释定容至 50mL，进样分析。

其计算公式为

$$f = \frac{A_1}{A_2} \times \frac{d_1}{d_2}$$

式中　f——乙酸乙酯（或己酸乙酯）校正系数；

A_1——内标峰面积；

A_2——乙酸乙酯（或己酸乙酯）峰面积；

d_1——内标物相对密度；

d_2—乙酸乙酯（或己酸乙酯）相对密度。

（3）酒样测定。吸取 10mL 酒样，加 0.2mL 2％（体积分数）内标溶液，摇匀，进样分析。

4. 计算

$$c = f \times \frac{A_3}{A_4} \times 0.352$$

式中　c——酒样中乙酸乙酯（或己酸乙酯）含量，g/L；

f——校正系数；

A_3——乙酸乙酯（（或己酸乙酯）峰面积；

A_4——内标峰面积；

0.352——酒样中添加内标量，g/L。

15.3.8　铅的测定

1. 双硫腙比色法

1）原理

酒样经消化后，在 pH8.5～9.0 条件下，铅离子与双硫腙作用生成红色络合物。该络合物溶于三氯甲烷，与标准系列进行比较定量。

2）试剂

（1）氨水（1+1）。

（2）6mol/L 盐酸溶液。

（3）酚红指示剂：1g/L 酒精溶液。

（4）200g/L 盐酸羟胺溶液：取 20g 盐酸羟胺，加水溶解至约 50mL，加 2 滴酚红指示剂，用（1+1）氨水调至 pH8.5～9.0（由黄变红，再多加 2 滴），用双硫腙-三氯甲烷使用液提取至三氯甲烷层绿色不变为止。再用三氯甲烷洗 2 次，弃去三氯甲烷层，水层滴加 6mol/L 盐酸溶液至酸性，用水稀释至 100mL。

（5）200g/L 柠檬酸铵溶液：称取 50g 柠檬酸铵，溶于 100mL 水中，加 2 滴酚红指示剂，用（1+1）氨水调至 pH8.5～9.0，用双硫腙-三氯甲烷使用液提取至三氯甲烷层绿色不变为止。弃去三氯甲烷层，再用三氯甲烷洗 2 次。弃去三氯甲烷层，水层用水稀释至 250mL。

（6）100g/L 氰化钾溶液。

（7）双硫腙溶液：1g/L 三氯甲烷溶液，于冰箱中保存，必要时用下述方法纯化。

称取 0.5g 研细的双硫腙，溶于 50mL 三氯甲烷中。如不能完全溶解，可用滤纸过滤于 250mL 分液漏斗中，用（1+99）的氨水抽提 3 次，每次 100mL，将水层用棉花过滤至 500mL 分液漏斗中，用 6mol/L 盐酸溶液调至酸性，将沉淀出的双硫腙用三氯甲烷提取2～3次，每次 20mL，合并三氯甲烷层，用等量水洗涤，弃去洗涤液，在 50℃ 水浴上蒸除三氯甲烷，精制的双硫腙置硫酸干燥器中干燥备用。

（8）双硫腙使用液：吸取 1.0mL 双硫腙溶液，加 100mL 三氯甲烷。

（9）铅标准溶液：准确称取硝酸铅 0.1598g，加 10mL 10％（体积分数）硝酸，溶解后用水定容至 100mL，此溶液含铅量为 1mg/mL。

（10）铅标准使用液：吸取 1mL 铅标准溶液，于 100mL 容量瓶中，用水稀释至刻度，其浓度为 10μg/mL 铅。

3）操作步骤

（1）样品消化：吸取 20mL 酒样于 250mL 定氮瓶中，先用小火加热除去酒精，再加 5～10mL 浓硝酸混匀后，沿壁加入浓硫酸 10mL，放置片刻。用小火加热，待作用缓和，放冷。再沿壁加入 10mL 浓硝酸。再加热，至瓶中液体开始变成棕色时，不断沿壁滴加浓硝酸至有机质分解完全。再加大火力，至产生白烟，溶液呈无色或微黄色后，放冷。

加 20mL 水煮沸，除去残余的硝酸至产生白烟为止。如此处理 2 次。放冷后移入 100mL 容量瓶中，用水洗涤定氮瓶，洗液并入容量瓶中。放冷、定容至刻度，混匀。

用与消化酒样同量的硝酸-硫酸，按同样方法做试剂空白试验。

（2）测定：吸取酒样消化溶液和空白液各 2mL，分别置于 125mL 分液漏斗中，分别补水至 20mL。

吸取 0 mL、0.1 mL、0.2 mL、0.3 mL、0.4 mL、0.5 mL 铅标准使用液、分别置于 125 mL 分液漏斗中，分别补水至 20 mL。

于试样、空白和铅标准液的分液漏斗中各加 2 mL 200g/L 柠檬酸铵溶液，1mL 200g/L 的盐酸羟胺溶液和 2 滴酚红指示剂，用（1+1）氨水调至红色。再各加 2mL 200g/L 氰化钾溶液，混匀。各加 10mL 双硫腙使用液，剧烈振摇 1min，静置分层后，把三氯甲烷层经脱脂棉滤入 1cm 比色杯中，以零管为空白，于波长 510nm 处测定吸光度，绘制标准曲线，或用目测法比较。

4）计算

$$铅含量(mg/L) = (m - m_0) \times \frac{1}{V_1} \times V_2 \times \frac{1}{V} \times \frac{1}{1000} \times 1000$$

式中　m——酒样消化液中铅的质量，μg；

　　　m_0——试剂空白液中铅的质量，μg；

　　　V_1——酒样消化后定容总体积，mL；

　　　V_2——测定用消化液体积，mL；

　　　V——吸取酒样体积，mL；

　　　$\frac{1}{1000}$——把 μg 换算成 mg 的系数；

　　　1000——把 mL 换算成 L 的系数。

5）讨论

（1）双硫腙法测铅灵敏度很高，故对所用试剂和溶剂都要检查是否含铅，必要时需经纯化处理。双硫腙并非铅的专一试剂，它能对许多金属离子呈色，为避免其他离子干扰铅的测定，可采用下列方式：控制 pH8.5～9.0；加入络合剂氰化钾，使许多金属离子成稳定的络合物而被掩蔽；加入柠檬酸铵，以防碱性条件下碱土金属沉淀；加入还原剂盐酸羟胺，防止三价铁离子使双硫腙氧化；

（2）酚红指示剂变色范围 pH6.8～8.0，色变从黄色到红色。在 pH＜6.8 酸性条件下也呈红色，因酒样是酸性，故呈红色，用氨水调至由红变黄再变红为止；

（3）试样简易处理法：吸取 4mL 酒样，置入 50mL 烧杯中，于沸水浴中蒸干，加 10mL（1+1）HCl 溶液，继续蒸干，加 2mL10%（体积分数）HCl 溶解残糟，转入分液漏斗中，用热水洗涤约 20mL。以下操作同标准曲线绘制。

2. 原子吸收分光光度法

1）原理

酒样消化处理后，导入原子吸收分光光度计中，原子化后，吸收 283.3nm 共振线，其吸收值与铅含量成正比，与标准系列比较定量。

2）仪器和试剂

（1）原子吸收分光光度计：空气-乙炔火焰。

（2）0.5%（体积分数）硝酸：取 1mL 浓硝酸，加水稀释至 200mL。

（3）铅标准溶液：准确称取金属铅（99.99%）1.0000g，分次加入 6mol/L 硝酸（总量不超过 37mL）。使铅溶解后移入 1L 容量瓶中，再用水稀释至刻度。此溶液铅含量为 1mg/mL。

（4）铅标准使用液：准确吸取 10mL 铅标准溶液，于 100mL 容量瓶中，用 0.5%（体积分数）硝酸稀释至刻度后摇匀。再从中吸取 1mL 于 100mL 容量瓶中，用 0.5%（体积分数）硝酸稀释至刻度。此溶液铅含量为 1μg/mL。

3）操作步骤

（1）吸取 2mL 双硫腙分析法中消化后的定容溶液与空白液，分别置入 100mL 容量瓶中。用 0.5%（体积分数）硝酸稀释至刻度，摇匀后备用。

（2）吸取 0.0mL、0.5mL、1.0mL、2.0mL、3.0mL、4.0mL 铅标准使用液（1μg/mL），分别置于 100mL 容量瓶中，用 0.5%（体积分数）硝酸稀释至刻度，摇匀。

（3）把试样、试剂空白液和标准系列液分别导入火焰进行测定。测定条件：灯电流 7.5mA，波长 283.3nm，狭缝 0.2nm，空气流量 7.5L/min，乙炔流量 1L/min，火焰高度 3mm，灯背景校正（或根据仪器型号，调至最佳条件）。以铅浓度对吸光度绘制标准曲线。

4）计算

$$铅含量（mg/L）=(m-m_0)\times\frac{1}{V_1}\times V_2\times\frac{1}{V}\times\frac{1}{1000}\times 1000$$

式中　m——酒样消化液中铅的质量，μg；

m_0——试剂空白液中铅的质量，μg；

V_1——酒样消化后定容总体积，mL；

V_2——测定用消化液体积，mL；

V——吸取酒样体积，mL。

1000——把 mL 换算成 L 的系数；

$\dfrac{1}{1000}$——把 μg 换算成 mg 的系数。

15. 3. 9　锰的测定

测定锰的主要方法是过碘酸钾法和原子吸收法，其中以过碘酸钾法最为常用，适用于工厂化验室。

1. 原理

样品经干法或湿法消化后，在酸性介质中样品中的二价锰被氧化剂过碘酸钾氧化成七价锰而呈紫红色，其呈色深浅与锰含量成正比，与标准比较定量。

2. 仪器和试剂

（1）分光光度计：可见光范围。

（2）硫酸。

（3）磷酸。

（4）过碘酸钾。

（5）硝酸。

（6）锰标准贮备溶液（1ng/mL）。称取 0.2746g 经 400～650℃灼烧至质量恒定的硫酸锰或精密称取 0.3073g 含 1 分子水的硫酸锰（$MnSO_4 \cdot H_2O$），加水溶解后移入 100mL 容量瓶中，加入 3 滴硫酸，再加水稀释至刻度，摇匀。此溶液每毫升含 1mg 锰。

（7）锰标准使用液（10μg/mL）：吸收 1.0mL 锰标准贮备溶液置于 100mL 容量瓶中，加水稀释至刻度，摇匀。此溶液每毫升含 10μg 锰。临用现配制。

3. 操作步骤

（1）样品处理。湿法处理同铅测定的双硫腙法。干法处理时，当蒸发皿内试样剩 1mL 左右时，加 10％硝酸 0.5mL，继续蒸发至干，用热蒸馏水多次洗入 25mL 容量瓶中，定容。

（2）测定。吸取 10.0mL 样品消化液于 100mL 烧杯中，添加适量浓硫酸至样品消化液中含 2mL 硫酸液，加水至总体积为 20mL，混匀。

吸取 0.00、1.00、2.00、3.00、4.00、5.00mL 锰标准使用液（相当于含锰 0、10、20、30、40、50μg），分别置于 100mL 烧杯中，再加 2mL 硫酸，加水至总体积 20mL，混匀。

于样品及标准中分别加入 1.5mL 磷酸及 0.3g 过碘酸钾，混匀，在小火上煮沸 5min，然后移入 25mL 比色管中，以少量水洗涤烧杯，洗液一并移入比色管中，加水至刻度，混匀。在波长 530nm 处，用 3nm 比色杯，以标准零管调节零点，测定吸光度，绘制标准曲线比较定量，或与标准系列目视比色定量。

4. 计算

$$x_{Mn} = \frac{m_1 V_1}{V_s V_2}$$

式中　　x_{Mn}——试样中锰（以 Mn 计）的含量，mg/L；

　　　　m_1——测定样品消化液中锰的含量，μg；

　　　　V_1——样品消化液总体积，mL；

　　　　V_2——测定用消化液体积，mL；

　　　　V_s——取样体积，mL。

15. 3. 10　氰化物的测定

测定氰化物的方法常用比色法。

1. 原理

氰化物在酸性溶液中蒸出后被吸收于碱溶液中，在中性溶液中，用氯胺 T 将氰化物转变为氯化氰，再与异烟酸-吡唑酮作用，生成蓝色物质，其呈色强度与氰化物含量成正比。将样品与标准系列比较定量。

2. 仪器和试剂

(1) 玻璃水蒸气蒸馏装置 250mL。

(2) 分光光度计：可见光范围。

(3) 10g/L 酚酞指示液：称取 0.5g 酚酞溶于 50mL95％的乙醇中，摇匀。

(4) 磷酸盐缓冲溶液（c0.5mol/L，pH7.0）：称取 3.40g 无水磷酸二氢钾和 35.0g 无水磷酸氢二钾，溶于水并稀释至 1000mL，摇匀。

(5) 酒石酸。

(6) 10g/L 氢氧化钠溶液：称取 1g 氢氧化钠溶于 100mL 水中，摇匀。

(7) 2g/L 氢氧化钠溶液：称取 1g 氢氧化钠用水溶解，冷却后稀释至 500mL，摇匀。

(8) (1+6) 乙酸溶液：1 份醋酸溶于 6 份水中，摇匀。

(9) 试银灵（对二甲氨基亚苄基罗单宁）溶液：称取 0.02g 试银灵，溶于 100mL 丙酮中，摇匀。

(10) 异烟酸-吡唑酮溶液：称取 1.5g 异烟酸溶于 24mL20g/L 氢氧化钠溶液中，加水至 100mL。另称取 0.25g 吡唑酮，溶于 20mL N-二甲基甲酰胺中，合并上述两种溶液，混合均匀。

(11) 氯胺 T 溶液：称取 1g 氯胺 T（有效氯含量应在 11％以上），溶于 100mL 水中，摇匀，临用现配。

(12) 氰化钾标准贮备液：称取 0.25g 氰化钾溶于水中，并稀释至 1000mL，摇匀。

此溶液质量浓度为 1mg/mL，其准确度在使用前用以下方法标定：

上述溶液 10.0mL 置于锥形瓶中，加 2mL10g/L 氢氧化钠溶液，使 pH 为 11 以上，加 0.1mL 试银灵溶液，用 c_{AgNO_3} 0.020mol/L 的 $AgNO_3$ 标准溶液滴定至橙红色（1mL0.020mol/L$AgNO_3$ 标准溶液相当于 1.08mg 氢氰酸）。

（13）氰化钾标准工作液：根据氰化钾标准溶液的浓度，吸取适量体积标准溶液，用 10g/L 氢氧化钠溶液稀释成 $\rho_{氢氰酸}$ 1μg/mL。

3. 操作步骤

（1）试样的制备。

① 若试样无色透明，直接吸取 1mL 试样于 10mL 具塞比色管中，加 2g/L 氢氧化钠溶液至 5mL，放置 10min；

② 若试样浑浊有色，取 25mL 试样于 250mL 全玻璃蒸馏器中，加 2g/L 氢氧化钠溶液 5mL，碱解 10min，加水 50mL，以饱和酒石酸溶液调节溶液呈酸性，进行蒸馏，在 50mL 容量瓶中加 2g/L 氢氧化钠溶液 10mL 接受馏液，收集馏出液至约 50mL，定容，摇匀。取 2mL 馏出液于 10mL 具塞比色管中，加 2g/L 氢氧化钠溶液至 5mL，摇匀。

（2）标准曲线的制备。分别吸取 0.00、0.50、1.00、1.50、2.00mL 氰化钾标准使用液（相当于 0.0、1.0、1.5、2.0μg 氢氰酸），分别置于 10mL 具塞比色管中，加 2g/L 氢氧化钠溶液至 5mL。

（3）测定。于样品及标准管中分别加入 2 滴酚酞指示液，然后加入（1+6）乙酸调至红色褪去后，用 2g/L 氢氧化钠溶液调至近红色，然后加入 2mL 磷酸盐缓冲溶液（如果室温低于 20℃即放入 25～30℃水浴中 10min），再加入 0.2mL 氯胺 T 溶液，摇匀放置 3min，加入 2mL 异烟酸-吡唑酮溶液，加水稀释至刻度，摇匀，在 25～30℃放置 30min。取出用 1cm 比色杯以零管调节零点，于波长 638nm 处测吸光度，绘制标准曲线比较。

4. 计算

（1）按试样的准备①操作的计算公式，如下所示：

$$x_{HCN} = \frac{m}{V_s}$$

（2）按试样的准备②操作的计算公式，如下所示：

$$x_{HCN} = \frac{m}{V_s \times \frac{2}{50}}$$

式中 x_{HCN}——试样中氰化物的含量（以氢氰酸计），mg/L；

m——测定样品中氰化物的含量（以氢氰酸计），μg；

V_s——样品体积，mL；

$\frac{2}{50}$——50mL 馏出液中取 2mL 测定。

5. 说明

（1）氰化钾是剧毒品，取溶液时不可用口吸，比色后标准管的销毁方法是：在管中加入氢氧化钠和硫酸亚铁，使生成亚铁氰酸盐而失去剧毒，反应式为

$$2OH^- + Fe^{2+} \longrightarrow Fe(OH)_2$$

$$Fe(OH)_2 + 6CN^- \longrightarrow [Fe(CN)_6]^{4-} + 2OH^-$$

（2）氯胺 T 溶液不稳定，最好临用现配。

15.3.11　糠醛的测定

白酒中糠醛由多缩戊糖热分解生成，也是香味成分之一，在酱香、芝麻香型酒中含量较高。

1. 原理

糠醛与盐酸苯胺反应生成樱桃红色物质，用比色法测定。首先苯胺与盐酸反应生成苯胺，然后再与糠醛反应，脱水后呈色。

2. 试剂

（1）相对密度为 1.125 的 HCl 溶液：取浓盐酸 350mL，用水稀释至 500mL。

（2）苯胺：应为无色，否则重新蒸馏，收集沸点为 184℃馏出物，贮于棕色瓶中。

（3）体积分数为 50％的酒精溶液。

（4）糠醛标准溶液：糠醛易氧化变成黑色，需重新蒸馏，收集沸点为 162℃，于棕色瓶中保存。吸取 0.87mL 新蒸馏的糠醛，用 50％的酒精定容至 100mL，1mL 含 10mg 糠醛。

（5）糠醛标准使用液：吸取 1mL 糠醛标准溶液，用 50％的酒精稀释至 100mL，1mL 含糠醛 100μg。

3. 操作步骤

（1）标准系列管制备：取 6 支 50mL 比色管，分别加入糠醛标准使用液 0、0.1、0.2、0.3、0.4、0.5mL，用 50％的酒精稀释至 25mL。其糠醛含量分别为 0、10、20、30、40、50μg。

（2）试样制备：糠醛与盐酸苯胺呈色反应的灵敏度与酒精含量有关，故试样管的酒精含量应与标准系列保持一致。当酒样酒精含量＞50％时，应用水先稀释至 50％，酒样体积计算为

$$V = \frac{10 \times 50}{c}$$

式中　V——吸取酒样体积，mL；

　　　　10——将酒样稀释至 10mL；

50——酒样稀释后的酒精体积分数,%;

c——酒样的酒精体积分数,%。

测定时取 V（mL）酒样加水稀释至 10mL。

若酒样的酒精体积分数<50%时，则取一定量酒样加 95%酒精，使试样的酒精体积分数达到 50%。若原酒样的酒精体积分数为 35%，则酒样体积 V' 计算式为

$$10 \times 50 = 35 \times V' + 95(10 - V')$$

$$V' = \frac{950 - 500}{95 - 35} = 7.5 (\text{mL})$$

测定时取 V'mL 酒样，用 95%的酒精定容至 10mL。

根据酒样的酒精体积分数取 V 或 V' 于 50mL 比色管中，用水稀释至 10mL。再加 15mL50%的酒精溶液，使总体积为 25mL。

（3）显色测定：在标准系列和试样制备液中，各加 1mL 苯胺、0.25mL 相对密度为 1.125 的盐酸溶液，加盖，摇匀。在室温（不低于 20℃）条件下显色 20min，用分光光度计 1cm 比色皿，在 510nm 波长条件下，以标准系列中零管为空白测定吸光度，绘制标准曲线，求得酒样中糠醛含量。也可用目测法将试样与标准系列进行比较。

4. 计算

$$糠醛含量（mg/L）= \frac{m}{V}$$

式中　m——试验管与标准系列中色泽相当的管中糠醛质量，μg;

　　　　V——酒样体积，mL。

 思考题

1. 白酒的理化检测有何意义？

2. 白酒分析取样有何要求？

3. 用滴定法、重量法、比色法等分析的项目有哪些？

4. 酒精含量测定、固形物测定、总酸测定、总酯测定、总醛测定、杂醇油分析和甲醇分析分别采用什么方法？

5. 气相色谱分析法检测白酒成分有何意义？

附　　录

（1）20℃时酒精体积分数、相对密度、质量分数对照表如附表1所示。

附表1　20℃时酒精体积分数、相对密度、质量分数对照表

体积分数/%	相对密度	质量分数/%	体积分数/%	相对密度	质量分数/%
0.1	0.99808	0.0791	17.0	0.97678	13.7366
0.5	0.99749	0.3956	17.5	0.97624	14.1484
1.0	0.99675	0.7918	18.0	0.97571	14.5605
1.5	0.99602	1.1886	18.5	0.97518	14.9731
2.0	0.99529	1.5860	19.0	0.97465	15.3862
2.5	0.99457	1.9839	19.5	0.97412	15.7997
3.0	0.99443	2.0636	20.0	0.97360	16.2134
3.5	0.99315	2.7815	20.5	0.97306	16.6280
4.0	0.99244	3.1811	21.0	0.97253	17.0428
4.5	0.99175	3.5813	21.5	0.97199	17.4583
5.0	0.99106	3.9819	22.0	0.97145	17.8742
5.5	0.99040	4.3831	22.5	0.97090	18.2908
6.0	0.98973	4.7848	23.0	0.97036	18.7077
6.5	0.98909	5.1868	23.5	0.96980	19.1254
7.0	0.98845	5.5894	24.0	0.96925	19.5434
7.5	0.98782	5.9925	24.5	0.96868	19.9623
8.0	0.98719	6.3961	25.0	0.96812	20.3815
8.5	0.98658	6.8001	25.5	0.96156	20.8012
9.0	0.98596	7.2046	26.0	0.96699	21.2215
9.5	0.98536	7.6095	26.5	0.96641	21.6426
10.0	0.98476	8.0148	27.0	0.96583	22.0642
10.5	0.98416	8.4207	27.5	0.96524	22.4866
11.0	0.98356	8.8271	28.0	0.96466	22.9092
11.5	0.98298	9.2338	28.5	0.96406	23.3328
12.0	0.98239	9.6410	29.0	0.96346	23.7569
12.5	0.98181	10.0487	29.5	0.96285	24.1818
13.0	0.98123	10.4568	30.0	0.96224	24.6073
13.5	0.98066	10.8653	30.5	0.96162	25.0335
14.0	0.98009	11.2743	31.0	0.96100	25.4603
14.5	0.97953	11.6836	31.5	0.96036	25.8882
15.0	0.97897	12.0934	32.0	0.95972	26.3167
15.5	0.97842	12.5035	32.5	0.96906	26.7463
16.0	0.97787	12.9141	33.0	0.95839	27.1767
16.5	0.97732	13.3252	33.5	0.95772	27.6078

续表

体积分数/%	相对密度	质量分数/%	体积分数/%	相对密度	质量分数/%
34.0	0.95704	28.0398	52.5	0.92520	44.7867
34.5	0.95634	28.4729	53.0	0.92418	45.2632
35.0	0.95563	28.9071	53.5	0.92315	45.7412
35.5	0.95491	29.3421	54.0	0.92212	46.2202
36.0	0.95419	29.7778	54.5	0.92108	46.7008
36.5	0.95345	30.2149	55.0	0.92003	47.1831
37.0	0.95271	30.6525	55.5	0.91896	47.6675
37.5	0.95195	31.0916	56.0	0.91799	48.1524
38.0	0.95119	31.5313	56.5	0.91683	48.6391
38.5	0.95042	31.9721	57.0	0.91576	49.1268
39.0	0.94964	32.4139	57.5	0.91467	49.6168
39.5	0.94885	32.8568	58.0	0.91358	50.1080
40.0	0.94806	33.3004	58.5	0.91248	50.6009
40.5	0.94725	33.7455	59.0	0.91138	51.0950
41.0	0.94644	34.1914	59.5	0.91027	51.5908
41.5	0.94562	34.6383	60.0	0.90916	52.0879
42.0	0.94479	35.0865	60.5	0.90804	52.5867
42.5	0.94343	35.5361	61.0	0.90691	53.1879
43.0	0.94309	35.9866	61.5	0.90577	53.5899
43.5	0.94222	36.4387	62.0	0.90463	54.0937
44.0	0.94134	36.8920	62.5	0.90348	54.5993
44.5	0.94045	37.3465	63.0	0.90232	55.1068
45.0	0.93956	37.8019	63.5	0.90116	55.6157
45.5	0.93866	38.2586	64.0	0.89999	56.1265
46.0	0.93775	38.7165	64.5	0.89882	56.6386
46.5	0.93683	39.1758	65.0	0.89764	57.1527
47.0	0.93591	39.6360	65.5	0.89645	57.6688
47.5	0.93498	40.0975	66.0	0.89526	58.1862
48.0	0.93404	40.5603	66.5	0.89406	58.7057
48.5	0.93308	41.0250	67.0	0.89286	59.2266
49.0	0.93213	41.4902	67.5	0.89166	59.7489
49.5	0.93116	41.9572	68.0	0.89045	60.2733
50.0	0.93019	42.4252	68.5	0.88922	60.8005
50.5	0.92920	42.8947	69.0	0.88799	61.3291
51.0	0.92822	43.3656	69.5	0.88675	61.8599
51.5	0.92722	43.8379	70.0	0.88551	62.3922
52.0	0.92621	44.3118	70.5	0.88426	62.9267

体积分数/%	相对密度	质量分数/%	体积分数/%	相对密度	质量分数/%
71.0	0.88302	63.4619	86.0	0.84194	80.6200
71.5	0.88176	63.0002	86.5	0.84040	81.2373
72.0	0.88051	64.5392	87.0	0.83887	81.8559
72.5	0.87924	65.0813	87.5	0.83730	82.4807
73.0	0.87796	65.6257	88.0	0.83574	83.1069
73.5	0.87667	66.1724	88.5	0.83414	83.7394
74.0	0.87538	66.7207	89.0	0.83254	84.3744
74.5	0.87408	67.2714	89.5	0.83090	85.0159
75.0	0.87277	67.8246	90.0	0.82926	85.6599
75.5	0.87146	68.3794	90.5	0.82758	86.3106
76.0	0.87015	68.9358	91.0	0.82590	86.9640
76.5	0.86882	69.4955	91.5	0.82418	87.6243
77.0	0.86750	70.0562	92.0	0.82247	88.2863
77.5	0.86615	70.6210	92.5	0.82070	88.9576
78.0	0.86480	71.1876	93.0	0.81893	89.6317
78.5	0.86344	71.7568	93.5	0.81710	90.3154
79.0	0.86207	72.3286	94.0	0.81526	91.0033
79.5	0.86070	72.9022	94.5	0.81335	91.7022
80.0	0.85932	73.4786	95.0	0.81144	92.4044
80.5	0.85792	74.0585	95.5	0.80946	93.1180
81.0	0.85653	74.6394	96.0	0.80748	93.8350
81.5	0.85511	75.2248	96.5	0.80541	94.5662
82.0	0.85369	75.8122	97.0	0.80334	95.3011
82.5	0.85226	76.4025	97.5	0.80116	96.0530
83.0	0.85082	76.9956	98.0	0.79897	96.8102
83.5	0.84936	77.5926	98.5	0.79664	97.5887
84.0	0.84791	78.1907	99.0	0.79431	98.3718
84.5	0.84643	78.7937	99.5	0.79179	99.1833
85.0	0.84495	79.3987	100.0	0.78927	100.0000
85.5	0.84344	80.0088	—	—	—

（2）酒精浓度与温度校正表如附表2所示。

附表2　酒精浓度与温度校正表

溶液温度	酒精计示值															
	0	1.0	2.0	3.0	4.0	5.0	6.0	7.0	8.0	9.0	10.0	11.0	12.0	13.0	14.0	15.0
	20℃时的标准酒度（以体积百分数表示）/%															
0	0.75	1.78	2.82	3.87	4.95	6.04	7.16	8.30	9.48	10.70	11.95	13.26	14.62	16.03	17.50	19.01
1	0.80	1.83	2.87	3.93	5.00	6.09	7.21	8.35	9.52	10.72	11.97	13.26	14.59	15.97	17.40	18.87
2	0.85	1.88	2.92	3.97	5.04	6.13	7.24	8.38	9.54	10.74	11.97	13.23	14.54	15.90	17.29	18.71
3	0.88	1.91	2.95	4.00	5.07	6.16	7.27	8.40	9.55	10.73	11.95	13.20	14.48	15.81	17.16	18.55
4	0.90	1.93	2.97	4.02	5.09	6.17	7.28	8.40	9.55	10.72	11.92	13.15	14.41	15.71	17.03	18.38
5	0.91	1.94	2.98	4.03	5.10	6.18	7.27	8.39	9.53	10.69	11.87	13.08	14.33	15.59	16.89	18.20
6	0.91	1.94	2.98	4.03	5.09	6.17	7.26	8.37	9.49	10.64	11.81	13.01	14.23	15.47	16.74	18.02
7	0.90	1.93	2.97	4.01	5.07	6.14	7.23	8.33	9.45	10.59	11.74	12.92	14.12	15.34	16.58	17.83
8	0.88	1.91	2.95	3.99	5.05	6.11	7.19	8.29	9.39	10.52	11.66	12.82	14.00	15.20	16.41	17.64
9	0.86	1.88	2.91	3.96	5.01	6.07	7.14	8.23	9.33	10.44	11.57	12.72	13.88	15.05	16.24	17.44
10	0.82	1.84	2.87	3.91	4.96	6.02	7.08	8.16	9.25	10.35	11.47	12.60	13.74	14.90	16.06	17.24
11	0.77	1.79	2.82	3.86	4.90	5.95	7.01	8.08	9.16	10.25	11.36	12.47	13.60	14.73	15.88	17.04
12	0.72	1.74	2.76	3.80	4.83	5.88	6.93	8.00	9.07	10.15	11.24	12.34	13.45	14.56	15.69	16.82
13	0.66	1.67	2.70	3.72	4.76	5.80	6.85	7.90	8.96	10.03	11.11	12.19	13.29	14.39	15.50	16.61
14	0.59	1.60	2.62	3.64	4.67	5.71	6.75	7.79	8.85	9.91	10.97	12.04	13.12	14.21	15.30	16.39
15	0.51	1.52	2.54	3.56	4.58	5.61	6.64	7.68	8.72	9.77	10.83	11.88	12.95	14.02	15.09	16.17

续表

酒精计示值

溶液温度	0	1.0	2.0	3.0	4.0	5.0	6.0	7.0	8.0	9.0	10.0	11.0	12.0	13.0	14.0	15.0
	20℃时的标准酒度（以体积百分数表示）/%															
16	0.42	1.43	2.44	3.46	4.48	5.50	6.53	7.56	8.59	9.63	10.67	11.72	12.77	13.82	14.88	15.94
17	0.33	1.33	2.34	3.36	4.37	5.39	6.41	7.43	8.46	9.48	40.52	11.55	12.59	13.63	14.67	15.71
18	0.22	1.23	2.24	3.25	4.25	5.27	6.28	7.29	8.31	9.33	10.35	11.37	12.40	13.42	14.45	15.48
19	0.12	1.12	2.12	3.25	4.13	5.14	6.14	7.15	8.16	9.17	10.13	11.19	12.20	13.21	14.23	15.24
20	0.00	1.00	2.00	3.00	4.00	5.00	3.00	7.00	8.00	9.00	10.00	11.00	12.00	13.00	14.00	15.00
21		0.87	1.87	2.87	3.86	4.86	5.85	6.84	7.83	8.83	9.82	10.81	11.79	12.78	13.77	14.76
22		0.74	1.74	2.73	3.72	4.71	5.69	6.68	7.66	8.65	9.63	10.61	11.58	12.56	13.54	14.51
23		0.60	1.59	2.58	3.57	4.55	5.53	6.51	7.49	8.46	9.43	10.40	11.37	12.34	13.30	14.26
24		0.46	1.45	2.43	3.41	4.39	5.36	6.33	7.30	8.27	9.23	10.19	11.15	12.11	13.06	14.01
25		0.31	1.29	2.27	3.24	4.22	5.19	6.15	7.11	8.07	9.03	9.98	10.93	11.87	12.81	13.75
26		0.15	1.13	2.10	3.07	4.04	5.00	5.96	6.92	7.87	8.82	9.76	10.70	11.64	12.57	13.50
27			0.96	1.93	2.90	3.86	4.82	5.77	6.72	7.66	8.60	9.54	10.47	11.40	12.32	13.24
28			0.79	1.76	2.72	3.67	4.63	5.57	6.52	7.45	8.38	9.31	10.23	11.15	12.07	12.98
29			0.62	1.58	2.53	3.48	4.43	5.37	6.31	7.24	8.16	9.08	10.00	10.90	11.81	12.71
30			0.43	1.39	2.34	3.28	4.23	5.16	6.09	7.02	7.93	8.85	9.75	10.65	11.55	12.44
31			0.25	1.20	2.14	3.08	4.02	4.95	5.87	6.79	7.70	8.61	9.51	10.40	11.29	12.17
32			0.06	1.00	1.94	2.87	3.80	4.73	5.65	6.56	7.47	8.36	9.26	10.14	11.03	11.90
33				0.80	1.73	2.66	3.59	4.51	5.42	6.32	7.22	8.12	9.00	9.88	10.76	11.63
34	·			0.60	1.52	2.45	3.36	4.28	5.18	6.09	6.98	7.87	8.75	9.62	10.49	11.35
35				0.39	1.31	2.22	3.14	4.04	4.95	5.84	6.73	7.61	8.49	9.36	10.22	11.07

续表

酒精计示值

溶液温度	16.0	17.0	18.0	19.0	20.0	21.0	22.0	23.0	24.0	25.0	26.0	27.0	28.0	29.0	30.0
	20℃时的标准酒度（以体积百分数表示）/%														
0	20.56	22.12	23.66	25.18	26.64	28.05	29.39	30.68	31.90	33.08	34.21	35.30	36.36	37.39	38.40
1	20.36	21.87	23.36	24.83	26.26	27.64	28.97	30.24	31.46	32.63	33.76	34.85	35.92	36.95	37.96
2	20.16	21.62	23.07	24.50	25.89	27.25	28.55	29.81	31.02	32.19	33.31	34.41	35.47	36.51	37.53
3	19.95	21.37	22.78	24.17	25.53	26.86	28.14	29.39	30.59	31.75	32.87	33.97	35.03	36.07	37.09
4	19.74	21.12	22.49	23.85	25.18	26.48	27.74	28.97	30.16	31.32	32.44	33.53	34.60	35.64	36.66
5	19.53	20.87	22.2	23.53	24.83	26.11	27.35	28.56	29.74	30.89	32.01	33.10	34.16	35.20	36.23
6	19.32	20.62	21.92	23.21	24.49	25.74	26.96	28.16	29.33	30.47	31.58	32.67	33.73	34.77	35.80
7	19.10	20.37	21.64	22.90	24.15	25.38	26.58	27.77	28.92	30.05	31.16	32.24	33.30	34.35	35.37
8	18.88	20.12	21.36	22.59	23.82	25.02	26.21	27.38	28.52	29.64	30.74	31.82	32.88	33.92	34.95
9	18.65	19.87	21.08	22.29	23.49	24.67	25.84	26.99	28.12	29.23	30.32	31.40	32.46	33.50	34.52
10	18.43	19.61	20.8	21.99	23.16	24.33	25.48	26.61	27.73	28.83	29.91	30.98	32.04	33.08	34.10
11	18.20	19.36	20.52	21.68	22.84	23.98	25.12	26.24	27.34	28.43	29.51	30.57	31.62	32.66	33.68
12	17.96	19.10	20.25	21.38	22.52	23.64	24.76	25.86	26.96	28.04	29.11	30.16	31.21	32.24	33.27
13	17.73	18.85	19.97	21.08	22.20	23.31	24.41	25.50	26.58	27.65	28.71	29.76	30.80	31.83	32.85
14	17.49	18.59	19.69	20.79	21.88	22.97	24.06	25.13	26.20	27.26	28.31	19.36	30.39	31.42	32.44
15	17.25	18.33	19.41	20.49	21.57	22.64	23.71	24.77	25.83	26.88	27.92	28.96	29.99	31.01	32.03
16	17.00	18.07	19.13	20.19	21.25	22.31	23.36	24.41	25.46	26.50	27.53	28.56	29.59	30.60	31.62

续表

溶液温度	酒精计示值														
	16.0	17.0	18.0	19.0	20.0	21.0	22.0	23.0	24.0	25.0	26.0	27.0	28.0	29.0	30.0
	20℃时的标准酒度（以体积百分数表示）/%														
17	16.76	17.80	18.85	19.89	20.94	21.98	23.02	24.06	25.09	26.12	27.15	28.17	29.19	30.20	31.21
18	16.51	17.54	18.57	19.60	20.62	21.65	22.68	23.70	24.72	25.74	26.76	27.78	28.79	29.80	30.81
19	16.25	17.27	18.28	19.30	20.31	21.33	22.34	23.35	24.36	25.37	26.38	27.39	28.39	29.40	30.40
20	16.00	17.00	18.00	19.00	20.00	21.00	22.00	23.00	24.00	25.00	26.00	27.00	28.00	29.00	30.00
21	15.74	16.73	17.72	18.70	19.69	20.68	21.66	22.65	23.64	24.63	25.62	26.62	27.61	28.60	29.60
22	15.48	16.46	17.43	18.40	19.38	20.35	21.33	22.30	23.28	24.26	25.25	26.23	27.22	28.21	29.20
23	15.22	16.18	17.14	18.10	19.06	20.03	20.99	21.96	22.93	23.90	24.87	25.85	26.83	27.82	28.80
24	14.96	15.91	16.86	17.80	18.75	19.70	20.66	21.61	22.57	23.53	24.50	25.47	26.45	27.42	28.41
25	14.69	15.63	16.57	17.50	18.44	19.38	20.32	21.27	22.22	23.17	24.13	25.09	26.06	27.03	28.01
26	14.42	15.35	16.28	17.20	18.13	19.06	19.99	20.93	21.87	22.81	23.76	24.72	25.68	26.64	27.62
27	14.15	15.07	15.99	16.90	17.82	18.74	19.66	20.58	21.51	22.45	23.39	24.37	25.30	26.26	27.22
28	13.88	14.79	15.69	16.60	17.50	18.41	19.33	20.24	21.16	22.09	23.03	23.97	24.91	25.87	26.83
29	13.61	14.50	15.40	16.30	17.19	18.09	18.99	19.90	20.81	21.73	22.66	23.59	24.54	25.48	26.44
30	13.33	14.22	15.11	15.99	16.88	17.77	18.66	19.56	20.47	21.38	22.30	23.22	24.16	25.10	26.05
31	13.05	13.93	14.71	15.69	16.57	17.45	18.33	19.22	20.12	21.02	21.93	22.85	23.78	24.72	25.67
32	12.78	13.65	14.51	15.38	16.25	17.13	18.00	18.88	19.77	20.67	21.57	22.48	23.40	24.34	25.28
33	12.49	13.36	14.22	15.08	15.94	16.80	17.67	18.55	19.43	20.31	21.21	22.12	23.03	23.96	24.89
34	12.21	13.07	13.92	14.77	15.63	16.48	17.34	18.21	19.08	19.96	20.85	21.75	22.66	23.58	24.51
35	11.92	12.77	13.62	14.47	15.31	16.16	17.01	17.87	18.74	19.61	20.49	21.38	22.29	23.20	24.13

续表

酒精计示值

溶液温度	31.0	32.0	33.0	34.0	35.0	36.0	37.0	38.0	39.0	40.0	41.0	42.0	43.0	44.0	45.0
	20℃时的标准酒度（以体积百分数表示）/%														
0	39.39	40.36	41.33	42.28	43.22	44.16	45.09	46.02	46.95	47.87	48.80	49.73	50.65	51.58	52.52
1	38.96	39.94	40.90	41.86	42.81	43.75	44.69	45.63	46.56	47.49	48.42	49.35	50.28	51.22	52.15
2	38.53	39.51	40.48	41.45	42.40	43.35	44.29	45.23	46.17	47.10	48.04	48.98	49.91	50.85	51.79
3	38.10	39.09	40.06	41.03	41.99	42.94	43.89	44.83	45.78	46.72	47.66	48.60	49.54	50.48	51.42
4	37.67	38.66	39.64	40.61	41.58	42.53	43.49	44.44	45.38	46.33	47.27	48.22	49.16	50.11	51.05
5	37.24	38.24	39.22	40.20	41.16	42.13	43.08	44.04	44.99	45.94	46.89	47.84	48.79	49.74	50.69
6	36.81	37.81	38.80	39.78	40.75	41.72	42.68	43.64	44.60	45.55	46.50	47.46	48.41	49.36	50.31
7	36.39	37.39	38.38	39.36	40.34	41.31	42.28	43.24	44.20	45.16	46.12	47.07	48.03	48.99	49.94
8	35.96	36.97	37.96	38.95	39.93	40.90	41.87	42.84	43.80	44.77	45.73	46.69	47.65	48.61	49.57
9	35.54	36.55	37.54	38.53	39.52	40.49	41.47	42.44	43.41	44.37	45.34	46.30	47.27	48.23	49.20
10	35.12	36.13	37.13	38.12	39.10	40.08	41.06	42.04	43.01	43.98	44.95	45.92	46.88	47.85	48.82
11	34.70	35.71	36.71	37.70	38.69	39.68	40.66	41.63	42.61	43.58	44.56	45.53	46.50	47.47	48.44
12	34.28	35.29	36.29	37.29	38.28	39.27	40.25	41.23	42.21	43.19	44.16	45.14	46.12	47.09	48.07
13	33.87	34.88	35.88	36.88	37.87	38.86	39.84	40.83	41.81	42.79	43.77	44.75	45.73	46.71	47.69
14	33.45	34.46	35.46	36.46	37.46	38.45	39.44	40.43	41.41	42.39	43.38	44.36	45.34	46.32	47.31
15	33.04	34.05	35.05	36.05	37.05	38.04	39.03	40.02	41.01	42.00	42.98	43.97	44.95	45.94	46.92
16	32.63	33.64	34.64	35.64	36.64	37.63	38.63	39.62	40.61	41.60	42.59	43.58	44.56	45.55	46.54

续表

酒精计示值

20℃时的标准酒度（以体积百分数表示）/%

溶液温度	45.0	44.0	43.0	42.0	41.0	40.0	39.0	38.0	37.0	36.0	35.0	34.0	33.0	32.0	31.0
17	46.16	45.17	44.17	43.18	42.19	41.20	40.21	39.21	38.22	37.22	36.23	35.23	34.23	33.22	32.22
18	45.77	44.78	43.78	42.79	41.79	40.80	39.80	38.81	37.81	36.82	35.82	34.82	33.82	32.82	31.81
19	45.39	44.39	43.39	42.40	41.40	40.40	39.40	38.40	37.41	36.41	35.41	34.41	33.41	32.41	31.41
20	45.00	44.00	43.00	42.00	41.00	40.00	39.00	38.00	37.00	36.00	35.00	34.00	33.00	32.00	31.00
21	44.61	43.61	42.61	41.60	40.60	39.60	38.60	37.60	36.59	35.59	34.59	33.59	32.59	31.59	30.60
22	44.22	43.22	42.21	41.21	40.20	39.20	38.19	37.19	36.19	35.19	34.18	33.18	32.19	31.19	30.19
23	43.83	42.83	41.82	40.81	39.80	38.80	37.79	36.79	35.78	34.78	33.78	32.78	31.78	30.79	29.79
24	43.44	42.43	41.42	40.41	39.40	38.39	37.39	36.38	35.38	34.37	33.37	32.37	31.38	30.38	29.39
25	43.05	42.04	41.03	40.01	39.00	37.99	36.98	35.98	34.97	33.97	32.96	31.97	30.97	29.98	28.99
26	42.66	41.65	40.63	39.62	38.60	37.59	36.58	35.57	34.56	33.56	32.56	31.56	30.57	29.58	28.60
27	42.27	41.25	40.23	39.22	38.20	37.19	36.17	35.16	34.16	33.15	32.15	31.16	30.17	29.18	28.20
28	41.88	40.86	39.84	38.82	37.80	36.78	35.77	34.76	33.75	32.75	31.75	30.75	29.76	28.78	27.80
29	41.48	40.46	39.44	38.42	37.40	36.38	35.36	34.35	33.34	32.34	31.34	30.35	29.36	28.38	27.41
30	41.09	40.06	39.04	38.01	36.99	35.97	34.96	33.95	32.94	31.94	30.94	29.95	28.96	27.98	27.01
31	40.69	39.66	38.64	37.61	36.59	35.57	34.55	33.54	32.53	31.53	30.53	29.54	28.56	27.59	26.62
32	40.29	39.27	38.24	37.21	36.19	35.17	34.15	33.13	32.13	31.13	30.13	29.14	28.16	27.19	26.23
33	39.90	38.87	37.84	36.81	35.78	34.76	33.74	32.73	31.72	30.72	29.73	28.74	27.77	26.80	25.84
34	39.50	38.47	37.43	36.40	35.38	34.35	33.34	32.32	31.22	30.32	29.32	28.34	27.37	26.40	25.45
35	39.10	38.06	37.03	36.00	34.97	33.95	32.93	31.92	30.91	29.91	28.92	27.94	26.97	26.01	25.06

续表

酒精计示值

溶液温度	46.0	47.0	48.0	49.0	50.0	51.0	52.0	53.0	54.0	55.0	56.0	57.0	58.0	59.0	60.0
	20℃时的标准酒度（以体积百分数表示）/%														
0	53.45	54.38	55.32	56.26	57.20	58.15	59.10	60.04	61.00	61.95	62.90	63.85	64.81	65.76	66.72
1	53.09	54.03	54.97	55.91	56.86	57.80	58.75	59.70	60.66	61.61	62.57	63.52	64.48	65.44	66.39
2	52.73	53.67	54.61	55.56	56.51	57.46	58.41	59.36	60.32	61.27	62.23	63.19	64.15	65.11	66.07
3	52.37	53.31	54.26	55.21	56.16	57.11	58.07	59.02	59.98	60.94	61.90	62.86	63.82	64.78	65.74
4	52.00	52.95	53.90	54.85	55.81	56.76	57.72	58.68	59.64	60.60	61.56	62.52	63.49	64.45	65.41
5	51.64	52.59	53.54	54.50	55.45	56.41	57.37	58.33	59.30	60.26	61.22	62.19	63.15	64.12	65.09
6	51.27	52.23	53.18	54.14	55.10	56.06	57.02	57.99	58.95	59.92	60.88	61.85	62.82	63.79	64.76
7	50.90	51.86	52.82	53.78	54.74	55.71	56.67	57.64	58.61	59.58	60.54	61.51	62.48	63.45	64.42
8	50.53	51.49	52.46	53.42	54.39	55.35	56.32	57.29	58.26	59.23	60.20	61.17	62.15	63.12	64.09
9	50.16	51.13	52.09	53.06	54.03	55.00	55.97	56.94	57.91	58.89	59.86	60.83	61.81	62.78	63.76
10	49.79	50.76	51.73	52.70	53.67	54.64	55.62	56.59	57.56	58.54	59.52	60.49	61.47	62.45	63.42
11	49.42	50.39	51.36	52.33	53.31	54.28	55.26	56.24	57.21	58.19	59.17	60.15	61.13	62.11	63.09
12	49.04	50.02	50.99	51.97	52.95	53.92	54.90	55.88	56.86	57.84	58.82	59.80	60.79	61.77	62.75
13	48.66	49.64	50.62	51.60	52.58	53.56	54.54	55.53	56.51	57.49	58.48	59.46	60.44	61.43	62.41
14	48.29	49.27	50.25	51.23	52.22	53.20	54.19	55.17	56.15	57.14	58.13	59.11	60.10	61.08	62.07
15	47.91	48.89	49.88	50.87	51.85	52.84	53.82	54.81	55.80	56.79	57.77	58.76	59.75	60.74	61.73
16	47.53	48.52	49.51	50.49	51.48	52.47	53.46	54.45	55.44	56.43	57.42	58.41	59.40	60.39	61.39

续表

酒精计示值

20℃时的标准酒度（以体积百分数表示）/%

溶液温度	46.0	47.0	48.0	49.0	50.0	51.0	52.0	53.0	54.0	55.0	56.0	57.0	58.0	59.0	60.0
17	47.15	48.14	49.13	50.12	51.11	52.11	53.10	51.09	55.08	56.08	57.07	58.06	59.06	60.05	61.04
18	46.77	47.76	48.76	49.75	50.74	51.74	52.73	5373	54.72	55.72	56.71	57.71	58.70	59.70	60.70
19	46.38	47.38	48.38	49.38	50.37	51.37	52.37	53.36	54.36	55.36	56.36	57.36	58.35	59.35	60.35
20	46.00	47.00	48.00	49.00	50.00	51.00	52.00	53.00	54.00	55.00	56.00	57.00	58.00	59.00	60.00
21	45.62	46.62	47.62	48.62	49.63	50.63	51.63	52.63	53.64	54.64	55.64	56.64	57.65	58.65	59.65
22	45.23	46.24	47.24	48.25	49.25	50.26	51.26	52.27	53.27	54.28	55.28	56.29	57.29	58.29	59.30
23	44.84	45.85	46.86	47.87	48.88	49.88	50.89	51.90	52.91	53.91	54.92	55.93	56.93	57.94	58.95
24	44.46	45.47	46.48	47.49	48.50	49.51	50.52	51.53	52.54	53.55	54.56	55.57	56.58	57.58	58.59
25	44.07	45.08	46.09	47.11	48.12	49.13	50.15	51.16	52.17	53.18	54.19	55.20	56.22	57.23	58.24
26	43.68	44.69	45.71	46.73	47.74	48.76	49.77	50.79	51.80	52.82	53.83	54.84	55.86	56.87	57.88
27	43.29	44.31	45.33	46.34	47.36	48.38	49.40	50.41	51.43	52.45	53.46	54.48	55.49	56.51	57.52
28	42.90	43.92	44.94	45.96	46.98	48.00	49.02	50.04	51.06	52.08	53.10	54.11	55.13	56.15	57.17
29	42.51	43.53	44.55	45.58	46.60	47.62	48.64	49.67	50.69	51.71	52.73	53.75	54.77	55.79	56.81
30	42.11	43.14	44.17	45.19	46.22	47.24	48.27	49.29	50.32	51.34	52.36	53.38	54.40	55.43	56.45
31	41.72	42.75	43.78	44.81	45.83	46.86	47.89	48.92	49.94	50.97	51.99	53.02	54.04	55.06	56.09
32	41.33	42.36	43.39	44.42	45.45	46.48	47.51	48.54	49.57	50.59	51.62	52.65	53.67	54.70	55.72
33	40.93	41.96	43.00	44.03	45.06	46.10	47.13	48.16	49.19	50.22	51.25	52.28	53.31	54.33	55.36
34	40.53	41.57	42.61	43.64	44.68	45.71	46.75	47.78	48.82	49.85	50.88	51.91	52.94	53.97	55.00
35	40.14	41.18	42.21	43.25	44.29	45.33	46.37	47.40	48.44	49.47	50.51	51.54	52.57	53.60	54.63

续表

酒精计示值

20℃时的标准酒度（以体积百分数表示）/%

溶液温度	75.0	74.0	73.0	72.0	71.0	70.0	69.0	68.0	67.0	66.0	65.0	64.0	63.0	62.0	61.0
0	77.20	76.25	75.30	74.35	73.40	72.45	71.49	70.54	69.58	68.63	67.67	66.72	65.76	64.81	63.85
1	76.91	75.95	75.00	74.05	73.09	72.14	71.18	70.22	69.27	68.31	67.35	66.39	65.44	64.48	63.52
2	76.61	75.65	74.70	73.74	72.78	71.82	70.87	69.91	68.95	67.99	67.03	66.07	65.11	64.15	63.19
3	76.31	75.35	74.39	73.43	72.47	71.51	70.55	69.59	68.63	67.67	66.70	65.74	64.78	63.82	62.86
4	76.00	75.04	74.08	73.12	72.16	71.20	70.23	69.27	68.31	67.34	66.38	65.41	64.45	63.49	62.52
5	75.70	74.74	73.77	72.81	71.85	70.88	69.92	68.95	67.98	67.02	66.05	65.09	64.12	63.15	62.19
6	75.40	74.43	73.47	72.50	71.53	70.56	69.60	68.63	67.66	66.69	65.72	64.76	63.79	62.82	61.85
7	75.09	74.12	73.15	72.19	71.22	70.25	69.28	68.31	67.34	66.37	65.40	64.42	63.45	62.48	61.51
8	74.78	73.81	72.84	71.87	70.90	69.93	68.96	67.98	67.01	66.04	65.07	64.09	63.12	62.15	61.17
9	74.48	73.50	72.53	71.56	70.58	69.61	68.63	67.66	66.68	65.71	64.73	63.76	62.78	61.81	60.83
10	74.17	73.19	72.22	71.24	70.26	69.29	68.31	67.33	66.36	65.38	64.40	63.42	62.45	61.47	60.49
11	73.86	72.88	71.90	70.92	69.94	68.96	67.99	67.01	66.03	65.05	64.07	63.09	62.11	61.13	60.15
12	73.54	72.56	71.58	70.60	69.62	68.64	67.66	66.68	65.70	64.71	63.73	62.75	61.77	60.79	59.80
13	73.23	72.25	71.27	70.28	69.30	68.32	67.33	66.35	65.36	64.38	63.40	62.41	61.43	60.44	59.46
14	72.92	71.93	70.95	69.96	68.97	67.99	67.00	66.02	65.03	64.04	63.06	62.07	61.08	60.10	59.11
15	72.60	71.61	70.62	69.64	68.65	67.66	66.67	65.68	64.70	63.71	62.72	61.73	60.74	59.75	58.76
16	72.28	71.29	70.30	69.31	68.32	67.33	66.34	65.35	64.36	63.37	62.38	61.39	60.39	59.40	58.41

续表

酒精计示值

溶液温度	61.0	62.0	63.0	64.0	65.0	66.0	67.0	68.0	69.0	70.0	71.0	72.0	73.0	74.0	75.0
	20℃时的标准酒度（以体积百分数表示）/%														
17	58.06	59.06	60.05	61.04	62.03	63.03	64.02	65.01	66.01	67.00	67.99	68.99	69.98	70.97	71.96
18	57.71	58.70	59.70	60.70	61.69	62.69	63.68	64.68	65.67	66.67	67.66	68.66	69.65	70.65	71.64
19	57.36	58.35	59.35	60.35	61.35	62.34	63.34	64.34	65.34	66.33	67.33	68.33	69.33	70.33	71.32
20	57.00	58.00	59.00	60.00	61.00	62.00	63.00	64.00	65.00	66.00	67.00	68.00	69.00	70.00	71.00
21	56.64	57.65	58.65	59.65	60.65	61.65	62.66	63.66	64.66	65.66	66.67	67.67	68.67	69.67	70.68
22	56.29	57.29	58.29	59.30	60.30	61.31	62.31	63.32	64.32	65.33	66.33	67.34	68.34	69.35	70.35
23	55.93	56.93	57.94	58.95	59.95	60.96	61.97	62.97	63.98	64.99	65.99	67.00	68.01	69.02	70.02
24	55.57	56.58	57.58	58.59	59.60	60.61	61.62	62.63	63.64	64.65	65.66	66.67	67.67	68.68	69.69
25	55.20	56.22	57.23	58.24	59.25	60.26	61.27	62.28	63.29	64.30	65.32	66.33	67.34	68.35	69.36
26	54.84	55.86	56.87	57.88	58.89	59.91	60.92	61.93	62.95	63.96	64.98	65.99	67.00	68.02	69.03
27	54.48	55.49	56.51	57.52	58.54	59.55	60.57	61.59	62.60	63.62	64.63	65.65	66.67	67.68	68.70
28	54.11	55.13	56.15	57.17	58.18	59.20	60.22	61.24	62.25	63.27	64.29	65.31	66.33	67.35	68.37
29	53.75	54.77	55.79	56.81	57.83	58.85	59.86	60.88	61.90	62.92	63.94	64.96	65.99	67.01	68.03
30	53.38	54.40	55.43	56.45	57.47	58.49	59.51	60.53	61.55	62.58	63.60	64.62	65.64	66.67	67.69
31	53.02	54.04	55.06	56.09	57.11	58.13	59.15	60.18	61.20	62.23	63.25	64.28	65.30	66.33	67.36
32	52.65	53.67	54.70	55.72	56.75	57.77	58.80	59.82	60.85	61.87	62.90	63.93	64.96	65.99	67.02
33	52.28	53.31	54.33	55.36	56.39	57.41	58.44	59.47	60.49	61.52	62.55	63.58	64.61	65.64	66.67
34	51.91	52.94	53.97	55.00	56.02	57.05	58.08	59.11	60.14	61.17	62.20	63.23	64.26	65.30	66.33
35	51.54	52.57	53.60	54.63	55.66	56.69	57.72	58.75	59.78	60.82	61.85	62.88	63.92	64.95	65.99

续表

溶液温度	酒精计示值 20℃时的标准酒度（以体积百分数表示）/%														
	76.0	77.0	78.0	79.0	80.0	81.0	82.0	83.0	84.0	85.0	86.0	87.0	88.0	89.0	90.0
0	81.94	82.88	83.82	84.76	85.69	86.62	87.55	88.47	89.38	90.29	91.19	92.08	92.96	93.84	94.70
1	81.65	82.60	83.54	84.48	85.42	86.35	87.28	88.21	89.13	90.04	90.94	91.84	92.73	93.62	94.49
2	81.37	82.32	83.26	84.21	85.15	86.09	87.02	87.95	88.87	89.79	90.70	91.60	92.50	93.39	94.27
3	81.08	82.03	82.98	83.93	84.87	85.82	86.75	87.69	88.61	89.54	90.45	91.36	92.27	93.16	94.05
4	80.79	81.75	82.70	83.65	84.60	85.54	86.49	87.42	88.36	89.28	90.21	91.12	92.03	92.94	93.83
5	80.50	81.46	82.42	83.37	84.32	85.27	86.22	87.16	88.10	89.03	89.96	90.88	91.80	92.71	93.61
6	80.21	81.17	82.13	83.09	84.05	85.00	85.95	86.89	87.84	88.77	89.71	90.63	91.56	92.47	93.38
7	79.92	80.88	81.85	82.81	83.77	84.72	85.68	86.63	87.57	88.52	89.45	90.39	91.32	92.24	93.15
8	79.63	80.59	81.56	82.52	83.49	84.45	85.40	86.36	87.31	88.26	89.20	90.14	91.07	92.00	92.92
9	79.33	80.30	81.27	82.24	83.20	84.17	85.13	86.09	87.04	87.99	88.94	89.89	90.83	91.76	92.69
10	79.04	80.01	80.98	81.95	82.92	83.89	84.85	85.81	86.77	87.73	88.68	89.63	90.58	91.52	92.46
11	78.74	79.71	80.69	81.66	82.63	83.60	84.57	85.54	86.50	87.47	88.42	89.38	90.33	91.28	92.22
12	78.44	79.42	80.40	81.37	82.35	83.32	84.29	85.26	86.23	87.20	88.16	89.12	90.08	91.03	91.98
13	78.14	79.12	80.10	81.08	82.06	83.04	84.01	84.99	85.96	86.93	87.90	88.86	89.83	90.79	91.74
14	77.84	78.82	79.80	80.79	81.77	82.75	83.73	84.71	85.68	86.66	87.63	88.60	89.57	90.54	91.50
15	77.54	78.52	79.51	80.49	81.48	82.46	83.45	84.43	85.41	86.39	87.37	88.34	89.31	90.29	91.26
16	77.23	78.22	79.21	80.20	81.19	82.17	83.16	84.15	85.14	86.11	87.10	88.08	89.06	90.03	91.01

续表

溶液温度	酒精计示值 20℃时的标准酒度（以体积百分数表示）/%														
	76.0	77.0	78.0	79.0	80.0	81.0	82.0	83.0	84.0	85.0	86.0	87.0	88.0	89.0	90.0
17	76.93	77.92	78.91	79.90	80.89	81.88	82.87	83.86	84.85	85.85	86.82	87.81	88.79	89.78	90.76
18	76.62	77.61	78.61	79.60	80.60	81.59	82.58	83.58	84.57	85.56	86.55	87.54	88.53	89.52	90.51
19	76.31	77.31	78.30	79.30	80.30	81.30	82.29	83.29	84.28	85.28	86.28	87.27	88.27	89.26	90.26
20	76.00	77.00	78.00	79.00	80.00	81.00	82.00	83.00	84.00	85.00	86.00	87.00	88.00	89.00	90.00
21	75.69	76.69	77.69	78.70	79.70	80.70	81.71	82.71	83.71	84.72	85.72	86.73	87.73	88.74	89.74
22	75.38	76.38	77.39	78.39	79.40	80.40	81.41	82.42	83.43	84.43	85.44	86.45	87.46	88.47	89.48
23	75.06	76.07	77.08	78.09	79.10	80.11	81.11	82.12	83.14	84.14	85.16	86.17	87.19	88.20	89.22
24	74.75	75.76	76.77	77.78	78.79	79.80	80.82	81.83	82.84	83.86	84.88	85.89	86.91	87.93	88.96
25	74.43	75.44	76.46	77.47	78.49	79.50	80.52	81.53	82.55	83.57	84.59	85.61	86.64	87.66	88.69
26	74.11	75.13	76.15	77.16	78.18	79.20	80.22	81.24	82.26	83.28	84.30	85.33	86.36	87.39	88.42
27	73.79	74.81	75.83	76.85	77.87	78.89	79.91	80.94	81.96	82.99	84.02	85.05	86.08	87.11	88.15
28	73.47	74.49	75.52	76.54	77.56	78.59	79.61	80.64	81.66	82.69	83.73	84.76	85.80	86.84	87.88
29	73.15	74.17	75.20	76.22	77.25	78.28	79.31	80.34	81.37	82.40	83.43	84.47	85.51	86.56	87.61
30	72.82	73.85	74.88	75.91	76.94	77.97	79.00	80.03	81.07	82.10	83.14	84.18	85.23	86.28	87.33
31	72.50	73.53	74.56	75.59	76.62	77.66	78.69	79.73	80.76	81.80	82.85	83.89	84.94	85.99	87.05
32	72.17	73.21	74.24	75.27	76.31	77.34	78.38	79.42	80.46	81.50	82.55	83.60	84.65	85.71	86.77
33	71.84	72.88	73.92	74.92	75.99	77.03	78.07	79.11	80.16	81.20	82.25	83.30	84.36	85.42	86.49
34	71.54	72.55	73.59	74.63	75.67	76.72	77.76	78.80	79.85	80.90	81.95	83.01	84.07	85.14	86.21
35	71.18	72.22	73.27	74.31	75.35	76.40	77.44	78.49	79.54	80.60	81.65	82.71	83.78	84.85	85.92

续表

溶液温度	酒精计示值									
	91.0	92.0	93.0	94.0	95.0	96.0	97.0	98.0	99.0	100.0
	20℃时的标准酒度(以体积百分数表示)/%									
0	95.56	96.41	97.25	98.08	98.89	99.69				
1	95.36	96.21	97.06	97.90	98.72	99.53				
2	95.15	96.01	96.87	97.71	98.55	99.37				
3	94.93	95.81	96.67	97.53	98.37	99.20				
4	94.72	95.60	96.47	97.34	98.19	99.03	99.86			
5	94.50	95.39	96.27	97.15	98.01	98.86	99.70			
6	94.29	95.18	96.07	96.95	97.83	98.69	99.54			
7	94.06	94.97	95.87	96.76	97.64	98.51	99.37			
8	93.84	94.75	95.66	96.56	97.45	98.33	99.20			
9	93.62	94.54	95.45	96.36	97.26	98.15	99.04	99.90		
10	93.39	94.32	95.24	96.16	97.07	97.97	98.86	99.74		
11	93.16	94.10	95.03	95.95	96.87	97.78	98.69	99.58		
12	92.93	93.87	94.81	95.74	96.67	97.60	98.51	99.42		
13	92.70	93.65	94.59	95.53	96.47	97.40	98.33	99.25		
14	92.46	93.42	94.37	95.32	96.27	97.21	98.15	99.08	100.00	
15	92.22	93.19	94.15	95.11	96.06	97.01	97.96	98.90	99.84	
16	91.98	92.95	93.92	94.89	95.85	96.82	97.78	98.73	99.68	

续表

溶液温度	酒精计示值									
	91.0	92.0	93.0	94.0	95.0	96.0	97.0	98.0	99.0	100.0
	20℃时的标准酒度（以体积百分数表示）/%									
17	91.74	92.72	93.70	94.67	95.64	96.62	97.58	98.55	99.51	
18	91.50	92.48	93.47	94.45	95.43	96.41	97.39	98.37	99.34	
19	91.25	92.24	93.23	94.23	95.22	96.21	97.20	98.19	99.17	
20	91.00	92.00	93.00	94.00	95.00	96.00	97.00	98.00	99.00	
21	90.75	91.76	92.76	93.77	94.78	95.79	96.80	97.81	98.82	99.84
22	90.50	91.51	92.52	93.54	94.56	95.58	96.60	97.62	98.65	99.67
23	90.24	91.26	92.28	93.31	94.33	95.36	96.39	97.43	98.46	99.51
24	89.98	91.01	92.04	93.07	94.11	95.15	96.19	97.23	98.28	99.34
25	89.72	90.76	91.79	92.84	93.88	94.93	95.98	97.03	98.10	99.17
26	89.46	90.50	91.55	92.60	93.65	94.70	95.77	96.83	97.91	98.99
27	89.20	90.24	91.30	92.35	93.41	94.48	95.55	96.63	97.72	98.81
28	88.93	89.98	91.04	92.11	93.18	94.25	95.33	96.42	97.52	98.64
29	88.66	89.72	90.79	91.86	92.94	94.02	95.11	96.22	97.33	98.45
30	88.39	89.46	90.53	91.61	92.70	93.79	94.89	96.00	97.13	98.27
31	88.12	89.19	90.27	91.36	92.45	93.56	94.67	95.79	96.93	98.08
32	87.84	88.92	90.01	91.10	92.21	93.32	94.44	95.58	96.72	97.89
33	87.57	88.65	89.74	90.84	91.96	93.08	94.21	95.36	96.52	97.70
34	87.29	88.38	89.48	90.58	91.70	92.83	93.98	95.13	96.31	97.50
35	87.01	88.10	89.21	90.32	91.45	92.59	93.74	94.91	96.10	97.31

（3）蒸馏酒卫生卫生指标（GB2757—1981），见附表3。

附表3　蒸馏酒卫生指标

项目		指标
甲醇量/(g/L)　≤	谷类为原料者	0.40
	薯干及代用品为原料	1.2
杂醇油量/(g/L)　≤	大米为原料	2.0
	谷类为原料	1.5
氰化物量（以HCN计）/(mg/L)　≤	木薯为原料	5.0
	代用品为原料	2.0
铅量（以Pb计）/（mg/L）　≤	—	1.0
锰量（以Mn计）/（mg/L）　≤	—	2.0

（4）浓香型白酒的质量标准。浓香型白酒国家标准（GB10781.1—2006）的技术要求为：

① 感官要求。高度酒、低度酒的感官要求应分别符合附表4、附表5的规定。

附表4　高度酒感官要求

项目	优级	一级
色泽和外观	无色或微黄，清亮透明，无悬浮物，无沉淀[a]	
香气	具有浓郁的己酸乙酯为主体的复合香气	具有较浓郁的己酸乙酯为主体的复合香气
口味	酒体醇和谐调，绵甜爽净，余味悠长	酒体较醇和谐调，绵甜爽净，余味较长
风格	具有本品典型的风格	具有本品明显的风格

注：a 当酒的温度＜10℃时，允许出现白色絮状沉淀物质或失光。10℃以上时应逐渐恢复正常。

附表5　低度酒感官要求

项目	优级	一级
色泽和外观	无色或微黄，清亮透明，无悬浮物，无沉淀[a]	
香气	具有较浓郁的己酸乙酯为主体的复合香气	具有己酸乙酯为主体的复合香气
口味	酒体醇和谐调，绵甜爽净，余味较长	酒体较醇和谐调，绵甜爽净
风格	具有本品典型的风格	具有本品明显的风格

注：a 当酒的温度＜10℃时，允许出现白色絮状沉淀物质或失光。10℃以上时应逐渐恢复正常。

② 理化要求。高度酒、低度酒的理化要求应分别符合附表6、附表7的规定。

附表6　高度酒理化要求

项目	优级	一级
酒精度（体积分数）/%	41～68	
总酸（以乙酸计）/(g/L)　≥	0.40	0.30

续表

项目		优级	一级
总酯（以乙酸乙酯计）/（g/L）	≥	2.00	1.50
己酸乙酯/（g/L）		1.20～2.80	0.60～2.50
固形物/（g/L）	≤	0.40a	

注：a 酒精度（体积分数）41%～49%的酒，固形物可小于或等于0.50 g/L。

附表7　低度酒理化要求

项目		优级	一级
酒精度（体积分数）/%		25～40	
总酸（以乙酸计）/（g/L）	≥	0.30	0.25
总酯（以乙酸乙酯计）/（g/L）	≥	1.50	1.00
己酸乙酯/（g/L）		0.70～2.20	0.40～2.20
固形物/（g/L）	≤	0.70	

（5）清香型白酒的质量标准。清香型白酒国家标准（GB10781.2—2006）的技术要求为：

① 感官要求。高度酒、低度酒的感官要求应分别符合附表8、附表9的规定。

附表8　高度酒感官要求

项目	优级	一级
色泽和外观	无色或微黄，清亮透明，无悬浮物，无沉淀a	
香气	清香纯正，具有乙酸乙酯为主体的优雅、谐调的复合香气	清香较纯正，具有乙酸乙酯为主体的复合香气
口味	酒体柔和谐调，绵甜爽净，余味悠长	酒体较柔和谐调、绵甜爽净，有余味
风格	具有本品典型的风格	具有本品明显的风格

注：a 当酒的温度<10℃时，允许出现白色絮状沉淀物质或失光。10℃以上时应逐渐恢复正常。

附表9　低度酒感官要求

项目	优级	一级
色泽和外观	无色或微黄，清亮透明，无悬浮物，无沉淀a	
香气	清香纯正，具有乙酸乙酯为主体的清雅、谐调的复合香气	清香较纯正，具有乙酸乙酯为主体的香气
口味	酒体柔和谐调，绵甜爽净，余味较长	酒体较柔和谐调，绵甜爽净，有余味
风格	具有本晶典型的风格	具有本品明显的风格

注：a 当酒的温度<10℃时，允许出现白色絮状沉淀物质或失光。10℃以上时应逐渐恢复正常。

② 理化要求。高度酒、低度酒的理化要求应分别符合附表10、附表11的规定。

附表 10　高度酒理化要求

项目		优级	一级
酒精度（体积分数）/%		41～68	
总酸（以乙酸计）/(g/L)	≥	0.40	0.30
总酯（以乙酸乙酯计）/(g/L)	≥	1.00	0.60
己酸乙酯/(g/L)		0.60～2.60	0.30～2.60
固形物/(g/L)	≤	0.40a	

注：a　酒精度（体积分数）41%～49%的酒，固形物可≤0.50 g/L。

附表 11　低度酒理化要求

项目		优级	一级
酒精度（体积分数）/%		25～40	
总酸（以乙酸计）/(g/L)	≥	0.25	0.20
总酯（以乙酸乙酯计）/(g/L)	≥	0.70	0.40
己酸乙酯/(g/L)		0.40～2.20	0.20～2.20
固形物/(g/L)	≤	0.70	

（6）米香型白酒的质量标准。米香型白酒国家标准（GB10781.3—2006）的技术要求为：

① 感官要求。高度酒、低度酒的感官要求应分别符合附表 12、附表 13 的规定。

附表 12　高度酒感官要求

项目	优级	一级
色泽和外观	无色或微黄，清亮透明，无悬浮物，无沉淀a	
香气	米香纯正，清雅	米香纯正
口味	酒体醇和，绵甜、爽冽，回味怡畅	酒体较醇和，绵甜、爽冽，回味较畅
风格	具有本品典型的风格	具有本品明显的风格

注：a　当酒的温度<10℃时，允许出现白色絮状沉淀物质或失光。10℃以上时应逐渐恢复正常。

附表 13　低度酒感官要求

项目	优级	一级
色泽和外观	无色或微黄，清亮透明，无悬浮物，无沉淀a	
香气	米香纯正，清雅	米香纯正
口味	酒体醇和，绵甜、爽冽，回味较怡畅	酒体较醇和，绵甜、爽冽，有回味
风格	具有本品典型的风格	具有本品明显的风格

注：a　当酒的温度<10℃时，允许出现白色絮状沉淀物质或失光。10℃以上时应逐渐恢复正常。

② 理化要求。高度酒、低度酒的理化要求应分别符合附表 14、附表 15 的规定。

附表 14　高度酒理化要求

项目		优级	一级
酒精度（体积分数）/%		41～68	
总酸（以乙酸计）/(g/L)	≥	0.30	0.25
总酯（以乙酸乙酯计）/(g/L)	≥	0.80	0.65
乳酸乙酯/(g/L)	≥	0.50	0.40
β-苯乙醇/(mg/L)	≥	30	20
固形物/(g/L)	≤	0.40ᵃ	

注：a　酒精度（体积分数）41%～49%的酒，固形物可小于或等于 0.50 g/L。

附表 15　低度酒理化要求

项目		优级	一级
酒精度（体积分数）/%		25～40	
总酸（以乙酸计）/(g/L)	≥	0.25	0.20
总酯（以乙酸乙酯计）/(g/L)	≥	0.45	0.35
乳酸乙酯/(g/L)	≥	0.30	0.20
β-苯乙醇/(mg/L)	≥	15	10
固形物/(g/L)	≤	0.70	

（7）茅台酒的质量标准。茅台酒国家标准（GB18356—2001）的技术要求为：
① 感官要求。见附表 16。

附表 16　感官要求

项目	53%（体积分数）贵州茅台酒	43%（体积分数）贵州茅台酒	38%（体积分数）贵州茅台酒	33%（体积分数）贵州茅台酒	陈年贵州茅台酒
色泽	无色（或微黄）透明、无悬浮物、无沉淀	清澈透明、无悬浮物、无沉淀、饮时加水、加冰不浑浊	清澈透明、无悬浮物、无沉淀、饮时加水、加冰不浑浊	清澈透明、无悬浮物、无沉淀、饮时加水、加冰不浑浊	微黄透明、无悬浮物、无沉淀
香气	酱香突出、幽雅细腻、空杯留香持久	酱香显著、幽雅细腻、空杯留香持久	酱香明显、香气幽雅细腻、空杯留香持久	酱香明显、香气较幽雅细腻、空杯留香持久	酱香突出、老熟香明显、幽雅细腻、空杯留香持久
口味	醇厚丰满、回味悠长	丰满醇和、回味悠长	绵柔、醇和、回甜、味长	醇和、回甜、味长	老熟味显著、幽雅细腻、醇厚、丰满、回味悠长持久

续表

项目	53%（体积分数）贵州茅台酒	43%（体积分数）贵州茅台酒	38%（体积分数）贵州茅台酒	33%（体积分数）贵州茅台酒	陈年贵州茅台酒
风格	酱香突出、幽雅细腻、醇厚丰满、回味悠长、空杯留香持久	具有贵州茅台酒独特风格	具有贵州茅台酒独特风格	具有贵州茅台酒独特风格	酱香突出、幽雅细腻、醇厚、丰满、老熟香味舒适显著、回味悠长、空杯留香持久

（2）理化指标见附表17。

附表17　理化指标

项目	53%（体积分数）贵州茅台酒	43%（体积分数）贵州茅台酒	38%（体积分数）贵州茅台酒	33%（体积分数）贵州茅台酒	陈年贵州茅台酒
酒精度（体积分数）20℃/%	51.00~54.00	42.00~44.00	37.00~39.00	32.00~34.00	51.00~54.00
总酸（以乙酸计）/(g/L)	1.50~3.00	1.00~2.50	0.8~2.50	0.8~2.5	2.0~3.0
总酯（以乙酸乙酯计）/(g/L) ≥	2.5	2.00	1.50	1.50	2.50
固形物/(g/L) ≤	0.70	0.70	0.70	0.70	1.00

主要参考文献

陈益钊.1996. 中国白酒的嗅觉味觉科学及实践. 成都：四川大学出版社.

康明官.1991. 白酒工业手册. 北京：中国轻工业出版社.

赖高淮.2009. 白酒理化分析检测. 北京：中国轻工业出版社.

李大和.2006. 白酒酿造工教程. 北京：中国轻工业出版社.

梁雅轩，廖鸿生.1997. 酒的勾兑与调味. 北京：中国食品出版社.

陆寿鹏.1994. 白酒工艺学. 北京：中国轻工业出版社.

陆寿鹏，张安宁.2004. 白酒生产技术. 北京：科学出版社.

钱松，薛惠茹.1997. 白酒风味化学. 北京：中国轻工业出版社.

秦含章.1997. 白酒酿造的科学与技术. 北京：中国轻工业出版社.

沈怡方.2009. 白酒生产技术全书. 北京：中国轻工业出版社.

王福荣.2005. 酿酒分析与检测技术. 北京：化学工业出版社.

王瑞明.2007. 白酒勾兑技术. 北京：化学工业出版社.

吴广黔.2008. 白酒的品评. 北京：中国轻工业出版社.

肖冬光.2005. 白酒生产技术. 北京：化学工业出版社.

余乾伟.2010. 传统白酒酿造技术. 北京：中国轻工业出版社.

张安宁.2005. 饮料酒的勾兑与品评. 北京：科学出版社.

章克昌.1995. 酒精与蒸馏酒工艺学. 北京：中国轻工业出版社.

周恒刚，徐占成.2000. 白酒生产指南. 北京：中国轻工业出版社.